中国建筑节能现状与发展报告
(2012)

中国建筑节能协会　主编

U0249947

中国建筑工业出版社

图书在版编目（CIP）数据

中国建筑节能现状与发展报告（2012）/中国建筑节能协会主编. —北京：中国建筑工业出版社，2013.10

ISBN 978-7-112-15845-4

Ⅰ.①中…　Ⅱ.①中…　Ⅲ.①建筑-节能-研究报告-中国-2012　Ⅳ.①TU111.4

中国版本图书馆CIP数据核字(2013)第219482号

本书由中国建筑节能协会组织有关专家编写。全书包括附录共11篇，分别为建筑节能标准和质检、建筑节能规划、建筑节能服务、建筑保温隔热、建筑遮阳与节能门窗幕墙、暖通空调、地源热泵、太阳能建筑应用、建筑电气与智能化节能现状与技术发展、地方篇和附录。全面总结了2012年我国建筑节能行业的现状与发展情况。

本书可供从事建筑节能行业的技术人员与管理人员参考使用。

*　　　*　　　*

责任编辑：王　梅　辛海丽
责任设计：陈　旭
责任校对：刘梦然　党　蕾

中国建筑节能现状与发展报告（2012）

中国建筑节能协会　主编

*

中国建筑工业出版社出版、发行（北京西郊百万庄）
各地新华书店、建筑书店经销
北京红光制版公司制版
北京中科印刷有限公司印刷

*

开本：787×1092毫米　1/16　印张：27¼　插页：2　字数：548千字
2013年9月第一版　　2013年9月第一次印刷
定价：**76.00**元
ISBN 978-7-112-15845-4

(24608)

前　言

　　建筑节能是在当今人类面临生存与可持续发展重大问题的大环境下世界建筑发展的基本趋向。建筑节能以国家资源禀赋为基础，以人为本，遵循全面、协调、可持续的科学发展观。它不仅可以减少环境污染，建造出健康、环保、高舒适度的居住环境，而且还能减少能耗、节省能源，是实现人与自然和谐发展的重要举措。大力发展节能建筑，不仅是节约资源、能源的需要，更是人类健康发展的需要。目前中国的建筑耗能接近总能耗的 40%，而城镇建筑中节能建筑的比重还不到 25%；也就是说还有 75% 的既有建筑需要改造，加之还有新兴的城市化进程。"十二五"期间，中国节能环保累计投入要超过 5 万亿元人民币，节能环保领域的潜力巨大。2013 年 1 月国务院办公厅《转发发展改革委住房城乡建设部绿色建筑行动方案的通知》，财政部和住房和城乡建设部联合发布《关于推动绿色建筑发展的实施意见》，力争到 2015 年，新增绿色建筑面积 10 亿 m² 以上。到 2020 年，在全国新建建筑中，绿色建筑的比重超过 30%，建筑建造和使用过程的能源资源消耗水平接近或达到现阶段发达国家水平。巨大的市场空间，加上政策的大力推动，建筑节能行业将迎来黄金发展期。

　　中国建筑节能协会作为政府与行业企业的桥梁纽带，对于建筑节能在各领域的发展发挥着重要的作用。2012 年，协会在住房和城乡建设部和民政部的大力支持下，建筑节能服务、建筑太阳能一体化、建筑保温隔热、暖通空调、地源热泵、建筑电气与智能化、建筑标准与质检、建筑屋顶与绿化、节能规划等专业委员会都通过了住房和城乡建设部及民政部的审批，并在服务企业，引领专业发展中，发挥着至关重要的作用。各省市的建筑节能行业协会，也在国家政策利好的大好机遇下，因地制宜，彰显个性，成为维护地区企业的合法权益，沟通地方政府与企业的关系，营造良好的地区市场经营环境的重要纽带。

　　本报告依照我国最新颁布的各种建筑节能标准，针对我国的地域环境和建筑特点，从暖通空调、地源热泵、太阳能建筑一体化、标准质检、节能服务会、电气智能化、保温隔热、节能规划等专业领域着手，部分省市建筑节能工作，全国建筑节能行业大事记等方面，回顾和总结了 2012 年度建筑节能行业在发展过程中的成功经验和存在问题，希望能对推动我国建筑节能行业发展的从业人员，有一定的帮助和参考。

参加本书撰写的有（一）专业篇。第一篇：刘刚、杨国权、苑翔；第二篇：吴志强、许鹏、汪滋淞、苑登阔、刘超；第三篇：梁俊强、刘军民、孙金颖、张雪；第四篇：宋波、朱晓姣、张思思、王新民；第五篇：曹彬、岳鹏、张佳岩；第六篇：路宾、王东青、魏立峰、孙德宇、李月华；第七篇：徐伟、王东青、魏立峰、李怀、才隽；第八篇：梁俊强、郝斌、刘幼农、王珊珊、赵亚丽；第九篇：欧阳东、吕丽、严诗恬、肖昕宇。（二）地方篇。北京：王庆生、李禄荣、谢琳娜；上海：汤文；河北：程才实、李宁、叶金成、任星、翟佳麟；吉林：张海文、梁鑫、冯娟、张丽霞、陶丽；江苏：王然良、杨映红、欧阳能；四川：胡明福、薛学轩、李斌、李东、吴涛；宁夏：郑德金、卢巧娥、常福荣、刘军、徐善忠。中国建筑节能行业大事记（2012～2013）：王悦懿、傅晗、崔宇迪。

本书由林海燕、梁俊强、吴志强、杨榕、金鸿祥、郎四维、刘月莉、张文才、杨西伟审查并提出修改意见。协会秘书处杨西伟、王悦懿、傅晗、崔宇迪、王超、王南雁参与了本书的编辑和核稿。

如果本书的出版能对我国建筑节能行业发展起到积极的促进作用，将是全体编写组成员的莫大荣幸，尽管全体成员不辞辛劳，尽力撰写，但由于水平有限，信息不全面，存在行业数据不完整，收集整理不完全等缺陷，书中如有存在疏漏和不足，恳请广大读者批评指正。

2013 年 8 月

Preface

Building energy efficiency is a basic trend of the world building development which is under the big environment that the vital question for current human being face to survival and sustainable development. For building energy efficiency, national resources as basis, people is the center, it follows the scientific development view that is complete, harmonize and sustainable. It not only can reduce environmental pollution, to build a living environment which is healthy, with environmental protection and has high comfort level but also can reduce energy consumption. Save energy is an important measure to achieve human being and nature can be harmonized with each other. Greatly develop energy efficiency building, it not only the demand for saving resources and energy, but more important is the need for human health. Now the consumption of energy for building in China has close to the total consumption of energy 40%, but the ratio for energy efficiency building in the urbanized building has not achieve 25% ; that is say still there is 75% exist building stock need to transform, also there is newly developing urbanization progress. During the twelve fifth plan, accumulation input for China energy efficiency environmental protection will over 5000 billion RMB. The field of energy efficiency environmental protection has great potential. On January 2013, office in State Department 《Notice for Action Plan of Green Building from MOHURD which forward to National Development and Reform Commission》 Ministry of Finance of People's republic of China, MOHURD, Jointly published 《the Implementation Opinion for Promoting the Green Building Development》 try our best in 2015, area for the newly adding green building will over 10 billion square meters, in 2020, for national newly construction building, ratio for green building will over 30%. The consumption level for energy resources in building construction and used in the whole process will close to or achieve developed country level in the current stage. The great market space also with the greatly promotion for the policy, building energy efficiency will reach the golden developing period.

CABEE as the bridge and belt between government and industry enterprises, it plays very important role for building energy efficiency development in each kinds of field. 2012, under the great assistance from MOHURD and Ministry of Civil Affairs of the People's Republic of China, those professional field has been passed through MOHURD and Ministry of Civil Affairs of the People's Republic of China's examine and approve including : Building Energy Efficiency Service, Solar Building Integrated with Combined Building System, Building Insulation, HVAC and Air-conditioning, Ground—Source and Heat Pump, Building Electrical and Digitalized Energy Efficiency, Building Energy Efficiency Standards and Quality Control, Roof Greening and Energy Efficiency, Building Energy Efficiency Planning. And also it plays very important role for serving enterprises, leading professional development. Each provincial and city's building energy efficiency industry Association also under the great opportunity for having good policy, adapt to local condition, have their own characteristic, become the important belt for maintaining the legal right for regional enterprises, communicate the relationship with local government and enterprises and operating a good local market environment.

This report is according to china latest published all kinds of building energy efficiency standard, face to China's geographic environment and building characteristic, and start from those professional field including: HVAC and Air-conditioning, Ground-Source and Heat Pump, Solar Building Integrated with Combined Building System, Building Energy Efficiency Standards and Quality Control, Building Energy Efficiency Service, Building Electrical and Digitalized Energy Efficiency, Building Insulation, Building Energy Efficiency Planning. Including parts of provincial and city's building energy efficiency works, The Memorandum of building energy efficiency industry in the year of 2012 and others 9 aspects. It review and summarize the successful experiences and exist problems during the development process for building energy efficiency industry in 2012. Hope it can has some help and reference for people who promote building energy efficiency industry development.

The following are the people who participate writing this book : 1 Article for professional: Article 1 : Liu Gang, Yang Guoquan, Yuan Xiang, Article 2: Wu Zhiqiang, Xu Peng, Wang Zisong, Yuan Dengkuo, Liu Chao; Article 3 : Liang Junqiang, Liu Junmin, Sun Jinying, zhang Xue; Article 4 : Song Po, Zhu Xiaojiao, Zhang Sisi, Wang Xinmin, Article 5: Cao Bin, Yue Peng, Zhang Jiayan; Article 6: Lu Bin, Wang Dongqing, Wei Lifeng, Sun Deyu, Li Yuehua ; Article 7 : Xu Wei, Wang Dongqing, Wei Lifeng, Li Huai, Cai Ju; Article 8: Liang Junqiang, Hao Bin, Liu Younong. Wang Shanshan, Zhao Yali; Article 9: Ou Yangdong, Lui Li, Yan Shitian, Xiao Tingyu, 2 Article for Local part : Beijing: Wang Qingsheng, Li Lurong, Xie Linna; Shanghai : Tang Wen, He Bei : Cheng Caishi, Li Ning, Ye Jincheng, Ren Xing, Zhai Jialin; Ji Lin: Zhang Haiwen, Liang Xin, Feng Quan, Zhang Lixia, Tao Li; Jiang Su : Wang Ranliang, Yang Yinghong, Ou Yangneng, Si Chuan: Hu Mingfu, Xue Xuexuan, Li Bin, Li Dong, Wu Tao; Ning Xia: Zheng Dejin, Lu Qiaoe, Chang Furong, Liu Jun, Xu Shanzhong. The Memorandum of China building energy efficiency industry in the year of 2012 (2011~2012) : Wang Yueyi, Fu Han, Cui Yudi.

This book is audited and submit verification idea by those people : Lin Haiyan, Liang Junqiang, Wu Zhiqiang, Yang Rong, Jin Hongxiang, Lang Siwei, Liu Yueli, Zhang Wencai, Yang Xiwei . Association Secretary section participate editing and doing the verification including: Yang Xiwei, Wang Yueyi, Fu Han, Cui Yudi, Wang Chao, Wang Nanyan.

If publish of this book can have a active acceleration role for building energy efficiency development, it will become a great honor for whole group for editing the book. Although all person work very hard and try their best to write. But because of limited level, it still has some problems that information is not complete and the data for the industry is not complete, collection and sorting are not complete and others problems. If there are missing point and short come, we sincerely hope the broad readers can criticize and point out.

August, 2013

目　录

第三篇　建　筑　节　能　服　务

第四篇　建　筑　保　温　隔　热

第五篇　建筑遮阳与节能门窗幕墙

第六篇　暖　通　空　调

— 13 —

第九篇　建筑电气与智能化节能现状与技术发展

第十篇　地　方　篇

附　录

Content

Part Ⅰ   Building Energy Efficiency Standard
and Quality Control

Part Ⅴ　Building Shading and Curtain Wall and Door and Window of Energy Efficiency

Part Ⅵ　HVAC

Part Ⅶ Ground Source and Heat Pump

Part Ⅷ　Application of Solar Energy Building

Part Ⅸ　Current Condition and Technology Development for Building Electrical and Digitalized Energy Efficiency

Part Ⅹ　Chapter for Local Areas in China

Appendix

第 一 篇 | 建筑节能标准和质检

第一章 综 述

2012 年，我国的建筑节能工作继续扎实有效地推进，紧紧围绕《国务院关于印发"十二五"节能减排综合性工作方案的通知》（国发〔2011〕26 号）明确的各项工作任务，完善措施，加大力度，更加突出地抓好建筑节能工作。建筑节能标准的制定和实施也在稳步进行，在新建建筑执行节能强制性标准方面，2012 年全国城镇新建建筑执行节能强制性标准基本达到 100％，并督促指导有条件的地区率先执行更高水平的节能标准。

2012 年，加快完善了建筑节能标准体系，针对不同建筑类型、不同建设环节，制订修订绿色建筑、新建建筑、既有建筑节能改造、可再生能源建筑应用等相关标准，加快研究制订不同类型可再生能源建筑应用技术在设计、施工、能效检测等各环节的工程建设标准。

第二章　2012年度发布实施建筑节能标准目录

2012年，随着建筑节能工作的深入推进，建筑节能标准体系进一步完善和发展，2012年度，住房和城乡建设部逐步发布了几项重要的建筑节能的相关标准，2012年度发布实施建筑节能标准目录如表1-2-1所示。

2012年度发布实施建筑节能标准目录　　　　　　　　　　表1-2-1

标准级别	2012年发布和实施的标准
国家标准	GB/T 50785—2012 民用建筑室内热湿环境评价标准 GB 50787—2012 民用建筑太阳能空调工程技术规范 GB 50736—2012 民用建筑供暖通风与空气调节设计规范 GB/T 50824—2013 农村居住建筑节能设计标准 GB/T 50801—2013 可再生能源建筑应用工程评价标准
行业标准	JGJ/T 264—2012 光伏建筑一体化系统运行与维护规范 JGJ/T 267—2012 被动式太阳能建筑技术规范 JGJ/T 288—2012 建筑能效标识技术标准 CJJ/T 185—2012 城镇供热系统节能技术规范 JGJ 75—2012 夏热冬暖地区居住建筑节能设计标准 JGJ/T 129—2012 既有居住建筑节能改造技术规程 JGJ 142—2012 辐射供暖供冷技术规程
产品标准	JG/T 401—2013 空气源三联供机组 JG/T 399—2012 建筑遮阳产品术语标准 JG/T 397—2012 建筑幕墙热循环试验方法 JG/T390—2012 空调冷凝热回收设备 JG/T 379—2012 通断时间面积法热计量装置技术条件 JG/T 358—2012 建筑能耗数据分类及表示办法 JG/T 356—2012 建筑遮阳热舒适、视觉舒适性能检测方法
地方标准	DBJ 53/T—39—2011 云南省民用建筑节能设计标准 DGJ 08—107—2012 上海市公共建筑节能设计标准 DG/TJ 08—2090—2012 上海市绿色建筑评价标准

2012年，住房和城乡建设部还有几项重要的建筑节能相关标准正处在征求意见稿阶段，如表1-2-2所示。

2012 年征求意见稿阶段的建筑节能相关标准　　　表 1-2-2

标准级别	2012 年征求意见稿阶段的建筑节能相关标准
国家标准	绿色建筑评价标准 外墙外保温系统技术要求及评价方法 供热系统节能改造技术规范
行业标准	供热计量系统运行技术规程 建筑热环境测试方法标准 蒸发冷却空调系统工程技术规程 围护结构传热系数现场检测技术规程 光热幕墙工程技术规范 建筑节能气象数据标准
产品标准	水蒸发冷却空调机组 辐射供冷及供暖装置热性能测试方法

第三章　2012年度重点建筑节能标准介绍

2012年，我国在继续完善建筑节能标准体系的基础上，对几个重点的标准进行了修订和制订，其中影响比较大的建筑节能相关标准有国家标准《民用建筑供暖通风与空气调节设计规范》GB 50736—2012，该标准是在《采暖通风与空气调节设计规范》GB 50019—2003 的基础上修订的，国家标准《可再生能源建筑应用工程评价标准》GB/T 50801—2013 制订使得可再生能源建筑应用工程有了可依据的标准。另外，2012年还发布了行业标准《建筑能效标识技术标准》JGJ/T 288—2012，有助于规范和统一建筑能耗数据的表述，为进一步的能耗分析、评估等提供良好的平台。

2012年正在进行修订的重点标准是国家标准《绿色建筑评价标准》GB/T 50378—2006，该标准的修订将推进我国绿色建筑的更大发展。

第一节　民用建筑供暖通风与空气调节设计规范 GB 50736—2012

《民用建筑供暖通风与空气调节设计规范》为国家标准，编号为 GB 50736—2012，自2012年10月1日起实施。原《采暖通风与空气调节设计规范》GB 50019—2003 中相应条文同时废止。

规范共分为11章和10个附录，主要内容包括总则、术语、室内空气设计参数、室外设计计算参数、供暖、通风、空气调节、冷源与热源、检测与监控、消声与隔振、绝热与防腐等。新标准吸收了国家设计标准的方法和规定，借鉴了已有国家的有益经验和先进行业发展成果，强调"节能、安全、环保、健康"的关系，为设计人员实践创新预留大的空间，较好地处理了节能与健康的关系，寻求节能与舒适的平衡；突出解决了当前暖通空调设计中基础和共性问题，比如气象参数更新、室内设计参数、空调负荷计算方法、供暖、供回水参数以及间歇运行负荷增加等；更强调新技术的应用，如变风量、低温送风、温湿度独立控制、蒸发冷却、区域供冷、燃气冷三联供等新技术的设计要求进行了规定。

同时，新标准的内容有以下重要内容和特点：

（1）室外空气计算参数

室外空气计算参数对于负荷计算而言是非常重要的基础数据。在《民用建筑供暖通风与空气调节设计规范》GB 50736—2012 发布之前，大部分暖通行业人员使用的是 1987 年版《采暖通风与空气调节设计规范》GBJ 19—87 中的室外空气计算参数。由于环境温度的变化，20 世纪 80 年代的计算参数已不适用于当前的负荷计算。为保证暖通空调系统设计的准确性和节能性，本次规范编制所使用的原始数据来自国家气象信息中心气象资料室。

（2）舒适与节能的室内设计参数

随着我国对节约能源意识的不断加强，暖通空调系统的节能也越来越受到关注，只有制定合理的室内设计参数，才能科学的计算冷、热负荷，选择经济合理的供冷及供热设备，达到建筑节能的目的。室内计算参数主要是指建筑室内的温度、相对湿度、风速以及新风量等，这些参数的变化直接影响着室内的热环境以及建筑的能耗。室内各计算参数，对于室内热舒适和空调系统能耗的影响程度是各不相同的，有些参数的变化对室内热舒适环境影响较大，对能耗影响却较小，而有些参数的变化则恰恰相反，因此如何均衡地考虑舒适和节能是制定室内设计参数的关键。对于供暖室内设计温度，基于节能的原则，本着提高生活质量、满足室温可调的要求，在满足舒适的条件下尽量考虑节能，因此选择偏冷（$-1 \leqslant PMV \leqslant 0$）的环境，将冬季供暖设计温度范围定在 18～24℃。从实际调查结果来看，大部分建筑供暖设计温度为 18～20℃。对于舒适性空调的室内设计参数，考虑不同功能房间对室内热舒适的要求不同，分级给出室内设计参数，热舒适度等级由业主在确定建筑方案时选择。

（3）民用建筑室内设计新风量

关于"每人所需最小新风量"的讨论涉及两类主要观点：一是消除异味和污染物，保证人的健康舒适；二是尽可能减少疾病传播。规范组对 Yaglou 传统新风理论、Fanger 基于舒适和适应性的新风理论和 Jokl M. V. 污染物指标新风理论进行研究，并且对国际相关标准 ASHRAE Standard 62、prENV 1752、DIN 1946、CIBSE Guide A、NKB－61、《日本医院设计和管理指南》进行比对研究，分别对公共建筑主要房间每人所需最小新风量、设置新风系统的居住建筑和医院建筑、高密人群建筑每人所需最小新风量的确定方法进行了规定。

（4）散热器供暖供回水温度

以前的室内供暖系统设计，基本是按 95℃/70℃ 热媒参数进行设计，实际运行情况表明，合理降低建筑物内供暖系统的热媒参数，有利于提高散热器供暖的舒适程度和节能降耗。近年来，国内已开始提倡低温连续供热，出现降低热媒温度的趋势。规范组通过研究发现：对采用散热器的集中供暖系统，综合考虑供暖系统的初投资和年运行费用，当二次网设计参数取 75℃/50℃ 时，方案最优，其次是取 85℃/60℃ 时。国外集中供热系统的二次网供回水设计参数存在向低温供热发展的趋势。其中丹麦、芬兰、德国、波兰和韩国等国家由于其纬度与中国北方供暖城市的纬度相近，因此这些国家的供热系统更有参考价值，这些国家的集中供热系统二次网的供水温度参数约为70～80℃，二次网回水温度参数约在40～65℃之间，二次网的供回水温度多采用70℃/40℃、70℃/50℃、80℃/60℃、75℃/65℃等设计参数。目前，欧洲出现60℃以下低温热水供暖，这也值得我国参考。

（5）复合通风

目前，我国民用建筑中大空间建筑逐步增多，采用复合通风系统通风效率高，通过自然通风与机械通风手段的结合，可节约风机和制冷能耗约10%～50%，既带来较高的空气品质又有利于节能。复合通风系统是指自然通风和机械通风在一天的不同时刻或一年的不同季节里，在满足热舒适和室内空气质量的前提下交替或联合运行的通风系统。复合通风系统设置的目的是增加自然通风系统的可靠运行和保险系数，并提高机械通风系统的节能率。复合通风在欧洲已经普遍采用，复合通风适用场合包括净高大于5m且体积大于1万m³的大空间建筑及住宅、办公室、教室等易于在外墙上开窗并通过室内人员自行调节实现自然通风的房间。

（6）空调冷负荷计算

空调冷负荷的计算是暖通空调设备选型的基础，其准确性对整个建筑的节能情况、运行效果都影响很大，一种准确、有效、合理的空调冷负荷计算方法对于暖通空调行业至关重要。规范组通过研究，对国内全部的商业负荷计算软件以及两家美国主流商业软件进行五次现场比对，多次网络及电话会议比对，共计算43个算例，处理近千组数据，对空调冷负荷计算方法和软件进行规范、统一、改进。规范组对我国现行的传递函数法和谐波反应法进行了深入的研究，对我国现有空调冷负荷计算方法进行了完善，在一定程度上提高了计算软件的计算水平。我国现有的两种主流空调冷负荷计算方法传递函数法和谐波反应法，虽然两种方法使用不同的理论，经过完善后两种方法的计算结果的一致性较好，两种方法都符合我国现行规范的要求，计算精度满足工程需要，两种方法可以互相验证、共同存在。

（7）空气调节系统

建筑物空调系统应根据建筑物的用途、规模、使用特点、负荷变化情况、参数要求、所在地区气象条件和能源状况，以及设备价格、能源预期价格等，经技术经济比较确定；对规模较大、要求较高或功能复杂的建筑物，在确定空调方案时，原则上应对各种可行的方案及运行模式进行全年能耗分析，使系统的配置合理，以实现系统设计、运行模式及控制策略的最优。规范分别对全空气定风量空调系统、全空气变风量空调系统、风机盘管加新风空调系统、多联机空调系统、低温送风空调系统、温湿度独立控制空调系统、蒸发冷却空调系统、直流式（全新风）空调系统的选择原则及设计进行了规定。

（8）冷源与热源

当前各种机组、设备类型繁多，电制冷机组、溴化锂吸收式机组及蓄冷蓄热设备等各具特色，地源热泵、蒸发冷却等利用可再生能源或天然冷源的技术应用广泛，由于使用这些机组和设备时会受到能源、环境、工程状况使用时间及要求等多种因素的影响和制约，因此应客观全面地对冷热源方案进行技术经济比较分析，以可持续发展的思路确定合理的冷热源方案。空调冷热水参数应保证技术可靠、经济合理，规范对以水为冷热媒对空气进行冷却或加热处理的一般建筑的空调系统采用冷水机组直接、蓄冷空调系统、温湿度独立控制空调系统、蒸发冷却或天然冷源制取空调冷水、采用辐射供冷末端设备、采用市政热力或锅炉供应的一次热源通过换热器加热的二次空调热水、采用直燃式冷（温）水机组、空气源热泵、地源热泵等作为热源、采用区域供冷系统等情况的供回水的温度和温差进行了规定。对定流量一级泵空调冷水系统、变流量一级泵空调冷水系统分别对其设计进行了规定。为了保证水泵的选择在合理的范围，降低水泵能耗，对空调水系统循环水泵的耗电输冷（热）比进行了规定，对空调水系统中循环水泵的耗电与建筑冷热负荷的比例进行了限制。

（9）检测与监控

检测与监控系统可采用就地仪表手动控制、就地仪表自动控制和计算机远程控制等多种方式。设计时究竟采用哪些检测与监控内容和方式，应根据系统节能目标、建筑物的功能和标准、系统的类型、运行时间和工艺对管理的要求等因素，经技术经济比较确定。系统规模大，制冷空调设备台数多且相关联各部分相距较远时，应采用集中监控系统；不具备采用集中监控系统的供暖、通风与空调系统，宜采用就地控制设备或系统。

（10）消声与隔振、绝热与防腐

供暖、通风与空调系统产生的噪声与振动，只是建筑中噪声和振动源的一部分。当系统产生的噪声和振动影响到工艺和使用的要求时，就应根据工艺和使用要求，也就是各自的允许噪声标准及对振动的限制，系统的噪声和振动的频率特性及其传播方式（空气传播或固体传播）等进行消声与隔振设计，并应做到技术经济合理。为减少设备与管道的散热损失、节约能源、保持生产及输送能力、改善工作环境、防止烫伤，应对设备、管道（包括管件、阀门等）应进行保温。为减少设备与管道的冷损失、节约能源、保持和发挥生产能力、防止表面结露、改善工作环境，设备、管道（包括阀门、管附件等）应进行保冷。近年来，随着我国高层和超高层建筑物数量的增多以及由于绝热材料的燃烧而产生火灾事故的惨痛教训，对绝热材料的燃烧性能要求会越来越高，设计采用的绝热材料燃烧性能必须满足相应的防火设计规范的要求。

第二节　可再生能源建筑应用工程评价标准
GB/T 50801—2013

可再生能源建筑应用工程评价标准编制工作从 2009 年 6 月启动，2011 年 5 月完成了标准的征求意见稿草稿，2012 年完成编制工作，编号为 GB/T 50801—2013，自 2013 年 5 月 1 日起实施。

《标准》包含 6 章正文、4 个附录及条文说明和引用标准名录。正文部分的内容依次为：总则、术语、基本规定、太阳能热利用系统、太阳能光伏系统、地源热泵系统。附录 A～附录 D 的内容为：评价报告格式、太阳能资源区划、我国主要城市日太阳辐照量分段统计及倾斜表面上的太阳辐照度计算方法。

《标准》适用于我国新建、扩建和改建建筑中应用太阳能热利用系统、太阳能光伏系统和地源热泵系统的可再生能源建筑应用工程的节能、环境和经济效益的测试与评价。《标准》规定了可再生能源建筑应用工程的评价包括单项指标评价、性能合格判定和性能分级评价的方法。指标评价首先根据设计要求进行，没有明确的设计要求时根据标准提出的指标进行评价。各单项指标评价均满足标准要求，工程性能方可判定为合格，判定合格的工程，可进行性能分级评价。

《标准》的评价以实际测试参数为基础进行，要求所评价的项目先通过可再生能源建筑应用所属专业的分部工程验收、建筑节能分部验收以及标准规定的形式检查。《标准》按太阳能热利用系统、太阳能光伏系统和地源热泵系统进行分类，每个系统单独成章，从评价指标、测试方法、评价方法、判定和分级四个方面对评价所需要的测试项目、测试设备、测试条件、计算公式、评价方法进行了详细、明确的规定。

第三节　建筑能效标识技术标准 JGJ/T 288—2012

建筑能效测评是对反映建筑物能源消耗量及建筑物用能系统效率等性能指标进行检测、计算，并给出其所处水平。建筑能效标识是将反映建筑物能源消耗量及建筑物用能系统效率等性能指标以信息标识的形式进行明示。

《建筑能效标识技术标准》被列入 2009 年国家建筑工程标准编制计划，2012 年完成编制，编号为 JGJ/T 288—2012，自 2013 年 3 月 1 日起实施。

标准的主要内容是：总则，术语，基本规定，测评方法，居住建筑能效理论值，公共建筑能效理论值，居住建筑能效实测值，公共建筑能效实测值，建筑能效测评标识报告和附录。建筑能效标识应以建筑能效测评结果为依据进行标识。居住建筑和公共建筑分别进行标识。建筑能效标识包括建筑能效理论值标识和建筑能效实测值标识两个阶段。

建筑能效测评包括基础项、规定项与选择项。基础项应为计算或实测得到的全年单位建筑面积供暖空调耗能量或供暖、空调和照明耗能量；规定项应为除基础项外，按照国家现行建筑节能设计标准或节能检测标准要求，围护结构及供暖空调、照明系统必须满足的项目；选择项应为对高于国家现行建筑节能标准的用能系统和工艺技术加分的项目。

建筑能效理论值测评方法应包括软件评估、文件审查、现场检查及性能检测。建筑能效理论值基础项计算应采用软件评估方法，评估软件算法应符合国家现行建筑节能设计标准的规定。文件审查应对文件的合法性、完整性、科学性及时效性等方面进行审查。现场检查应采用现场核对的方式，进行设计符合性检查。性能检测方法应符合国家现行建筑节能检测标准的规定。对已有国家认可检测机构出具的检测报告的项目，可不再重复检测。

实测值测评方法应包括统计分析、现场性能检测及报告评估。现场性能检测方法应符合国家现行建筑节能检测标准规定。

第四节 绿色建筑评价标准

本次绿色建筑评价标准是对国家标准《绿色建筑评价标准》GB/T 50378—2006 进行修订。修订过程中，标准修订组对《绿色建筑评价标准》GB/T 50378—2006 的执行和实施情况开展了大量调查研究，认真总结了实践经验，也适当参考了有关国外标准。

本次修订的主要内容包括：

（1）将标准适用范围由住宅建筑和公共建筑中的办公建筑、商场建筑和旅馆建筑，扩展至各类民用建筑。

（2）明确区分设计阶段评价和运行阶段评价。

（3）绿色建筑评价指标体系在节地与室外环境、节能与能源利用、节水与水资源利用、节材与材料资源利用、室内环境质量和运营管理（运行管理）六类指标的基础上，增加"施工管理"。

（4）采用评分的方法，并以总得分率确定评价等级。相应地，将旧版标准中的一般项改为评分项。

（5）增设创新项，鼓励绿色建筑的技术创新和提高。

（6）明确对于单体多功能综合性建筑的评价方式与等级确定方法。

（7）修改部分评价条文，并为所有评分项和创新项条文分配评价分值。

本标准的主要技术内容是：总则、术语、基本规定、节地与室外环境、节能与能源利用、节水与水资源利用、节材与材料资源利用、室内环境质量、施工管理、运行管理、创新项评价及有关附录。

编制原则遵循因地制宜的原则，结合建筑所在地域的气候、环境、资源、经济及文化等特点，对建筑全寿命期内节能、节地、节水、节材、保护环境等性能进行综合评价。

第五节 建筑能耗数据分类及表示办法 JG/T 358—2012

能耗数据是建筑节能工作的基础。近年来，各科研机构和政府部门在统计和研究实际建筑能耗、了解我国建筑能耗现状等方面作了许多努力，取得了大量有意义的研究成果，为我国建筑节能工作提供了有力的依据和参考。然而，由于缺乏统一的建筑能耗表述方法，目前得到的数据定义不一致，难以进行横向比较。这就给进一步的分析、研究和以此为基础的节能管理工作带来诸多困难，甚至可能会导致错误结论而误导节能工作。因此，有必要根据建筑能耗数据采集和统计的需求，研究科学、合理的数据表述方法，对建筑能耗进行统一的表述，以便于建筑能耗的数据采集、数据统计、信息发布、能耗标准、能耗计量、能耗评估和能耗分析等。

《建筑能耗数据分类及表示方法》为建筑工业行业产品标准，编号为 JG/T 358—2012，自 2012 年 8 月 1 日起实施。作为建筑能耗表述的基础，该标准有助于规范和统一建筑能耗数据的表述，为进一步的能耗分析、评估等提供良好的平台。

《建筑能耗数据分类及表示方法》的主要内容分为以下三部分：

(1) 建筑能耗按用途表述，将建筑能耗按用途分为供暖用能、供冷用能等十一类，并明确了每一类用能包含的项目，避免重复和遗漏；

(2) 建筑能耗按用能边界表述，定义了五种按用能边界区分的建筑能耗，用来指示建筑能耗数据对应的能量利用"位置"；

(3) 建筑能耗数据表示方法，规定了建筑能耗表述的总则，以及建筑能耗数据的换算方法。

第六节 云南省民用建筑节能设计标准
DBJ 53/T—39—2011

《云南省民用建筑节能设计标准》DBJ 53/T—39—2011 为 2011 年发布，2012 年 6 月 1 日实施的云南地区地方标准。标准主要技术内容为：总则、术语、建筑热工设计分区及室内热环境计算参数、建筑与建筑热工设计、采暖通风和空调节能设计、建筑给排水节能设计、建筑电气节能设计、可再生能源应用设计等。

标准编制过程中，经广泛调查研究，认真分析研究了云南地区的气候特征和建筑节能的实践经验，吸收了国家和各省市编制建筑节能设计标准的最新成果以及国内外先进适用的建筑节能技术。

自从开展建筑节能工作以来，国家先后颁布了《民用建筑节能设计标准（采暖居住建筑部分）》（2010 年以《严寒和寒冷地区居住建筑节能设计标准》替代）、《夏热冬冷地区居住建筑节能设计标准》JGJ 134、《夏热冬暖地区居住建筑节能设计标准》JGJ 75 、《公共建筑节能设计标准》GB 50189 等一系列建筑节能设计标准，但由于各方面的制约，上述标准对温和地区的建筑节能设计，或未于涵盖，或缺乏足够的针对性和可持续性。

由于云南省行政区划内 84％属于建筑气候分区的温和地区，温和地区的建筑节能工作尚处于起步和探索阶段，工程经验不足，云南省的建筑节能设计标准为温和地区的建筑节能设计提供了可借鉴的设计标准。

第四章 国际 ISO 建筑碳排放标准 ISO NP16745-1

目前，建筑排放了全球 1/3 的温室气体，如此高的比例使得建筑领域有责任在减少温室气体排放的策略中起带头作用。在快速、深层次又经济地减轻温室气体方面，建筑领域比其他领域拥有更大的潜力和机会。因此，国际标准化组织近年来一直致力于编制建筑碳排放方面的标准。

国际标准化组织第 59 技术委员会（ISO/TC 59 "房屋建筑" 技术委员会）成立于 1947 年，是 ISO 历史最悠久的技术委员会之一。目前有成员 76 个，其中积极成员 31 个，观察成员 45 个，秘书国为挪威，下设 8 个分技术委员会（SC），其中 TC 59/SC 17 "建筑结构的生态合理性" 是新近成立的。自成立以来，ISO/TC 59 已制定发布了 80 多个标准。

国际标准化组织第 59 技术委员会第 17 分委员会第 4 工作组（ISO/TC 59/SC17/WG4）正在编制的 ISO NP 16745-1 这个文件旨在发展一个国际标准，开始一个全球适用的普遍方法，通过一个叫作建筑碳计量的工具进行对现有建筑的温室气体排放的测量和报告。

该项标准由东京大学的 Yushiru 教授主持负责。目前大体成形，但仍在修改完善中。参与国家主要有中国，澳大利亚，芬兰，法国，德国，日本，韩国，西班牙，美国。

碳计量是一种基于建筑信息及能源使用数据，对现有建筑在运行过程中的温室气体排放进行计算的尺度。使用这种方法，它的计量和协议可被建筑耗能的数据可以恢复和收集的发展中以及发达国家的利益相关者使用，这样使得这种方法更加的有用，并且可以在全球范围内传递。

这个文件旨在为许多需要在商业活动、政府政策以及商标基准的决策上使用建筑碳计量作为参考的相关人（不仅仅是建筑专业）提供实用性。

标准包括范围、规范性引用文件、术语和定义、测量建筑在使用阶段碳度量的拟订方案、碳度量报告、附件等内容，标准主要确定了一种用于现有建筑运行阶段能耗相关的温室气体排放的计算以及确认的简化碳计量方法。

第五章 2012年度绿色建筑标准法律法规和标准体系建设

第一节 全面提升绿色节能建筑认识、完善绿色节能建筑产业

技术支持要大力发展绿色节能建筑，就必须全面提升绿色节能技术的认识度和绿色节能技术的设计理念，传播绿色节能技术在生活中的节能效应，宣传绿色节能技术的技术标准和相关的技术标准，增强社会群众对于绿色技能技术的消费认识，扩大绿色节能建筑的社会需求，培养和树立正确的、健康的、节能的、低碳的建筑经济消费理念，为绿色节能技术的推广和发展营造良好的社会环境。

第二节 建立绿色节能建筑法律法规制度与评估体系

在绿色节能建筑的建设过程中，政府作为引导者和监督者，一方面要通过合理的法律法规来推动绿色节能技术的使用，增强绿色节能技术使用的法律效应，强化绿色节能技术标准在新建建筑中的使用力度，另一方面要对于绿色节能建筑的评估体系进行严格把关，要形成一个良好的绿色节能技术使用评估体系，科学、合理地对新建建筑的绿色节能效应进行评估，为广大消费者提供科学的、客观的、真实的评估结果。只有对绿色节能技术的合理监管才能够推动绿色节能建筑产业的健康持续发展。

第三节 增强绿色节能建筑设计的推广力度和激励政策

建设通过政府引导，对政府主导建设的经济适用房、廉租房、保障性住房、学校、医院等建设项目进行绿色节能技术的强制使用，推动绿色节能建筑的示范效应，在部分思想觉悟高、有使用条件的地区进行试点建设，推动绿色节能建设标准，并且将建设项目全面进行评估，对节能减排效应进行监管，对绿色节能达

标的建筑进行税收制度的优惠和激励，并对小城镇的绿色节能建筑进行适度投资，对其税收进行减免，进一步推动绿色节能技术的使用和税收政策的适度激励。

第四节 加强绿色节能建筑示范项目推广

对我国现有的建筑进行示范项目建设，对其进行绿色节能建筑升级改造，并进行标准化改造建设。对城市建设的区域化发展实施新型可再生能源推广项目，加大城镇及农村居民的低碳生活城、可再生能源创新城项目建设力度。对具有示范性能力的专项建筑进行强有力的技术支持和应用示范激励，实施新型节能材料使用和绿色减排项目建设，进一步推动绿色节能技术建筑建设。

第五节 推动绿色节能建筑相关产业发展

通过绿色节能技术的推广和建设，大力推动其相关产业的发展，对绿色节能建筑材料、设备、产品的产业化和规模化发展给予一定的政策倾斜，加大专项技术和产业的基础建设，并且积极营造其市场环境和投资环境，通过绿色节能材料的技术发展推动绿色节能技术的推广使用。

我国绿色节能技术的市场激励政策正处于不断的探索过程中，更多的政策倾斜偏向于一次性的补偿和相关的财政补贴，但是在绿色节能产业规模化发展中，建设有利于绿色节能技术推广和财务税收增收的长效机制尚未形成，并且随着建筑成本的增加，对于绿色节能建筑的有限补贴无法带动绿色节能建筑的产业发展，因此对于绿色节能建筑技术的发展和推动需要政府不断地深化产业技术改革，通过绿色节能建筑产业的发展需求来进行合理的市场引导，加强绿色节能技术的法律法规约束力度，推动绿色节能技术的监管和评估体制建设，加强绿色节能建筑的示范效应和相关服务产业发展，以市场经济杠杆为手段，带动我国绿色节能建筑产业规模化发展。

标准质检专业委员会编写人员：

刘刚 杨国权 苑翔

第 二 篇 | 建筑节能规划

第一章　建筑节能规划发展与现状分析

第一节　建筑节能规划的发展历程

建筑节能规划包含内容：城乡清洁能源和新能源规划、城乡建筑群与园区节能规划设计、绿色街区与生态城市节能规划设计、生态城乡智能运行及其管理规划等专业技术规划设计，以求城乡资源合理规划、资源利用高效循环、节能措施综合有效、建筑环境健康舒适、废物排放减量无害、建筑功能灵活适宜等低碳节能目标。

能源规划与能源供应

（1）能源共同沟

伴随着经济的快速发展和生活质量的提高，现代化、智能化的建筑在中国大量出现，这就要求管线敷设空间能够充分容纳不断增加的管线，保证良好的社区环境，并且能够节约能源，共同沟技术由此产生。"共同沟"也称为总管道、市政管廊或城市综合管沟，是指将两种以上的城市管线集中设置于同一人工空间中，所形成的一种现代化、集约化的城市基础设施。与传统的管线埋设方式相比，以共同沟方式设置管线，可以减少道路的反复开挖，避免由此引起的对正常交通的影响，有利于城市路网的畅通；有利于满足各种市政管网对通道、路径的需求，比较有效地解决了城市发展过程中对电力、燃气、通信、给水、排水逐步持续性增长的需求；有利于城市管线的灵活配置，提高地下空间的利用率。

（2）能源中心

建立先进的能源中心，主要是对生产过程的水、电、蒸汽、压缩空气、氧气、氮气等能源介质进行计量与监控，对有关重大设备或重要工艺设备的水、电、风、气用量与质量指标进行平衡与监控。借此来加强能源调度与管理，对从根本上解决各种能源浪费问题、实现能源管理的信息化和网络化、提高生产效率和竞争力都具有重要意义。国外能源中心的节能效果一般可达 $7\%\sim10\%$；建立能源中心实现优化及智能管理每年可为企业减少上千万元的能源消耗，产生十分可观的经济效益。

能源中心技术必将随着计算机技术、信息技术、控制技术等诸多技术的发展与能源管理和环保技术进步需要而不断健全、发展。

在未来城市的规划设计中，将更多的精力放在城市能源中心的建设上，将从宏观规划、数据采集、控制调整等方面对整体城市的能源使用效果进行评估分析，进一步优化在市政、建筑、交通等方面的能源配置，为建立生态绿色城市提供支撑。

（3）三联供

热电联产是指火电机组在发电的同时，用抽汽或背压机组的排汽进行供热，由于实现了热能的梯级利用，其总的能源利用率为70%～80%，比热电分产节能30%左右。热电冷三联供指锅炉产生的蒸汽发电后，其排汽或抽汽，除满足各种热负荷外，还可做吸收式制冷机的工作蒸汽，生产6～8℃冷水用于空调或工艺冷却。在2010年8月1日，住房和城乡建设部发布第757号公告，批准《燃气冷热电三联供工程技术规程》为行业标准，编号为CJJ 145—2010，自2011年3月1日起实施。该标准为首次制订，将对燃气冷热电三联供技术发展起到促进作用。

由于燃气冷热电三联供系统能源利用效率高、技术成熟、建设简单、投资相对较低和经济上有竞争力，已经在国际上得到了迅速地推广。

（4）燃气为主的峰值调度

一个城市的能源使用量在时间上是具有峰值和谷值的，在能源使用的高峰时期，由于能源需求量太大，能源输配系统将超负荷运行甚至难以满足需求，造成能源供应不足等不希望发生的现象；为了减少这种不利情况的发生，调节能源使用时间，从政策上政府根据用时不同实行分级能源价格，分散能源使用集中度，从而使能源供应更加合理。目前使用较多的有电力供应的峰值调度和燃气供应的峰值调度。

第二节　建筑节能规划的现状分析

我国城市能源供应形势严峻：我国正处于城市化高潮，全国每年约有1800万人从农村迁往城市，当前城镇人口年均消耗能源为农村人口的3.5倍，能源供应缺口还将继续扩大。目前我国城市每年机动车拥有率增长幅度在10%～15%，按照在这一速度，中国现有的石油储量仅能维持28～35年，我国城市能源供应的压力是相当大的。

目前，我国每年城乡新建房屋建筑面积近20亿 m^2 ，既有建筑近400亿 m^2 ，建筑能耗巨大已成为一个突出的问题。

（1）国内现状

1）城市能源效率落后于世界先进水平

总体而言，中国的能源系统效率为33.4%，比国际先进水平低10个百分点左右。中国2000年能源效率大致相当于欧洲1990年代初的水平，日本1970年代初的水平（日本 1975 年能源效率为 36.5％），中国 11 个高耗能产业的 33 种产品能耗比国际先进水平高 46％左右。

2）能源紧张已经影响到中国城市发展

早在 2003 年夏天，我国已经出现了大面积的"电荒"，全国有 19 个省自治（区）市拉闸限电，进入冬季以后又有 7 个省区市限电。目前全国已经有多个省市区采取拉闸限电的措施来保证基本的电力供应。频繁的拉闸限电使企业生产成本成倍增加、废品率大幅度提高、企业经济效益明显下降。

3）以煤炭为主的能源结构，使生态环境受到极大的负面影响

中国的能源资源自然禀赋决定了采用以煤炭为主的能源结构，中国煤炭生产消费量占世界 1/3 以上。总体而言，煤炭在我国能源消费中的比例超过 65％以上，煤炭用于发电的比重只占 30％左右，近 70％的原煤没有经过洗选直接燃烧，燃煤造成的烟尘排放量约占排放总量的 70％～80％。中国的大气污染损失已经占 GDP 的 3％～7％，到 2020 年估计将高达 13％。以煤为主的能源结构也使城市的生态环境受到较大的负面影响。

4）低碳城市的规模和发展

CO_2 排放所造成的全球气候变化将会对全球的生态环境变化带来不可逆转的影响，是一个影响全球生态环境的问题。2003 年英国政府将低碳经济（Low Carbon Economy）作为一种新的发展观，写入政府能源白皮书之后，许多城市开始以"低碳城市"作为城市发展的目标。低碳城市发展是指城市在经济发展的前提下，保持能源消耗和 CO_2 排放处于较低水平。我国更提出了"十一五"期间单位国内生产总值能耗降低 20％左右，主要污染物排放总量减少 10％的指标。

中国城市对于低碳发展的积极性和热情都要高于中央政府。许多城市都明确提出低碳发展，更多的地方政府则把低碳经济、低碳发展写入了每年的政府工作报告。

2008 年 WWF（世界自然基金会）选定上海和保定作为低碳城市试点开始，中国低碳城市进入发展阶段。保定提出"中国电谷、低碳保定"的目标，上海在世博会期间践行"低碳世博"。2008 年，中国科技部启动了"十城千辆"计划，在城市大规模推广使用新能源和电动汽车。这一计划是中国低碳城市发展的重要举措。

2010 年 8 月，国际发展和改革委员会启动国家低碳省和低碳城市试点工作，确定广东、辽宁、湖北、陕西、云南 5 省和天津、重庆、深圳、厦门、杭州、南昌、贵阳、保定 8 市作为低碳试点省市，标志着中国低碳发展和低碳城市正式进入实践阶段。低碳试点省市要求编制低碳发展规划，明确提出本地区控制温室气体排放的行动目标、重点任务和具体措施；制定支持低碳绿色发展的配套政策；加快建立以低碳排放为特征的产业体系；建立温室气体排放数据统计和管理体

系；积极倡导低碳绿色生活方式和消费模式。

日照市、成都市温江区都加入了联合国 UNEP 的碳中和网络，承诺公开温室气体排放信息，努力消减温室气体排放，未来实现低碳发展和碳中和。日照市于 2007 年获得了首届"世界清洁能源奖"，其低碳城市发展战略是发展"太阳能之城"。青岛市、北京市、杭州市和德州市都签署了《大邱宣言》，成为世界太阳城组织的一员，承诺积极采取行动控制 CO_2 排放，德州市还取得了 2010 年世界太阳城大会的举办资格。

低碳城市规划是城市低碳发展的关键步骤。当前中国尚没有成熟的、成体系的低碳城市规划方法体系和指标体系。但低碳城市规划至少要包括以下 4 个方面的内容：城市温室气体清单；城市低碳发展指标体系；城市未来温室气体排放目标；城市经济发展、能源结构、消费方式的低碳化措施和方案。

5) 技术层面与政策层面（补贴，激励）

在能源供应方面，当前中国城市适用的关键技术和做法有：需要改进能源供应和输配效率；煤改气；核电；可再生能源开发利用（水电、风电、太阳能、地热、生物能）；热电联产。有效的政策和措施有：针对可再生能源技术的上网电价补贴差别电价。

在交通运输方面，当前中国城市适用的关键技术和做法有：城市布局及路桥结构的优化；更节约燃料的机动车；混合动力车；低碳燃料替代；公共交通优先；非机动化交通运输（自行车、步行等）；强制性节约燃料；制定公路交通的生物燃料混合比例要求和 CO_2 排放标准。有效的政策和措施有：利于节能的城市规划；加强排放标准；车辆购置税；有吸引力的公共交通低票政策；征收燃油税；实施《汽车燃料消耗量标识》。

在建筑方面，当前中国城市适用的关键技术和做法有：建立更加高效的建筑节能标准；高效照明和采光；高效电器；高效供热和制冷装置；节能墙体材料和建筑物围护结构；节水技术；智能化楼宇。有效的政策和措施有：家电标准和能效标签；建筑法规；政府强制采购节能产品制度；绿色照明推广；阶梯电价；阶梯水价。

在工业方面，当前中国城市适用的关键技术和做法有：限制高能耗产业发展；能源合理配置和利用；推广使用高能效终端设备；余热和可燃气体回收；材料回收利用和替代；控制非 CO_2 气体排放。有效的政策和措施有：推广节能工程；企业能效审计制度；关停落后产能；针对能源服务公司的激励措施。

在经济激励方面，当前中国城市适用的关键技术和做法有：征税与自愿协议相结合；实施温室气体减排行动的企业应获得经济资助；对节能产品实施所得税优惠政策；政府设立节能专项拨款制度；实施政府采购计划，为新建筑提供廉价的可再生能源；鼓励开发商建造更高节能标准的建筑和绿色建筑；鼓励消费者购买节能和绿色建筑等。有效的政策和措施有：鼓励企业参与资源协议行动；利用经济手段激励各种利益涉及方参与低碳行为。

在国际国内低碳发展合作方面，当前中国城市适用的关键技术和做法有：扩展利用资金和引进技术的国际合作，包括现有的 CDM（Clean Development Mechanism，清洁发展机制）项目，以及未来可能加入的碳贸易机会。有效的政策和措施有：充分利用国际合作中的各种机会和基金与援助。

（2）国外现状

1）城市规划和建设节能相结合

从"可持续发展"目标的确立至今，人们越来越认识到世界能源供应与生态环境正在面临危机的严峻事实。城市是能源消耗的中心，也是生态污染严重的地区，随着越来越多的人口涌入城市，选择城市生活，使全球能源环境压力骤增。

国外先进城市将清洁能源规划与城市规划等加以结合，他们所采取的节能措施或有利于节能的规划策略包括：①将城市发展与节能结合，坚持走紧凑型城市化道路。②将城镇体系的空间结构与节能结合。将城市土地使用方式与节能结合，强调土地使用功能的适当混合。③将交通与城市节能结合，优先发展公共交通。④积极提倡使用清洁能源，例如提高太阳能、风能、水能、潮汐能、地热等可再生能源在能源供应中的比例，减少城市对不可再生能源的消耗。

2）重视清洁能源规划与节能城市计划相结合

2001 年，日本东京提出把东京建成一座"节能型城市"的计划。东京节能城市的建设，一是确定目标，二是制定比较明确的措施，三是资金补贴措施和融资办法。其节能目标是，2010 年的总能耗比 1996 年的能耗降低 1‰ 左右。所采取了推广使用清洁能源的政策，如在家庭和办公室积极推广太阳能发电系统，推广电动汽车、太阳能汽车等"绿色能源"汽车，加快垃圾处理发电的建设步伐，推进城市热源网络化的构想，以及积极研究地热资源的开发利用。

3）国际低碳城市发展

从 20 世纪 90 年代开始，国际上一些城市就在气候变化和能源紧张的双重压力下，走上了低碳城市发展之路。发达国际城市自治性很强，所以城市在碳减排方面非常活跃，许多低碳城市规划的目标和措施相比国家还要严格和激进。

截至 2010 年初，全球已经有 68 个国家的 1107 个城市（近 4 亿人口）加入了 ICLEI（地方环境理事会）的城市应对气候变化组织，提交了自身城市的温室气体排放清单和低碳城市规划方案，实施低碳城市发展战略。ICLEI 是目前国际低碳城市发展最具影响力的组织。其提出的五个里程碑式的低碳发展框架和城市温室气体核算原则方法受到广泛的认可。

4）国外建筑的节能

英国在节能建筑中采取的技术措施主要有三个方面：一是采用构造措施，提高墙体、屋面及门窗的保温性能；二是利用太阳能；三是改进供热系统。目前英国推广的被动式太阳房，不需外界机械作用，以建筑吸热保温材料为媒介，利用冷热空气的自然交换，达到对太阳能的利用。在被动式太阳能住宅中，太阳能供给的能源占总耗能量的30%。为推动可持续发展战略的实施，英国建筑研究部门于2004年9月1日宣布英国政府实施百万"绿色住宅"建筑计划，主要通过税收优惠政策鼓励居民在今后10年内建设100万栋"绿色住宅"。该计划鼓励居民采用环保技术建造或装修房屋，建设有益于环保的新型住宅。这种新型住宅将采用太阳能电池板、洗澡水循环处理装置和无污染涂料等。凡采用这些方法建造的绿色住宅将享受减免印花税等优惠政策，新建传统住宅则不享受这些优惠政策。

　　在欧洲国家中，德国节能的研究与应用处于领先地位。主要研究方向有建筑材料的制造能耗、建筑物围护结构各部位热工指标的制订和CO_2浓度排放量的指标，取得了良好的成效。围护结构和门窗的节能、提高锅炉的运行效率及从建筑规划设计、朝向以及从阳光和建筑内部的散热来获取能源是建筑节能有效的途径。在政府的推动下，天然气和太阳能等清洁能源、可再生能源，近年来在住宅供暖市场上得到越来越普遍的应用。另外，德国信贷机构还推出了"二氧化碳减排项目"和"二氧化碳建筑改建项目"，对节能项目提供低息贷款。此外，中小企业在投资节能领域方面也享受政府的特别贷款。

第二章　节能政策法规及相关标准规范

2004 年，《能源中长期规划纲要（草案）》，其明确提出"在全国形成有利于节约能源的生产模式和消费模式，发展节能型经济，建设节能型社会"；2004 年11 月出台了节能领域的第一个中长期规划；2004 年以来国家先后对焦炭、钢铁、水泥、电解铝等高耗能行业出台了一系列加大产业结构调整力度的政策文件，我国政府还进一步强化了节能标准、标识及认证工作。

2007 年 4 月，国家发展改革委发布《能源发展"十一五"规划》，规划中提出：到 2010 年，我国一次能源消费总量控制目标为 27 亿 t 标准煤左右，年均增长 4%。煤炭、石油、天然气、核电 、水电、其他可再生能源分别占一次能源消费总量的 66.1%、20.5%、5.3%、0.9%、6.8%和 0.4%。与 2005 年相比，煤炭、石油比重分别下降 3.0 和 0.5 个百分点，天然气、核电、水电和其他可再生能源分别 增加 2.5、0.1、0.6 和 0.3 个百分点。

2013 年 1 月 1 日，国务院办公厅转发发展改革委，住房和城乡建设部《绿色建筑行动方案》，科学做好城乡建设规划，包括绿色建筑比例、生态环保、公共交通、可再生能源利用、土地集约利用、再生水利用、废弃物回收利用等内容的指标体系，将其纳入总体规划、控制性详细规划、修建性详细规划和专项规划，并落实到具体项目。做好城乡建设规划与区域能源规划空间。积极引导建设绿色生态城区，推进绿色建筑规模化发展。

国家节能减排相关政策法规　　　　　　　　　　　表 2-2-1

年份	政策名称	发文单位
2013	《绿色建筑行动方案》	国务院、发改委，住房和城乡建设部
2010	《能源计量监督管理办法》	国家质监总局
	《关于加快推行合同能源管理促进节能服务产业发展的意见》	发改委、财政部、央行、国税总局
	《私人购买新能源汽车试点财政补助资金管理暂行办法》	发改委、财政部、科技部、工信部
	《关于进一步加强中小企业节能减排工作的指导意见》	工信部
	《轻型汽车燃料消耗量标识管理规定》	
	《家电以旧换新实施办法（修订稿）》	商务部、财政部

续表

年份	政策名称	发文单位
2009	《中华人民共和国循环经济促进法》	全国人大常委会
	《关于开展"节能产品惠民工程"的通知》	财政部、国家发改委
	《关于中国清洁发展机制基金及清洁发展机制项目实施企业有关企业所得税政策问题的通知》	财政部、国家税务总局
	《关于〈太阳能光电建筑应用财政补助资金管理暂行办法〉的通知》	财政部
	《废弃电器电子产品回收处理管理条例》	国务院
	《国务院办公厅关于治理商品过度包装工作的通知》	
	《关于加强外商投资节能环保统计工作的通知》	商务部、环保部
	《关于开展节能与新能源汽车示范推广试点工作的通知》	财政部、科技部
2008	《关于实施成品油价格和税费改革的通知》	国务院
	《关于进一步加强节油节电工作的通知》	
	《北方采暖地区既有居住建筑供热计量改造工程验收办法》	住房和城乡建设部
	《关于印发公路水路交通节能中长期规划纲要的通知》	交通部
	《关于进一步加强生物质发电项目环境影响评价管理工作的通知》	环保部、国家发改委
	《公共机构节能条例》	发改委
	《可再生能源发展"十一五"规划》	
	《民用建筑节能条例》	
2007	《建设部关于落实〈国务院关于印发节能减排综合性工作方案的通知〉的实施方案》	住房和城乡建设部
	《国务院关于印发节能减排综合性工作方案的通知》	国务院
	《能源发展"十一五"规划》	发改委
2006	《"十一五"资源综合利用指导意见》	发改委
	《中华人民共和国国民经济和社会发展第十一个五年规划纲要》第六篇	
	《建筑门窗节能性能标识试点工作管理办法》	住房和城乡建设部
	《国务院关于加强节能工作的决定》	国务院
	《民用建筑节能管理规定》（修订）	住房和城乡建设部
2005	《关于印发千家企业节能行动实施方案的通知》	发改委
	《关于发展节能省地型住宅和公共建筑的指导意见》	住房和城乡建设部
	《关于进一步推进墙体材料革新和推广节能建筑的通知》	国务院
	《关于加快发展循环经济的若干意见》	
	《关于鼓励发展节能环保型小排量汽车意见的通知》	
	《关于做好建设节约型社会近期重点工作的通知》	

续表

年份	政策名称	发文单位
2004	《关于加强民用建筑工程项目建筑节能审查工作的通知》	住房和城乡建设部
	《关于加强城市照明管理促进节约用电工作的意见》	住房和城乡建设部、发改委
	《节能产品政府采购实施意见》	财政部、发改委
	《能源中长期发展规划纲要（2004—2020年）（草案）》	国务院
2002	《关于印发〈建设部建筑节能"十五"计划纲要〉的通知》	住房和城乡建设部、发改委
	《排污费征收使用管理条例》	国务院
2001	《关于加强利用废塑料生产汽油、柴油管理有关规定的通知》	国家经济委员会
	《夏热冬冷地区居住建筑节能设计标准》	住房和城乡建设部
2000	《民用建筑节能管理规定》	住房和城乡建设部
	《交通行业实施节能法细则》	交通部
	《关于加强工业节水工作的意见》	国家经济委员会
	《节约用电管理办法》	
1999	《中国节能产品认证管理办法》	中国节能产品认证管理委员会
	《中华人民共和国海洋环境保护法》	全国人大常委会
	《重点用能单位节能管理办法》	国家经济贸易委员会
1997	《中华人民共和国节约能源法》	全国人大常委会
1996	《中华人民共和国环境噪声污染防治法》	全国人大常委会
1995	《1996—2010年新能源和可再生能源发展纲要》	发改委
	《中华人民共和国电力法》	全国人大常委会
	《中华人民共和国固体废物污染环境防治法》	
1991	《中华人民共和国大气污染防治法实施细则》	国务院
1990	中华人民共和国防治陆源污染物污染损害海洋环境管理条例	国务院
1989	《中华人民共和国环境保护法》	全国人大常委会
	《中华人民共和国水污染防治法细则》	国务院
1988	《中华人民共和国水法》	全国人大常委会
	《中华人民共和国大气污染防治法》	
1984	《国家经委关于开展资源综合利用若干问题的暂行规定》	国家经济委员会
	《中华人民共和国水污染防治法》	全国人大常委会
1982	《节能技术政策大纲》	发改委
	《关于按省、市、自治区实行计划用电包干的暂行管理办法》	国务院
1980	《关于加强节约能源工作的报告》	国家经济委员会

中国政府鼓励可再生能源发展的相关政策文件   表 2-2-2

发布时间	名称	内容
2004 年 6 月	国际可再生能源会议——德国波恩	中国向全球介绍了中国可再生能源的计划和设想中国保证其可再生能源在发电容量中所占的比例到 2010 年增加到 10% 等内容
2006 年 1 月	《可再生能源法》	中国政府制定了支持可再生能源发展的电价、税收、投资等政策，建立了支持可再生能源发展的财政专项资金和全网分摊的可再生能源电价补贴制度
2007 年 6 月	《中国应对气候变化国家方案》	将发展风能、生物质能等可再生能源作为应对气候变化和减排温室气体的重要措施
2007 年 9 月	《可再生能源中长期发展规划》	明确提出了中国可再生能源发展的战略重点和总体目标，到 2010 年，可再生能源消费量将达到能源消费总量的 10%，到 2020 年将达到 15%
2007 年 12 月	《中国的能源状况与政策》白皮书	明确提出实现能源多元化的发展战略，将大力发展可再生能源作为国家能源发展战略的重要组成部分
2008 年 3 月	《可再生能源发展"十一五"规划》	规定了"十一五"时期可再生能源发展的形势任务、指导思想、发展目标、总体布局、重点领域以及保障措施和激励政策
2011 年 12 月	《可再生能源发展"十二五"规划》	预计"十二五"期间通过实施新能源配额制，落实新能源发电全额保障性收购制，以及深化电力体制改革等系列措施清除"并网发电"等诸多障碍
2013 年 1 月 1 日	《绿色建筑行动方案》	积极推动太阳能、浅层地能、生物质能等可再生能源在建筑中的应用。合理开发浅层地热能。财政部、住房和城乡建设部研究确定可再生能源建筑规模化应用适宜推广地区名单。开展可再生能源建筑应用地区示范，推动可再生能源建筑应用集中连片推广，到了 2015 年末，新增可再生能源建筑应用面积 25 亿 m²，示范地区建筑可再生能源消费量占建筑能耗总量的比例达到 10% 以上

第三章　建筑节能规划必要性

我国是发展中国家，工业化和城市化进程正在快速推进当中。由于建筑消耗大及土地资源稀缺，大力发展建筑节能规划显得尤其重要。但因为专业的局限，绿色建筑建设因缺乏相应的建筑节能规划作为基础支持，与城市主要能源基础设施专项规划内容存在各自为政、缺乏协调的情况，这使得绿色低碳城市难以大规模推进。自然，进行科学合理的建筑规划便成了建筑节能的一个关键因素。

第一节　建 筑 节 能 部 分

建筑节能所追求的低消耗、少排放、可再生能源利用的资源节约型目标决定了其未来发展将与绿色建筑、生态建筑、智能建筑以及城市规划有效融合。建筑节能遵循绿色、生态建筑所强调的充分采用当地文化、原材料、建筑资源，遵守本地的自然与气候条件，体现地域特色的设计理念，倡导使用绿色能源和能源的再利用观念，从自然条件中直接获得能源，通过在通风、换气、采光、日照、采热、降温和节水等各个环节的节能设计处理，即降低了建筑能耗，又营造了舒适、自然、健康的建筑环境，保护了生态环境。

在建筑规划设计中实现建筑节能：

建筑节能，首先从源头开始，即从规划设计开始，一个好的建筑规划设计并通过有效的建筑技术措施可以降低 2/3～3/4 的建筑能耗，因此，在建筑规划和设计时，可根据大范围的气候条件影响，针对建筑自身所处的具体环境气候特征，重视利用自然环境（地形、水系、绿化等）创造良好的建筑室内、室外微气候，以尽量减少对建筑设备的依赖。

第二节　清 洁 能 源 部 分

从能源格局演变的角度来看城市的规划布局，新型的清洁能源取代传统能源是大势所趋，能源发展轨迹和规律是从高碳走向低碳，从低效走向高效，从不清洁走向清洁，从不可持续走向可持续。开发利用水能、风能、生物质能等可再生的清洁能源资源符合能源发展的轨迹，对建立可持续的能源系统，促进国民经济发展和环境保护发挥着重大作用。大力发展清洁能源可以逐步改变传统能源消费结构，减小对能源进口的依赖度，提高能源安全性，减少温室气体排放，有效保护生态环境，促进社会经济又好又快地发展。

（1）城市发展清洁能源的客观需要

目前，中国已成为仅次于美国的世界第二大能源消耗国。我国能源消费占世界的10％以上，一次能源消费中煤占到70％左右，比世界平均水平高出40多个百分点。因此，发展清洁能源成为我国能源战略的重要组成部分。

清洁能源和含义包含两方面的内容：①可再生能源，消耗后可得到恢复补充，不产生或极少产生污染物。如太阳能、风能，生物能，水能，地热能，氢能等。②非再生能源，在生产及消费过程中尽可能减少对生态环境的污染，包括使用低污染的化石能源（如天然气等）和利用清洁能源技术处理过的化石能源，如洁净煤、洁净油等。

国家发布的"十二五"规划对能源产业的发展提出了明确要求，要求大力转变能源生产和消费方式，同时合理控制能源消费总量。国务院的要求2020年确保非化石能源比例达到一次能源消费比例的15％。

据了解，目前我国已建成10个规模较大的新能源基地，有近百座城市提出要把太阳能、风能作为当地的支柱产业发展。国家"十二五"规划纲要提出，新能源产业将重点发展新一代核能、太阳能热利用和光伏光热发电、风电技术装备、智能电网、生物质能。发展清洁能源产业，不仅是发展战略性新兴产业的重要内容，同时也是转变经济发展方式，提高我国产业核心竞争力的根本途径。

（2）开发利用清洁能源——中国可持续发展的必由之路

为了扶持可再生能源产业、加强其在我国能源消费总量的比重，中国政府实行优惠的财税、投资政策和强制性市场份额等政策，鼓励生产与消费可再生能源。

2006年1月中国政府颁布《可再生能源法》，制定了支持可再生能源发展的电价、税收、投资等政策，建立了支持可再生能源发展的财政专项资金和全网分摊的可再生能源电价补贴制度。2007年9月国家发改委颁布的《可再生能源中长期发展规划》，明确提出中国可再生能源发展的战略重点和总体目标，到2010年，可再生能源消费量将达到能源消费总量的10％，到2020年将达到15％。具体来说，我国政府根据资源评估，将我国资源潜力大、发展前景好的太阳能、生物质能、风能和水能作为主要发展的可再生能源。

我国可再生能源的开发和利用在能源供需平衡中占据十分重要的战略地位，中国政府一贯支持可再生能源的开发和利用，促进中国清洁能源发电的发展。截至2009年底，我国清洁能源装机总量达到了2.30亿kW，其中，中国水电装机已达1.96亿kW，总容量为世界第一，约占全国发电装机总容量的22.5％；核电装机容量908万kW，约占总容量的1％；太阳光伏发电系统约40万kW；风电装机容量 2580 万 kW，已连续三年实现倍增式增长，并网运行容量达到 1760 万 kW，约占总容量的 2%。

在《国民经济和社会发展第十二个五年规划纲要》中明确未来 5 年我国新能源产业发展蓝图："加强并网配套工程建设，有效发展风电。建设 6 个陆上和 2 个沿海及海上大型风电基地，新建装机 7000 万 kW 以上；积极发展太阳能、生物质能、地热能等其他新能源。促进分布式能源系统的推广应用；以西藏、内蒙古、甘肃、宁夏、青海、新疆、云南等省区为重点，建成太阳能电站 500 万 kW 以上；在确保安全的基础上高效发展核电。重点在东部沿海和中部部分地区发展核电。加快沿海省份核电发展，稳步推进中部省份核电建设，开工建设核电 4000 万 kW"。

第三节 能源规划部分

能源规划属于城市规划中的一个方面，但没有城市规划的整体框架结构的支撑，能源规划将无从谈起；而如果能源规划做得不够合理，则将影响整个城市的整体规划，不但达不到节能低碳的效果，还会干扰其他领域的规划设计，造成其他不理想的浪费。所以，在城市规划中，尤其是涉及诸如建筑、交通等对能源消耗比较大的规划设计，要做好与能源规划的协调统一。

（1）能源规划与城市规划存在脱节

清洁能源城市规划的目标就是为了获得一个安全、高效和清洁的城市发展前景。城市能源规划，就是要通过制定城市能源发展战略，在确保能源供应安全的基础上，优化可再生能源结构，落实节能措施，以期达到经济效益和社会效益双赢的目的。因此，编制清洁能源城市规划策略，对于协调能源供求关系，合理使用能源资源，解决城市发展和环保约束之间的矛盾等重大问题，起着至关重要的作用。

城市规划作为政府调控城市空间资源、指导城乡发展与建设的重要公共政策，与能源规划有着密切的联系。然而，在当前国内各类城市总体规划、详细规划的编制中，除了包含城市供电、燃气和供热等工程规划外，却很少涉及综合性的清洁能源规划内容，这反映出城市规划中还是以能源供给为导向的规划思路。

我国对城市清洁能源发展研究一般以宏观的能源规划为主，强调清洁能源总量的使用效率，但缺乏相应具体的城市空间规划方案作为支持，与城市规划存在一定的脱节。无法形成具体实施方案。同时，又与作为主要的能源基础设施专项规划内容的电力规划、热力规划和燃气规划，存在各自为政、缺乏协调的情况。使得城市能源规划研究存在专业性的局限，难以适应现在大部分城市错综复杂综合节能的问题。根据住房和城乡建设部颁布的《城市规划编制办法》（2006 年 4

月 1 日起施行)，要求在城市总体规划阶段，"确定生态环境、土地和水资源、能源、自然和历史文化遗产保护等方面的综合目标和保护要求"，这对城市的能源发展利用提出了更高的要求。应进一步提高清洁能源发展利用在城市规划中的地位和深度，协调好清洁能源规划和城市规划的关系。

（2）城市规划是能源规划的主要载体

当前的城市清洁能源规划，其规划内容主要以能源预测和能源供应计划为主，较少涉及用能方式、节能措施和污染治理等方面，与城市发展结合不够紧密。随着能源对社会经济、环境、人民生活水平影响的加深，以及清洁能源城市发展战略的转型，使得可再生能源发展已不仅是某个行业或部门要解决的问题，而是与全社会的发展息息相关。清洁能源规划目标应与城市的产业政策、交通政策、环保政策、土地开发政策等互相协调，在"城市"的层面上编制清洁能源规划，在城市发展和建设中实现能源的优化配置和合理利用，这是实现可再生能源发展战略的关键。

城市规划作为引导和控制城市建设的基本依据和手段，确定城市规模和发展方向，统筹安排各类用地和生命线资源在城市空间的布局，综合部署产业经济、人口、市政交通基础设施等各类城市要素，这些都是制定能源发展战略的依据。而且，由于能源与工农业生产、交通运输布局及人民生活的密切联系，在城市规划落实的各个阶段，都会直接影响到能源战略的实施，因此，城市规划作为综合性的城市发展政策，理应是清洁能源规划的主要载体。

（3）能源规划是城市规划的基础和支撑

在当前经济高速增长和城市快速发展的时期，必须妥善处理城市发展与能源、环境的矛盾，充分强调社会经济与生态的结合，依靠科技进步，协调社会经济发展和清洁能源资源的高效利用与生态环境保护的关系，使生产、生态和经济同步发展。因此，在编制城市规划时，将清洁能源规划纳入城市规划的编制范畴是非常必要的。根据发达国家的城市发展经验，城市发展模式将在很大程度上受能源供给和使用方式的影响和制约，这主要体现在环境保护、土地利用、城市安全及经济发展等方面。通过编制能源规划，可以更好地为城市规划提供依据：从单纯地提供能源，到主动分析能源对城市的承载力，提出对城市发展的限定条件和控制性因素；从一味追逐经济效益，到综合平衡经济效益和环境效益；从盲目追求能源使用水平，到合理利用能源，建设节约型城市。总之，清洁能源规划要为城市规划提供技术支撑，为城市的可持续发展打下基础。

（4）统筹能源、经济、环境之间的关系

清洁能源系统与经济、环境之间的关系是密不可分的，它们之间的相互作用和影响。清洁能源系统在实现其发展目标过程中，会受到来自系统外部和内部两方面因素的影响和制约。其中，外部制约因素有能源资源各品种的供应量、清洁能源的基建投资额限度、环境质量要求等；内部的制约因素也是多方面的：如城市的经济发展需要可再生能源提供更多的能源供应量，需要扩大可再生能源的规模，反过来可再生能源的发展和规模的扩大需要提供投资。随着可再生能源和城市经济发展，能源需求量增加，清洁能源供应限制会制约经济发展。通过编制清洁能源城市规划，可以推进能源结构的清洁、优质化，保障城市环境效益。通过发展与经济发展水平相适应的清洁能源利用方式，保障社会经济效益，通过制定政策淘汰高耗能产业和产品，发展"高技术、高效益、低污染、低能耗"产业，促进城市产业结构的调整。因此，清洁能源规划的编制，对于统筹能源、经济、环境之间的关系，实现清洁能源环境经济的协调发展，有着举足轻重的作用。

（5）统筹区域和城乡发展

长期以来城市优先发展的策略，导致郊区和乡村的基础设施状况明显落后于市区。这种区域差距和城乡二元化结构制约了经济协调发展，影响了社会稳定。按照党中央提出的"以人为本"和"统筹城乡发展、统筹区域发展"的精神，应当实现区域在能源利用方面的平等，加强郊区和乡村能源设施建设，改善生活和生产条件，逐步缩小城乡差距。清洁能源规划的一个主要内容就是优化可再生能源资源配置、落实能源设施空间布局，因此，对统筹区域和城乡发展将发挥重要作用。通过编制清洁能源规划，使清洁能源基础设施建设向郊区倾斜，增加向郊区的清洁能源供应，完善郊区清洁能源供应体系，提升郊区清洁能源利用水平；因地制宜地引导农村升级传统能源供应消费模式，多种方式并举解决农村能源问题。逐步缩小郊区、农村与市区之间在能源供应和消费水平的差距，提升郊区和农村吸引力，改善人民生活水平。

（6）统筹各项能源工程规划

清洁能源规划涵盖各类主要能源：水能、风能、太阳能、潮汐能、生物质能、地热能等可再生能源，涉及能源生产、转化、输配到终端消费的各个环节，相对城市规划中的各项能源工程规划（城市供电规划、城市燃气规划和城市供热规划等）而言，具有宏观性和综合性的特点。

在实际工作中，清洁能源规划和各项能源工程规划也是相辅相成的。由于各种能源在一定条件下是可以相互替代的，单独进行一种能源的规划往往失之偏颇。清洁能源规划可以通过确定清洁能源的总体发展原则和目标，综合协调各项清洁能源工程规划，衔接平衡各类能源发展目标，指导各项能源工程城市规划的编制。而专项清洁能源工程规划作为清洁能源城市规划的支撑和深化，既为清洁能源城市规划的编制提供了参考依据，又为清洁能源规划的贯彻实施作进一步的深化，指导具体能源项目的建设。

第四章　建筑节能规划工程案例

中国的城市规划经过多年发展，已经成为保证城市健康有序发展的重要基础。城市规划也积极响应"低碳城市"的目标，在特殊的经济快速增长期和规划引导作用的背景下，涌现出了一批各有特色的低碳城市和社区规划，如天津中新生态城和深圳光明新城等逾二十个城市各城区。虽然我国建筑节能规划相比于国外，有起步晚、技术水平不高的种种劣势，但在政府政策性导向的作用下，我国建筑节能规划水平正在逐步提高，与国外的差距也在逐渐缩小。

第一节　中新天津生态城

2007 年 11 月 18 日，由中国国务院总理温家宝与新加坡总理李显龙共同签署两国合作建设中新天津生态城框架协议。协议的签订标志着中国－新加坡天津生态城的诞生。中新天津生态城是中国和新加坡两国政府在国家层面上推动的生态城建设项目，也是国家建设低碳生态城市的试点项目，是完全按照"可复制、可操作、可推行"模式建设的。它不仅填补了目前中国国家级生态城建设的空白，而且还将确立未来我国生态城市、低碳生态城市建设的参照标准，成为中国建设低碳生态城市的样本。中新生态城建设低碳生态城市的实践，为分析低碳生态城市的内涵、特征及构成提供了重要的借鉴意义。

中新天津生态城根据发展定位，积极探索低碳园区的建设模式，重点发展节能环保、科技研发、总部经济、服务外包、文化创意、教育培训、会展旅游等现代服务业，形成节能环保型产业集聚区，努力构筑低投入、高产出、低消耗、少排放、能循环、可持续的产业体系，为生态城发展提供有力的经济支撑。①借鉴新加坡"邻里单元"的理念，优化住房资源配置，混合安排多种不同类别住宅形式，形成多层次、多元化的住房供应体系，全部采用无障碍设计，构成包括生态细胞、生态社区、生态片区 3 级的"生态社区模式"，居住用地内绿地率不低于40％，政策性住房比例不低于 20％。结合城市中心构建全方位、多层次、功能完善的公共服务体系，按照均衡布局、分级配置、平等共享的原则，建设社区中心；按照人口规模配建文化教育、医疗保健以及其他生活配套设施，保证居民在500m 范围内获得各类日常服务。②生态城根据发展定位，努力转变经济发展方式，探索低碳生态城市建设模式，重点发展节能环保、科技研发、总部经济、服务外包、文化创意、教育培训、会展旅游等现代服务业，形成节能环保型产业集聚区，努力构筑低投入、高产出、低消耗、少排放、能循环、可持续的产业体系，形成"一带三园四心"的产业布局，为生态城发展提供有力的经济支撑。③把绿色建筑作为低碳园区和低碳社区建设的细胞，高起点制定绿色建筑评价标准。参照美国 LEED、英国 BREEAM、新加坡绿色建筑评价体系等国标准，在高于国家绿色建筑评价标准的基础上，制定出台了《中新天津生态城绿色建筑评价标准》，评价标准依据节能、节地、节水、节材、环境保护和运营管理六方面的要求设定了强制项和优选项。

中新天津生态城在低碳园区、低碳社区、绿色建筑建设的过程中，也非常注重城市支撑体系的建设。①贯彻城市可持续发展的理念，建设以绿色交通系统为主导的交通发展模式；以津滨轻轨延长线串接生态城主次中心和各片区，形成生态城对外大运量快速公交走廊。在生态城内部，构建以轨道交通为骨干、以清洁能源公交为主体的公共交通系统，轨道站点与公交线路无缝衔接，轨道站点周边 1 公里服务范围覆盖 80％的片区用地。结合社区建设和滨水地区改造，建立覆盖全城的慢行交通网络，采用无障碍设计，创造安全舒适的慢行空间环境，引导居民的绿色出行，实现人车分离、机非分离。结合公共交通站点建设城市公共设施，使居民在适宜的步行范围内解决生活基本需求，减少对小汽车的依赖。②构建"生态城中心－生态城次中心－居住社区中心－基层社区中心"4 级公共服务中心体系，切实安排好关系人民群众切身利益的教育、医疗、体育、文化等公共服务设施，为居民提供舒适便利的服务，满足居民不断增长的物质文化需求，促进各项社会事业均衡发展。重点加强商业金融业设施、文化娱乐设施、体育设施、医疗服务、教育设施。③以节水为核心，注重水资源的优化配置和循环利用，建立广泛的雨水收集和污水回用系统，实施污水集中处理和污水资源化利用工程，多渠道开发利用再生水和淡化海水等非常规水源，提高非传统水源使用比例。建立科学合理的供水结构，实行分质供水，减少对传统水资源的需求。建立水体循环利用体系，加强水生态修复与重建，合理收集利用雨水，加强地表水源涵养，建设良好的水生态环境。人均生活用水指标控制在 120 升/日，人均综合用水量 320 升/日，非传统水资源利用率不低于 50％。④优先发展可再生能源，形成与常规能源相互衔接、相互补充的能源利用模式，可再生能源使用率不低于 15％；促进高品质能源的使用，禁止使用非清洁煤、低质燃油等高污染燃料，减少对环境的影响。清洁能源使用比例为 100％；充分应用建筑节能技术，生态城内建筑全部按照绿色建筑标准建设；积极应用热泵回收余热、热电冷三联供以及路面太阳能收集等技术并合理耦合，实现对能源的综合利用；建立固体废物分类收集、综合处理与循环利用体系，推进再生资源综合利用产业化。⑤充分利用数字化信息处理技术和网络通信技术，科学整合各种信息资源，将生态城建设成为高效、便捷、可靠、动态的数字化城市。建立统一的生态城基础数据平台，实现政府内部信息资源高度共享，提升电子政务建设水平。建立城市信息化管理平台，通过网格化、立体化管理，对城市部件、事件实施全时制、全方位、全过程的监控、处理和反馈，实现城市管理的科学化、现代化、规范化。未来将在区域范围内实现全方位、多等级、虚拟化的电子商务系统，建设智能化的交通系统，实现数字化社区管理。

为了突出生态特色，建设环境优美、和谐宜居的生态新城，规划坚持生态保护优先的原则，尊重本地自然生态条件，采取适宜的生态修复和重建手段，恢复自然水系、湿地和植被，构筑以多级水系、绿色网络为骨架的复合生态系统。以蓟运河和蓟运河故道围合的区域为生态核心区，建设六条生态廊道，加强生态核心区与外围生态系统的连接，形成开放式的生态空间格局，积极推进区域生态系统一体化。为了更好地突出生态特色，突出和强化"水、绿、城、文"4个方面主题，对水环境、绿化开敞空间、城市轮廓线、城市街景、夜景照明、建筑风貌、建筑色彩和城市雕塑等多方面进行系统优化和完善，突出生态城特色和地域特色，塑造人工环境与自然环境相协调、地方特色与现代科技文明相交融的城市景观风貌。把提升环境质量、保障环境安全作为生态城科学发展的重要支撑点，建立健全各项环保政策。建立项目审批与环境管理相结合的建设项目环境准入制度，建设覆盖全区的环境监控网络，严格管理施工项目。完善环境卫生设施建设，建立生活垃圾分类收集、综合处理与循环利用体系，积极探索气力输送系统收集生活垃圾等先进环卫技术，逐步实现废弃物的减量化、资源化、无害化，科学管理固体废物。

在文化教育方面，建设生态环保论坛，成为国际交流基地；建设科技创新平台，成为技术创新基地；建设配套政策机制，成为应用示范基地。在生活方式与消费方式等方面，设生态环保科普展示教育基地，普及推广生态保护知识。通过多种渠道，采取多种形式，普及推广生态保护知识，引领社会风尚；倡导节约资源、文明健康的生产方式、消费方式生活方式。

第二节　结　语

科技在发展，社会在进步，人民的生活水平在不断地提高，社会各界人士的绿色、环保、节能理念不断深入，大到国家标志建筑，小到民用住宅，新型的建筑材料已经在广泛的应用。因此合理利用能源，使其尽可能发挥最大效益，是全社会的责任，建筑节能工程作为建设领域的一个新部分工程已成为我们既定的基本国策，我们应努力探索适合我国国情的节能管理政策和改进措施，大力发展节能建筑，提高能源利用率，为加快建设资源节约型，环境友好型社会。

规划专业委员会编写人员：

吴志强　许鹏　汪滋淞　苑登阔　刘超

第 三 篇 | 建筑节能服务

第一章　建筑节能服务业发展现状

第一节　行业发展分析

　　建筑节能服务，是指建筑节能服务提供者为业主的建筑采暖、空调、照明、电气等用能设施提供检测、设计、融资、改造、运行、管理的节能活动，是以降低建筑能耗，提高用能效率为目的的，提供服务与管理的经济活动的相关主体总和。

　　"十一五"期间，我国节能服务产业持续快速发展、不断走向成熟。节能服务产业总产值持续增长，年平均增速在60%以上，成为用市场机制推动我国节能减排的重要力量。全国运用合同能源管理机制实施节能项目的节能服务公司从76家递增到782家，增长了9倍；节能服务行业从业人员从1.6万人递增到17.5万人，增长了10倍；节能服务产业规模从47.3亿元递增到836.29亿元，增长了16倍；合同能源管理项目投资从13.1亿元递增到287.51亿元，增长了22倍；合同能源管理项目形成年节约标煤能力从86.18万t递增到1064.85万t，实现二氧化碳减排量从215.45万t递增到2662.13万吨，增长了11倍；在"十一五"期间，节能服务产业拉动社会资本投资累计超过1800亿元。

　　截止到2012年2月，发改委相继公布了四批节能服务公司备案名单，总共2354家，其中涉及做建筑节能服务业务的公司约占近70%。节能服务公司的总产值增长迅速（图3-1-1），合同能源管理项目投资逐年增加（图3-1-2）。由此可见，建筑节能服务企业数量增长迅速，且节能行业规模也快速扩张。

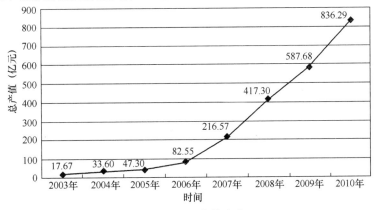

图 3-1-1　总产值变化

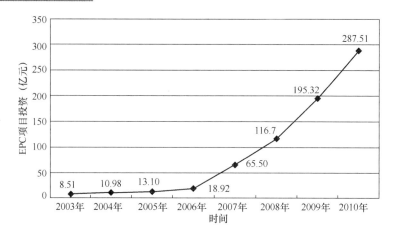

图 3-1-2　合同能源管理项目投资变化情况

第二节　市 场 潜 力 分 析

《"十二五"节能减排综合性工作方案》中把合同能源管理推广工程作为实施节能重点工程的重点内容，明确提出：推广节能减排市场化机制，加快推行合同能源管理；落实财政、税收和金融等扶持政策，引导专业化节能服务公司采用合同能源管理方式为用能单位实施节能改造，扶持壮大节能服务产业。研究建立合同能源管理项目节能量审核和交易制度，培育第三方审核评估机构。鼓励大型重点用能单位利用自身技术优势和管理经验，组建专业化节能服务公司。引导和支持各类融资担保机构提供风险分担服务。

财政部、住房和城乡建设部《关于进一步推进公共建筑节能工作的通知》也明确提出："十二五"期间，财政部、住房和城乡建设部将切实加大支持力度，积极推动重点用能建筑节能改造工作，大力推进能效交易、合同能源管理等节能机制创新。主要包括：

（1）积极发展能耗限额下的能效交易机制。各地应建立基于能耗限额的用能约束机制，同时搭建公共建筑节能量交易平台，使公共建筑特别是重点用能建筑通过节能改造或购买节能量的方式实现能耗降低目标，将能耗控制在限额内，从而激发节能改造需求，培育发展节能服务市场。对能效交易机制已经建立和完善的城市，财政部、住房和城乡建设部将在确定公共建筑节能改造重点城市时，向实行能效交易的地区倾斜。

（2）加强建筑节能服务能力建设。各地要在公共建筑节能改造中大力推广运用合同能源管理的方式，要加强第三方的节能量审核评价及建筑能效测评机构能力建设，充分运用现有的节能监管及建筑能效测评体系，客观审核与评估节能量。要加强建筑节能服务市场监管，制定建筑节能服务市场监督管理办法、服务质量评价标准以及公共建筑合同能源管理合同范本。要将重点城市节能改造补助与合同能源管理机制相结合，对投资回收期较长的基础改造及难以有效实现节能收益分享的领域，主要通过财政资金补助的方式推进改造工作。在节能改造效果明显的领域，鼓励采用合同能源管理的方式进行节能改造，并按照《财政部 国家发展改革委关于印发合同能源管理项目财政奖励资金管理暂行办法的通知》（财建〔2010〕249号）的规定执行。

2012年发布的《"十二五"建筑节能专项规划》中也明确提出：加快推行合同能源管理，规范能源服务行为，利用国家资金重点支持专业化节能服务公司为用户提供节能诊断、设计、融资、改造、运行管理一条龙服务，为国家机关办公楼、大型公共建筑、公共设施和学校实施节能改造。研究推进建筑能效交易试点。

第三节 行业协会成立

2012年6月15日，中国建筑节能协会建筑节能服务专业委员会成立大会在江苏常州武进顺利召开。中国建筑节能协会会长郑坤生、住房和城乡建设部人事司副司长郭鹏伟、住房和城乡建设部建筑节能与科技司张福麟处长、中国建筑节能协会副会长、住房和城乡建设部科技发展促进中心主任杨榕、住房和城乡建设部科技发展促进中心副主任、建筑节能服务专委会筹备负责人梁俊强等领导及建筑节能服务专委会会员代表出席了本次会议。会议经过会员代表大会选举产生了第一届建筑节能服务专业委员组织机构，住房和城乡建设部人事司副司长郭鹏伟宣读了建筑节能服务专业委员成立文件，隆重举行了建筑节能服务专委会成立揭牌仪式，正式宣告建筑节能服务专业委员成立。

住房和城乡建设部建筑节能与科技司张福麟处长代表住房和城乡建设部建筑节能与科技司对建筑节能服务专业委员成立表示热烈祝贺。张福麟处长认为，建筑节能服务专业委员成立是中国建筑节能行业的一件大事，是完善体制机制建设，促进建筑节能工作深入开展封底重要推手。当前我国正处在城镇化的快速发展时期，建筑节能潜力巨大，今后要提高新建建筑能效水平，城镇新建建筑能源利用效率与"十一五"期末相比，提高30%以上，新建建筑节能水平达到或接近同等气候条件发达国家水平，到"十二五"期末，建筑节能形成1.16亿吨标准煤节能能力。前一段时间，财政部、住房和城乡建设部联合发布了《关于加快推动我国绿色建筑发展的实施意见》，引起国内外的广泛关注。发展绿色建筑，加强新建建筑节能工作；深化供热体制改革，全面推行供热计量收费，推进北方采暖地区既有建筑供热计量及节能改造；加强公共建筑节能监管体系建设，推动节能改造与运行管理；推动可再生能源与建筑一体化应用等一系列重点工作给建筑节能服务产业发展提供了广阔的市场。建筑节能服务是有效整合人才、资金、技术，把节能潜力变为现实节能量的最佳形式，有利于充分发挥市场配置资源的作用，在更高水平上推动建筑节能工作。

第四节　行业竞争状况分析

（1）竞争的区域性

随着产业规模的不断增长，在建筑节能领域已经形成了一批具有较强竞争力的公司，如贵州汇通华城、泰豪科技、东方延华、北京金房暖通、南京丰盛、上海碳索等。这些企业之间的竞争具有一定的区域性。

（2）核心竞争力初步形成

目前发展不错的节能服务公司大多有自己的核心技术和产品。节能改造一般会涉及硬件设施的更换、软件设备的升级等，如果节能服务公司技术、设备不过关，轻则达不到预期节能效果，重则影响到被改造的企业的正常运营。

（3）无序恶性竞争

市场存在无序恶性竞争。一些不具备核心技术实力较差的中小型节能服务企业以采用劣质材料，缩减售后服务等方式，不计成本低成本中标，给行业形象和信誉带来严重的负面影响。

（4）开始进入资本市场

现在已经有许多投资公司开始关注节能领域，并且一些投资公司已经和节能服务公司开始洽谈投资合作。由于这些企业之间的竞争具有一定的区域性，因此是否能获得资本的支持，对于企业进行大规模的区域性扩张以及参与跨区域竞争显得非常重要。

第五节　行 业 素 质 分 析

建筑节能服务业的特点是：一是以建筑使用过程中能源消耗的降低作为相关的经济活动，它有别于制造业、采矿业、建筑业等第二产业，属于第三产业的范畴；二是这种经济活动主要包括建筑能源消耗的统计、监测、诊断、改造方案设计融资实施、节能运行和管理、节能技术服务、节能量交易等；三是从事这种经济活动的相关主体，具有社会公益性、商品性双重特征，需要区别对待。

由此可见，建筑节能服务行业涉及咨询、设计、施工、设备、运营管理、投融资等各个领域。正是由于该行业的行业特点和行业要求，因此对提供服务的企业的技术水平、项目运作能力以及综合素质要求都很高。但目前国内具备综合能力的建筑节能服务企业还很少。

第六节 行业融资状况分析

1. 财政支持

《关于加快推行合同能源管理促进节能服务产业发展的意见》（国办发〔2010〕25号）提出完善促进节能服务产业发展的政策措施：

（1）加大资金支持力度

将合同能源管理项目纳入中央预算内投资和中央财政节能减排专项资金支持范围，对节能服务公司采用合同能源管理方式实施的节能改造项目，符合相关规定的，给予资金补助或奖励。有条件的地方也要安排一定资金，支持和引导节能服务产业发展。

（2）实行税收扶持政策

在加强税收征管的前提下，对节能服务产业采取适当的税收扶持政策。

一是对节能服务公司实施合同能源管理项目，取得的营业税应税收入，暂免征收营业税，对其无偿转让给用能单位的因实施合同能源管理项目形成的资产，免征增值税。

二是节能服务公司实施合同能源管理项目，符合税法有关规定的，自项目取得第一笔生产经营收入所属纳税年度起，第一年至第三年免征企业所得税，第四年至第六年减半征收企业所得税。

三是用能企业按照能源管理合同实际支付给节能服务公司的合理支出，均可以在计算当期应纳税所得额时扣除，不再区分服务费用和资产价款进行税务处理。

四是能源管理合同期满后，节能服务公司转让给用能企业的因实施合同能源管理项目形成的资产，按折旧或摊销期满的资产进行税务处理。节能服务公司与用能企业办理上述资产的权属转移时，也不再另行计入节能服务公司的收入。

（3）完善相关会计制度

各级政府机构采用合同能源管理方式实施节能改造，按照合同支付给节能服务公司的支出视同能源费用进行列支。事业单位采用合同能源管理方式实施节能改造，按照合同支付给节能服务公司的支出计入相关支出。企业采用合同能源管理方式实施节能改造，如购建资产和接受服务能够合理区分且单独计量的，应当分别予以核算，按照国家统一的会计准则制度处理；如不能合理区分或虽能区分但不能单独计量的，企业实际支付给节能服务公司的支出作为费用列支，能源管理合同期满，用能单位取得相关资产作为接受捐赠处理，节能服务公司作为赠予处理。

此外，《关于印发合同能源管理财政奖励资金管理暂行办法的通知》（财建

〔2010〕249号）也明确说明对合同能源管理项目按年节能量和规定标准给予一次性奖励。

2. 融资瓶颈

超过70%受访者认为节能服务产业现阶段遇到最大困难是融资难。目前，银行所提供的金融服务品种不能满足当前节能服务市场需要，金融产品、金融工具单一。节能服务公司由于刚刚诞生，大多为中、小型企业，整体规模偏小，所承担的项目客观上存在一定风险。企业固定资产少、流动资产变化快、无形资产难以量化、经营规模小、流动资金少，难以形成较大的、稳定的现金流量，信用资源也不足，很难具备信用贷款的条件。而且节能服务企业属于服务行业，其固定资产较少，注册资金较低，无法自行提供贷款担保。

行业投资情况分析　　　　　　　　　　　　　　　　表3-1-1

	投资	收益	投资回收年限
提高运行管理水平	1	10～20	0.5～1.2
更换风机、水泵	1	0.8～1	1～1.2
增加自动控制系统	1	0.3～0.5	2～3
系统形式的全面管理	1	0.2～0.4	3～5
建筑材料更换	1	0.1～0.5	5～10

（1）EMC模式建筑节能服务行业的平均净利润率是29.86%，而目前仅涉及单项节能改造，尚未开展综合节能改造，建筑节能项目的投资收益不高。

（2）缺乏科学的节能量核算方法，导致投资收益与风险不清晰。

（3）财政补贴资金对建筑节能服务业的撬动作用不明显。

第七节　行业三要素分析

（1）技术发展

侧重在单项技术，综合技术较少；多为智能化改造、弱电改造，拥有自主知识产权的较少。

（2）管理能力

一方面缺乏全行业的规范管理，另一方面节能服务公司内部管理还不规范。

（3）服务水平

节能服务公司的服务水平参差不齐，总体水平不高，存在无序竞争状态。

第八节　建筑节能服务业行业发展障碍分析

（1）市场环境差，建筑节能服务企业面临的信用风险较高。

建筑节能服务行业尚未建立起行业基本规范，缺乏基本的标准、规范、合同文本、科学统一适用的建筑节能评价体系和收费标准等。加之我国的信用体系尚不健全。由于缺乏统一的标准和公正的第三方评判，节能效果无法确认。因此，建筑节能服务企业从客户收回投资会遇到诸多风险，限制了节能服务的发展。

（2）行业不规范，缺乏准入门槛，存在不具备能力的建筑节能服务企业搅乱市场的现象。

合同能源管理模式类型多样，合同对建筑节能服务公司和目标客户的要求、费用的支付方式等均不同，双方承担风险的比例亦有较大区别。在合同签订过程中，双方无休止的讨价还价不仅会耗费大量成本，也难以达到帕累托最优。在市场经济条件下，信息不对称也将导致合同双方不可避免地产生"逆向选择"及"道德风险"行为，主要表现为客户不了解建筑节能服务公司的技术实力、信誉等的真实信息而选择劣质的建筑节能服务公司；建筑节能服务公司一旦获取节能服务合同后亦可能出现服务质量差、不诚信等"道德风险"问题，将使各方利益受损而阻碍建筑节能服务业的发展。

（3）企业规模小，难以形成规模效益，反过来制约企业发展。

调研表明，注册资本低于 500 万元的公司约占 70%，建筑节能服务年产值 1000 万元以上的公司仅占 15%。由于缺乏资质认定和市场准入机制，建筑节能服务市场鱼龙混杂，良莠不齐。有的节能服务公司缺乏综合技术能力、市场开拓能力、商务计划制定能力、财务管理包括风险防范能力以及后期管理等能力，导致服务水平低，一定程度上制约了整个节能服务行业的发展。

（4）缺乏相应的经济鼓励的实施细则。

国外发达国家为推广合同能源管理，促进节能服务产业采取了许多积极的财政税收优惠政策措施，与工业领域相比，建筑节能服务有自身特点，建筑节能合同能源管理项目还存在节能量不符合要求，或节能量计算不正确，合同不符合要求；签订时间早于政策规定时间，项目不符合范围内；技术选择不符合、投资比例偏低、项目信息不全等诸多问题。享受国家节能服务产业优惠财税政策的实施细则有待研究制订。

（5）客户市场认知度不高，互信机制尚未建立。

由于建筑节能服务机制是近几年刚兴起的一种节能机制，市场与社会对其业务范围、如何运营、如何收费等问题都不是十分了解，市场认知度较低。同时，国内公众的节能减排意识参差不齐，亦未形成对合同能源管理、建筑节能服务的统一认识，即建筑节能涉及的利益相关者对建筑节能服务公司的战略目标、技术资源不甚了解，对其节能改造后达到的效果无法确定，而且不熟悉合同能源管理的运作模式，对自身"你投资我受益"就能获得节能改造效益心存疑虑，导致建筑节能市场尚未充分适应合同能源管理模式，严重阻碍了建筑节能服务业在我国的发展。

第二章 建筑节能服务业发展思路

第一节 激 发 动 力

（1）强制性政策

市场需求来源于法律法规的强制、经济约束和激励的力度、行政监管的严格、社会监督的广泛；市场的供给体现在市场主体的成长、技术材料体系和工艺设备的多样。通过抓住市场的两个主体，完善建筑节能市场结构、市场行为和市场成果，进而形成健全的行业组织和完善的市场规则。

采用能耗申报、能耗共识、能耗标识、能耗定额等强制性政策对用能主体提出要求，从而激发建筑节能服务市场需求。

（2）激励性政策

在行业发展初期通过激励政策支持建筑节能服务企业，帮助建筑节能服务企业成长。包括节能量奖励、专项补助资金、税收优惠政策等。

（3）其他配套政策

其他配套政策为建筑节能服务企业开展业务、创新模式创造条件。包括排放权交易、用能权交易、投融资政策等。

第二节 培 育 主 体

（1）支持企业发展：支持开展节能服务企业的发展。

（2）基础条件好的企业：选择基础条件好的企业，加以政策强力扶持，将其树立为行业标杆。

（3）龙头企业：培育龙头企业，龙头企业对于行业的发展有强大的辐射影响力，通过龙头企业的实践、探索，为行业发展提供经验，引领行业发展。

（4）行业发展：通过龙头企业带动整个行业发展。

第三节 规 范 市 场

健康的市场需要供需双方共同维持。因此在确定激励政策的基础上仍需通过制定行业规范以及法律手段等途径来规范市场双方的行为。主要有：

一方面规范建筑节能服务公司行为，保证服务质量，杜绝弄虚作假、利用激励政策不正当谋利行为，杜绝采用低劣产品、材料糊弄客户，反对以牺牲质量为代价的价格竞争。

另一方面要防止客户不遵守合同约定，根据服务按期提供服务资金，损害建筑节能服务企业利益。

第四节　创　新　机　制

（1）以市场为出发点的机制

建筑节能服务市场机制是推动建筑节能事业的重要机制。进一步发挥市场机制作用，有利于建立政府为主导、企业为主体、市场有效驱动、全社会共同参与的工作格局，真正把建筑节能转化为企业和各类社会主体的内在要求。

以市场为出发点的机制是具有持久生命力的机制。实际上，不少企业以自身产品为依托进行建筑节能服务就是一种机制创新，这种机制既可以带动企业生产，还可以增强企业研发新技术、新产品的动力，反过来促进建筑节能服务业，社会效益与企业效益共赢。

（2）产业联盟机制

建筑节能服务产业贯穿建设与运营全过程，有咨询、设计、工程、设备供应、运行管理多方面企业参与，产业联盟机制能够加强建筑节能服务各环节企业的联动，有力促进建筑节能服务业发展。

（3）金融服务机制

基于节能效益回报的建筑节能服务通常需要在较长时间内（几年甚至超过十年）收回投资，建筑节能服务企业需要大量资金支持业务发展。设立建筑节能服务基金等金融机制能够有效解决建筑节能服务企业融资难问题，为企业发展注入能量。

第五节　宣　传　推　广

（1）宣传普及

大力宣传建筑节能服务，让全社会了解建筑节能服务是什么、能做什么、能为客户和社会带来什么。

各级节能主管部门要采取多种形式，广泛宣传推行EMC的重要意义和明显成效，从而提高全社会对EMC的认知度和认同感，增强耗能企业负责人对节能减排的重要性和紧迫性的认识，走出基于能源浪费的"惯性"。要积极组织实施

EMC示范项目，发挥引导和带动作用。通过典型示范的宣传，使耗能企业了解节能服务相关的政策、法规、融资、节能服务程序以及实施EMC能得到的实实在在的好处。

应建立并完善EMC技术和服务的供需信息的平台建设，畅通买卖双方的供需信息。加强节能服务企业的诚信信息建设，加大对骗取节能服务补贴资金、夸大EMC项目节能效果等诸多问题企业的曝光力度，在备案名单上剔除不合格的节能服务公司备案资格。

（2）行业规范

开展建筑节能服务企业标准研究与制订，建筑节能服务标准研究与制订，合同能源管理标准合同文本研究与制订等。

（3）行业交流

定期举办各种形式的交流与研讨会议，交流新技术、新模式，探讨克服行业障碍的途径方法，促进行业全面发展。

第三章　建筑节能服务业发展的战略路径

《"十二五"建筑节能专项规划》指出：加快推行合同能源管理，规范能源服务行为，利用国家资金重点支持专业化节能服务公司为用户提供节能诊断、设计、融资、改造、运行管理一条龙服务，为国家机关办公楼、大型公共建筑、公共设施和学校实施节能改造。研究推进建筑能效交易试点。

第一节　起步阶段（2008～2010）

随着全球变暖、能源危机等环境问题凸显，人们逐渐认识到节能环保的重要性。建筑节能服务行业根据市场需求应运而生。这个阶段，各项配套设施制度都不完善，国家制定相关优惠政策支持建筑节能服务业发展。

第二节　示范阶段（2011～2013）

我国的建筑节能服务业有了几年的发展，也积累了一定的发展经验，这个阶段已经并将逐步制定和完善行业内的规范和标准化政策，并以可再生能源和大型公建改造为重点开展试点示范。

第三节　突破阶段（2014～2015）

这一阶段将以前期示范为基础，开展全面建筑节能服务，完善行业内的标准及体系。

第四节　快速发展阶段（2016～）

2016 年及以后将逐步形成市场化推动建筑节能服务的局面，同时政府加强市场监督和管理，并规范行业发展。

第四章　建筑节能服务专委会当前的工作重点

第一节　规范合同能源管理合同文本

现有的合同能源管理合同文本主要针对的是普遍合同能源管理相关服务内容，缺少对建筑节能服务项目的特色设计，例如：

（1）主要针对分享型的节能服务，建筑节能改造项目中涉及新建建筑节能、既有建筑节能改造，例如新建领域还有 BOT 等多种合作模式的变形，现有文本不能满足以上要求。

（2）不能满足参与过程中涉及双方、三方以及多方的利益关系协调。

（3）不能满足建筑节能技术的复合性和多样性特点。

针对合同文本存在的上述问题，因此需要制定适合建筑节能服务的合同能源管理合同文本。

第二节　研究能耗定额（基线）

能源消耗定额是指在一定的条件下，为生产单位产品或完成单位工作量，合理消耗能源的数量标准。能源消耗定额必须反映生产建设过程中能源消耗的客观规律，它应是能源利用率考核的依据，能源消耗定额应先进合理，既反映生产技术水平，同时也反映生产组织管理水平。

因此，能耗定额基线如何确定成为一个关键问题。有以下几种研究方法：基于能耗统计确定能耗定额；基于技术方法确定能耗定额；综合能耗统计和技术方法确定能耗定额。一般，统计定额发展成技术定额，在经过报批成为现行定额，或者统计定额中有 50% 成为行业标准。

确定能耗定额基线为城市制定相应的总体建筑节能目标、实现节能战略以及所应采取的措施提供支撑，同时也为合同能源管理项目提供节能量核算的科学方法，使合同能源管理项目的节能量能够进行科学、合理、可靠的核实，保证建筑节能服务双方的利益。

第三节　研究市场补偿机制

（1）碳交易

建立碳交易市场，明确碳减排量测算方法，完善交易市场环境，明确碳交易的定额和基线。

（2）碳基金

明确碳基金的资金来源、筹资规模、运营期限、主要使用用途、运营方式。

（3）阶梯能源价格

确定各地的用能使用基线，开展阶梯能源价格的政策制定，为建筑节能服务业的发展提供发展动力。

第四节　发挥专委会作用，落实目标计划

1. 专委会作用

（1）一个桥梁——连接政府与行业的桥梁

定期进行行业发展状况调研，为政府制定政策提供建议；开展建筑能耗与能效评价、能耗上报、能效标识、能耗定额等基础研究，为政府制定政策提供依据。

（2）三个平台

行业发展平台：制定行业标准，包括建筑节能服务企业标准、服务标准、合同能源管理标准合同文本、节能量计算行业标准。

企业合作平台：吸纳包括咨询、设计、工程、设备制造、运行管理、金融在内企业，加强合作交流，促进行业发展。

宣传推广平台：利用专委会在行业内的影响，通过各种形式大力宣传建筑节能服务。

2. 专委会 2013 年工作计划

（1）加强行业研究，做好"一个课题"

组织建筑节能合同能源管理机制研究（含四个子课题：①建筑节能合同能源管理示范文本；②建筑节能合同能源管理实施导则；③建筑节能服务企业的标准及管理办法；④建筑节能合同能源管理的支持政策研究），申报住房和城乡建设部 2013 年科技计划软课题立项，完成申报材料及报送立项手续，并认真组织行业专家与会员企业开展研究。

（2）做好专委会"一个发展规划"

专委会要适应社会发展的需要，研究制定符合行业发展规律的未来发展规划。行业协会的主要职责是服务会员、服务社会、服务建筑节能事业，要把精力集中引向建筑节能服务事业发展和及时有效的服务上来，把"行业的发展快慢、服务的满意度"作为衡量专委会成效的唯一标准，由此延伸到行业自律、打造"诚信社会"、维护市场秩序、打造行业与企业品牌、行业信息统计、行业运行分析、行业技术标准和服务标准制定、行业技能资质的评定与考核等；将开展行业调查、制定行业发展规划等。

（3）加强调研，征集出版一本《建筑合同能源管理优秀案例》

充分发挥专委会行业协会的职能作用，及时总结成绩卓越的节能服务公司和优秀合同能源管理项目案例，征集出版一本《建筑合同能源管理优秀案例》。

（4）加强推广宣传，做好一个"建筑节能服务专家巡讲活动"

依托专委会会员与行业专家资源，与地方建设行政主管部门合作，做好"建筑节能服务专家巡讲活动"，推广宣传建筑节能服务与合同能源管理的理念、经验与案例，推动各地积极开展此项工作。同时，办好《中国建筑节能服务快报》（电子版），及时传递相关政策，发布信息，充分展现节能服务会员企业风采。

（5）继续发展会员

广泛征集会员，扩大会员覆盖面，使会员发展工作常态化。根据大协会要求，做好专委会会员的发展、登记与服务工作；建立良好的会员管理体制与模式，为会员创造良好的发展环境和空间，维护好会员的利益，使专委会真正成为会员之家。

建筑节能服务专业委员会编写人员：

梁俊强　刘军民　孙金颖　张雪

第 四 篇 建筑保温隔热

第一章 建筑保温隔热行业发展综述

第一节 建筑保温隔热对建筑节能的重要作用

建筑能耗是指建筑中的采暖、空调、降温、电气、照明、炊事、热水供应等所消耗的能源。降低建筑能耗、实现建筑节能有四个主要途径:

一是提高建筑物的保温隔热性能。改善和提高围护结构各部分的保温隔热性能,能有效减少传热损失和空气渗透热损失,使得供给建筑物的热能在建筑物内部得到有效利用,从而减少或节约了建筑物的采暖能耗。

二是提高采暖、空调、照明等用能系统效率。提高建筑物保温隔热性能后,降低了建筑物暖通空调系统的冷热负荷需求,还需进一步挖掘用能系统的节能潜力。在用能负荷不变的情况下,提高用能系统效率,相当于提高能源利用效率,节约了能源。

三是利用新能源和可再生能源。煤炭、石油、天然气等常规能源贮存量有限,终会逐渐枯竭。同时,矿物燃料的燃烧产生二氧化碳等温室气体,还会影响生态环境。因此,开发利用可再生能源替代常规能源是未来的趋势。可再生能源包括太阳能、地热能、风能、水能、海洋能、潮汐能等。建筑采暖空调系统是可再生能源利用的重要方向,应用较多的是太阳能和地热能。

四是加强用能设备系统的运行管理。通过优化运行管理策略,可实现低成本和无成本节能。

在实现建筑节能的四个主要途径中,提高建筑物的保温隔热性能是降低建筑能耗的最有效途径,也是实现建筑节能的基础和关键环节。以采暖居住建筑为例,其耗热量由两部分构成:建筑物围护结构的传热耗热量;门窗缝隙的空气渗透耗热量。对北京地区 1980~1981 年三种住宅标准设计图进行计算,通过围护结构的传热耗热量占 73%~77%;通过门窗缝隙的空气渗透耗热量占 23%~27%。1986 年我国颁布第一部建筑节能标准《民用建筑节能设计标准(采暖居住建筑部分)》JGJ 26—86 提出的节能 30% 目标,主要措施就是提高围护结构保温性能和改善门窗气闭性。可以说,我国建筑节能起步于对建筑保温隔热技术的研究和应用。搞好建筑保温隔热是我国建筑节能工作的重要内容,是深入开展和推进建筑节能减排的关键所在。

第二节　建筑保温隔热发展历史及现状综述

1. 起步阶段

在我国开展建筑节能的初期，外墙保温隔热主要采取技术上比较简单的内保温做法，研究和应用了石膏聚苯复合板、水泥聚苯复合板、黏土珍珠岩保温砖、充气石膏板以及珍珠岩、海泡石等复合硅酸盐保温砂浆等外墙内保温系统（产品），可以满足节能30％的要求。但由于内保温做法存在局部热桥和占据室内空间等弊端，随着建筑节能要求提高到50％、65％，加上外保温技术的逐步成熟，在北方采暖地区，多数内保温系统（产品）逐渐退出建筑市场。

1985年，北京建筑设计总院和原冶金部建筑研究总院共同研制，开发"纤维增强聚苯乙烯复合式外保温墙体"即EPS薄抹灰外墙外保温系统，1986年在崇文门饭店建成一栋外墙外保温实验楼，完成三个实验部分内容，即在重墙和轻墙均作了外墙外保温，在实验楼二层上，工厂制作一个预制外墙外保温单元构件现场安装，均取得了满意的效果，经测试达到了节能30％的要求。该技术1988年1月通过城乡建设环境保护部科技局的鉴定。随后在北京国都饭店做了10层的外墙外保温的工程，在山东威海的威海卫大厦做了17层的外墙外保温的工程。但是，这些外保温工程的耐候性较差，后来都不同程度地出现外墙面层开裂，影响外墙保温、防水和观瞻，说明当时的外保温技术还不够成熟。

1989年北京建筑设计总院，原冶金部建筑研究总院，北京榆树庄构件厂三方合作开发"钢丝网架聚苯乙烯夹芯板"项目。但是，由于施工过程的安全问题没有解决好，致使这个产业走向低谷，促使一些企业改进产品结构走向外墙保温行业。

1990年原冶金部建筑研究总院和北京建筑设计总院联合研制水泥聚苯保温板。即以废旧聚苯乙烯泡沫塑料破碎为骨料，乳液和水泥做胶结剂，外加发泡剂搅拌浇注成型，养护而成的保温板材。1998年水泥聚苯保温板由于导热系数太大退出历史舞台。

1993年，中建建筑科学技术研究院开展中英建筑节能合作，对院内一栋3层住宅楼（计1320m²）按照50％节能标准进行改造，在外墙改造工程中学习国外外保温经验，自主研究和应用粘贴EPS薄抹灰外墙外保温系统，取得了成功。1994年起，北京住总集团在总结国内外保温工程经验教训的基础上，对材料性能和施工工艺进行了深入研究和样板试验，自主研发成GKP外墙外保温施工技术（G—玻纤网，K—聚合物水泥胶浆，P—聚苯泡沫塑料板），即：粘贴EPS薄抹灰外墙外保温系统，于1995年应用于卧龙小区3栋6层住宅工程（合计

24000m²），也取得了成功。1997年，北京住总集团编制了我国第一本EPS薄抹灰外墙外保温施工技术规程，作为北京市地方标准发布实施。

1995年，北京振利保温公司研究开发了胶粉聚苯颗粒保温浆料，由于施工简便，很快推广应用，先是用于内保温工程，后来也用于外保温工程，特别适用于外墙表面不平整的外墙保温工程。目前，这两种保温浆料在夏热冬冷地区仍在大量应用。

1997年，北京建筑设计总院研发了钢丝网架聚苯保温板在高层建筑上的应用，效果很好。其后与北京豪斯沃尔新型建材有限公司合作开发了现浇混凝土模板内置保温板（有网，无网）体系，即将保温板置于外模板内侧，再浇灌混凝土墙，与主体结构一次成活，提高工效，缩短工期，促进了外墙外保温在高层建筑中的应用，形成了我国独创的外墙外保温系统，属国内外首创。其后山东龙新建材股份有限公司开发了机械固定EPS钢丝网架板外墙外保温系统。

2. 快速发展阶段

20世纪90年代中后期，欧美EPS外墙外保温企业也进入中国市场，促进了我国外墙外保温技术和市场的成熟和发展。21世纪初，根据国情的需要，我国自主开发了一些相关材料和外保温技术，其中包括喷涂硬泡聚氨酯外墙外保温系统、胶粉聚苯颗粒贴砌聚苯板外墙外保温系统、岩棉外墙外保温系统等，开始了外墙外保温工程大面积应用。为了加快建筑保温材料的革新，推广硬泡聚氨酯在外墙外保温的应用，2005年原建设部专门成立了"聚氨酯建筑节能应用推广工作组"，现场喷涂聚氨酯和粘接聚氨酯保温板材很快得到推广和应用，并取得了很好的业绩，特别是在长江三角洲地区使用较为广泛；预制保温墙体一体化系统是另一种新型的外墙外保温系统，采用工业化过程进行生产，产品质量能够得到严格的控制；减少了大量的现场施工环节，符合绿色文明施工要求；2009年开始，酚醛泡沫保温板在我国得到应用，2010年"中国酚醛泡沫产业联盟成立"，2011年得到快速推广和应用。

第三节 国内建筑保温隔热政策、标准综述

1. 我国国家层面的政策标准情况

随着建筑节能工作的深入开展，从20多年前开始，我国就逐步多层次地开展相关标准规范、规章制度、政策法律的制定和贯彻实施工作。所有的这些标准规范、规章制度乃至政策法律，大都直接或间接的涉及建筑节能工作中建筑保温隔热。

（1）相关法规政策规定

1）建筑节能

①《中华人民共和国节约能源法》由中华人民共和国第十届全国人民代表大会常务委员会第三十次会议于 2007 年 10 月 28 日修订通过，自 2008 年 4 月 1 日起施行。

②民用建筑节能条例（国务院令 第 530 号）

《民用建筑节能管理规定》于 2005 年 10 月 28 日经第 76 次部常务会议讨论通过，自 2006 年 1 月 1 日起施行。

③《民用建筑节能管理规定》（中华人民共和国建设部令第 143 号）

住房和城乡建设部为了加强民用建筑节能管理，提高能源利用效率，改善室内热环境质量，根据相关法律法规制定《民用建筑节能管理规定》，自 2005 年 11 月 10 日发布，自 2006 年 1 月 1 日起施行。

④关于新建居住建筑严格执行节能设计标准的通知（建科〔2005〕55 号）

为了贯彻落实科学发展观和当年政府工作报告提出的"鼓励发展节能省地型住宅和公共建筑"的要求，切实抓好新建居住建筑严格执行建筑节能设计标准的工作，降低居住建筑能耗，住房和城乡建设部于 2005 年 4 月 15 日发布了《关于新建居住建筑严格执行节能设计标准的通知（建科〔2005〕55 号）》。

⑤关于进一步推进墙体材料革新和推广节能建筑的通知（国办发〔2005〕33 号）

为改变全国以黏土砖和非节能建筑为主的格局，减少毁田烧砖、破坏耕地的现象，适应城乡建设的快速发展对建材产品的需求量急剧增加，进一步推进墙体材料革新和推广节能建筑，有效保护耕地和节约能源，国务院 2005 年 6 月 6 日发布了《关于进一步推进墙体材料革新和推广节能建筑的通知（国办发〔2005〕33 号）》。

2）消防安全

①国务院关于加强和改进消防工作的意见（国发〔2011〕46 号）

为加强和改进消防工作，国务院在 2011 年 12 月 30 日下发了《国务院关于加强和改进消防工作的意见（国发〔2011〕46 号）》。

②关于贯彻落实国务院关于加强和改进消防工作的意见的通知（建科〔2012〕16 号）

为贯彻落实国务院《关于加强和改进消防工作的意见》（国发〔2011〕46 号），住房和城乡建设部在 2012 年 2 月 10 日发布了《关于贯彻落实国务院关于加强和改进消防工作的意见的通知（建科〔2012〕16 号）》。

③《民用建筑外墙保温系统及外墙装饰防火暂行规定》（公通字〔2009〕46 号）

为有效防止建筑外保温系统火灾事故，公安部、住房和城乡建设部联合制定了《民用建筑外保温系统及外墙装饰防火暂行规定》，2009 年 9 月 25 日发布。

3）监督管理

①关于 2010 年全国住房城乡建设领域节能减排专项监督检查建筑节能检查情况通报（建办科［2011］25 号）

为贯彻落实《节约能源法》、《民用建筑节能条例》和《国务院关于印发节能减排综合性工作方案的通知》（国发［2007］15 号）、《国务院关于进一步加大工作力度确保实现"十一五"节能减排目标的通知》（国发［2010］12 号）要求，进一步推进住房城乡建设领域节能减排工作，2010 年 12 月 12 日至 28 日，住房和城乡建设部组织对全国建筑节能工作进行了检查，并对检查情况进行通报。

②关于印发《民用建筑工程节能质量监督管理办法》的通知（建质［2006］192 号）

为进一步做好民用建筑工程节能质量的监督管理工作，保证建筑节能法律法规和技术标准的贯彻落实，2006 年 7 月 31 日，住房和城乡建设部制定了《民用建筑工程节能质量监督管理办法》。

4）财政税收

①《关于开展推动建材下乡试点的通知》建村［2010］154 号

为贯彻落实《国务院办公厅关于落实中共中央国务院关于加大统筹城乡发展力度进一步夯实农业农村发展基础的若干意见有关政策措施分工的通知》（国办函〔2010〕31 号）中关于"采取有效措施推动建材下乡，鼓励有条件的地方通过多种形式支持农民依法依规建设自用住房"的工作部署，住房和城乡建设部2010 年 9 月 29 日下发了《关于开展推动建材下乡试点的通知》。

②《关于资源综合利用及其他产品增值税政策的通知》财税［2008］156 号

为了进一步推动资源综合利用工作，促进节能减排，同时为了规范对资源综合利用产品的认定管理，需对现行相关政策进行整合。就有关资源综合利用及其他产品增值税政策，财政部、国家税务总局 2008 年 12 月 9 日下发了《关于资源综合利用及其他产品增值税政策的通知》。

③《新型墙体材料专项基金征收使用管理办法》财综［2007］77 号

为加强和改进新型墙体材料专项基金征收使用管理，加快推广新型墙体材料，根据国务院有关规定，财政部、国家发展改革委重新修订了《新型墙体材料专项基金征收使用管理办法》。

除上述财政税收鼓励政策外，《节能技术改造财政奖励资金管理办法》财建［2011］367 号、《关于进一步推进公共建筑节能工作的通知》财建［2011］207号等文件是有关建筑节能整体实施的鼓励政策，有关墙体保温部分内容均已涵盖在整体建筑节能范畴内。

（2）相关标准规范

目前，我国有关外墙外保温的现行标准、在编标准、待编标准汇总如表 4-1-1 所示。

我国外墙外保温相关标准汇总　　　　　　　　　表 4-1-1

标准号	标准名称	主编单位	备注
JGJ 144—2004	外墙外保温工程技术规程	住建部科技发展促进中心	修订
JG 149—2003	膨胀聚苯板薄抹灰外墙外保温系统	中国建筑标准设计研究院	修订为国标
JG 158—2004	胶粉聚苯颗粒外墙外保温系统	北京振利高新技术有限公司	修订
GB 50404—2007	硬泡聚氨酯保温防水工程技术规范	烟台同化防水保温工程有限公司	
JG/T 228—2007	现浇混凝土复合膨胀聚苯板外墙外保温技术要求	北京振利高新技术有限公司	
JGJ/T 172—2009	建筑陶瓷薄板应用技术规程	咸阳陶瓷研究设计院	修订
JGJ 253—2011	无机轻集料保温砂浆系统技术规程	浙江广厦建设集团公司	
JG/T 283—2010	膨胀玻化微珠轻质砂浆	中国建筑材料检验认证中心有限公司	
GB/T 26000—2010	膨胀玻化微珠保温隔热砂浆	中国建筑材料检验认证中心有限公司	
GB/T 20473—2006	建筑保温砂浆	河南建筑材料研究设计院	
JC/T 992—2006	墙体保温用膨胀聚苯乙烯板胶粘剂	中国建筑材料检验认证中心有限公司	
JC/T 993—2006	外墙外保温用膨胀聚苯乙烯板抹面胶浆	中国建筑材料检验认证中心有限公司	
JC 561.2—2006	增强用玻璃纤维网布第 2 部分：聚合物基外墙外保温用玻璃纤维网布	南京玻璃纤维研究设计院	
JG/T 229—2007	外墙外保温柔性耐水腻子	北京振利高新技术有限公司	
GB/T 10801.1—2002	绝热用模塑聚苯乙烯泡沫塑料	北京北泡塑料集团公司	
GB/T 10801.2—2002	绝热用挤塑聚苯乙烯泡沫塑料（XPS）	国家建材局标准化研究所	
GB/T 21558—2008	建筑绝热用硬质聚氨酯泡沫塑料	北京工商大学、烟台万华	

续表

标准号	标准名称	主编单位	备注
GB/T 20974—2007	绝热用硬质酚醛泡沫制品（PF）	建筑材料工业技术监督研究中心	
JC/T 998—2006	喷涂聚氨酯硬泡体保温材料	苏州非金属矿工业设计研究院	
JGJ 289—2012	建筑外墙外保温防火隔离带技术规程	中国建筑科学研究院	
在编国标	外墙外保温系统技术要求及评价方法	中国建筑科学研究院	
在编国标	模塑聚苯板薄抹灰外墙外保温系统	中国建筑标准设计研究院	
在编国标	挤塑聚苯板薄抹灰外墙外保温系统	上海市建筑科学研究院（集团）有限公司	
在编行标	保温装饰板外墙外保温技术要求	中国建筑材料检验认证中心有限公司	
在编行标	硬泡聚氨酯板薄抹灰外墙外保温系统技术要求	中国建筑标准设计研究院	
在编行标	真空绝热板	青岛科瑞新型环保材料有限公司	
在编行标	无机轻集料防火保温板通用技术要求	宁波荣山新型材料有限公司	
在编行标	建筑外墙外保温系统修缮标准	上海市房地产科学研究院	
在编行标	保温防火复合板应用技术规程	中国建筑科学研究院	
在编行标	建筑用轻质陶瓷保温板	中国建筑材料检验认证中心有限公司	
在编行标	外墙外保温用填缝防火浆料	河南欧亚保温材料有限公司	
在编行标	外墙外保温用泡沫玻璃技术要求	上海市建筑科学研究院（集团）有限公司	
在编行标	外墙保温复合板通用技术要求	中国建筑标准设计研究院	

（3）相关构造图集

国标有关外墙外保温构造图集目前相对较少，系列图集有：《外墙外保温建筑构造》10J121 系列。地方分别出版配套图集。

2. 我国相关政策标准的执行情况

（1）国家层面政策标准的执行情况

住房和城乡建设部 2012 年 4 月 9 日发布了的关于印发《2011 年全国住房城乡建设领域节能减排专项监督检查建筑节能检查情况通报》的通知（建办科函 [2012] 212 号）。根据通知，全国建筑节能标准实施情况如下：

1）新建、既有建筑标准执行情况

新建建筑执行节能强制性标准：根据各地上报的数据汇总，2011 年全国城镇新建建筑设计阶段执行节能 50%，强制性标准基本达到 100%，施工阶段的执行比例为 95.5%，新增节能建筑面积 13.9 亿 m^2，可形成 1300 万吨标准煤的节能能力。全国城镇节能建筑占既有建筑面积的比例为 24.6%，北京、天津、河北、吉林、上海、宁夏、新疆等省（区、市）的比例已超过 40%。

既有居住建筑节能改造：截至 2011 年底，北方 15 省（区、市）及新疆生产建设兵团共计完成既有居住建筑供热计量及节能改造面积 1.32 亿 m^2，已开工未完成的改造面积 0.24 亿 m^2。北京、天津、内蒙古、吉林、山东等 5 个与财政部、住房和城乡建设部签约的重点省（区、市）共计完成改造面积 7400 万 m^2，其中，内蒙古、吉林、山东超额完成年度改造任务。目前，累计实施供热计量改造面积占城镇集中供热居住建筑面积比例超过 10% 的省份有河北、吉林、青海、天津、黑龙江。

2）标准执行力度与发展

建筑节能标准进一步完善。标准规范的内容包括了设计、施工、验收、测评标识、节能性能评价、运行管理全过程，指标的要求从节能 50% 提升到节能 65%。北京、天津等市已经开始研究以节能 75% 为目标的强制性标准。

"十二五"期间，国家科技支撑计划继续支持建筑节能及绿色建筑共性关键技术的研究开发。各地在新型建筑节能保温产品及体系、绿色建筑及绿色生态城区指标体系研究、可再生能源建筑应用等方面安排科研项目，并组织示范工程，促进成果转化，建筑节能技术水平和产业水平进一步提升。

3）外墙保温标准执行方面各地突显的问题

新建建筑执行节能强制性标准不到位、监管缺位现象仍然存在。部分省市缺乏对节能设计专篇的规范性要求及深度规定，施工图节能设计细部处理不够，不能有效指导施工，施工图审查机构节能审查能力严重不足；施工组织方案、监理方案基本照抄范本，普遍缺乏针对性，施工现场随意变更节能设计、偷工减料的现象仍有发生；部分地区特别是中小城市缺乏对保温材料、门窗、采暖设备等节能关键材料产品的性能检测能力，产品质量监管存在漏洞。

既有建筑节能改造任务仍然艰巨，改造效果不能有效发挥。改造任务繁重：考虑用能水平、建筑寿命等因素，北方地区城镇既有居住建筑需要改造的面积约20亿 m²，改造压力较大，同时随着用能水平的提高及改善室内舒适性的需求日益强烈，夏热冬冷地区既有居住建筑实施节能改造压力也日益增大；部分节能改造项目质量存在问题，检查中发现，部分完成的改造项目已经出现保温层破损、脱落等情况。

（2）存在的主要问题及其原因

每个时期根据不同节能率的要求国家都分别出台了节能标准，对围护结构的保温性能作出了明确规定，新建建筑可以按照标准规定设计施工，若按标准指标对既有建筑改造工程进行要求则较难实现。因此，在标准执行方面既有建筑的标准执行率较低。

从外墙外保温工程质量来看，由于我国研究与应用外墙外保温系统较晚，在市场准入、质量控制、工程验收上缺少有力的监管机制和措施，在外墙外保温工程中产生了诸多问题，直接影响到保温工程的质量。其中外墙外保温工程中长遇到的问题主要表现在以下几个方面：

外墙保温层开裂。多发生在板缝、窗口、女儿墙、保温板与非保温墙体的结合部。开裂导致保温层节能率下降，甚至会危及墙体的安全。

外墙面空鼓、脱落。在保温层与其他材料连接处，由于保温层与其他材料的材质密度相差过大，使得不同材质间膨胀系数不同，在温度应力作用下的变形也不同，极易在这些部位产生面层的抹灰裂缝。同时，这些部位的防水处理若处理不当，水分极易侵入到保温系统内，影响系统的正常使用及寿命。

外墙保温施工现场的火灾屡有发生。由于施工人员操作不当以及使用过程中其他因素的影响，引发火灾。

第四节　行业组织发展状况

行业协会是指介于政府、企业之间，商品生产业与经营者之间，并为其服务、咨询、沟通、监督、公正、自律、协调的社会中介组织。行业协会是一种民间性组织，它不属于政府的管理机构系列，它是政府与企业的桥梁和纽带。行业协会属于我国《民法》规定的社团法人，是我国民间组织社会团体的一种，即国际上统称的非政府机构，又称 NGO，属非营利性机构。

在中国建筑节能协会建筑保温隔热专业委员会成立之前，我国与建筑保温相关的行业协会主要是中国绝热节能材料协会，成立于 1987 年 3 月，其会员主要是绝热材料生产、使用、施工、流通、科研设计、设备制造的相关企业，设有岩矿棉专业委员会、玻璃棉专业委员会、硅酸铝纤维专业委员会、硬质绝热材料专业委员会、硅酸盐复合绝热材料专业委员会、泡沫塑料专业委员会、轻质建筑板材专业委员会。其涉及建筑绝热材料范围较广，主要关注材料本体性能研究。

　　然而，建筑保温隔热是实现建筑节能的基础和关键环节，是一项复杂的建筑应用技术，综合了建筑技术和材料技术，而且必须在建筑技术的基础上研究适宜的保温隔热系统才能实现建筑的根本需求。由于这种复杂性，建筑保温隔热技术在应用、施工乃至行业发展上遇到了各种各样的问题。

　　为了解决建筑保温隔热行业共性技术问题，2012年6月，中国建筑节能协会建筑保温隔热专业委员会正式成立，以中国建筑科学研究院为依托，通过联合知名专家、企业，梳理标准规范，完善标准体系，引导技术发展方向，定期组织专家研讨关键技术问题，为政府制定政策提供预案和建议，加强技术研究与交流合作，促进企业技术进步，逐步使建筑保温隔热技术走向成熟稳定，保证我国建筑节能工作顺利推进。

　　建筑保温隔热专业委员会成立至今短短半年的时间里，已有会员单位105家。建筑保温隔热行业有了自己的组织，在这里，我们热心于帮助每一位成员解决困难，全国从事本行业的企业也都可以尽情地展示先进成果，交流学习最新最好的技术，先进带后进，以大帮小，以老带新，以点带面，促进我国的保温隔热行业稳定有序发展，我们相信，在有"家"的日子里，每一位成员都能迸发出无限的潜能，把更多更好的产品、技术，献给祖国，造福人民，为我国建筑节能减排工作作出更大的贡献。

第二章　2012年建筑保温隔热行业发展热点

第一节　科研与标准动态

1. 《建筑外墙外保温防火隔离带技术规程》JGJ 289—2012

2012年11月1日，住房和城乡建设部发布行业标准《建筑外墙外保温防火隔离带技术规程》的公告（第1517号）："现批准《建筑外墙外保温防火隔离带技术规程》为行业标准，编号为 JGJ 289—2012，自2013年3月1日起实施。其中，第3.0.4、3.0.6、4.0.1条为强制性条文，必须严格执行。"

规程的主要技术内容为：总则；术语；基本规定；性能要求；设计；施工；工程验收。《建筑外墙外保温防火隔离带技术规程》的制定，能促进防火隔离带新技术、新工艺、新材料在全国范围内的推广应用，提高企业的技术水平和施工技术人员整体素质，全面提高防火隔离带工程的施工质量。该规程的编制、批准、发布和实施，将对我国外墙外保温防火技术和施工管理的发展起到至关重要的作用，有利于提高外保温防火安全，进一步推进我国建筑节能行业的发展进程。

2. 中美清洁能源联合研究项目

（1）项目背景

根据中美两国政府于2009年11月签署的《关于中美清洁能源联合研究中心合作议定书》和中美清洁能源联合研究中心指导委员会会议达成的共识，中美双方同意在未来5年内共同出资1.5亿美元，支持清洁煤、清洁能源汽车和建筑节能等三个优先领域产学研联盟的合作研发。

目前，中美双方确认由清华大学与密歇根大学牵头清洁能源汽车产学研联盟的合作、华中科技大学与西弗吉尼亚大学牵头清洁煤产学研联盟的合作、住房和城乡建设部建筑节能中心与劳伦斯伯克利国家实验室牵头建筑能效产学研联盟的合作。

（2）建筑围护结构保温课题承担单位情况

中美清洁能源联合项目一期合作中课题《建筑围护结构体系关键技术研究》

由重庆大学承担，中国建筑科学研究院承担子课题：《绿色建筑高防火性能墙体保温技术研究》的研究工作。

（3）课题主要研究内容

课题从我国实际情况出发，通过对各气候区建筑墙体保温隔热现有性能调研，分析我国建筑墙体节能关键问题，开展高防火性能墙体保温技术研究，给出适合混凝土建筑改造的高性价比保温系统的典型技术；针对农村地区建筑的特殊性，开展适合农村地区使用的保温系统形式的研究，形成相应研究报告。在对我国建筑墙体保温隔热措施现状调研和美方调查数据的基础上，进行对比分析，吸取国内外建筑墙体保温技术应用经验，研究我国墙体节能存在的问题。结合我国各地区气候特征，提出满足建筑节能目标的建筑墙体保温隔热做法，进行绿色建筑高防火性能墙体保温技术研究，通过对不燃保温材料系统、系统防火构造等做法的研究，提出适宜的建筑墙体保温构造做法。并对适合混凝土建筑改造的保温系统进行研究，开展适合农村地区的墙体保温系统技术研究。

3. 住房和城乡建设部研究项目

（1）建筑外墙外保温防火标准对比研究

本项目由中国建筑科学研究院承担。

项目调查研究国内外建筑外墙外保温相关防火技术的应用现状以及防火标准条文的主要内容、具体规定和实际应用情况。特别是通过对国外多年安全应用外墙外保温系统先进经验的调查研究，并结合对欧美国家的实地考察，分析研究适用于我国以中高层建筑为主的外墙外保温系统防火现状的相关标准，总结提炼对我国外墙外保温防火标准制修订的建议。

（2）与建筑结构寿命同步的外墙外保温技术研究

本项目以胶粉聚苯颗粒复合型外墙外保温系统为研究内容，通过对外保温系统面临的五种自然破坏力（热应力、水的破坏、负风压的破坏、火灾、地震力），对外保温系统和组成材料进行系统的基础理论和试验研究，辅以科学的分析和测试手段（大型耐候性试验、大型防火试验、温度场和温度应力的数值模拟、大型防火试验的数值模拟等），并结合大量的工程案例分析和理论计算结果，对该系统构造和组成材料进行系统地研究分析，以保证外保温系统具有优异的长期安全可靠性、表观质量稳定性、保温效果满足节能标准的要求，实现与建筑结构寿命同步的技术研究。

1）研究系统构造防火措施，提高系统防火安全性

火焰传播有三种途径：即热传导，热对流和热辐射。当外保温系统具备构造防火三要素（无空腔，防火分仓和防火保护面层）时，就能杜绝火焰传播的三种途径，大幅度提高系统的防火安全性。如何确定合理的三要素构造和材料以及保

护面层的厚度对防火性能的影响是关键技术之一。

2）研究热应力分散构造层，减小面层砂浆温度应力，降低系统开裂的风险

胶粉聚苯颗粒找平层的复合型系统较薄抹灰系统面层温度变化速率明显减小，这样就可以让面层砂浆温度变形减缓，有利于防止面层开裂，如何确定胶粉聚苯颗粒找平浆料合理的技术指标参数以满足各层材料温度变形的要求是关键技术之一。

3）研究水分散构造层，减小水对外保温系统的破坏

外保温系统应具有防水透气功能，防水透气功能层的设置是提高系统稳定性的重要措施。同时设计水分散构造层，使结露点迁移，避免在有机保温材料面层产生结露，进而造成冻融破坏，水分散构造层的研究对减小水对系统产生的破坏是关键技术之一。

4）研究负风压对空腔系统的破坏

系统只要存在空腔，就必然存在负风压，负风压对空腔系统的破坏是研究的关键技术之一。

5）研究地震对外保温系统的破坏

对外墙外保温体系进行抗震验算，满足我国抗震规范中有关附属结构抗震验算的要求，也是研究的关键技术之一。

第二节 行业调查情况

2012年6月15日，建筑保温隔热专业委员会启动"全国建筑保温隔热行业现状调查"工作，通过会员单位、地方行业协会、政府部门等多重渠道发放调查问卷。共收到反馈调查问卷83份，涵盖了从北方到南方的部分生产和应用企业，产品类型比较全面，结合专委会会员单位情况，我们对建筑保温隔热行业现状进行了分析。

1. 我国保温隔热企业发展分析

（1）建筑保温行业企业规模

从被调查的保温隔热行业的资本构成来看，被调查的从事保温隔热行业的企业中有39%是有限责任公司，民营企业占26%，股份有限公司占13%，这三中性质的企业占了被调查的保温隔热行业从业企业的3/4，可以说，我国建筑保温隔热行业的市场上，国内企业占主导地位；另外，国有资本的比重不足10%，说明该市场上，市场竞争机制比较充分；从外商资本约占12%，不难看出，在保温隔热领域并不十分依赖国外，自主生产研发能力比较强；另外还有4%是科研院所，为行业发展和技术进步提供着有力的支持和保障。

从企业的注册资金方面来看，注册资金在1000万以下的企业占44％，6000万以上的企业占22％，由此可见，建筑保温隔热行业的两极分化比较严重，资金存在分布不均问题，市场上多为中小型公司，从企业生命周期理论来讲，我国保温隔热行业的发展潜力比较大。

图 4-2-1　我国建筑保隔热行业从业企业性质与注册资金

（2）行业发展阶段

我国从事建筑保温隔热行业的企业在2000年以后有一个激增的过程，原因是我国自主开发了一些相关材料和外保温技术，其中包括喷涂硬泡聚氨酯外墙外保温系统、胶粉聚苯颗粒贴砌聚苯板外墙外保温系统，岩棉外墙外保温系统等，开始了外墙外保温工程大面积应用，同时行业内又编写了《膨胀聚苯板薄抹灰外墙外保温系统》JG 149—2003、《胶粉聚苯颗粒外墙外保温系统》JG 158—2004等标准，这些都有力地推动了外墙外保温技术的发展，也促使了很多从事该行业的企业如雨后春笋般出现。

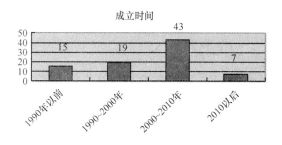

图 4-2-2　建筑保温隔热专委会会员企业成立时间

（3）销售额分析

建筑保温隔热专委会统计了2009年至2011年三年的部分会员企业销售额情况，从统计情况看，我国销售额在5000万元以上的企业在逐年递增，企业的竞争力正在不断的增强，从侧面也在说明我国的建筑保温隔热工程的面积也正在不断地扩大，行业发展处于突飞猛进的阶段。

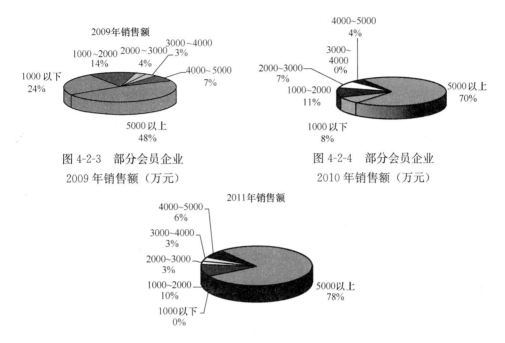

图 4-2-3　部分会员企业
2009 年销售额（万元）

图 4-2-4　部分会员企业
2010 年销售额（万元）

图 4-2-5　部分会员企业 2011 年销售额（万元）

2. 建筑保温隔热产品体系发展动态

目前，我国市场上应用的外墙保温隔热材料主要包括：模塑聚苯乙烯泡沫塑料（EPS）、挤塑聚苯乙烯泡沫塑料（XPS）、硬质聚氨酯泡沫塑料（PUR）、胶粉 EPS 颗粒保温浆料、酚醛泡沫板（PF）、岩棉、保温砂浆等几类。

（1）模塑聚苯乙烯泡沫塑料（EPS）

1）材料性能

建筑用 EPS 主要有如下特性：导热系数、表观密度、垂直于板面方向的抗拉强度、尺寸稳定性、熔结性等，见表 4-2-1。

EPS 的物理特性　　　　　　　　　　　　　　　　表 4-2-1

试 验 项 目		检测标准	性 能 指 标
导热系数[W／（ m•K）]		GB/T 10294	≤ 0.038
表观密度(kg/m³)		GB/T 6343	18～ 25
垂直于板面方向的抗拉强度(MPa)		GB/T 6344	≥ 0.10
尺寸稳定性(%)		GB/T 8811	≤ 0.3
熔结性	断裂弯曲	GB/T 8812	≥20
	或弯曲变形(mm)		≥20
水蒸气渗透系数，[ng/(Pa•m•s)]		GB/T 2411	≤4.5
吸水率(V/V)(%)		GB/T 8810	≤ 3
燃烧性能分级		GB/T 8624	1997 年版达到 B2 级或者 B1 级

导热系数取决于密度和稳定。EPS 厚度减少，热辐射的透过率上升，当厚度低于 10mm 时尤为明显。

EPS 的含水量对导热系数影响显著，每吸收 1% 体积的水，导热系数上升 3%～4%，因此，在任何墙体结构里，隔热层必须放在远离可能产生冷凝水的地方。

随着环境温度的下降，EPS 泡沫塑料的导热系数将随之下降。其特点如图 4-2-6 所示，同时也说明 EPS 泡沫塑料适用于温度较低的环境之中。

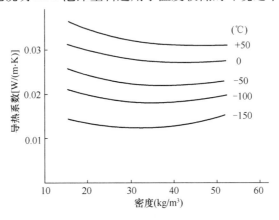

图 4-2-6　在不同温度及密度下 EPS 导热系数

因为传导与辐射在不同程度上随制件的密度（即泡孔的壁厚）而变化，当 EPS 密度过大或过小时，其导热系数都将增加（图 4-2-7）。在常温下，当 EPS 泡沫塑料的密度在 30～40kg/m³ 时，其导热系数最低。

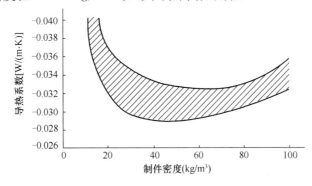

图 4-2-7　平均每 10℃温差下的导热系数与密度的关系（样品厚度为 20mm）

2）系统构造

应用 EPS 外墙保温工程的构造做法有：模塑聚苯板（EPS）薄抹灰外墙外保温系统、EPS 板现浇混凝土外保温系统、EPS 钢丝网架板现浇混凝土外保温系统、外墙内保温系统等。

（2）挤塑聚苯乙烯泡沫塑料（XPS）

1）材料性能

XPS即挤塑聚苯乙烯泡沫塑料，是以聚苯乙烯树脂或其共聚物为主要成分，添加少量添加剂，通过加热挤塑成型而制得的具有闭孔结构的硬质泡沫塑料。导热系数小于0.030W/（m·K），一般为B2级，通过添加阻燃剂也有厂家有B1级的报告，但是一般认为属于B2级。其性能应符合表4-2-2的要求。

挤塑板性能要求　　　　　　　　　　　　　表4-2-2

项　　目	性　能　指　标
表观密度（kg/m³）	22～35
导热系数［W/(m·K)］	不带表皮的毛面板≤0.032，带表皮的开槽板≤0.030
垂直于板面方向的抗拉强度（MPa）	≥0.20
压缩强度（MPa）	≥0.20
弯曲变形①（mm）	≥20
尺寸稳定性（%）	≤1.2
吸水率（V/V）（%）	≤1.5
水蒸气透湿系数［ng/(Pa·m·s)］	3.5～1.5
氧指数（%）	≥26
燃烧性能等级	不低于E级

①对带表皮的开槽板，弯曲试验的方向应与开槽方向平行。

2）系统构造

应用XPS外墙保温工程的构造做法有：挤塑聚苯板（XPS）薄抹灰外墙外保温系统、外墙内保温系统等。

（3）硬质聚氨酯泡沫塑料（PUR）

1）材料性能

PUR以聚醚树脂或聚酯树脂为主要原料，与异氰酸酯定量混合，在发泡剂、催化剂、交联剂等的作用下发泡制成（表4-2-3）。

PUR具有下列性能特点：①导热系数小。在泡沫塑料保温材料中，该产品的导热系数是最低的，新制成的PUR在常温下的导热系数可低于0.016W/(m·K)；②使用温度较高，添加耐温辅料后，使用温度可达120℃；③抗压强度较高；④化学稳定性好，耐酸碱。

PUR性能参数　　　　　　　　　　　　　表4-2-3

项　　目	性能要求		
	Ⅰ型	Ⅱ型	Ⅲ型
密度（kg/m³）	≥35	≥45	≥55
导热系数［W/(m·K)］	≤0.024	≤0.024	≤0.024

73

续表

项　目	性能要求		
	Ⅰ型	Ⅱ型	Ⅲ型
压缩性能（kPa）	≥150	≥200	≥300
不透水性 0.2MPa，30min	—	不透水	不透水
尺寸稳定性（70℃，48h）（%）	≤1.5	≤1.5	≤1.0
闭孔率（%）	≥92	≥92	≥95
吸水率（%）	≤3	≤2	≤1

　　与 EPS 不同，硬质聚氨酯泡沫塑料使用氟利昂（CFC）（或其他种类）发泡剂发泡。泡孔中的发泡剂比空气的导热系数小。随着使用时间的增长，发泡剂因扩散作用不断与环境中的空气进行置换，致使聚氨酯泡沫塑料的导热系数随时间而增大，见图 4-2-8。

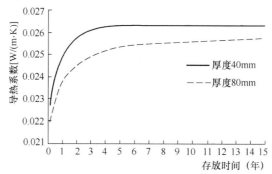

图 4-2-8　PUR 板导热系数随时间的变化

　　采用聚氨酯作为保温材料，一方面丰富了外墙保温产品的种类，另一方面有助于推动聚氨酯行业的发展。聚氨酯具有优异的保温、防水、防火和熟化期短等优势，是保温行业保温材料发展的趋势。其中尤其熟化期短克服了聚苯板薄抹灰系统中保温板材熟化不足引起后期收缩，进而导致保温系统开裂的现象。

　　2）系统构造

　　应用 PUR 外墙保温工程的构造做法有：现场喷涂硬泡聚氨酯外保温系统、外墙内保温系统等。

　　（4）胶粉 EPS 颗粒保温浆料

　　1）材料性能

　　胶粉 EPS 颗粒保温浆料由矿物胶凝材料、少量高分子聚合物和 EPS 颗粒集料组成。其中 EPS 颗粒体积一般都在 80% 以上。产品属于干拌灰浆，EPS 颗粒与胶凝材料可分开包装。使用时两种材料混合并加水搅拌。主要用做现场抹灰保温材料。

保温浆料中 EPS 颗粒所占比例以及固化砂浆的密度对其导热系数起决定性作用。此外，保温浆料的吸水率对保温性能也有重要影响。各厂家产品由于添加剂不同，其吸水率可能有很大差别。胶粉 EPS 颗粒保温浆料性能指标见表4-2-4。

胶粉 EPS 颗粒保温浆料性能参数　　　　　　　　　表 4-2-4

项　　目	性　能　要　求
湿表观密度（kg/m³）	≤420
干表观密度（kg/m³）	180～250
导热系数[W/(m·K)]	≤0.060
蓄热系数[W/(m·K)]	≥0.95
抗压强度（kPa）	≥200
压剪粘结强度（kPa）	≥50
线性收缩率（%）	≤0.3
软化系数	≥0.5

目前国内市场上有各式各样的保温浆料。选用保温浆料时，不要被其名称所迷惑。首先应弄清浆料中使用什么材料作为保温材料，再者是用什么东西作为胶凝材料。EPS 颗粒具有可靠的保温性能，在各种保温浆料中，目前值得推荐的只有 EPS 颗粒保温浆料一种。

EPS 颗粒保温浆料可用于外墙内保温和外保温。由于它可在任意形状的建筑构件上方便地抹涂，特别适用于外墙内表面热桥部位的保温。由于 EPS 颗粒保温浆料的导热系数接近于 EPS 的两倍，又由于最大抹灰厚度受到一定限制，在寒冷地区和严寒地区已不允许单独用于外墙保温。EPS 颗粒保温浆料适用于夏热冬冷地区外墙保温和寒冷、严寒地区的室内分户隔墙和楼梯间墙体保温。

2）系统构造

胶粉 EPS 颗粒保温浆料外墙保温工程的构造做法有：胶粉 EPS 颗粒保温浆料保温系统和胶粉 EPS 颗粒浆料贴砌 EPS 板外保温系统是胶粉 EPS 颗粒保温浆料的两种主要系统构造。

（5）酚醛泡沫板（PF）

1）材料性能

酚醛保温板是以酚醛树脂和阻燃剂、抑烟剂、固化剂、发泡剂及其他助剂等多种物质，经科学配方制成的闭孔型硬质泡沫塑料。最突出的优势是防火和保温。酚醛泡沫材料是更适合于有苛刻要求的环境条件下使用的高性能材料，有着良好的发展前景。如钢结构厂房、大型工业厂房、活动房、冷库、洁净车间、建筑物加层、临时房屋、体育馆、超市等其他需要防火保温要求的建筑物。酚醛保温板的性能如下：

①优异的防火性能。酚醛保温板遇火不燃，燃烧性能最高达 A 级，最高使用温度为 180℃（允许瞬时 250℃），100 mm 厚的酚醛泡沫抗火焰能力可达 1h 以上而不被穿透。在火焰的直接作用下具有结碳、无滴落物、无卷曲、无熔化现象，火焰燃烧后表面形成一层"石墨泡沫"层，有效保护层内的泡沫结构。

②优良的绝热性能。导热系数低，小于 0.025W/(m・K)。

③抗腐蚀抗老化。几乎能够耐所有无机酸、有机酸、有机溶剂的侵蚀。长期暴露于阳光下，无明显老化现象，因而具有较好的耐老化性。

④密度小、重量轻。酚醛保温板的密度为 100kg/m³ 以下，可达到 50kg/m³ 左右。可减轻建筑物的自重，降低建筑物的载荷，减少结构造价，且施工简便、快捷，可提高工效。

⑤吸声性能。酚醛保温板具有优良的吸声性能，开孔型的泡沫结构更有利于吸声。

⑥环保。岩棉、玻璃棉对环境和人有伤害，聚氨酯、聚苯乙烯燃烧受热时会分解出氰化氢、一氧化碳等剧毒气体。而酚醛保温板采用无氟发泡技术，无纤维，符合国家、国际的环保要求。

2）系统构造

酚醛板外墙保温工程的构造做法有：酚醛泡沫板薄抹灰外墙外保温系统、酚醛泡沫板外墙内保温系统。

（6）岩棉

1）材料性能

岩棉是以天然的岩石，如玄武岩、辉长岩、白云石、铁矿石、铝矾土等为主要的原材料，经高温熔化纤维化，经胶粘剂和添加剂处理，然后采用三维摆锤铺棉、预压、固化、切割而成。

①耐火性能

岩棉可以在高温下正常使用，常作为高温工业设备的保温使用，岩棉纤维在 750℃下可以正常使用，当温度达到 1100℃ 的条件下岩棉纤维开始溶化。对于一般的火灾而言，可以分成 4 个阶段：火灾的点燃阶段、火灾的增长阶段、完全燃烧阶段和熄灭阶段，岩棉产品在火灾的各种阶段中可以有效阻止火焰的蔓延、提供被动的防火保护。从岩棉的原材料看，是经高温熔化的天然岩石和矿石，在加工的过程中，会添加适量的有机胶粘剂或防水剂，但添加物从整体上看不会影响岩棉的防火性能。当遇到火灾中的高温时（可能达到 1200℃），岩棉不会燃烧，也不会助燃，更不会产生有毒的气体。防火性能好是岩棉的最显著特征。

②吸声降噪性能

岩棉大量的细长纤维形成了多孔连通结构，无数微小气隙存在于其中，该内部结构使西斯尔岩棉具有高效的吸声降噪和弹性消振物理特性，相较于其他封闭构造的泡沫塑料材料，岩棉具有极佳的吸声降噪的效能；在实际建筑物的应用上，若是为了降低密闭的空间的噪声及回声（Reverberant Noise），或者是在环境噪声属高声频率的区域，在岩棉表面覆盖一层薄的保护面层，即可达到很好的效果，例如吸声壁板、吸声吊顶板或道路两侧的吸声墙；另外岩棉与其他常用的建筑面材（隔墙板、金属板等）组合而成复层系统，作为建筑的构造（如墙面、屋面或楼板）可达到很好的隔音的效果，也较实心构造更能吸收撞击振动噪声（Impact Noise）；另外也可在轨道系统周围铺设岩棉，可达到吸收振动及降噪的效果。

③透气性能和防水性能

岩棉是纤维和空气的集合体，岩棉的蒸汽渗透系数在 0.0005[g/(m·h·Pa)]左右，是泡沫类材料的 20 倍左右，透气性能好的材料在外墙中使用时，可以有效让水蒸气通过和分散，有效排出水蒸气，避免水蒸气在保温层中的凝结或集中保温板材的接缝处，对外墙保温系统产生严重的危害；在幕墙系统中，无论是通风的幕墙还是密封的幕墙，岩棉良好的透气性能能有效将室内、墙体中的水蒸气排出。

经防水处理的岩棉通过憎水达到防水的功效，在实际中，经憎水处理的岩棉，可以有效将自然中的水分阻隔在岩棉之外。当适量的雨水或水分在岩棉的表面时，水分不能进入岩棉的内部，憎水率可达到98％以上。

④岩棉的强度

普通的岩棉给人的感觉是松散的材料，在建筑的外墙中使用的岩棉是密度比较大的系列，而且岩棉产品需要经过增加强度的处理，这与普通的矿物棉或常规的岩棉是有很大区别的。在建筑薄抹灰系统中使用的岩棉板，其抗拉强度按分类可达到7.5kPa，品质好的岩棉抗拉强度可达到10kPa以上；岩棉带的抗拉强度按规范需要达到80kPa，品质好的岩棉带抗拉强度可达到150kPa以上。

对于作为填充使用的岩棉，由于不需要考虑强度，可以使用密度相对较低的岩棉产品，比如在建筑的轻质隔墙，吊顶等部位，对于幕墙中使用的岩棉，也可使用相对密度较低的产品。

⑤尺寸稳定性

岩棉的结构是一种纤维状的多孔材料，当温度变化的时候，材料的尺寸几乎不会发生变化，这是由于岩棉的结构和原材料决定的，天然的无机材料热膨胀几乎为零。

岩棉的稳定性决定在使用的过程中不会随着使用时间的增加而变形或收缩。

2）系统构造

岩棉外墙保温工程的构造做法有：岩棉薄抹灰外墙外保温系统、岩棉板复合胶粉 EPS 颗粒浆料外墙外保温系统。

（7）建筑保温砂浆

以膨胀珍珠岩或膨胀蛭石、胶凝材料为主要成分，掺加其他功能组分制成的用于建筑物墙体绝热的干拌混合物，使用时需加适当面层。建筑保温砂浆性能指标见表4-2-5。

硬化后的物理力学性能　　　　　　　　　　　　　　　表 4-2-5

项　　目	性　能　要　求	
	Ⅰ 型	Ⅱ 型
干密度（kg/m³）	240～300	301～400
抗压强度（MPa）	≥0.20	≥0.40
导热系数 [W/（m·K）]	≤0.070	≤0.085
线收缩率（%）	≤0.30	≤0.30
压剪粘结强度（kPa）	≥50	≥50

（8）保温装饰一体化复合板

保温装饰一体化复合板是工厂预制成型的建材产品，通常由装饰面材、保温材料复合而成，作为外墙围护系统，兼具保温和装饰作用。目前用得最多的保温材料是有机类发泡材料，如模塑聚苯乙烯（EPS）、挤塑聚苯乙烯（XPS）以及聚氨酯（PU）等。

目前具有代表性的保温装饰板主要有：

1）企口型铝合金聚氨酯复合装饰板（简称罗宝板）。罗宝板由三部分组成：表层采用根据设计要求进行涂装并经辊压制成规定纹路的铝板，厚0.5mm，主要起防雨、防撞击的作用，具有外形美观，装饰性强，使用寿命长等特点；中间层是聚氨酯——硬质泡沫

图 4-2-9　罗宝板

塑料，厚40mm，泡沫的λ值小于0.03W/（m·K），聚氨酯泡沫的密度为50kg/m³，使板材具备了自重轻的特点；内层是一层铝膜，厚0.06mm，可有效防止聚氨酯泡沫扩散，并使其不易老化，保证板材的隔热效果。产品具有重量轻、保温隔热、色彩丰富、防火、防水、干法施工、安装便捷的性能特点。

2）凡美复合装饰板

凡美复合装饰板是凡美UPVC树脂装饰板与保温材料复合一体的墙体保温装饰板（UPVC三层复合芯层发泡结构）。表层由凡美UPVC树脂装饰板涂上氟碳漆涂层，厚度是2mm；保温层为PU（PS）保温材料，厚度是13mm。产品具

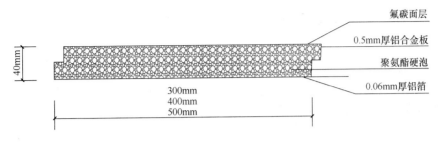

图 4-2-10 罗宝板板型断面图

有重量轻、面积大、强度高、耐腐蚀等特点，但是其保温材料厚度只有 13mm，可能会影响整体保温性能，且没做专门的防水设计，对以后的系统防水效果会大打折扣。

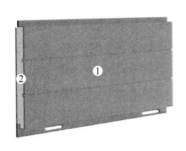

1—凡美 UPVC 树脂装饰板
2—PU（PS）保温材料
图 4-2-11 凡美复合装饰板

图 4-2-12 威尔达多层夹心复合装饰板

3）威尔达多层夹心复合装饰板

采用多层夹芯增强复合而成，装饰面板是氟碳涂层铝板，保温层用 XPS 板或 PU 泡沫板增，强层为重防腐涂层铝板，底板是 XPS 板或 PU 泡沫板面，密度<5kg/m²，保温层厚度根据要求可分为（mm）：25、30、40、50、60、80。产品特性：质量轻、刚性好、强度高。产品的缺点就是，防火性能差、耐候性不强，

4）金属压花面复合保温板（简称佳合板）

佳合板是由外表面的金属压花板和保温绝热材料复合（或浇注发泡）而成，外层采用铝合金板、镀铝锌钢板等金属面板，具有一定的装饰效果；保温绝热材料采用聚苯乙烯泡沫（XPS、EPS）、聚氨酯泡沫（PU、PIR）、酚醛泡沫、岩棉、玻璃棉毡等多种材料。产品具有很多外墙保温一体化板的特点，装饰效果良好，但是其实用价值有待于进一步验证，尤其是防火性能和防水性能，并不是短时间内能够观察清楚。

图 4-2-13　佳合板　　　　　　图 4-2-14　外墙保温石材复合板

5）外墙保温石材复合板

外墙保温石材复合板是由发泡保温材料和天然超薄石材层经高新技术加工复合而成。其外层表面采用天然超薄石材，石材厚度为3～5mm，表层花纹可根据设计要求涂装；保温层是由发泡保温材料组成，厚度为30～50mm，可根据要求定制。与普通干挂石材相比具有重量轻、施工安全快捷的优点，其表层石材与其他金属面材的一体化板相比可能会显得强度不够，抗压能力差，有待于进一步改善。

6）天丰聚氨酯节能板

板面采用钢板，厚度可根据要求设计；保温层为聚氨酯保温材料。板面排版紧密，强度高，减少了对辅助结构的需要；隐藏式搭接扣件，使建筑物拥有优美的外观；双层密封防水设计使外墙系统具有绝佳的防水效果。多外观特征设计，提高了建筑物的美学需求。

产品编号：TF-LW-D-PUR(PIR)-P(J)墙面D型丽纹板

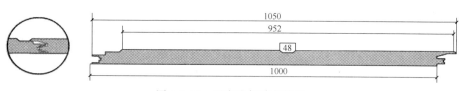

图 4-2-15　天丰聚氨酯节能板

3. 市场应用发展动态

历经多年的发展，我国建筑保温隔热市场已发展成为种类繁多、技术构造多样、产品需求量巨大的一个产业。目前采用的外墙保温系统有外墙外保温系统、外墙内保温系统和外墙自保温系统，其中以外墙外保温系统为主流，1994/1995 年开始使用模塑聚苯板作为外墙保温系统的保温材料，用于已流行于欧美的"膨胀聚苯板薄抹灰外墙外保温系统"。在此后的近 10 年中，以 EPS 为保温材料的、不同构造的外墙外保温系统得到了越来越广泛的应用，如：膨胀聚苯板薄抹灰外墙外保温系统；胶粉 EPS 颗粒保温浆料外墙外保温系统；EPS 板现浇混凝土外墙外保温系统；EPS 钢丝网架板现浇混凝土外墙外保温系统。近年来，结合我国地理、气候条件，对保温隔热技术进行了大量专项研究，外墙内保温系统正在逐渐复苏，特别是在南方地区得到了较多的应用。同时，自保温系统的研究应用也已开始，正在逐渐进入市场。

在外保温系统的应用方面，通过本次调查 2011 年市场数据显示，模塑聚苯板（EPS 板）和挤塑聚苯板（XPS 板）仍是市场上应用量最多的保温材料，按照保温面积计算，基本上占据国内外墙保温市场约 50% 的份额；南方地区仍以保温砂浆为主，占据国内外墙保温市场约 30% 的份额；聚氨酯、酚醛泡沫等有机保温材料市场应用量上升显著，占领了约 15% 的市场份额；岩棉、泡沫玻璃等无机保温板材约占据 5% 的市场份额。

在墙体保温材料的应用方面，有机泡沫塑料仍占有最大的比例，而且发展速度也最快，究其原因，主要是因为与玻璃纤维、岩棉、加气混凝土和保温砂浆等其他保温材料相比，其导热系数更小，保温效果更好。另一方面，泡沫塑料相对较低的价格及其系统的可靠性，也是令其大量应用于墙体保温的重要原因。与欧洲外墙外保温市场相比较，中国外墙外保温行业近十年的发展表现出明显的多元化特征，其特点是开发出了很多种在欧美成熟市场并不多见或尚未出现的外墙外保温系统。例如：现场喷涂硬泡聚氨酯（PUR）外墙外保温系统；胶粉聚苯颗粒贴砌膨胀聚苯板外墙外保温系统；保温装饰一体化板外墙外保温系统；玻化微珠无机保温砂浆等。同时，随着建筑节能标准提高和外墙防火要求需要，我国保温隔热市场正发生重大变化，硬泡聚氨保温系统、酚醛泡沫保温板、岩棉板保温系统等难燃、不燃保温系统得到迅速发展。这种多元化既显示了中国企业的创新意识和能力，但又因为基础研究成果较少、系统的工程实践经验不足而带来了一定的风险。

4. 工程质量问题

建筑保温隔热产品体系的发展，推动着施工工艺不断更新和进步，然而，实际工程中还存在一些突出的工程质量问题，包括外墙表面出现开裂、渗漏、脱落、局部出现热桥引起室内墙面发霉，影响保温、防水功能。且随着建筑年代增长，工程质量问题逐渐凸显，竣工5年的建筑，有50%以上出现外墙表面开裂、脱落现象，严重减少使用寿命。

第三节　典　型　工　程

专委会对会员企业的典型工程进行了调查统计，见表4-2-6。

建筑保温隔热典型工程　　　　　　　　　表 4-2-6

序号	系统构造	应用项目	项目地点	建筑面积（万m²）	保温面积（万m²）	企　业
1	EPS薄抹灰外保温系统	万科城市花园	青岛	35	30	山东秦恒科技有限公司
2	EPS薄抹灰外保温系统	长阳半岛	北京	38	20	华登斯（北京）保温涂料有限公司
3	EPS薄抹灰外保温系统	润泽园	大连	50.97	40	大连虹宇建筑装饰工程有限公司
4	EPS薄抹灰外保温系统	锦绣华城一、二期	大连	—	18	大连翼兴节能科技有限公司
5	XPS薄抹灰外保温系统	北京华贸城二期	北京	30	15	可耐福保温材料（中国）有限公司
6	XPS薄抹灰外保温系统	东二旗回迁房项目	北京	—	25	北京北鹏新型建材有限公司
7	现场喷涂硬泡聚氨酯外保温系统	大连星海之星高级住宅	大连	—	3.8	万华节能科技集团股份有限公司
8	现场喷涂硬泡聚氨酯外保温系统	朗诗国际街区：屋面、墙体保温、防水一体化工程	南京	—	35	江苏长顺集团有限公司
9	现场喷涂硬泡聚氨酯外保温系统	东方红街I标段	杭州	20	11	浙江科达新型建材有限公司
10	现场喷涂硬泡聚氨酯外保温系统	七星府邸	上海	12	1.8	巴斯夫聚氨酯特种产品（中国）有限公司
11	现场喷涂硬泡聚氨酯外保温系统	海尚壹品	苏州	—	7.9	大连翼兴节能科技有限公司

续表

序号	系统构造	应用项目	项目地点	建筑面积（万 m²）	保温面积（万 m²）	企　业
12	TH硬泡聚氨酯复合板外墙外保温系统	银河怡海悦湾外墙外保温工程	烟台	—	10	烟台同化防水保温工程有限公司
13	改性酚醛泡沫板薄抹灰外墙外保温系统	北京旧宫镇政府回迁保障房	北京	—	15	山东圣泉化工股份有限公司
14	改性酚醛泡沫板薄抹灰外墙外保温系统	北京亦庄国际12km²安置房项目	北京	120	80	北京莱恩斯高新技术有限公司
15	酚醛泡沫板装饰一体化保温系统	哈尔滨西客站阳光花园（安居房）	哈尔滨	20	12	山东圣泉化工股份有限公司
16	酚醛泡沫板装饰一体化保温系统	开元山庄三期	温岭	18	11	浙江科达新型建材有限公司
17	岩棉外墙外保温系统	沈阳世茂	沈阳	3	1	洛科威防火保温材料（广州）有限公司
18	岩棉外墙外保温系统	天津鼎润	天津	5	3	富思特制漆（北京）有限公司
19	岩棉外墙外保温防火隔离带	天津富士康	天津	25	3	洛科威防火保温材料（广州）有限公司
20	泡沫玻璃外墙外保温系统	清河小营西小口住宅	北京	20	10	北京首邦新材料有限公司
21	泡沫玻璃外墙外保温系统	新怡公寓	南通	20	9	浙江振申绝热科技有限公司
22	罗宝外墙保温装饰系统	郑州玫瑰花园住宅小区外保温装饰板工程	郑州	16	8	安徽罗宝节能科技有限公司
23	保温装饰板外保温系统	福州世欧上江城	福州	20	10	亚士创能科技（上海）股份有限公司
24	保温装饰板外保温系统	南京和府奥园	江苏	10	5	上海威尔达节能科技有限公司
25	复合金属面装饰板（酚醛）外墙保温一体化系统	新疆若羌玉石广场	新疆	20	7	山东德宝建筑节能技术有限公司

序号	系统构造	应用项目	项目地点	建筑面积（万 m²）	保温面积（万 m²）	企　业
26	胶粉 EPS 颗粒保温浆料保温系统	公园时光	榆林	12	6	富思特制漆（北京）有限公司
27	无机轻集料砂浆保温系统	绿城皇冠花园	宁波	25	16	宁波荣山新型材料有限公司
28	玻化微珠无机保温砂浆	府谷县经济适用房	府谷	30	15	富思特制漆（北京）有限公司
29	玻化微珠无机保温砂浆	阳光 100 大湖第	武汉	71	32	邱氏（湖北）涂料有限公司

第三章　行业发展展望

第一节　政策标准建议

1. 政策建议

(1) 通过部门间协调，不断完善保温隔热行业的法律法规、标准规范和政策制度。

(2) 加强建筑保温隔热行业的生产销售监管，尽快建立市场准入制度，避免不具备生产条件、缺乏技术人员等企业扰乱市场秩序。

(3) 加强建筑保温隔热行业的市场监管，对材料的质量以及施工的管理进行有效的监督，严格执行施工验收标准规范要求。

(4) 以可持续发展为导向，指导行业发展方向，推广适宜的、多样化的建筑保温隔热体系。

2. 标准发展建议

(1) 从外墙保温标准体系来看，建议建立完善的中国外墙保温标准体系，从外墙保温系统构造出发，完善外墙保温系统标准、产品材料标准，编制设计标准、施工验收标准、检测方法标准、评价标准等，从而形成完整的外墙保温标准体系。

(2) 国外建筑墙体保温标准分为保温系统标准、产品材料标准、试验方法标准等，在试验方法标准中，除了耐候性指标没有编制明确的标准外，外墙保温其他性能指标均有专用的试验标准。而中国目前外墙保温系统的试验方法标准很不齐全，试验方法在各系统、产品标准的附录中出现，试验方法在不同标准中的重复出现给市场及企业带来许多困扰，对选择试验方法造成许多不便。

建议中国根据国情，并参照国外外墙保温试验标准的编制方式，编制单独的试验方法标准，统一外墙保温系统各项指标要求的试验方法，推动产业发展。

(3) 目前尚没有针对不同气候区的外墙保温标准要求，建议针对不同气候区对外墙保温的功能要求侧重不同，建立不同的外墙保温标准，或在同一部标准中针对不同气候区提出不同的外墙保温指标要求。并且在现有外墙保温标准注重的外保温系统力学稳定性、使用安全性、耐久性、节能保温性、室内湿度要求等基础上，增加对外墙保温防火性能、环境保护等指标要求，使外墙保温标准更加完整全面。

（4）从外墙保温防火规定来看，建议在控制防火要求方面不单从材料上对燃烧等级作出要求，而以整个外墙保温体系来对防火提出要求，控制保温系统整体的防火水平。

（5）目前，中国外墙保温行业快速发展，现有标准不能满足新产品、新系统的需求，建议标准制订中将新增产品及系统列入标准制订计划，以使中国建筑外墙保温标准满足日益丰富的市场需求；建立中国建筑外墙保温通用标准，各不同产品、系统建立各自的专项标准；并且从加大科研力度及市场准入等角度促进中国外墙保温市场的发展。

第二节　行业发展建议

（1）外保温系统供应商需要从系统角度加强对外保温系统及相应保温材料的基础研究，从产品系统整体的保温性、耐久性、安全性出发，进行合理的系统构造设计（包括防火隔离带等构造设计）、合理的固定方式的设计和合理的材料性能设计，为用户提供整体解决方案，全面提升工程质量。

（2）研究外保温专项施工资质的建立与管理，推动外保温施工逐步走向专业化，提高施工现场的管理水平，确保外保温的整体施工和验收质量。

（3）制定切实可行的施工规范和指南，为建筑保温隔热系统工程质量提供保证。

（4）加强岗位培训，做到持证上岗。外保温施工人员的专业技能同样是建筑质量的重要保证，目前在外保温行业中人员的流动性较大，专业人员特别是一线的施工人员技能参差不齐，因此在建立专项资质的同时与劳动和社会保障部一起开展施工人员的专业培训，并对合格人员颁发岗位证书，明确要求施工人员需持证上岗，将会有效减少人员流动提高外保温的施工水平。

第三节　建筑保温隔热专业委员会工作设想

（1）加强行业自律，制定行规行约。通过行业自律行动，规范行业行为，协调同行利益关系，维护行业间的公平竞争和正当利益，促进行业发展，保证材料产品质量。

（2）与有关部门协调，积极促进建筑保温隔热行业就业准入制度出台。

（3）继续深入开展行业调查，通过行业龙头企业的积极参与和支持，摸清行业基础数据，并及时向政府部门反映行业现状和企业诉求。

（4）举办技术应用交流会，多进行国内外技术交流，为企业搭建交流平台，信息互通，使行业健康发展。

（5）制定建筑保温隔热企业评估标准（包括企业规模、产值、专利技术等），加强对行业知名企业、优秀产品的宣传，树立行业榜样，推进优胜劣汰，进一步加强委员会在行业的公信力和影响力。

（6）针对各种保温系统设计、施工等应用特点举办培训班，对设计人员、施工人员、监理人员等进行培训。

保温隔热专业委员会编写人员：

林海燕　宋波　冯金秋　钱选青　耿承达　朱晓姣　张思思　王新民

杨玉忠　赵芳　李帅　乔林　李兆贤　林燕成　刘钢　董灿　朱佑平

康镒　葛学军　李永鑫　吕大鹏　林国海　鲍娜　薛彦民　杨贤　黄自强

王建武　马恒中　张叶凤　王聪慧

第 五 篇 | 建筑遮阳与节能门窗幕墙

第一章 综　　述

建筑遮阳与节能门窗幕墙技术在国外已有相当程度的应用，但是在我国的重视程度远未达到国外的水平。由于建筑外遮阳行业起步较晚，仅在一些大中型城市或者对节能有严格要求的城市才得到了基本的使用，但究其使用程度并未曾谈及到应用。

建筑能耗已占社会总能耗的 35％，而公共建筑中的空调和采暖通风能耗占其全部能耗的 60％ 以上。在空调能耗中，约有 20％～50％ 为玻璃门窗等外围护结构产生的冷热负荷。门窗等透光建筑构件是建筑外围护结构中热工性能最薄弱的环节，通过透光建筑构件的能耗，在整个建筑能耗中占有相当可观的比例。夏季，它成为影响建筑物室内热舒适度的致命问题；冬季，往往又成为热损失最严重的地方。因此，建筑遮阳与节能门窗幕墙的合理设计与应用成为必然。建筑遮阳的目的在于阻断直射阳光透过玻璃进入室内，防止阳光过分照射和加热建筑围护结构，防止直射阳光造成的强烈眩光。在所有的被动式节能措施中，建筑遮阳是最为有效的方法。良好的遮阳设计不仅有助于节能，符合未来发展的要求，而且遮阳构件成为影响建筑形体和美感的关键要素。

建筑外遮阳产品进入中国已有将近 10 年的时间，随着政府对建筑节能日益重视，建筑遮阳行业迎来了一个高速发展期。

节能门窗幕墙技术的应用，解决了由于室内外温差和透光围护结构的传热、太阳照射引起的辐射得热以及窗户缝隙的冷风渗透耗热量问题。以传导热为主要热损失的应采用绝热门窗；辐射热为主的应采用遮阳门窗；同时可以通过改变门窗幕墙安装的精度及密封处理来减少冷风耗热；通过玻璃、窗框、遮阳等措施的良好配合来实现门窗等部位的节能。

第二章　建筑遮阳与节能门窗幕墙行业现状

第一节　行业市场情况

（1）遮阳

目前，我国在北京、上海等较早地实行了建筑节能标准的城市建筑遮阳应用较多。由于这些城市建筑节能意识比较强，且大量大型标志性建筑的不断兴建，使各类新型的节能产品能得以推广运用，从而促使建筑遮阳市场能够快速地成长起来。而二线城市的遮阳市场还处于培育期，市场定位较低，仍以窗饰为主。

值得一提的是，江苏省在 2009 年开始强制性推行建筑外遮阳，这无论是对建筑节能还是遮阳行业，都具有重要的意义，使得江苏省的建筑遮阳企业更得到了迅速的发展，随后各地方也相应出台政策。据统计，在我国具有一定规模的企业当中，上游原材料供应商大约有 300 多家，总产值大约 30 亿元；中游的成品制造商大约有 450 多家，总产值大约 45 亿元；下游的分销企业绝大部分是布艺销售商，以居住建筑为主要目标市场，数量众多，但经营者将遮阳制品定位为窗帘布艺，视遮阳窗饰产品为其业务补充，因此，对于窗饰遮阳产品的投入十分有限，产品、服务技能、专业销售水平不高。中国的遮阳产品市场还没有进入一个成熟时期。

（2）门窗

中国门窗的主流产品一般有三种：塑料窗、铝合金窗和木窗。2002 年之前，塑料窗在中国是高速发展期，2002～2010 年，塑料窗在国内进入一个恶性竞争阶段，2011 年到现在是塑料窗提升调整期。因为塑料窗在发达国家都是占有率最高的，也是应用最多的一种产品。在去年底国家联合推动新的塑料窗，根据新的节能标准，按照世界比较典型的节能新材要求，对塑料窗的发展又有了新的影响。铝合金门窗是在从 2000 年以后一直到现在，断桥铝合金经过 10 年的发展，国内相继出现了一些系统品牌，来解决素铝合金门窗的加工工艺和系统，但目前市场上材料不一。木窗发展起源于 20 世纪 90 年代中期，到目前为止产量大概在 500 万 m² 左右。木窗企业大部分都是进口的设备、刀具和门窗系统，产品质量与欧美发达国家基本相当。木窗产品主要应用在高端的项目当中，在我国，高端的别墅项目大部分都是使用木窗的。目前，中国门窗行业的发展整体规划尚不明确。中国门窗市场地域范围大，各地消费习性不相同，运作隐形空间较大，市场潜规则很多。少数国内精英龙头门窗企业在艰难的开拓市场，更多的是地方门窗兵团和游击队鱼龙混杂，在混战中生存。目前，国家鼓励发展塑料门窗，但要加强新产品的开发，重视技术进步，使塑料门窗有更好的市场定位。

（3）幕墙

建筑幕墙行业是建筑装饰行业的一个重要分支。近年来，在中国建筑业高速发展的背景下，中国建筑幕墙产量和行业总产值均保持高速增长。2011 年，中国幕墙行业总产量达 9130 万 m^2，同比增长 10.0%；行业总产值达到 1679 亿元，同比增长 11.9%，仍旧保持世界第一。行业集中度逐步提升，市场竞争格局渐趋稳定。2006～2011 年，中国建筑幕墙行业 50 强企业产值的全行业占比从 20.5%增长到 59.6%。同期，中国建筑幕墙市场逐渐形成了以江河、远大两家企业为龙头，50 余家大型幕墙企业为主体，众多小企业为辅助的市场格局。幕墙产能向中西部扩散。2009～2010 年，中国幕墙行业 50 强企业在中西部产值占总产值比例从 20.00%增长到 22.37%。光伏幕墙成为行业投资热点。目前，光伏建筑幕墙成为多数企业未来发展重点，行业内大部分企业开始兴建光伏幕墙生产线，其中部分企业转型成为专业光伏幕墙生产商。住宅市场幕墙需求增长空间大。在中国幕墙消费市场中，住宅市场占比在 4%以下，远低于发达国家的 20%，有巨大的发展空间。

第二节 行业企业情况

（1）遮阳

1）成品组装类综合企业。以青鹰、名成、风景线、雅丽特、创明、荷兰亨特道格拉斯、法拉利、德国望瑞门等为代表，专业化生产，销售多品种遮阳产品。外企遮阳企业产品的，其各种配件大多以进口为主，在国内只完成组装的任务。国内部分做高端遮阳产品的企业虽然同样使用进口原材料与配件，但在设计理念、人性化设计、组装精度、质量控制等与国外企业还有一定的差距。

2）面料类企业。国外企业面料多样，选择性高，涵盖了膜质、玻纤、高耐候聚酯、纳米等，并提出了"阳光面料"的概念，基本占领了高端市场。而国内企业的产品较为单一，主要以玻纤及布质为主，主要占领中低档市场。当然，经过近几年的努力，国内企业在各方面都有了较大提升。主要面料类企业有浙江西大门、江西飞扬、山东玉马、梅尔美、法拉利、格伦雷文、立川等。

3）电机。目前欧盟区域建筑遮阳用管状电机整个行业都面临压力，与中国企业进行技术合作、合资生产的可能性在增加。但就欧盟国家电机制造业总体上而言，其高技术含量电机的市场地位仍比较稳固。目前中国国内的企业较难渗透这一领域。所以国内企业急需海外合作的窗口。从技术角度，国内企业与海外企业仍有不小的差距，诸如设计理念、电气性能、生产设备、自动化程度及产品质量稳定性等。主要生产企业有宁波杜亚、浙江卧龙、法国尚飞、麦氏等，专业供应配套窗饰管状马达。

4）铝材类。由于国内遮阳行业刚刚起步，目前具有一定规模的遮阳企业大多都采用欧洲进口的铝材半成品，如百叶帘片、硬卷帘帘片等，这主要是还未引起国内铝材行业的足够重视，没有提供相应的半成品供遮阳企业选择。其实国内铝材行业的技术实力完全可以满足遮阳企业的要求，相信在不久的将来，随着遮阳行业的发展，国产将逐渐替代进口，可以在较大程度上降低建筑遮阳产品的成本。以江阴岳亚为代表，以铝产品扩展出窗饰产品。

（2）门窗

建筑门窗行业是建筑行业重要的组成部分，也是贯彻国家建筑节能政策的攻关重点。据统计，达到各地建筑节能设计标准的节能型门窗的市场占有率达到50％左右。在深圳，上百家企业在争抢这块蛋糕，国内许多大型厂家如南玻、方大、金粤、三鑫、北方国际等落户深圳。在上海，安徽芜湖海螺、上海开捷、常州创佳、大连实德等统领了上海门窗市场总额的60％以上。近年来，不少发达国家门窗厂商也纷纷进入。加拿大皇家集团、德国维卡集团等世界门窗业巨头先后在上海扎根，世界最大的门窗设备生产厂商——德国欧鹏机械设备有限公司也将亚洲总部设在上海，他们依靠过硬的产品质量、先进的管理模式和优良的销售服务来赢得门窗市场。

主要门窗企业情况：TATA木门、盼盼门窗、合雅门窗、星星套装门、新多防盗门、天源木语实门窗、今生经典家居、欧派门业、3D门窗、霍尔茨门窗、派立方门窗、润成创展门窗、英迈门窗、芒果门窗、华鹤门窗、埃森、儒匠天工、飞云防盗门、华智门厂、斯柏丽等。

（3）幕墙

我国幕墙门窗企业大多分布在广东、上海、山东等地有些企业经过扎实内功和几年的运营后积淀了企业文化、积累了资金，并增强了融资能力、获得了管理经验、培育了管理团队、开阔了市场、疏通了物流通道。

并且在研发上有相对竞争优势这些企业将是产业结构调整行业整合的生力军。由于我国幅员辽阔，各地经济发展水平不一，目前国内幕墙发展现状是先进与落后并存。

主要业内企业包括：沈阳远大铝业工程有限公司、北京江河幕墙股份有限公司、浙江中南建设集团有限公司、深圳市科源建设集团有限公司、无锡王兴幕墙装饰工程有限公司、上海美特幕墙有限公司、广东金刚幕墙工程有限公司、深圳市三鑫幕墙工程有限公司、珠海兴业绿色建筑科技有限公司、深圳金粤幕墙装饰工程有限公司、武汉凌云建筑装饰工程有限公司、山东雄狮建筑装饰工程有限公司、山东华峰建筑装饰工程有限公司、中建三局装饰有限公司、苏州柯利达装饰股份有限公司、中建（长沙）不二幕墙装饰有限公司、浙江圣大建设集团有限公司、深圳市方大装饰工程有限公司、苏州金螳螂幕墙有限公司、吉粤建筑装饰工程股份有限公司、北京港源建筑装饰工程有限公司、浙江宝业幕墙装饰有限公司、北京建磊国际装饰工程股份有限公司、江苏合发集团有限责任公司、中天建设集团浙江幕墙有限公司、合肥达美建筑装饰工程有限责任公司、深圳远鹏装饰设计工程有限公司、深圳市华辉装饰工程有限公司、浙江亚厦幕墙有限公司、安徽豪伟建设集团有限公司、上海玻机幕墙工程有限公司、沈阳黎东幕墙装饰有限公司、辽宁强大铝业工程有限公司、广东世纪达装饰工程有限公司、山东津单幕墙有限公司、山东鑫泽装饰工程有限公司、中航长江建设工程有限公司、中标建设集团有限公司、山东天元装饰工程有限公司、浙江正华装饰设计工程有限公司、北京嘉寓门窗幕墙股份有限公司、合肥浦发建筑装饰工程有限责任公司、武林建筑工程有限公司、江西省美华建筑装饰工程有限责任公司、深圳市晶宫设计装饰工程有限公司、重庆西南铝装饰工程有限公司、无锡金城幕墙装饰工程有限公司、深圳市建筑装饰（集团）有限公司、宁波建乐建筑装潢有限公司、深圳市中建南方装饰工程有限公司、江苏龙升幕墙工程有限公司、江西建工装潢公司等。

第三章　建筑遮阳与节能 门窗幕墙节能政策法规

1986 年颁布的北方地区居住建筑节能设计标准是我国大规模开展建筑节能启动的标志。该标准要求新建建筑能耗在 20 世纪 80 年代初期基础上降低能耗 30％，1995 年又根据节能规划目标，修订和颁布了节能 50％的《民用建筑节能设计标准（采暖居住建筑部分）》JGJ 26—95。经过近 20 年的努力，建筑节能工作得到了逐步推进，取得了较大成绩，已初步建立起以节能 50％为目标的建筑节能设计标准体系；初步形成了以《民用建筑节能管理规定》为主体的法规体系；初步形成了建筑节能的技术支撑体系；同时，通过建筑节能试点示范工程，有效带动了建筑节能工作的发展；通过国际合作项目，引入了国外先进的技术和管理经验。

1996 年原建设部制定《建筑节能"九五"目标和 2010 年规划》，当时的情况下，建筑保温状况与气候条件相近的发达国家相比，我们多层住宅单位能耗外墙为他们的 4～5 倍，屋顶为 2.5～5.5 倍，外窗为 1.5～2.2 倍，门窗空气渗透为 3～6 倍。规划中"科技任务"一章里对建筑门窗提出了明确的具体要求。

门窗密封条——"我国门窗冷风渗透严重，采用门窗密封条，可节约采暖能耗约 10％～15％。国外密封条品种规格繁多，可择优引进密封性强、耐久性好、使用方便、价格适中的门窗密封技术，满足建筑钢木门窗密封的需要。密封性能良好的建筑，将带来正常需要的换气问题，可采用在窗（或墙）上设置的微量通风器解决。尽快建起门窗密封条及微量通风器厂"。

多层保温窗——"在建筑围护结构中，窗户是保温的薄弱环节，随着其他围护结构部分保温隔热能力的提高，窗户的这个缺陷愈益突出。为此，应参照国外先进技术，结合国情进行研究，务求提高窗户档次，增加玻璃层数，阻断窗框热桥，加强密闭性，做到坚固耐用美观。对于现有建筑窗户，研究开发加层技术，使单层窗加成双层窗，双层窗加成三层窗。加层窗应该牢固，易于拆装、擦洗。改建（新建）新型保温门窗厂，建立加层窗服务公司。"

1999 年 10 月制定了《民用建筑节能管理规定》（建设部令第 76 号），自 2000 年 1 月 1 日起施行。

2005 年 10 月 28 日经第 76 次部常务会议讨论通过了修订的《民用建筑节能管理规定》，自 2006 年 1 月 1 日起施行。

规定中所称民用建筑节能，是指民用建筑（即居住建筑和公共建筑）在规划、设计、建造和使用过程中，通过采用新型墙体材料，执行建筑节能标准，加强建筑物用能设备的运行管理，合理设计建筑围护结构的热工性能，提高采暖、制冷、照明、通风、给排水和通道系统的运行效率，以及利用可再生能源，在保证建筑物使用功能和室内热环境质量的前提下，降低建筑能源消耗，合理、有效地利用能源。规定的第八条，即鼓励发展下列建筑节能技术和产品中共有八项内容，其中第二项内容为"节能门窗的保温隔热和密闭技术"。规定同时强调了监督、设计、审核等项工作的重要性，"建筑工程施工过程中，县级以上地方人民政府建设行政主管部门应当加强对建筑物的围护结构（含墙体、屋面、门窗、玻璃幕墙等）、供热采暖和制冷系统、照明和通风等电器设备是否符合节能要求的监督检查"。

目前我国每年城乡新建房屋建筑面积近 20 亿 m²，其中 80％以上为高耗能建筑；既有建筑近 400 亿 m²，95％以上是高能耗建筑。我国单位建筑面积能耗是发达国家的 2～3 倍，对社会造成了沉重的能源负担和严重的环境污染，已成为制约我国可持续发展的突出问题。同时建设中还存在土地资源利用率低、水污染严重、建筑耗材高等问题。

2006 年国家发改委发布了《节能中长期专项规划》，这是改革开放以来，我国制定的第一个节能中长期规划。

规划期分为"十一五"和 2020 年，重点规划了到 2010 年节能的目标和发展重点。根据我国目前的节能潜力和未来能源需求的特点，规划提出"十一五"节能的重点领域是工业、交通运输、商用和民用建筑。其中，建筑节能的重点是严格执行节能设计标准。将组织修订和完善主要耗能行业节能设计规范、建筑节能标准等。规划中指出：目前我国单位建筑面积采暖能耗相当于气候条件相近发达国家的 2～3 倍。据专家分析，我国公共建筑和居住建筑全面执行节能 50％的标准是现实可行的；与发达国家相比，即使在达到了节能 50％的目标以后仍有约 50％的节能潜力。

"十一五"期间，新建建筑严格实施节能 50％的设计标准，其中北京、天津等少数大城市率先实施节能 65％的标准。结合城市改建，开展北方采暖地区既有居住和公共建筑建筑节能改造，大城市完成改造面积 25％，中等城市达到 15％，小城市达到 10％。期间重点是政府机构建筑物及采暖、空调、照明系统节能改造，按照建筑节能标准改造的政府机构建筑面积达到政府机构建筑总面积的 20％；推广使用高效节能产品，将节能产品纳入政府采购目录；鼓励采用蓄冷、蓄热空调及冷热电联供技术，中央空调系统采用风机水泵变频调速技术，节能门窗、新型墙体材料等。加快太阳能、地热等可再生能源在建筑中的利用。

2011 年《财政部、住房和城乡建设部关于进一步推进公共建筑节能工作的通知》。

2013 年《国务院办公厅关于转发发展改革委住房城乡建设部绿色建筑行动方案的通知》（国办发〔2013〕1 号）提出："积极发展烧结空心制品、加气混凝土制品、多功能复合一体化墙体材料、一体化屋面、低辐射镀膜玻璃、断桥隔热门窗、遮阳系统等建材。"

第四章　建筑遮阳与门窗幕墙产品及工程标准、规范情况（已有、在编）

第一节　遮阳产品标准体系

随着建筑遮阳产品在国内逐渐使用推广，我国的遮阳标准体系正逐步建立健全，编制适合我国国情的建筑遮阳产品标准，为保证遮阳产品质量，推广遮阳技术的应用将起到重要的作用，编制遮阳产品标准将为遮阳行业规范、有序、健康的发展提供技术保障。同时《建筑遮阳工程技术规范》JGJ 237 的实施，从遮阳工程设计、施工、安装、验收的要求出发，为建筑遮阳工程及建筑遮阳一体化奠定基础。

建筑遮阳产品标准体系　　　　　　　　　　　　　　　　表 5-4-1

序号	标准体系	标准号	标准名称
1	基础标准	JG/T 399—2012	建筑遮阳产品术语
2	通用标准	JG/T 274—2010	建筑遮阳通用要求
3		JG/T 276—2010	建筑遮阳产品电力驱动装置技术要求
4		JG/T 277—2010	建筑遮阳热舒适、视觉舒适性能与分级
5		JG/T 278—2010	建筑遮阳产品用电机
6		在编	建筑遮阳用织物通用技术要求
7		在编	建筑用光伏遮阳构件通用技术条件
8	试验方法标准	JG/T 239—2009	建筑外遮阳产品抗风性能试验方法
9		JG/T 240—2009	建筑遮阳篷耐积水荷载试验方法
10		JG/T 241—2009	建筑遮阳产品机械耐久性能试验方法
11		JG/T 242—2009	建筑遮阳产品操作力试验方法
12		JG/T 275—2010	建筑遮阳产品误操作试验方法
13		JG/T 279—2010	建筑遮阳产品声学性能测量
14		JG/T 280—2010	建筑遮阳产品遮光性能试验方法
15		JG/T 281—2010	建筑遮阳产品隔热性能试验方法
16		JG/T 282—2010	遮阳百叶窗气密性试验方法
17		JG/T 356—2012	建筑遮阳热舒适、视觉舒适性能检测方法
18		JG/T 412—2013	建筑遮阳产品耐雪荷载性能检测方法
19		在编	建筑门窗遮阳性能检测方法
20		在编	建筑遮阳产品抗冲击性能试验方法

续表

序号	标准体系	标准号	标准名称
21		JG/T 251—2009	建筑用遮阳金属百叶帘
22		JG/T 252—2009	建筑用遮阳天篷帘
23		JG/T 253—2009	建筑用曲臂遮阳篷
24		JG/T 254—2009	建筑用遮阳软卷帘
25	专用标准	JG/T 255—2009	内置遮阳中空玻璃制品
26		在编	建筑用铝合金遮阳板
27		在编	建筑遮阳硬卷帘
28		在编	建筑用遮阳膜
29		在编	建筑一体化遮阳窗
30		在编	建筑用遮阳非金属百叶帘

第二节　门窗及幕墙标准

（1）设计规范

《建筑幕墙》GB/T 21086—2007

《铝合金结构设计规范》GB 50429—2007

《玻璃幕墙工程技术规范》JGJ 102—2003

《建筑玻璃应用技术规程》JGJ 113—2009

《金属与石材幕墙工程技术规范》JGJ 133—2001

《建筑玻璃点支承装置》JG/T 138—2010

《建筑瓷板装饰工程技术规范》CECS 101：98

《点支式玻璃幕墙工程技术规程》CECS 127：2001

（2）铝型材标准

《变形铝及铝合金化学成分》GB/T 3190—2008

《铝合金建筑型材第1部分基材》GB 5237.1—2008

《铝合金建筑型材第2部分阳极氧化型材》GB 5237.2—2008

《铝合金建筑型材第3部分电泳涂漆型材》GB 5237.3—2008

《铝合金建筑型材第4部分粉末喷涂型材》GB 5237.4—2008

《铝合金建筑型材第5部分氟碳漆喷涂型材》GB 5237.5—2008

《铝合金建筑型材第6部分隔热型材》GB 5237.6—2012

《建筑用铝型材、铝板氟碳涂层》JG/T 133—2000

《建筑用隔热铝合金型材》JG 175—2011

(3) 金属板及石材标准

《天然石材术语》GB/T 13890—2008

《建筑幕墙用铝塑复合板》GB/T 17748—2008

《天然石材统一编号》GB/T 17670—2008

《天然板石》GB/T 18600—2009

《天然大理石建筑板材》GB/T 19766—2005

《干挂饰面石材及其金属挂件》JC 830.1、2—2005

《铝幕墙板　板基》YS/T 429.1—2000

《铝板幕墙第2部分：有机聚合物喷涂铝单板》YS/T 429.2—2012

(4) 玻璃标准

《平板玻璃》GB 11614—2009

《建筑用安全玻璃　第3部分：夹层玻璃》GB/T 15763.3—2009

《中空玻璃》GB/T 11944—2002

《建筑用安全玻璃　第2部分：钢化玻璃》GB 15763.2—2005

《镀膜玻璃　第1部分：阳光控制镀膜玻璃》GB/T 18915.1—2002

《镀膜玻璃　第2部分：低辐射镀膜玻璃》GB/T 18915.2—2002

(5) 钢材标准

《优质碳素结构钢》GB/T 699—1999

《碳素结构钢》GB/T 700—2006

《碳素结构钢和低合金结构钢热轧薄钢板及钢带》GB 912—2008

《低合金高强度结构钢》GB/T 1591—2008

《合金结构钢》GB/T 3077—1999

《冷拔异形钢管》GB/T 3094—2012

《碳素结构钢和低合金结构钢热轧厚钢板及钢带》GB/T 3274—2007

《非合金钢及细晶粒钢焊条》GB/T 5117—2012

《热强钢焊条》GB/T 5118—2012

《建筑结构用冷弯矩形钢管》JG/T 178—2005

《建筑幕墙用钢索压管接头》JG/T 201—2007

《结构用无缝钢管》GB/T 8162—2008

(6) 胶类及密封材料

《绝热用岩棉、矿渣棉及其制品》GB/T 11835—2007

《建筑密封材料试验方法》GB/T 13477.1～20—2002

《建筑用硅酮结构密封胶》GB 16776—2005

《建筑用岩棉、矿渣棉绝热制品》GB/T 19686—2005

《聚氨酯建筑密封胶》JC/T 482—2003

《聚硫建筑密封胶》JC/T 483—2006

《丙烯酸酯建筑密封胶》JC/T 484—2006

《建筑窗用弹性密封胶》JC/T 485—2007

《中空玻璃用弹性密封胶》JC/T 486—2001

《幕墙玻璃接缝用密封胶》JC/T 882—2001

《石材用建筑密封胶》GB/T 23261—2009

《干挂石材幕墙用环氧胶粘剂》JC 887—2001

《中空玻璃用丁基热熔密封胶》JC/T 914—2003

《建筑装饰用天然石材防护剂》JC/T 973—2005

（7）门窗及五金件

《十字槽盘头螺钉》GB/T 818—2000

《紧固件机械性能 螺栓、螺钉和螺柱》GB/T 3098.1—2010

《紧固件机械性能 螺母、粗牙螺纹》GB/T 3098.2—2000

《紧固件机械性能 螺母、细牙螺纹》GB/T 3098.4—2000

《紧固件机械性能 自攻螺钉》GB/T 3098.5—2000

《紧固件机械性能 不锈钢螺栓、螺钉和螺柱》GB/T 3098.6—2000

《紧固件机械性能 不锈钢螺母》GB/T 3098.15—2000

《紧固件机械性能 抽芯铆钉》GB/T 3098.19—2004

《紧固件术语盲铆钉》GB/T 3099.2—2004

《紧固件 螺栓和螺钉通孔》GB/T 5277—1985

《铝合金门窗》GB/T 8478—2008

《封闭型平圆头抽芯铆钉》GB/T 12615.1～4—2004

《封闭型沉头抽芯铆钉 11 级》GB/T 12616.1—2004

《螺纹紧固件应力截面积和承载面积》GB/T 16823.1—1997

《地弹簧》QB/T 2697—2005

《铝合金门插锁》QB/T 3885—1999

《平开铝合金窗执手》QB/T 3886—1999

《铝合金窗撑挡》QB/T 3887—1999

《铝合金窗不锈钢滑撑》QB/T 3888—1999

《铝合金门窗拉手》QB/T 3889—1999

《建筑门窗五金件 合页（铰链）》JG/T 125—2007

《建筑门窗五金件 传动锁闭器》JG/T 126—2007

《建筑门窗五金件 滑撑》JG/T 127—2007

《建筑门窗五金件 撑挡》JG/T 128—2007

《建筑门窗五金件 滑轮》JG/T 129—2007

《建筑门窗五金件　单点锁闭器》JG/T 130—2007

《建筑门窗五金件　旋压执手》JG/T 213—2007

《建筑门窗五金件　插销》JG/T 214—2007

《建筑门窗五金件　多点锁闭器》JG/T 215—2007

《建筑门窗五金件　通用要求》JG/T 212—2007

(8) 相关物理性能及测试方法：

《玻璃幕墙工程质量检验标准》JGJ/T 139—2001

《居住建筑节能检测标准》JGJ 132—2009

《公共建筑节能检测标准》JGJ 177—2009

《钢结构工程施工质量验收规范》GB 50205—2001

《建筑幕墙气密、水密、抗风压性能检测方法》GB/T 15227—2007

《建筑幕墙抗震性能振动台试验方法》GB/T 18575—2001

《建筑幕墙平面内变形性能检测方法》GB/T 18250—2000

《建筑幕墙保温性能分级及检测方法》GB/T 29043—2012

《建筑外窗采光性能分级及检测方法》GB/T 11976—2002

《建筑外门窗保温性能分级及检测方法》GB/T 8484—2008

《建筑门窗空气声隔声性能分级及检测方法》GB/T 8485—2008

《建筑外门窗气密、水密、抗风压性能分级及检测方法》GB/T 7106—2008

《透光围护结构太阳得热系数检测方法》GB/T ××××（报批）

《双层玻璃幕墙热性能检测　示踪气体法》GB/T ××××（报批）

第五章　建筑遮阳与门窗结合的 节能性能检测技术研究

遮阳行业的快速发展的同时，面临应用中一个关键问题，无法精确评价各种遮阳形式的节能效果，缺少快速准确测量遮阳产品遮阳效果的手段和方法。遮阳产品对节能的贡献率通常以遮阳系数来表示，遮阳系数是评价窗户（窗玻璃、遮阳装置）遮阳效果的指标。主要包括窗玻璃的遮阳系数、窗户的遮阳系数、遮阳产品的遮阳系数等。国内外对建筑遮阳产品的遮阳性能的评定大多和窗户结合在一起，通过测量太阳得热系数来判断其优劣。

2002 年华南理工大学的孟庆林等采用防护热箱法对广州地区某居住建筑顶层房间西向外窗的热阻 R 和遮阳系数 S_c 进行了现场测试。

2004 年深圳建科院田智华研制开发了动态可调式建筑遮阳性能检测装置，在真实的外界环境条件下检测建筑外窗的遮阳性能。

上海建科院曹毅然等分析了国内外建筑遮阳产品遮阳性能的检测技术，研制了室外动态对比测试平台，利用该测试平台研究了智能光导系统的室内太阳辐射得热量的情况，通过测试得到其节能效果。

该人工光源的遮阳系统测试平台整体呈回字形结构，能同时满足门窗、玻璃及遮阳产品的遮阳系数、传热系数、太阳得热系数等性能测试。外围为防护箱体，用于维持实验室恒定的环境条件，内层三个箱体，分别用于模拟夏季室外、冬季室外以及室内的环境条件。

试验选取硬卷帘、外遮阳百叶帘、内置百叶中空玻璃等典型遮阳产品进行遮阳系数测试，测试结果表明，新型硬卷帘遮阳系数为 0.34，内置百叶中空玻璃完全关闭时遮阳系数在 0.19 左右，外遮阳金属百叶帘在帘片完全关闭时遮阳系数为 0.14，这些产品都具有很好的遮阳效果，均满足各个设计规范要求。外遮阳金属百叶帘在帘片完全关闭时遮阳系数为 0.14，帘片翻转 45°时遮阳系数为 0.38，翻转角度对遮阳系数的影响较大。

测试结果表明，内置百叶遮阳产品具有很好的遮阳效果，常用的（5＋16A＋5mm）内置百叶中空玻璃完全关闭时遮阳系数在 0.19 左右，当百叶垂直关闭状态时，能阻挡约 84%的太阳光辐射热，与外遮阳织物卷帘＋铝合金推拉窗遮阳效果相当。一体化窗的测试结果表明，外遮阳的效果比内遮阳效果好，若同时采用外遮阳和内遮阳效果更佳。

第六章　建筑遮阳与节能门窗幕墙
未来的节能发展方向展望

一体化（包括设计与功能）。对于建筑师而言，研究一些节能构件及其在建筑中的应用，与建筑立面进行一体化设计，从而实现建筑功能、技术和美学的统一，是值得不断探索思考的课题。因此必须认识建筑外遮阳在建筑节能设计中的重要性，树立建筑外遮阳与建筑一体化设计的理念。建筑师应加强遮阳技术研究，在建筑设计阶段将遮阳的理念和产品应用到设计当中去。根据物理功能和建筑造型的要求，按照适用性、整体性的原则，针对不同类型的建筑，从艺术手法对遮阳构件与建筑立面进行一体化设计。

第一节　不同类型建筑的遮阳设计

不同类型的建筑产生不同的使用者、立面特征、高度以及经济性等因素，制约着遮阳构件的使用。多层建筑如住宅等以单元为主要使用单位的建筑，遮阳构件最好采用独立的、简易的、便于各单元独立操纵的系统，可以让住户根据不同的需求进行调控。在以夏季防热为主的地区，可以采用的室外可控构件如具有良好耐候性的百叶、卷帘、可以折叠的垂直遮阳板等。高层建筑遮阳构件的设计，应该考虑风力过大这一不安全因素，超过50m的建筑高度不宜设置悬臂类的外置构件。如果要设室外构件的话，应该以安全的轻质构件为主，例如穿孔的金属挡板、轻质固定百叶等，并且应该有很好的抗风性。大量运用玻璃幕墙的公共建筑，其遮阳构件的选用要注意能反映出幕墙的轻巧和完整性的特点。可以使用大面积的金属百叶、网状金属板等做整体遮阳，形成完整而统一的立面。

第二节　遮阳构件运用的艺术手法

对不同类型遮阳构件的设计运用，使用了不同的手法，也相应产生了不同的艺术美。

（1）韵律美和尺度感

把连续的窗洞与外遮阳构件作为建筑的基本构图要素，运用这些"线条"造型打破立面上一成不变的"面"元素，通过间隔、比例来规范建筑的尺度，使建筑立面的整体统一性表现得一览无遗，体现建筑自身的韵律，也真实地反映了建筑的尺度。这种表现方式最为常见和实用。

（2）光影效果与层次感

设计中建筑借助遮阳系统作为重要的光影造型元素，在光影中，不仅丰富了建筑立面层次和空间领域感，而且强化了建筑的个性。建筑若仅局部采用玻璃墙面，则在实墙的不同部位可考虑采用格栅式遮阳手法，使整齐划一的格构式立面分割在光影作用下，显示出秩序性和稳定感，也使建筑在阳光下更加生动有趣，相当于建筑立面多了一个层次。

（3）虚实对比与凹凸变化

竖向与横向结合的综合式遮阳板既提高了遮阳效果，又可作为立面从实到虚的过渡部分，强烈的虚实对比使建筑的个性十足，充分展示出的结构美，让建筑更加栩栩如生。横向和竖向外遮阳板的结合，在没有减少建筑面积的情况下，增加了立面的凹凸虚实变化，并结合色彩的运用，形成了丰富的艺术效果。建筑遮阳是一项传统的形式和构配件，具备一定的实用性。遮阳构件成功地运用应是建筑设计的构思源泉之一。但我们不能盲目模仿、引进其他建筑案例中成功的遮阳概念和构配件，而应该根据具体情况，区别对待。遮阳构件与建筑立面的一体化设计，必须从整体设计的高度入手，把遮阳构件作为建筑这个系统中的一个要素，尊重各地区气候条件和建筑项目的特殊性，从整体性和适宜性两个方面来把握，结合建筑立面一体化设计，实现建筑技术、功能、美学的统一。

参考文献

［1］ 张道真，傅积．玻璃门窗节能分析与选择．
［2］ 门窗节能的途径与节能发展的措施．
［3］ 刘翼，蒋荃．建筑遮阳的现状及标准与评价进展．
［4］ 冯凌英．遮阳构件与建筑立面一体化设计．

遮阳与门窗幕墙专业委员会编写人员：

曹彬 岳鹏 张佳岩

第 六 篇 ｜ 暖 通 空 调

第一章　暖通空调行业发展状况

纵观 2012 年暖通空调行业，绿色经济和低碳经济已成为全球经济发展的大势所趋，而环保节能、健康舒适则是未来暖通空调行业发展的主要方向。在我国暖通空调制冷行业蓬勃发展的 10 多年里，制冷空调工业产值平均年增长率达 20％，个别年份和某些产品甚至超过 30％。随着 2012 年财政部、住房和城乡建设部《关于加快推动我国绿色建筑发展的实施意见》(财建 [167] 号)的联合发布，北京、深圳、苏州、上海、青岛、武汉、广州等各地方政府纷纷出台对绿色建筑的奖励政策，我国绿色建筑的增长速度将会更快。根据住房和城乡建设部的预测，到"十二五"末，我国绿色建筑总量将达到 10 亿 m²，毫无疑问，绿色建筑将成为改变我国建筑业发展模式的关键因素，而建筑中能耗最大的是供暖通风和空调系统，暖通空调系统设计、施工、调试和运行的好坏，直接影响到建筑的能耗高低和室内环境的优劣。绿色建筑的发展给暖通空调行业的发展带来了极好机遇，也推动了暖通空调行业的技术进步，因为绿色建筑技术最为关键的能耗计算技术、CFD 技术等都是暖通空调专业的基础，通过绿色建筑技术可以更全面掌握空调系统设计、调试、运营以及产品的开发，暖通空调设计、施工、调试和运营将按照绿色建筑的要求，越来越严格和精细，材料和产品也追求节能、高效和可循环利用，暖通空调与绿色建筑关系紧密。

第一节　我国暖通空调行业市场状况

暖通空调行业作为我国国民经济的新兴行业，随着建筑业、工商设施发展及生活质量的提高，人们对中央空调产品的需求日益加大，需求范围和需求层次也呈现复杂化和多样化的发展趋势。2011 年上半年度，全国中央空调市场总量约 300 亿元，创造了新的规模纪录。2011 年末，我国制冷、空调设备制造工业企业达 709 家，行业总资产达 1317.55 亿元，同比增长 18.42％。2011 年我国规模以上制冷、空调设备制造工业企业实现主营业务收入达 1960.21 亿元，同比增长 27.22％；实现利润总额达 138 亿元，同比增长 27.05％。

2012 上半年，全国中央空调的市场容量达到 250 亿元左右，与 2011 上半年约 280 亿元的市场容量相比，同比降幅达到 10.7％。2012 年国内中央空调市场产品格局仍围绕离心机组、螺杆机组、多联机组、水地源热泵机组、模块机组、单元机组、末端和其他产品等九大类别产品。各企业围绕节能环保的目标，在新产品开发、产品设计、制造工艺、生产线技术改造等方面加大投入力度，促进设备的升级。

从表 6-1-1 和表 6-1-2 中可以对比看出我国制冷、空调设备制造业累计工业总产值的同期对比值。

2011 年我国制冷、空调设备制造业累计工业总产值合计 表 6-1-1

行 业	制冷、空调设备制造	
时 间	工业销售产值（千元）	工业销售产值同比增长（%）
2011 年 1～3 月	38665226	36.99
2011 年 1～6 月	93187759	37.57
2011 年 1～9 月	145678574	33.98
2011 年 1～12 月	199546915	27.83

2012 年 1～4 月我国制冷、空调设备制造业累计工业总产值合计 表 6-1-2

行 业	制冷、空调设备制造	
时 间	工业销售产值（千元）	工业销售产值同比增长（%）
2012 年 1～2 月	25071314	10.39
2012 年 1～3 月	41731184	11.67
2012 年 1～4 月	58805401	9.17

（数据来源：中国商业情报网根据国家统计局相关数据整理）

据有关数据统计，2011 年北方采暖地区 15 个省、自治区、直辖市累计实现供热计量收费面积 5.36 亿 m^2，比 2010 年增加了 2.19 亿 m^2，增幅达到 69%；2011 年北方采暖地区新竣工建筑 3.45 亿 m^2，其中安装供热计量装置的有 2.5 亿 m^2，占新建建筑总量的 72%，比 2010 年提高 20 个百分点；2011 年完成北方既有居住建筑供热计量及节能改造面积 1.32 亿 m^2。我国实行供热计量和既有建筑节能改造政策将有效降低建筑能耗。

据国家统计局数据显示，我国建筑能耗从 1996 年的 2.59 亿 t 标准煤到 2008 年增长到 6.55 亿 t 标准煤，增加了 1.5 倍。我国建筑能耗在能源总消费中所占的比例已经达到 27.6%，而建筑能耗又以暖通空调系统能耗较大，在我国一般宾馆、写字楼空调能耗约占建筑总能耗的 30%～40%，大中型商场空调能耗则高达 50%，甚至更多。

我国北方城镇采暖能耗是我国城镇建筑能耗比例最大的一类，随着我国建筑面积的不断增长，从 1996～2008 年其总能耗由 0.72 亿 t 标准煤增长至 1.53 亿 t 标准煤；我国城镇住宅空调总能耗为 410 亿 kW·h，折合 1340 万 t 标准煤，占住宅总能耗的 11.2%。因此，暖通空调系统的节能对降低建筑能耗至关重要。

第二节　我国暖通空调行业发展动态

在暖通空调行业蓬勃发展的同时，业内相关行业组织举办了一系列活动来推动暖通空调行业的发展，这里从 2012 年举办的行业发展研讨会、论坛、专题交流会的角度回顾今年的行业发展情况。

（1）2012 年中国供热计量论坛

为及时了解我国供热改革及供热计量的发展情况、传达我国供热计量的相关政策与精神，中国城镇供热协会、中国计量协会热能表工作委员会定于 2012 年 4 月 5 日在北京顺义区中国国际展览中心新馆召开"2012 年中国供热计量论坛"，论坛将与 2012 年 ISH 展会期间同期召开。本次会议将结合供热计量的最新进展、技术特点、国家有关供热改革与供热计量的规定和要求等，邀请业内领导、国内外有关专家学者进行技术交流与研讨，为从事供热计量、热量表及相关技术的科研工作者、技术人员、生产企业提供了良好的交流平台和沟通机会。会议主要议题包括：①供热计量的新进展；②热量表行业有关政策法规的解读；③ 热量表 2011 国抽实验结果所反映的问题与解决；④供热计量动态及发展趋势；⑤ 欧洲供热计量情况介绍与经验；⑥热量表在供热企业的使用情况。

（2）暖通空调与绿色建筑专题研讨会（邯郸）

2012 年 4 月 18 日，中国建筑学会暖通空调分会在河北省邯郸市河北工程大学交流中心成功举办了"暖通空调与绿色建筑专题研讨会"。来自住建部、科研院所、高等院校、企业的多名专家参加了本次专题研讨会。会议由吴德绳顾问总工、方国昌总工、张子平院长分别主持。大会分为两个阶段举行，以 18 日上午大会报告和下午专题综合讨论形式开展。18 日上午举行了专题研讨会报告，中国建筑学会暖通空调分会理事长徐伟、中国绿色建筑与节能委员会副秘书长王清勤以及河北工程大学副校长孙玉壮分别致辞。住房和城乡建设部科技司综合处王建青处长做了题为"当前国家绿色建筑的发展状况和发展方向"的专题报告。王清勤副秘书长做了题为"绿色建筑标准与绿色建筑联盟"的报告。刘一民市场总监做了"从暖通空调角度思考绿色建筑"的报告。18 日下午的讨论议题围绕"绿色建筑行动方案，探讨暖通空调专业发展对策与行动准备"展开。吴元炜名誉理事长在会上重点提出了"宣传普及、更新观念、掌握技术、勇于实践、敢于创新"的暖通空调行业发展理念。

参会专家及代表一致认为，绿色建筑为暖通空调专业发展带来了很好的发展机遇，也为提升暖通空调技术水平提供了良好契机，因此普及绿色建筑成为行业发展的重点和热点。

（3）建筑节能与建筑能源管理系统创新高峰论坛（深圳）

为贯彻落实国家节能减排政策和可持续发展战略，实现国家节能规划目标，缓解建筑能耗对我国能源供应和环境保护造成的巨大压力，最大限度地加强使用自动控制系统，实现系统的优化控制，提高能源的利用率，交流探讨我国建筑节能和建筑能源管理创新方面的实践成果，2012年5月10日，由中国建筑学会暖通空调分会与中国建筑节能协会暖通空调专业委员会主办，中国建筑节能协会地源热泵专业委员会协办的"建筑节能与建筑能源管理系统创新高峰论坛"在深圳顺利召开，来自建筑节能及能源管理专业领域的专家学者以及相关企业单位的百余位代表出席了本届会议。

本次会议围绕以下议题展开研讨：①建筑节能专项引导资金申报要点及政策解析；②建筑能源管理系统设计规范与区域建筑能源规划；③我国建筑能耗现状与降低建筑能耗技术途径分析；④建筑节能设计方法与模拟分析；⑤降低大型公共建筑空调等能耗系统的关键技术进展；⑥可再生能源在建筑中规模化应用的关键技术探讨；⑦低品位能源高效应用关键技术；⑧我国建筑能耗的统计和预测方法及实践；⑨建筑能源审计与管理措施探讨；⑩大型公共建筑能源控制、能量管理与节能监测、诊断技术；⑪建筑空调系统调试及运行中常见问题分析；⑫建筑能耗计量设计与计费分析；⑬建筑节能后评估测试分析与能效评价及验证；⑭建筑节能改造方案分析与CDM建筑节能项目管理；⑮合同能源管理在既有建筑节能改造中的应用探讨；⑯建筑能源管理系统、物联网监测系统优秀解决方案推介。

会议交流探讨我国建筑节能政策、绿色建筑标准以及能源管理系统创新方面的相关技术，以期更好地服务于我国建筑节能产业。

（4）2012年全国区域能源年会

2012年5月11日，由中国建筑学会热能动力分会区域能源专业委员会、上海世博发展（集团）有限公司共同主办的，主题为"后世博低碳生态科技应用论坛"的2012年全国区域能源年会在上海艾福敦酒店会议中心成功举办。本届年会得到了国家发展改革委员会、国家住房和城乡建设部、国家能源局、上海市城乡建设和交通委员会、上海市科学技术委员会等单位的特别指导，约有二百多位区域能源专业领域的专家学者以及相关的企业单位代表出席了本届年会。本届年会围绕"解读国家最新能源方面相关政策"，"后世博园区的开发建设与区域能源技术应用介绍"，"区域能源节能、绿色、低碳、生态、建设最新技术发展"，"区域能源规划、建设、融资、运营等案例介绍"，"区域能源在城市区域开发建设中的作用和意义"等主题展开研讨，来自学界、企业界以及高校的代表做了精彩的发言。研讨的内容有：龙惟定教授的"世博园区后续发展能源规划"、王清勤教授的"绿色建筑与绿色建筑联盟"、吴喜平教授的"大空间长风管均匀送回风节能技术研究"、郝军教授的"低碳形势下的区域能源规划实践"、华贲教授的"分布式供能与十二五区域能源规划"、李先瑞研究员的"区域供热供冷与绿色建筑、低碳建筑、低碳经济"、付林教授的"天然气区域冷热联供可行性分析"、周敏教授的"区域供冷供热规划—两个代表性项目分析体会"、杨光教授的"虹桥核心区一期能源中心设计应用研究"、唐世芳高工的"上海世博会低碳生态科技及应用"、王钊高工的"区域供冷（热）与分布式能源系统"、林世平博士的"区域分布式能源：规划、投资、建设、营运实践与模式创新"。

（5）2012年设计选型面对面暨暖通节能技术研讨会（成都）

2012年5月18日，由赛尔传媒·中国设计师网和中国勘察设计协会建筑环境与设备分会四川省委员会联合主办的"2012设计选型面对面暨暖通节能技术应用交流会"活动在四川成都天府丽都喜来登饭店隆重起航，作为设计选型面对面活动的第一站，这次活动得到了青岛海尔空调电子有限公司、北京华清地热开发有限责任公司和北京清华阳光能源开发有限责任公司的大力支持。来自四川省暖通行业的70余名设计师和企业代表参加了这次会议并在会上进行了热烈的讨论与交流。

会上，相关专家分别作了《地表水热泵系统清洗方式探讨》、《磁悬浮变频离心机组的相关问题探讨》、《清洁能源与建筑一体化设计》、《施工图审查中常见问题解析》的主题演讲，将技术与案例相结合向广大与会观众进行详尽地讲解分析，获得了在场设计师的一致好评，让在场人员对四川省暖通行业有了更深一层次的了解。会议期间相关企业向在场人员展示了新技术和新产品，为企业产品在四川省的推广奠定了基础，此次活动在促进企业与设计师的交流与合作上获得了圆满的成功。

（6）2012设计选型面对面暨建筑节能术研讨会（天津）

2012年6月29日，由赛尔传媒·中国设计师网暖通频道主办、中国勘察设计协会建筑环境与设备分会天津市委员会协办、广东五星太阳能股份有限公司、山东格瑞德集团有限公司、北京海林节能设备股份有限公司、北京清华阳光能源开发有限公司与广东万和新电气股份有限公司支持的"2012设计选型面对面暨建筑节能技术研讨会"在天津市滨江万丽酒店成功举行。来自天津市的多位行业专家与设计师也来到会议现场，与各企业进行了技术层面的交流，并对各企业的产品进行了深入了解。

研讨会上，天津市建筑设计研究院总工兼中国勘察设计协会建筑环境与设备分会天津市委员会理事长伍小亭致辞。相关专家分别作了《平板太阳能与建筑节能》、《海林建筑节能控制方案》、《地源热泵空调系统效率分析及应用探讨》、《建筑一体化应用于新技术推广》、《多能互补太阳能热泵供热系统应用与智能控制解决方案》的精彩报告，将各企业在建筑节能领域的研发技术与研发经验向在场的专家、设计师进行了汇报，最后，伍小亭总工以《低碳背景下的暖通空调设计——理念、方法、技术》为主题的演讲结束了会议演讲环节。接下来的第二个环节"节能论坛"，伍小亭总工、相关专家及企业代表针对行业内普遍关注的"可再生能源建筑利用中的问题"、"太阳能建筑利用的前景与挑战"两个议题进行了技术交流与讨论，此次活动促进了企业与设计师的交流与合作，助力中国的节能减排事业。

(7) 2012 设计选型面对面暨暖通节能技术应用交流会（兰州）

2012 年 8 月 31 日，由赛尔传媒·中国设计师网主办，中国勘察设计协会建筑环境与设备分会甘肃省委员会协办，北京市华清地热开发有限责任公司和北京清华阳光能源开发有限责任公司支持的"2012 设计选型面对面暨暖通节能技术应用交流会"在兰州市顺利举行，来自甘肃暖通行业的专家、设计师、企业齐聚兰州，共同商讨暖通节能技术的发展。

本次会议举办地甘肃兰州是中国"陆都"，今年 8 月 20 日，经国务院批准成立的兰州新区是继上海浦东新区、天津滨海新区、重庆两江新区、浙江舟山群岛新区之后的第五个国家级新区，也是西北地区的第一个国家级新区。会上，北京赛尔传媒·中国设计师网暖通事业部总经理杨旭致辞，北京市华清地热开发有限责任公司技术总工张文秀以《地表水热泵系统清洗方式探讨》，北京清华阳光能源开发有限公司项目经理李国强以《太阳能热利用系统——建筑一体化应用与新技术推广》为题作了演讲，将技术与案例相结合向与会人员进行详尽地讲解分析，获得了在场设计师的一致好评。随后，甘肃省建筑设计研究院副总工、毛明强高级工程师作了《防排烟设计常见问题分析》报告，对设计过程中设计师经常遇到的问题进行了详尽的分析与建议，引起了在场参会人员的兴趣与认同。中国市政工程西北设计研究院有限公司副总工陈亮教授和甘肃省有色冶金建筑设计研究院有限公司副总工王克林也出席了此次交流会。作为此次活动的重要内容，专家、设计师、企业论坛互动热烈，大家共同探讨了当前暖通行业中的热点话题，发表了自己的看法和见解，为暖通行业的发展献计献策，此次活动促进了企业与设计师之间的交流与合作。

(8) 2012 闽港（福州）建筑设备工程技术交流研讨会在福州举行

以"宜居城市环境，工程使命"为主题的 2012 闽港（福州）建筑设备工程技术交流研讨会于 2012 年 6 月 29～30 日在福州举行。此次技术交流研讨会主办单位分别是：福建方——福建省土木建筑学会暖通空调分会、福建省建筑科学研究院、福建省制冷学会第五专业委员会、福建省暖通空调科学情报网、福建省绿色建筑技术重点实验室；香港方——香港工程师学会屋宇装备分部、美国供暖制冷及空调工程师学会香港分会、英国屋宇装备工程师学会香港分会，以及香港方协办单位——香港理工大学屋宇设备工程学系。闽港两地共有 140 名技术人员参加了这次建筑设备工程技术交流研讨会。

全国暖通空调学会理事长兼中国建筑科学研究院建筑环境与节能研究院院长徐伟，香港筹委会代表、香港工程师学会屋宇装备分部李国强先生，福州筹委会主席、福建土木建筑学会暖通空调分会会长赵士怀，香港筹委会主席傅保华分别致辞。会议期间，12篇论文作者作了大会发言交流，他们分别是：福州赵士怀的《我国南方地区建筑节能技术分析》、香港陈有文的《先进的焚化技术及火葬场绿色环保建设》、香港温铬颖的《低碳建筑环境模拟》、福州侯伟生的《福建省绿色建筑发展与展望》、香港黄斯敏的《日光联系灯光控制对在香港屋宇能源用量之研究》、福州陈仕泉的《可再生能源在节能建筑中的应用与示范》、香港黄镇晖的《文本和文义分析内地与香港的绿色建筑评价标准内的"调试"要素》、福州黄夏东的《民用建筑能效测评技术与案例分析》、香港许俊民的《冷却吊顶系统的热舒适度和节能性能》、福州林如捷的《涡旋回转式制冷压缩机性能理论分析》、香港叶俊明的《绿色可持续发展社区—机电工程师案例讨论》、厦门刘振国的《暖通空调节能技术在超高层建筑中的应用》。

代表们围绕"绿色建筑"和"低碳社区"议题开展了讨论，气氛热烈，交流深入，反映良好。本次交流研讨会的成功举办将对闽港双方在暖通空调领域的合作和发展产生深远影响。

（9）全国建筑能效标识技术与应用管理研讨会（沈阳）

2012年7月26日～27日，由中国建筑节能协会暖通空调专业委员会主办、中国建筑节能协会地源热泵专业委员会协办、北京科能中兴文化发展有限公司承办的"全国建筑能效标识技术与应用管理研讨会"在沈阳顺利召开。来自住房和城乡建设部科技发展促进中心、住房和城乡建设部建筑节能中心、中国建筑科学研究院建筑环境与节能研究院、国家空调设备质量监督检验中心、建研科技股份有限公司建筑设备软件研究室、中国电力科学研究院、辽宁省建筑节能环保协会、上海市建筑科学研究院、宁波诺丁汉大学等领导、行业专家及相关企业单位百余名代表参加了此次会议。

中国建筑节能协会暖通空调专业委员会主任委员兼中国建筑科学研究院建筑环境与节能研究院副院长路宾出席会议并致开幕词。专家学者们结合我国开展建筑能效测评与标识的工作实践，围绕政策、技术、能力保障和产业体系等多个方面做了精彩的主题报告。其中有：住房城乡建设部科技发展促进中心博士程杰作了"中国建筑能效测评标识制度实施与思考"的报告、中国馆建筑科学研究院孟冲博士和吕晓辰博士分别作了"民用建筑能效测评标识的案例分析"和对《建筑能效标识技术标准》介绍的报告、辽宁省建筑节能环保协会朱宝旭作了"民用建筑能效测评标识在辽宁省的实践与案例分析"的报告、上海市建筑科学研究院张文宇经理作了"民用建筑能效测评工作介绍"的报告，还有来自企业的专家等也作了建筑能效相关的精彩报告。

会议交流探讨了建筑能效测评标识能力建设和工作进展情况，对推动全国建筑能效测评标识和各单位建筑能效测评工作的顺利开展将起到重要的指导意义。

（10）2012年北方采暖地区供热计量改革会议

2012年8月21日，住房和城乡建设部召开了2012年北方采暖地区供热计量改革工作电视电话会议。会议的主要任务是总结实施供热计量改革以来的工作成果和经验，部署下一阶段工作任务。住房和城乡建设部副部长仇保兴作了题为《坚定信心，创新机制，全面实施供热计量收费》的报告，财政部、国家质检总局相关司局负责人发表讲话。会议提出了进一步推进供热计量改革存在四大主要障碍。一是认识和观念障碍；二是体制机制障碍；三是系统设施障碍；四是能力障碍。会议要求各地要进一步创新机制，强化措施，细化政策，从五个方面扎实推进供热计量收费工作。一是加强组织领导；二是创新监管机制；三是创新收费机制；四是创新激励和约束机制；五是强化管理措施。

会议还明确了2012年采暖季供热计量改革的四项具体工作。一是开展计量装置清查。各省住房和城乡建设厅要组织所辖城市在今年采暖季前对辖区内供热计量装置安装和使用情况进行一次清查，提出整改建议和解决措施。二是探索合同能源管理模式。各地要积极引入合同能源管理模式，利用能源服务公司资金、技术、管理优势，建立具有一定规模的计量收费试点示范项目。三是分解目标任务。各省住房城乡建设部门要根据本省实际，明确今年采暖季供热计量收费目标，并将目标任务分解到所辖城市，对没有完成的城市要予以通报批评。四是开展宣传培训。各地要采取多种形式，加强供热计量改革的宣传培训，提高专业技术水平和能力，为供热计量收费营造良好的社会舆论氛围。

（11）2012年第七届全国高等院校制冷空调学科发展与教学研讨会

为提高我国高等院校制冷空调学科专业的发展及人才培养，促进各院校之间教改成果的交流，2012年8月24日，由中国制冷学会主办，陕西省制冷学会和西安市制冷学会协办，西安交通大学和西安工程大学承办在陕西省西安市举办"第七届全国高等院校制冷空调学科发展与教学研讨会（2012）"，会议在西安交通大学南洋大酒店举行。来自清华大学、浙江大学、上海交通大学等几十所高校的一百余位代表参加会议。本次会议围绕学科建设、教学改革、学生素质与创新能力培养、教材编写、实验与实习、多媒体课件等几方面议题展开探讨。

8月25～26日，由中国制冷学会和上海交通大学主办、陕西省制冷学会和西安制冷学会协办，西安工程大学和西安交通大学承办的"第七届全国制冷空调新技术研讨会"在同一地点举行。天津商业大学申江教授作了题为"基于协同理论的《制冷装置设计》课程建设"的报告，清华大学朱颖心教授作了题为"建环专业本科教育面临的挑战和机遇"的报告，北京工业大学马国远教授作了题为

"通过制冷空调科技竞赛提升大学生的专业素养和创新意识"的报告。下半阶段有 6 个特邀报告，分别是：北京建筑工程学院王瑞祥教授作了题为"北京建工制冷空调学科及相关专业建设的机制与平台设计"的报告，上海理工大学的武卫东代表张华教授作了题为"编著制冷英文教材，促进教育国际化"的报告，清华大学石文星教授作了题为"基于 CDIO 理念的实战型工程专业课教学方法"的报告，西安工程大学狄育慧教授作了题为"走产学研用紧密结合之路，创我校建环专业建设之特色"的报告，西安交通大学王沣浩作了题为"西安交通大学制冷空调学科人才培养实践"的报告等。下午是会议的分会场讨论阶段，共分为人才培养、学科建设、教材和课程建设、实验和实践教学、教学法研究五个分会场进行。本次会议着重反映了制冷空调领域的节能新技术，包括：制冷空调中的节能新技术、能源利用新技术、新工质的使用、新的控制技术、新的空调洁净技术，以及其他制冷空调、低温系统的最新技术进展。本次会议为我国制冷空调行业发展提供了很好的机遇，对促进制冷空调方面的高素质人才的培养具有实际意义。

（12）2012 年数据中心机房空调系统研讨会

2012 年 9 月 26 日，由中国勘察设计协会建筑环境与设备分会北京市委员会主办的数据中心机房空调系统研讨会暨中国勘察设计协会建筑环境与设备分会北京市委员会技术交流大会在北京新大都饭店国际会议厅召开。来自北京市各大设计院设计师及行业相关专家、协会的会员单位、美国 ASHRAE 协会、国际知名数据公司及部分国内外知名厂商代表等共 200 余人参加了此次大会。相关专家所作的报告如下：江亿"数据中心空调节能"，Don Beaty"面向未来无需制冷机组的数据中心"，田浩"绿色数据中心制冷空调方案"，郝凤云"数据中心空调系统节能节约方案"，李建军"自然冷却技术在绿色数据中心的应用"，何钟琪"数据中心空调可靠性与节能设计"，袁震"数据中心冷源系统解决方案"，马德"数据机房的能耗分析"，张亚军"自动在线清洗装置在数据机房冷水机组上的应用"，劳逸民"设计院在数据中心项目中的作用"。

（13）2012 年铁路暖通空调学术年会近日在天津召开

由中国勘察设计协会建筑环境与设备分会铁道专业委员会和中国铁道学会工程分会暖通空调专业委员会主办，铁道第三勘察设计院集团有限公司承办的"2012 铁路暖通空调学术年会"于 2012 年 9 月 20～21 日在天津滨海圣光皇冠假日酒店举行。来自铁路系统内、外的 90 余个单位，包括铁道部及鉴定中心、全国学会、铁路建设单位、设计院、高校、咨询公司、企业厂商、新闻媒体等，总计 300 余名代表出席了这次会议。江亿院士作了题为《对我国建筑节能工作的一些认识》的专题讲座，铁道部总规划师郑健作了题为《提高节能环保意识深入推进绿色铁路客站建设》的专题发言等，本次铁路暖通空调学术会议确定并推出了铁路暖通空调专业委员会徽标，徽标突出了暖通和铁路两个基本元素，会议围绕深入贯彻部党组对铁路客站建设的指示精神，认真落实铁路客站技术交流会有关要求，进一步研讨节能环保技术，深入推进绿色铁路客站建设提出了要求。

（14）2012年第十八届全国暖通空调制冷学术年会

2012年10月24日～26日，由中国建筑学会暖通空调分会和中国制冷学会空调热泵专业委员会（全国暖通空调委员会）主办的以"绿色低碳，和谐共赢"为主题的2012年第十八届全国暖通空调制冷学术年会在山东烟台成功举办。绿色低碳不仅是国家实施节能减排战略的重要导向，更反映出行业与企业诉求，来自住房和城乡建设部以及全国各省、自治区、直辖市学会和行业科研设计院所、高等学校、生产企业、系统集成商、能源服务商及海外机构等千余人共聚一堂，共享暖通空调和建筑领域节能成果的饕餮盛宴。

出席大会开幕式的领导有住房和城乡建设部领导，山东省住房和城乡建设部领导，中国建筑学会领导、中国制冷学会领导、中国制冷空调工业协会的领导、中国建筑学会暖通空调分会和热泵专业委员会的领导、山东省地方学会的领导以及业内的专家和企业领导等。本届年会继续评出"吴元炜暖通空调奖"；颁发"第四届中国建筑学会暖通空调工程优秀设计奖"，以促进我国暖通空调工程设计技术不断向高水平迈进。同时"2012第十届'艾默生杯'空调与冷冻设计应用大赛"与"第10届MDV中央空调设计应用大赛"也在年会上颁奖。

大会设"绿色低碳 和谐共赢"主题论坛及专题交流会，包括"REHVA欧洲暖通空调学会联盟专题交流会"、"中美建筑节能合作项目专题交流会"、"供热计量技术应用于评估专题交流会"、"暖通空调与建筑节能专题交流会"、"利用工业余热热泵供热技术专题交流会"、"建筑节能通风技术专题交流会"、"净化空间风险控制与受控状态对策专题交流会"、"太阳能供热技术专题交流会"、"夏热冬冷地区供冷供热解决方案专题交流会"、"热泵技术工程应用专题交流会"、"节能改造与EMC专题交流会"、"第四届暖通空调优秀工程案例分析专题交流会"、"区域能源规划设计与案例专题交流会"、"温湿度独立控制技术与工程应用专题交流会"、"暖调空调系统自动控制与节能运行专题交流会"、"空气环境与建筑能耗模拟分析专题交流会"、"健康环境与通风技术专题交流会"、"蓄热蓄冷技术及工程专题交流会"、"土壤源热泵系统设计和测试分析专题交流会"、"暖通空调行业人才培养专题交流会"、"医疗建筑空调设计专题交流会"、"土壤源热泵系统设计和测试分析专题交流会"以及几家企业的专题交流会近30场专题交流会，来自全国各地的代表欢聚一堂，共同演绎暖通空调的头脑风暴，探讨暖通空调技术和行业未来发展趋势。

第二章 暖通空调行业政策法规及
相关标准规范

第一节 暖通空调行业政策法规

1. 供热计量相关政策

（1）供热计量改革是大势所趋

2012年8月，住房和城乡建设部表示供热计量改革是大势所趋。供热政策性亏损补贴将改为供热计量奖补资金，对于不进行供热计量改革的供热企业，不应再发放补贴。2011年，北方采暖地区新建建筑安装分户供热计量装置的比例达到72％，既有居住建筑供热计量及节能改造完成面积1.32亿 m^2，累计实现供热计量收费5.36亿 m^2。针对目前一些地方重保障轻节能、重设施节能轻行为节能，错误地认为实行供热计量收费，供热企业就一定会减少收入，因而监管体系没有形成合力，计量热价制定不合理，计量收费政策不配套，存在着供热系统缺乏调控装置、热量表质量良莠不齐、供热系统水质差、供热企业能力和计量装置检测能力不足的情况。

住房和城乡建设部有关负责人表示，供热计量改革是大势所趋。各地要设立专门的领导机构，配备专门人员，保障必要的经费，推进供热计量改革。在推进供热计量收费工作过程中，要创新激励和约束机制。明确供热企业主体责任，制定房地产开发企业和供热企业选表、安装和收费衔接细则及资金管理办法，取消"面积上限"，完善计量热价和管理办法。将供热政策性亏损补贴改为供热计量奖补资金，对于不进行供热计量改革的供热企业，不应再发放补贴。同时要加强供热能耗管理，供热企业要逐步建立供热监控调度平台，加大供热系统和计量装置运行维护管理力度。

此外，住房和城乡建设部还要求各地城市政府要充分发挥推进供热计量改革的主导作用，明确提出各省住房和城乡建设厅要组织所辖城市在今年采暖季前对辖区内供热计量装置安装和使用情况进行一次清查，提出整改意见和解决措施。探索合同能源管理模式。积极引入合同能源管理模式，利用能源服务公司资金、技术、管理优势，建立具有一定规模的计量收费试点示范项目。

（2）贯彻落实供热计量改革，开展供热计量专项检查

为贯彻落实2012年北方采暖地区供热计量改革工作电视电话会议精神，促进建筑节能，住房和城乡建设部决定开展供热计量专项检查。对具备供热计量收费条件但不按照用热量计价收费的供热企业，将公布所在城市和企业名单，并进行通报批评。此次检查内容包括两部分：第一，供热计量工程"两个不得"落实执行情况，即对不符合民用建筑节能强制性标准的新建建筑，不得出具竣工合格验收报告的落实执行情况；对不符合民用建筑节能强制性标准的新建建筑，不得销售或使用的落实执行情况。第二，供热计量收费机制的落实执行情况，即基本热价降至30%，取消"面积上限"的实施情况；供热计量热价和管理办法的完善情况；供热企业定期告知用户用热量和热费的落实执行情况。检查分自查和抽查两个阶段进行。10月15日前，各省级住房和城乡建设（供热）主管部门组织所辖城市按检查内容完成自查；2012年年底前，住房和城乡建设部对各地供热计量工作情况进行抽查。经过抽查，对具备供热计量收费条件但不按照用热量计价收费的供热企业，住房和城乡建设部将公布所在城市和企业名单，并进行通报批评；对违反《民用建筑节能条例》、《民用建筑节能设计标准》等法律法规及有关标准中强制性条文的热计量工程项目下发执法告知书。

（3）地方政策

1）北京：制定2011～2013年供热计量改革工作目标

2011～2012年，北京市申报了"节能暖房工程重点市"，完成公共建筑供热计量改造，居住建筑完成供热计量改造1.5亿 m^2，同步实行计量收费，既有非节能居住建筑完成2400万 m^2 建筑节能和供热计量改造，同步实行供热计量收费，2013年前加大非节能居住建筑节能改造和节能居住建筑的计量改造任务量。制定计量改造政策有：《北京市人民政府办公厅关于加快推进公共机构供热计量改造工作的通知》（京政发〔2011〕33号）、《北京市既有节能居住建筑供热计量改造项目管理暂行办法》（京政改字〔2011〕51号）、《北京市既有节能居住建筑供热计量改造项目补助资金管理暂行办法》（京政容发〔2011〕1919号）。

2）大连：《大连市供热用热条例》2012年5月1日起实施

条例中部分变化如下：供热用热应逐步推进实施按表计量制度，将供热期延长至次年4月5日，将最低室温提高到18℃，取消滞纳金，同时规定累计加收的违约金不得超过累计拖欠的用热费用，供热期内应当24h有人值班。

3）贵阳：《贵阳市民用建筑节能条例》鼓励采用集中供热制冷

2012年3月30日，由贵阳市人民代表大会常务委员会公布施行《贵阳市民用建筑节能条例》。《条例》规定，鼓励民用建筑项目采用太阳能、地热能、地表水源热能、污水源热能等可再生能源；鼓励民用建筑项目采用太阳能、地热能、地表水源热能、污水源热能等可再生能源；鼓励具备条件的民用建筑采用集中供

暖制冷方式。

4）河南郑州：郑州供热将按用热量收费

郑州市出台了《关于进一步推进供热计量改革工作的实施方案》以减轻居民负担，扎实做好供热计量改革工作，逐步实现按用热量收费和节能减排的目标。2012年郑州市完成居住房和城乡建设筑热计量收费面积 1000 万 m^2，居民不承担任何供热计量改造费，到 2015 年，郑州市将全部实现供热按用热量计价收费。据悉，2012 年冬季供热从 11 月 15 日到 2013 年 3 月 15 日，共 4 个月。根据规定，郑州市供热按面积计费，居民用热是每日 0.19 元/ m^2，其他用热是每日 0.28 元/ m^2。取暖按计量表计费，居民用热是 130 元/蒸吨，其他用热是 190 元/蒸吨。

5）山东临沂：实施供热计量改造，住户用热自主化

自 2012 年 8 月以来，山东临沂积极实施供热计量温控一体化技术路线，建立供热企业调控平台和供热主管部门的管理平台，实现供热计量智能化、系统调控自动化、住户用热自主化、政府监管科学化。临沂市住建委、财政局、房产局和供热公司实行联合办公，对市区 2011~2012 年度采暖期开始之前已安装计量装置的集中供热项目进行抄表建档，强力推行计量收费工作，市区供热计量改革工作取得突破性进展，顺利通过国家住房和城乡建设部供热计量专项核查，为临沂成功申报国家可再生能源应用示范城市作出了积极贡献。

2. 与暖通节能相关的政策

（1）《关于加快推动我国绿色建筑发展的实施意见》

2012 年 4 月，财政部、住房和城乡建设部出台《关于加快推动我国绿色建筑发展的实施意见》（财建 [2012] 167 号）提出，对高星级绿色建筑给予财政奖励：2012 年奖励标准为二星级绿色建筑 45 元/m^2（建筑面积，下同），三星级绿色建筑 80 元/m^2。奖励标准将根据技术进步、成本变化等情况进行调整。167 号文件将加快我国绿色建筑的发展，对按绿色建筑标准设计建造的一般性住宅和公共建筑，实行自愿性评价标识，对按绿色建筑标准设计建造的政府投资的保障性住房、学校、医院等公益性建筑及大型公共建筑，率先实行评价标识，并逐步过渡到对所有新建绿色建筑均进行评价标识。

（2）《夏热冬冷地区既有居住建筑节能改造补助资金管理暂行办法》

2012 年 4 月 9 日，财政部印发《夏热冬冷地区既有居住建筑节能改造补助资金管理暂行办法》（财建 [2012] 148 号）。中央财政对 2012 年及以后开工实施的夏热冬冷地区既有居住建筑节能改造项目给予补助，补助资金采取由中央财政对省级财政专项转移支付方式，具体项目实施管理由省级人民政府相关职能部门负责。补助资金管理实行"公开、公平、公正"的原则，接受社会监督。该办法分总则、补助资金使用范围及标准、补助资金申请与拨付、补助资金的使用管理

4章16条，自印发之日起执行。

（3）《"十二五"国家应对气候变化科技发展专项规划》

2012年5月，科技部、外交部、国家发改委等16个部门印发《"十二五"国家应对气候变化科技发展专项规划》（国科发计〔2012〕700号）提出：气候变化是全人类面临的重大问题，应对气候变化是我国实现科学发展的重大需求，应对气候变化需要强大的科技支撑。《规划》要求，"十二五"期间，我国将提升在应对气候变化领域的科技实力；推动我国减缓和适应气候变化技术创新和推广应用。开展提高大型热电联产电厂能源利用效率和城市管网热量输送能力的关键技术研发及示范，开发利用热泵改造各种供热锅炉并回收排烟潜热技术，集中供热供冷技术，分布式能源应用技术，LED相关光源、灯具、控制和新的照明设计方法等建筑节能关键技术。《规划》同时提出："研发农村的建筑保温技术，优化北方'炕-灶'系统，研发高效低成本的秸秆压缩成型技术和相应装置、生物质热制气技术和系统，大力推广农村地区沼气生产关键技术和示范。"

（4）《"十二五"建筑节能专项规划》

2012年5月，住房和城乡建设部印发《"十二五"建筑节能专项规划》（建科〔2012〕72号）。《规划》提出了我国建筑节能的发展现状和面临形势，从建筑节能的主要目标、指导思想、发展路径、重点任务，保障措施和组织实施等方面提出规划的内容。规划的总体目标是：到"十二五"末，建筑节能形成1.16亿t标准煤节能能力。

（5）《"十二五"节能环保产业发展规划》

2012年6月，国务院印发《"十二五"节能环保产业发展规划》（国发〔2012〕19号），从促进节能环保产业发展的角度，对建筑节能与绿色建筑发展提供了产业基础。《规划》目标提出：节能环保产业产值年均增长15％以上，到2015年，节能环保产业总产值达到4.5亿元。"十二五"期间，节能环保产业在建筑节能与绿色建筑的发展中将发挥重要作用。

（6）《节能减排"十二五"规划》

2012年8月，国务院印发《节能减排"十二五"规划》（国发〔2012〕40号），《规划》明确了具体的十大重点工程和保障措施，包括节能改造、节能产品惠民、合同能源管理推广、节能技术产业化示范、城镇生活污水处理设施建设、重点流域水污染防治、脱硫脱硝、规模化畜禽养殖污染防治、循环经济示范推广、节能减排能力建设等。《规划》要求强化建筑节能，开展绿色建筑行动，从规划、法规、技术、标准、设计等方面全面推进建筑节能，提高建筑能效水平，建立健全有效的激励和约束机制，大幅度提高能源利用效率。

第二节　暖通空调行业相关标准规范

根据 2011 年中国建筑节能协会主编的《中国建筑节能现状与发展报告》中暖通空调篇对标准规范体系已有的介绍，本节主要针对 2012 年暖通空调行业新出台的相关标准规范进行介绍。

(1)《民用建筑供暖通风与空气调节设计规范》GB 50736—2012

该规范由住房和城乡建设部批准，住房和城乡建设部以及国家质量监督检验检疫总局于 2012 年 1 月 21 日发布，自 2012 年 10 月 1 日起实施。该规范是我国批准发布的第一部完全针对民用建筑供暖通风与空气调节设计的基础性通用技术规范，对规范建筑市场，提高设计水平，促进节能减排，保障人民工作和生活环境，以及推动相关工程标准和产品标准的完善具有重要作用。本标准为暖通空调行业最重要的基础性标准和通用标准，技术难度高，覆盖面广，影响力大，是许多其他标准，特别是节能标准的重要基础之一。规范于 2012 年 8 月 20 日～31 日分别在北京、成都、上海、广州四地进行宣贯培训会。规范借鉴了主要发达国家及国内先进经验，覆盖我国五大气候区，涵盖基础理论、计算方法、系统、设备、控制等各个层面，包括供暖、通风、空调、净化、控制等各个领域。适用于各种类型的民用建筑，其中包括居住建筑、办公建筑、科教建筑、医疗卫生建筑、交通邮电建筑、文体集会建筑和其他公共建筑等。对于新建、改建和扩建的民用建筑，其供暖、通风与空调设计，均应符合规范的相关规定。规范是我国暖通空调专业设计工作的基础性通用技术规范，对规范市场、提高设计水平，促进节能减排，保障工作和生活环境，推动相关工程标准和产品标准的完善具有重要作用。

(2)《民用建筑太阳能空调工程技术规范》GB/T 50785—2012

该规范自 2012 年 10 月 1 日起实施，规范适用于在新建、扩建和改建民用建筑中使用以热力制冷为主的太阳能空调系统工程，以及在既有建筑上改造或增设的以热力制冷为主的太阳能空调系统工程。

(3)《民用建筑室内热湿环境评价标准》GB/T 50785—2012

该标准由重庆大学会同中国建筑科学研究院等有关单位共同编制，自 2012 年 10 月 1 日起实施，主要适用于居住建筑和公共建筑中的办公建筑、旅游建筑、科教文卫建筑中的教育建筑等健康成年人所在的室内热湿环境评价。标准在广泛调研、参考国内外相关标准、吸收国内有关科研成果的基础上，充分考虑了我国国情，评价方法科学、适用，评价指标体系全面、合理，与国家现行相关标准协调，具有科学性、创新性、实用性、可操作性。同时填补了我国民用建筑室内热湿环境评价标准的空白，提出的非人工冷热源热湿环境评价方法为国内外首创，对规范我国民用建筑室内热湿环境评价工作将起到重要作用。

（4）《家用和类似用途电器的安全热泵、空调器和除湿机的特殊要求》GB 4706.32—2012

该标准将代替 GB 4706.32—2004，并于 2013 年 5 月 1 日正式实施。新标准适用于装有电动机-压缩机和房间风机盘管的热泵（含生活用热泵热水）、空调器和除湿机的安全，单项器具的最大额定电压不超过 250V，其他器具的最大额定电压不超过 600V，同时增加了使用可燃制冷剂器具的安装和维修要求。

（5）《采暖与空调系统水力平衡阀》GB/T 28636—2012

该标准自 2012 年 7 月 31 日发布，2013 年 2 月 1 日正式实施，主要适用于采暖与空调系统的水力平衡调节、调试。

（6）《辐射供暖供冷技术规程》JGJ 142—2012

该标准由住房城乡建设部发布，自 2013 年 6 月 1 日起实施。其中的强制性条文必须严格执行。原行业标准《地面辐射供暖技术规程》JGJ 142—2004 同时废止。

（7）《采暖空调用自力式压差控制阀》JG/T 383—2012

该标准规定了采暖空调用自力式压差控制阀的术语和定义，分类和标记，基本规定，要求，试验方法，检验规则，以及标志、包装、运输和贮存等，适用于集中供暖和集中空调循环水（或乙二醇溶液）系统中，无需系统外部动力驱动，能够依靠自身的机械结构，利用系统压差保持被控环路压差稳定的压差控制阀。

（8）《通断时间面积法热计量装置技术条件》JG/T 379—2012

该标准由住房和城乡建设部发布，自 2012 年 9 月 1 日起实施，主要介绍热计量的计量方法。

（9）《中央空调在线物理清洗设备》JG/T 361—2012

该标准住房和城乡建设部发布，自 2012 年 8 月 1 日起实施，主要介绍了中央空调设备的清洗方法及设备。

（10）上海市出台《集中空调通风系统卫生管理规范》DB 31/405—2012

该规范是在 2008 年发布的《公共场所空调通风系统运行卫生要求》地方标准的基础上进行修订，于 2012 年 9 月 1 日正式实施。规范增加了集中空调通风系统的设计卫生要求、卫生学评价要求、清洗范围、清洗效果及安全措施的要求等内容，将原标准从单纯的空调运行卫生要求扩大到设计、运行、评价、清洗等卫生要求，在集中空调通风系统管理的各个阶段提出要求，切实起到改善室内环境，保障人群健康的目的。

第三章 暖通空调新技术应用案例

目前建筑物使用的暖通空调系统的能耗，约占整个建筑物能耗的 30%～60%。随着城市化进程的加快，大型商业建筑所占的比例将越来越高，且都追求高档的暖通空调系统，下面介绍几种暖通空调新技术及相关案例，从实际角度出发，对于抑制大型商业建筑、高档中央空调的增加所造成的用电量增加，减少能源消耗具有实际意义。

第一节 区域能源技术应用案例

区域供暖、区域供冷、区域供电以及解决区域能源需求的能源系统及其综合集成统称为区域能源。这种区域可以是行政划分的城市和城区，也可以是一个居住小区或一个建筑群，还可特指的开发区、园区等。能源系统可以是锅炉房供热系统、冷水机组系统、热电厂系统、冷热电联供系统、热泵供能系统等，所用的能源还可以是燃煤系统、燃油系统、燃气系统、可再生能源系统（太阳能热水系统、地下水源热泵系统、地表水源热泵系统、污水源热泵、土壤源热泵系统光伏发电系统、力发电系统等）、生物质能系统等。在一个特指的区域内用于生产和生活的能源得到科学的、合理的、综合的、集成的应用，完成能源生产、供应、输配、使用和排放全过程，称之为区域能源。区域能源规划是对所规划区域在一定的时段内各种能源形式综合利用提出指导性的意见。目的是提高能源利用率，降低城市运行成本，实现可持续发展。

区域供冷就是利用集中设置的大型冷冻站向一定范围内的需冷单位提供冷媒的供冷方式。冷量以冷冻水为载体由中心制冷工厂生产出来并通过埋入地下的管道输往办公写字楼、工业建筑和住宅建筑中去带走室内空气的热量，实现空调的舒适要求或生产的工艺要求。区域供冷系统可以利用一次能源和低位能源，在电力比较紧张的地区，区域冷冻站可以直接使用一次能源来驱动吸收式制冷机，节能效果在有废热可资利用时更为明显，并且可使用地表水作冷却水。区域供冷系统还可以和冰蓄冷结合起来。冰蓄冷空调的最大社会效益就是充分利用电网低谷时段的丰富电力，减轻电网峰值负荷，削峰填谷。低谷电价的利用还可以使区域供冷系统有更好的经济性。而且采取蓄冷技术可以降低系统的总制冷能力，降低整个系统的供冷机组的装机能力要求。目前国内外区域供冷（DC）或区域供冷供热（DHC）系统采用的主要冷热源形式有燃气热电冷三联供、燃气吸收式制冷、电制冷加集中冰蓄冷、天然冷源等。区域供冷（供热）项目具有的优点有：集中冷源效率比分散冷源效率高；集中冷源站占地少，降低冷源设备初投资；冷热源易于集中优化控制和维护管理；便于利用天然冷源或蓄冷技术；易于降低污染排放量。

区域能源规划就是对所选定区域的能源需求和供应在建设或开发（或是在扩充、改造）时进行规划，预估能源需求的种类、品位、数量、使用的特点、时间、价格以及排放等问题；展望能源供应包括可利用的资源、成本分析、区域能源的技术经济分析对比以及能源消耗对环境的影响。区域能源规划是一个专业性很强的工作，既要懂规划又要懂能源、环保和经济方面的综合知识应用。早期的区域能源规划，主要针对区域能源系统如广州大学城，近几年在上海、广州、南京、天津等城市新区建设都进行了类似的能源规划，有的更侧重于低碳绿色城市的建设。最近的完工的广州大学城和北京中关村西区区域供冷系统是国内做得比较完善的，广州大学城的总装机容量为 10600RT，北京中关村广场低温区域供冷的一期装机容量为 8000RT，二期为 45000RT。根据能源规划，确定区域内主要的能源来源，多种能源利用形式及能源综合利用的方案，同时确定区域供能的范围、能源形式、能源综合利用流程及区域供能的工艺流程。目前国内的能源规划主要围绕节能减排进行：（1）内容集中在冷、热、电三个方面，部分涉及可再生能源；（2）低碳城市建设；（3）绿色新城的建设规划。

工程案例 1：广州大学城区域供冷系统

（1）项目概况

本案例摘自《制冷空调与电力机械》2007 年第 4 期邱东所著的《广州大学城区域供冷系统》和 2008 年第 2 期丘玉蓉所著的《广州大学城区域供冷能源管理系统》。广州大学城位于番禺区新造镇小谷围岛及南岸地区，总体规划面积 43.3km²，可容纳 20～25 万学生，规划总人口 35 万人，效果图如图 6-3-1 所示。已建设的小谷围岛约 17.9 km²，已有中山大学、华南理工大学、华南师范大学、

图 6-3-1　广州大学城区域能源规划效果图

广东外语外贸大学、广东工业大学、广州大学、广州中医药大学、广东药学院、星海音乐学院、广州美术学院等 10 所高校入城，是华南地区高级人才培养、科学研究和交流的中心，学、研、产一体化发展的城市新区。广州大学城的空调负荷主要是 10 所高校及南北两个商业中心区，需冷装机容量为 52 万 kW，有明确及稳定的冷负荷、平均冷需求密度高，是实施区域供冷系统的客观技术条件。已建成十所大学使用区域供冷的单体建筑约 280 栋，总建筑面积近 352 万 m²，占规划总装机冷量的约 65%。

工程总投资：一期 (10 所大学用) 5.73 亿元，二期 (全岛使用) 8.5 亿～9.0 亿元；平均每冷吨工程投资约 0.8 万～0.85 万元；4 个冷站建筑面积约 4 万 m²；十所大学预计年售冷量约 1.8 亿～2.58 亿 kW·h；全部完成后预计年售冷量约为 4 亿～5 亿 kW·h。

广州大学城能源规划包括：分布式能源站；风能、太阳能等多种能源的利用；建筑设计节能；区域供冷系统；集中热水供应系统。总装机冷量近 11.28 万 RT (39.7 万 kW)，总蓄冰量近 26 万 RT·h，设四个区域供冷站：第一冷站装机容量 10.2 万 kW (2.9 万 RT)、第二冷站装机容量 11.2 万 kW (3.18 万 RT)、第三冷站装机容量 8.9 万 kW (2.5 万 RT)、第四冷站装机容量 9.5 万 kW (2.7 万 RT)，冷水管网总长度将近 120km。整体广州大学城的空调供应采用区域供冷系统。

(2) 技术特点

区域冷站生产出 2℃ 空调冷水，通过二级冷水管网向校区输送，经校区单体建筑热交换站进行冷量交换后，校区冷水管网把冷量送至各空调末端设备。2 号、3 号冷站总装机功率均为 8.8 万 kW (其中主机 5.6 万 kW，冰蓄冷 3.16 万 kW)，4 号冷站的总装机功率为 9.49 万 kW (其中主机 6.32 万 kW，冰蓄冷 3.16 万 kW)。冷站设计采用制冷主机上游，外融冰冰蓄冷空调冷源系统。该冷源系统向校区冷水管网提供供水温度 2℃，回水温度 13℃ 的空调冷水。冷水采用二级泵系统输送，二级冷水管网考虑管网沿途温升后按 10℃ 供回水温差进行设计。1 号冷站位于小谷围岛南岸能源站内 (未安装)，总装机功率 10.5 万 kW，设计采用溴化锂双效吸收式制冷机 (供回水温度 8℃/13℃) 与离心式制冷机 (供回水温度 3℃/8℃) 串联，向用户提供供水温度 3℃，回水温度 13℃ 的冷源水，二级管网按 9℃ 供回水温差进管网循环，供冷给各末端空调用户 2 系统构成区域供冷系统由冷站、管网、末端、自控共 4 大部分构成。二次冷水泵把冷站制备出 2℃ 的冷水通过管网输送到各大学单体建筑的末端热交换间，2℃ 的冷水经过末端热交换释放出冷量后升温到 13℃ 再返回冷站。

工程案例 2：北京中关村广场低温区域供冷项目

(1) 项目概况

北京中关村广场位于北京市海淀区海淀镇，是中关村科技园的核心区，总占地面积 51.44ha，效果图如图 6-3-2 所示。该区域被分成 25 个地块，根据规划各地块上将建起的地上建筑总面积约 100 万 m^2，地下建筑总面积约 50 万 m^2。目前在地下建造的 1 号冷站拟向 0.5km 半径内的 4 栋建筑供冷，供冷面积 32 万 m^2。将来如有更多的用户加入该系统，再根据需要增建 1～2 个冷站。广场用地主体功能以金融资讯、科技贸易、行政办公、科技会展为主，并配有商业、酒店、文化、康体、娱乐、大型公共绿地等配套公共服务功能。正因为中关村广场拥有高密度的商业建筑群及亚洲最大的地下环廊这一优异的地理环境，使得中关村广场在建设之初就决定在地下环廊修建一所区域性的冰蓄冷冷站。

图 6-3-2　北京中关村广场区域供冷规划图

北京地区采取单一的按电力峰、谷段分时电耗计费。商业用电峰谷电价比为 3.45：1，峰段用电时间为每天 8h，1～10kV 高压用电峰、谷价差的绝对值为 0.71 元/kW·h。中关村商务中心区拟采用集中供冷的建筑为办公、金融和商场等商业性建筑，白天空调负荷绝对值很大，夜间空调负荷很小，负荷变化规律性比较强，采用空调蓄冷系统作为商务中心区区域供冷的冷源，具备较好的先决条件。

（2）技术特点

北京中关村广场一期完成面积 40 万 m^2，装机容量 8000RT，峰值供冷量 12600RT，蓄冰量 28600RT·h，二期规划面积 100 万 m^2，装机容量 45000RT，峰值供冷负荷 55000RT，蓄冰量 125000RT·h。冷媒参数：出冰槽温度 1.1℃，回冰槽温度 12.2℃，出冷站温度 2.2℃，回冷站温度 13.3℃。

1）中关村商务中心区的各种能源管线如市政给水、燃气、电力、电信热力管线是由外网进入一条环绕中心区长达 1.5km 的综合管廊，该管廊通过 20 多条支管廊将各种管线输送至区域内的各地块，区域冷站的冷水供回管路也通过该综合管廊与各用户相连，因此，用户无需自建冷站即可得到充足的低温空调冷冻水，由于采用环状管网供水降低了管网阻力，节省了冷冻水输送电能，同时使冷冻水供应稳定可靠，用户取冷方便，省去 95％以上的冷源初投资。

2）运行电费是区域供冷服务中最大的一项运行费用。冷站夜晚开冷机蓄冰，白天融冰只开水泵输送冷水，日间用电高峰的电费是夜间用电低谷的电费的3～10倍，北京市执行的标准是3.4倍。在中国，常规电制冷的90％的全年用电时间分布在用电高峰或平均时段。这种运行模式平均电价为0.76元/度，而用冰蓄冷则平均电价为0.629元/度，因此，用冰蓄冷的电费比常规的电费节约17.2％。采用冰蓄冷的制冰方式，平衡了昼夜电网负荷，降低了电厂高峰负荷设备投入，改善电力生产效率，减少城市拉闸限电范围或频率。

3）双蒸发器技术，白天制冷时可提高效率2％～3％，制冷与制冰模式转换控制简便，制冰时也能保持较高COP值。中关村区域供冷项目使用的螺杆机在制冰工况时COP＝5753/1379＝4.17（主机制冰工况下的制冷量是5753kW，主机输入功率1379kW），乙二醇蒸发器出水温度可达到－8.3℃。

4）冷站采用的外融冰制冷技术，使得一次供水温度稳定，供回水温度为1.1℃/12.2℃，供回水温差11.1℃，为建筑物空调系统提供的冷水供回水温度为2.2℃/13.2℃。供回水温差比常规的空调冷水温度低约5℃，因而冷冻水管减小截面积40％以上。

5）建筑物内部二次冷冻水系统供回水温度为2.2℃/13.2℃，可为建筑物内部提供超低冷风空调系统的冷冻水，这种空调系统的室内湿度可以降低到40％左右，提高了舒适感。由于地下商业中心区采用低温送风空调系统，送风温度可接近8～10℃，较之常规的空调送风温度低4～7℃，送风温差为17℃（25－8＝17℃），比常规送风温差大7℃（常规送风温差约25－15＝10℃），所以减小了空气处理机、末端送风装置、风管与管路上的各种阀件的截面积30％～40％，降低电力装机容量30％，这样的低温空调系统给客户带来非常大的设备投资节省，同时又可降低对建筑物空间的需求。

6）冷站拥有跟踪节能的控制技术，包括实时监控的能耗报告、逐日的财务报表，系统还配置了随时预警的故障诊断系统。

7）网络控制系统：建立在通信网络的基础上，对冷站运行工况进行监控、运行数据自动采集和分析，实现对冷站运行的远程控制及无人值守情况下自动控制。

随着我国峰谷电价政策的实施，冰蓄冷作为封峰填谷的重要电能管理手段，必然会得到大力推广。中关村广场冷站的成功运行，说明冰蓄冷运行稳定可靠，能够节省电力费用，是非常值得推广的空调冷源系统，以外融冰蓄冷为冷源配合超低温大温差的空调系统应该是今后空调技术发展的方向。

工程案例3：珠海横琴新区多联供分布式能源项目

（1）项目概况

中电投横琴岛多联供燃气能源站项目，由中国电力集团公司投资建设。项目规划建设 8 台 9F 级燃气机组，总占地面积约 31.8 万 m^2，规划图如图 6-3-3 所示，总投资约 120 亿元人民币。首期建设 2 台 9F 级（390MW）联合循环热点联产机组及配套的热网系统作为横琴新区的基础配套设施，向横琴新区提供集电、热（冷）、汽、水多联供为特色的绿色清洁能源，是一个环保、清洁、低碳和高效的能源项目。

图 6-3-3　珠海横琴新区规划图

（2）技术特点

1）采用冷热电三联供技术，在横琴新区建设区域供冷系统，实现能源的梯级利用，是提高能源利用效率、实现节能减排以及低碳经济、可持续发展的有力保障，符合国家相关的产业政策。

2）冷热电联产将大电厂或热电厂变成区域能源中心，减少了能源、电力等输送损失。冷热电联产的一次能源利用率可达 75％以上，比单一发电高约 40％，比燃气－蒸汽联合循环高约 25％。

3）建设区域供冷系统，与横琴新区"开放岛"、"活力岛"、"智能岛"、"低碳岛"、"生态岛"的建设目标相吻合。

4）结合本项目的实际情况，经测算，通过采用冷热电三联供技术和区域供冷系统，每年可为横琴岛减少用于冷源电制冷的耗电量约 4 亿度，相当于每年减少使用约 18 万 t 标准煤，减少排放 48 万 t 二氧化碳及 1500t 二氧化硫，节能减排的效果非常显著。

5）区域供冷系统的实施，使得建筑不需再独立设置单体空调室外机、冷却塔等散热设备，能够显著降低横琴新区的热岛效应。据相关资料估算，区域供冷系统能够降低热岛强度约 1.5～2.5℃，满足《绿色建筑评价标准》GB/T 50378—2006 对热岛强度的要求，使横琴岛真正成为绿色、生态的"低碳岛"。

6）据测算，实施区域能源规划后该项目对节能减排的贡献：减少建设冷水机房、变配电房约 14.4 万 m^2，间接降低了材料和设备的运输、储存及制造环节所需要的能源消耗；节约单体建筑用空调制冷设备的总投资约 20 亿，节省用于补充冷却塔的漂水损失约 115 万 t/年，并可使建筑电气的装机容量减少约 334MW。

现在我们国家每年以近 20 亿 m² 的竣工面积在进行建设。这些面积大多以新建的区域或是改建、扩建的区域形式出现，或是"开发区"、"科技园区"、"居住区"、"生态区"等。区域能源规划应该服从于城市规划，应该包含在城市规划中。《中华人民共和国城乡规划法》规定：制定和实施城乡规划，应当遵循城乡统筹，合理布局、节约土地、集约发展和先规划后建设的原则，改善生态环境，促进资源、能源节约和综合利用，保护耕地等自然资源和文化遗产，保护地方特色，民族特色和传统风貌，防止污染和其他公害，并符合区域人口发展，国防建设、防灾减灾和公共卫生、公共安全的需要。

第二节　暖通空调系统调试技术应用案例

暖通空调系统调试，就是在新建和改建的采暖通风与空调制冷及燃气工程安装结束、正式投入使用前，应对其各个系统进行调试，是在各设备单机无负荷试运转正常情况下进行的，其调试内容为系统风量、水量平衡，室内温度，噪声测定等。其调试的目的就是通过调试各个空调机在接近额定工况下工作，各个风口的风量尽量平衡，水泵在接近理论所需的流量下运行，各回路间的水流量尽量平衡，以使空调系统的运行效果达到理想的设计要求，满足用户的需求。同时也可以发现设计、施工以及设备制造和安装上存在的问题，从而提出补救措施，并从中吸取经验和教训，搞好暖通调试工作对确保工程质量具有十分重要的作用。

调试（commissioning）源于欧美发达国家，属于建筑行业成熟的管理和技术体系。通过在设计、施工、平衡、验收和运行阶段的全过程监督和管理，保证建筑能够按照设计和用户的要求，实现安全、高效的运行和控制，避免由于设计缺陷、设备安装和施工质量问题，影响建筑的正常运行，甚至造成系统的重大故障。调试是使建筑系统能够实现最优化运行的保证，是保证建筑设备运行良好的重要环节。VAV 系统是目前最新的空调系统之一，由于其出色的调节能力及节能特色，被广泛应用于各类大型建筑之中。但目前我国建筑业缺乏全过程的质量管理和高水平的技术支持，致使 VAV 系统在实际应用时不仅不能实现节能，而且存在众多问题。因此必须通过调试来改善其效果，通过高水平的物业团队对其进行合理的控制及周期性地维护才能使 VAV 系统实现高效、节能、合理地运行。

工程案例 1：北京中石油大厦空调系统调试

（1）项目概况
中国石油天然气集团公司总部办公大楼位于北京市东城区东二环交通商务区

北部，东二环北段西侧，东直门桥西北，与东直门交通枢纽相对，同时也属于北京市 CBD 核心区，外观如图 6-3-4 所示。项目建设总建筑面积超过 20 万 m^2。2008 年，中石油大厦委托中国建筑科学研究院对其 VAV 空调系统进行调试工作。通过对系统各个部分的调试及系统联合调试，使其空调系统常年平稳、高效运行，室内效果完全满足需求。

图 6-3-4　北京中石油大厦办公大楼

1）空调系统组成

大厦冷源系统采用冷水机组加冰蓄冷的供冷方式。冷源系统配置有 3 台双工况离心式冷水机组和 2 台多机头磁悬浮式冷水机组，冰蓄冷系统采用冰盘管外融冰的方式，载冷剂采用溶液浓度为 30％的乙二醇水溶液。冰蓄冷系统与冷冻水系统间接联结，供冷时，1.1℃的冰水经板式换热器交换，为大厦提供低温冷冻水，低温冷冻水的供回水温度为 2.2℃/13.2℃，供应全空气空调系统；常温冷冻水供回水温度为 6℃/13℃，供应风机盘管系统。

2）末端情况

办公室、会议室等区域采用低温送风变风量空调系统；数据中心、报告厅等区域采用全空气单风道空调系统；值班室等区域采用风机盘管加新风系统。变风量末端装置按房间使用性质的不同，分别采用并联风机型、串联风机型和单风道型。其中单风道型变风量装置主要用于不分内外区的办公室和办公室内区；并联风机型变风量装置主要用于办公室的周边区域；串联风机型变风量装置主要会议室、接待室和餐厅等公共区域。

（2）调试内容

为保证空调系统运行的高效与稳定，需分别对各部分进行调试并进行联合调试。具体的调试内容有：磁悬浮式基载主机的单机试运转；磁悬浮式基载主机情况的检查；磁悬浮式基载主机的启动运转和噪声、振动等运行状态的检查；磁悬浮式基载主机性能的调试。主要包括机组蒸发器和冷凝器的进出口温度、流量、压差、机组的电流、电压、输入功率和机组的负载率等。

双工况离心式冷水机组的单机试运转：双工况离心式冷水机组安装情况的检查；双工况离心式冷水机组温度设定、负荷调节、机组启停等控制功能的检查；温度保护、流量保护、防冻保护等保护功能的检查；机组蒸发器和冷凝器的进出口温度、流量、压差、机组的电流、电压、输入功率和机组的负载率等。

组合式空调机组单机试运转：组合式空调机组安装情况的检查；组合式空调机组的启动运转减震效果、传动装置、叶轮旋转、运转时间、轴承升温、电机运转功率等运行状态的检查。

空调系统的调试包括：1）空调风系统的平衡调试。组合式空调机组风量调试；风系统干管风量平衡调试；风系统支管风量平衡调试；风系统末端装置风量平衡调试。2）空调水系统调试。一次、二次冷冻水系统的水力平衡调试；冷却水系统的水力平衡调试；制冰系统的水力平衡调试；开度进行调整，直到系统水量达到平衡状态；冰蓄冷系统融冰供冷工况的运行调试；主机供冷工况的运行调试；主机供冷＋融冰工况的运行调试。

（3）调试结果

系统调试成果如下：1）大楼整体室内环境良好，新风量充足。通过长时间检验，没有出现高低区整体大温差或同层出现温差的现象。2）VAV系统的自控性能得到了验证，自控系统能根据室内温度的变化自行控制一次风阀的开度和新风量。3）多机头磁悬浮式冷水机组及双工况离心式冷水机组都能各自良好运行，并且能根据室内符合由自控系统自行控制其开启状态。4）整体空调系统的运行效果良好，通过调试使其能够根据温度变化自行控制机组及末端，使系统高效运转。5）经过调试，中石油大厦的空调的风系统和水系统都达到了平衡，达到了设计要求。

工程案例 2：北京中冶大厦 VAV 系统调试

（1）项目概况

中冶大厦位于北京市朝阳区北三环东路与京顺路交接处路口北侧，建筑外观如图 6-3-5 所示，总建筑面积约 9.3m²，其中地上建筑面积为 6.5 万 m²，共 36 层；地下建筑面积约为 2.8 万 m²，共 5 层。由商业、商务中心、大厅、办公室、会议室、职工餐饮、汽车库、自行车库、机房等组成。2011 年中冶大厦委托中国建筑科学研究院对 VAV 系统进行了调试。通过对 AHU 机组、VAV 系统以及 VAV BOX 末端的调试，成功地解决了大部分办公区域夏季室内效果差的问题。

图 6-3-5　北京中冶大厦

（2）存在问题

大部分办公区域室内效果差，楼内大部分办公区域夏季室内温度长期偏高。当室外气象参数恶劣时，部分区域室内温度达到 29℃ 左右，热舒适度极差，已影响员工的正常工作。

1）高低区水力失衡：总体表现为高区一次水量低于低区一次水量，同时出现不同程度的水力失衡现象；2）夏季供水温度高：夏季供冷时，空调系统冷冻水的温度较设计值高 4℃，不能满足温度要求；3）一次风风量很小：经过检测发现一次风送风管内风量很小，因此更加不能满足室内要求；4）末端调控能力较弱：部分系统末端 VAV BOX 调节能力低下，导致部分地区出现温度异常且不可控的情况。

（3）调试措施

VAV 系统的调试主要包括水系统平衡调试、水泵供水量调试、VAV 送风系统调试以及末端 VAV BOX 的控制调试和再热盘管调试，最终实现全楼水系统的平衡以及末端的有效控制。具体的调试措施有：

1）系统冷热水管路水平衡调试：首先测试空调机组的水流量，确定各种阀门是否满足要求以及能否正常工作，管道内是否有杂物。之后通过检查自控系统，确定自控系统的运行状态是否正常，逻辑关系是否合理。最后测试并调节冷热水管路的水力平衡。

2）变风量空调机组的性能调试：调试空调机组及相关自控系统，确保空调机组正常运行。通过检测机组负载率确定其能力。同时调试空调机组的各种逻辑关系，使机组合理运行。变风量自控功能调试：在确保机组能够达到设计能力时，对末端的控制进行调试，确保各控制器能进行有效控制。测试自控系统，调试 VAV BOX 的一次风量，确保 VAV BOX 的一次风量和室内温度的设定值、室内温度的测试值及一次风阀的开度的逻辑关系正确。

3）变风量末端性能的调试：通过 VAV BOX 的出风温度及风量的测量和相应的控制效果的检验，从而得出末端性能的实际效果。变风量系统的联合运行调试：通过空调机组、VAV BOX 和自动控制的共同调试使空调系统的总体效果得到整体改善。

（4）主要成果

通过对中冶大厦 VAV 系统的调试，最终得到以下成果：1）经过调试，中冶大厦的空调系统整体效果得到了极大的改善，夏季全楼高温的情况得到了解决，温度由 30℃ 下降到 25℃ 左右；2）一次水的水量得到了保证，水温也达到了设计要求，供冷能力恢复；3）通过对空调机组的调试，找到了负载率低的原因，通过整改使空调机组的制冷能力得到了很大的提升；4）通过对 VAV BOX 的控制和相关逻辑的调试，使末端由原来的不可控，不可调变成可根据室内情况自行调控，同层区域无大温差问题出现；5）大厅冬季温度较低，冷风渗透严重的情况得到很好的解决；6）租区内冬夏的室内空气环境得到了很大的改善，调试的效果非常明显。

工程案例3：北京泰康金融大厦VAV系统调试

（1）项目概况

泰康金融大厦位于北京朝阳区，西临东三环，北至朝阳剧场南街，东接呼家楼中路，南接朝阳路，为北京金融中心办公区三期工程的1号楼。该建筑外观如图6-3-6所示，总建筑面积超过7万m²。2008年，泰康金融大厦委托中国建筑科学研究院对其VAV空调系统进行调试工作。通过对AHU机组、VAV系统以及VAV BOX末端的调试，成功地解决了该建筑夏季大范围供冷不足、高低区温度相差较大、冬季部分楼层室内温度偏低等问题。

（2）存在问题

夏季供水温度高：二次泵侧供水温度经常维持在10℃左右，回水温度为13℃左右，二次泵侧供水温度无法降低，导致办公区温度不能达到设计要求。高低区水力失衡：总体表现为高区一次水量低于低区一次水量，同时出现不同程度的水力失衡现象。供暖空调区域冷热不均：冬季供暖季，高区平均温度较高，约28℃；低区部分区域平均温度偏低，约18℃。同一楼层内，温度分布不均：夏季供冷时，出现同层不同区域内温度分布不均的情况，严重区域温差接近5℃。

图6-3-6　北京泰康金融大厦

末端调控能力较弱：部分系统末端VAV BOX调节能力低下，导致部分地区出现温度异常且不可控的情况。

（3）调试措施

VAV系统的调试主要包括：水系统平衡调试，水泵供水量调试，VAV送风系统调试以及末端VAV BOX的控制调试和再热盘管调试，最终实现全楼水系统的平衡以及末端的有效控制。具体的调试措施有：

1）系统冷热水管路水平衡调试。首先测试空调机组的水流量，确定各种阀门是否满足要求以及能否正常工作。之后通过检查自控系统，确定自控系统的运行状态是否正常，逻辑关系是否合理。最后测试并调节冷热水管路的水力平衡。

2）变风量空调机组的性能调试。调试空调机组及相关自控系统，确保空调机组正常运行。调节系统定压点，确定合理静压设定值。同时调试空调机组的各种逻辑关系，使机组合理运行。这样就能保证空调机组总风量满足要求。

3）变风量自控功能调试。对末端的控制进行调试，确保各控制器能进行有效控制。测试自控系统，调试 VAV BOX 的一次风量，确保 VAV BOX 的一次风量和室内温度的设定值、室内温度的测试值及一次风阀的开度的逻辑关系正确。这样就保证末端能够准确地进行变风量控制。

4）变风量末端性能的调试。通过对支路的 VAV BOX 的出风温度及风量的测量和相应的控制效果的检验，从而得出末端性能的实际效果。通过空调机组和自动控制的调试以及相关设备的更新从而达到提高变风量末端的性能的效果。

（4）主要成果

通过对泰康金融大厦 VAV 系统的调试，最终得到以下成果：1）经过调试，泰康金融大厦的空调能耗有了显著减少，其中冬夏两季能耗较调试前减少约 35%，每年总电费约近 50 万。2）夏季建筑内总体温度高的问题有了较大改善，部分区域夏季温度从 30℃下降到 25℃。3）二次水量通过调试得到了改进，夏季二次水温度也得到了控制，较调试前下降 2℃。4）高低区水力失调的情况得到很大改善，高区供水量有了较大提高，从而高低区温差较大的现象得到了很好的缓解。5）同楼层部分区域温差较大的情况得到了解决。通过对 VAV BOX 的控制和相关逻辑的调试，使末端由原来的不可控，不可调变成可根据室内情况自行调控，同层区域的温差问题基本消除。6）大厅冬季温度较低，冷风渗透严重的情况得到了很好的解决。7）租区内冬夏的室内空气环境得到了很大的改善，调试效果非常明显。

第三节 温湿度独立控制技术应用案例

温湿度独立控制系统是一种将室内温度、湿度分开调节的空调理念，从这一理念出发温度控制系统、湿度空调系统的处理设备等可以有多种形式，空调系统也有多种多样的方案。温湿度独立控制空调系统的基本组成如图 6-3-7 所示，包

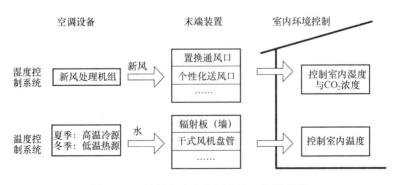

图 6-3-7 温湿度独立空调系统工作原理图

括温度控制系统和湿度控制系统，这两个系统独立调节控制室内的温度和湿度，从而避免了常规空调系统中热湿联合处理所带来的损失。由于温度、湿度采用独立的控制系统，可以满足不同区域和同一区域不同房间热湿比不断变化的要求，克服了常规空调系统中难以同时满足温、湿度参数的要求，避免了室内湿度过高（或过低）的现象。

温度控制系统包括：高温冷源、余热消除末端装置，推荐采用水或制冷剂作为输送媒介，尽量不用空气作为输送媒介。由于除湿的任务由独立的湿度控制系统承担，因而显热系统的冷水供水温度不再是常规冷凝除湿空调系统中的 7℃，而可以提高到 16～18℃，从而为天然冷源的使用提供了条件，即使采用机械制冷方式，制冷机的性能系数也有大幅度的提高。余热消除末端装置可以采用辐射板、干式风机盘管等多种形式，由于供水的温度高于室内空气的露点温度，因而室内末端运行在干工况情况。

湿度控制系统同时承担去除室内余热、余湿、CO_2 与异味以保证室内空气质量的任务。此系统由新风处理机组、送风末端装置组成，采用新风作为能量输送的媒介，并通过改变送风量来实现对湿度和 CO_2 的调节。由于仅是为了满足新风和湿度的要求，温湿度独立控制空调系统的风量，远小于变风量系统的风量。

温湿度独立控制空调系统的核心是新风独立除湿技术，以保证室内末端（干式风机盘管、平面毛细管）干工况运行，把对温度和湿度两个参数的控制由原来常规空调系统的一个处理手段改为两个处理手段，即通过新风除湿来控制室内湿度，高温冷水降温控制室内温度。该方法能显著提高室内温湿度控制精度，使空调系统的综合能效比得到进一步提高，达到节能、舒适、提高空气洁净度的目的。

由于不同气候地域的气候条件不同，在设计温湿度独立控制空调系统时可应用的资源条件也就不同。

（1）在气候干燥地区，室外空气干燥、含湿量水平较低，低于室内设计参数对应的含湿量水平，因而可以将室外干燥空气作为室内潜热负荷排出的载体，此时只需向室内送入适量的室外干燥空气（一般经间接或直接蒸发冷却后送入室内）即能达到控制室内湿度的要求。由于室外空气干燥，可以通过间接蒸发冷却方式制得的冷水来满足干燥地区室内温度的控制要求。因此在干燥地区应当充分利用室外干燥空气的可用能来满足建筑环境控制的目的。

（2）在气候潮湿地区，室外空气的含湿量水平较高，需要对新风进行除湿处理后（送风含湿量低于室内含湿量）再送入室内。由于将温度、湿度分开控制，可以利用的自然冷源范围远大于常规系统的冷源范围。如果地质构造、温度水平等条件合适，如江河湖水、深井水等都可以直接作为这些地区温度控制系统的高温冷源。

温湿度独立控制空调系统的优势如下：

（1）排除显热负荷的系统可以使用高温冷源，可以避免常规空调系统中低温冷源处理高温空气所带来的高品位冷源的损失。

（2）由于温度、湿度分别采用独立控制系统，可以满足不同房间热湿比不断变化的要求，可以避免常规空调中湿度过高（或过低）的现象，也避免了因为湿度过高而不得不降低室温的冷量损失。

（3）由于室内设备的供水温度高于室内空气的露点温度，处理设备均为干工况运行，没有霉菌滋生，管路也不存在结露的危险。

工程案例 1：青岛香溪庭院二期别墅温湿度独立控制空调系统

（1）工程概况

本案例摘自《暖通空调》2011 年第 41 卷第 1 期李妍等所著的《温湿度独立控制空调系统在青岛香溪庭院二期别墅的应用》一文。青岛香溪庭院二期别墅为单体别墅群，建筑外观如图 6-3-8 所示，位于青岛市城阳区崂山水库旁，共计 68 栋别墅，建筑格局为 3 层（含半地下室）别墅，均为地下 1 层、地上 2 层的单体建筑，每户建筑面积 $500\sim700m^2$ 不等，总建筑面积约为 3.6 万 m^2。其中 69 号楼为样板间，建筑面积为 $508m^2$，地上面积为 $323.82m^2$，地下面积为 $184.18m^2$。

图 6-3-8　青岛香溪庭院二期别墅外观

（2）工程特点

根据当地的气候特点、室内环境品质要求、地质特点、建筑结构特点等因素，青岛香溪庭院二期别墅项目采用了温湿度独立控制空调系统，具体介绍如下：

1）温湿度独立控制空调系统

新风控制系统不仅承担排除室内 CO_2 和 VOC 等卫生方面的要求，还起调节室内湿度的作用；温度控制系统：夏季利用 16℃/19℃ 冷水、冬季利用 35℃/31℃ 的热水送入室内干式末端装置，承担室内显热负荷。

2）毛细管席平面辐射式末端系统

以起居室为例，采用辐射供冷时，室内平均辐射温度（在该项目中可认为是各表面温度的加权平均值）和室内的空气温度相差不大，人体热舒适感较好。而传统的通过对流换热的空调房间，特别是有较大面积透明外围护结构的房间中，在供冷时，室内的平均辐射温度和空气温度相差较大，人会感觉较不舒适。同理，在冬季，采用辐射供暖系统，有利于减小平均辐射温度和空气温度的差值，提高室内的舒适度。

3）独立除湿新风系统

置换新风系统不仅承担新风本身的负荷，同时也承担了室内的湿负荷。新风通过新风换气机和新风除湿机处理后，由送风管直接送入室内，在房间门上方设置消声排风口，在房间的公共区域进行回风。

（3）空调系统运行结果分析

本工程项目采用温湿度独立控制系统，从运行结果来看，基本达到设计节能要求，室内舒适度良好。根据实际运行情况，用户可以考虑延长直供板式换热器系统的运行时间，系统将更节能。该别墅地源热泵空调系统夏季供冷运行时间约为120d，每天耗电量约为92kW·h，青岛电价为0.55元/（kW·h），建筑面积为508m²，夏季供冷运行费用为12元/m²。该别墅地源热泵空调系统冬季供暖运行时间约为120d，每天耗电量约为93kW·h，冬季供暖运行费用为13元/m²。

温度控制系统：将供水温度由7℃提高到17℃，空调主机节能30%；湿度控制系统：将联合处理的冷却除湿改为独立的新风除湿，新风除湿节能30%；过渡季节：使用直供板式换热器，系统能节能30%。

工程案例2：南海意库3号办公楼温湿度独立控制系统

（1）项目概况

本案例摘自《暖通空调》2009年第39卷第5期杨海波等所著的《南海意库3号办公楼温湿度独立控制空调系统运行实践研究》一文。南海意库3号办公楼项目位于深圳市蛇口兴华路6号，2008年8月22日投入使用，为招商地产总部办公楼，建筑外观如图6-3-9所示，主体部位共5层，1层为车库，2～4层为普

图6-3-9　南海意库3号办公楼外观

通办公区域，5 层为会议室及领导办公室，总建筑面积约 21960m²，其中 1 层 5940.3m²，2 层 5044.7m²，3 层 3876.1m²，4 层 3907.6 m²，5 层 3190.7m²；空调面积约 15600m²，建筑外观如图 6-3-9 所示。该办公楼北部设前庭，中部设中庭，前庭连接 2～4 层，中庭连接 2～5 层，建筑物主要功能区域面积及占总面积的比例如表 6-3-1 所示。

建筑各功能区域面积 表 6-3-1

类 型	办公室	前厅	中庭	餐厅	档案室	其他
面积（m²）	18239	720	720	764	267	4334
所占比例（%）	72.9	2.9	2.9	3.0	1.0	17.3

（2）技术要点

本项目是华南高湿地区第一个严格按照温湿度独立控制理论设计并实施的空调系统项目，其技术要点如下：

1）显热负荷处理

温湿度独立控制空调系统的显热负荷主要包括围护结构温差传热、太阳辐射传热、灯光和设备的发热等负荷，本项目在设计时考虑人员的显热负荷由新风来处理。显热处理末端则根据房间功能的不同分别采用干式风机盘管和毛细管冷辐射末端。冷水系统为一次泵变流量系统，管路设有压力传感器，水泵根据传感器压力值变流量运行，保证主机正常使用的最小流量和管路系统最不利空调末端的供水要求。冷却塔风机根据冷却水供回水温差变频节能运行。风机盘管风机由三速开关控制，可作为人性化调节手段；风机盘管两通阀的开启由 DDC 分区域控制。毛细管冷辐射末端独立设有温度和湿度传感器，分水器前设有电磁阀，电磁阀开闭由温度和湿度传感器设定的露点含湿量和温度来控制。温湿度独立控制空调系统一个显著的特点是室内显热处理末端实现干工况运行，因此本项目的风机盘管均没有安装凝结水管，但考虑到盘管的清洗、冷水管接头泄漏等保留凝水盘。

2）潜热负荷处理

温湿度独立控制空调系统的潜热负荷主要包括人员散湿、室外新风渗透产湿和室内敞开表面水体、植物、饭菜等的散湿量，在办公区主要考虑人员散湿和新风渗透产湿。本项目的潜热负荷处理采用热泵式溶液调湿新风机组，共设 9 台，机组除了新风管、回风管外，还有送风和排风管，排风量为新风量的80%。办公区设计人均新风量为 30m³/h，新风通过管道送入风机盘管的送风段，与经过风机盘管等湿冷却的送风混合后送入人员办公区，新风支管设风量电动调节阀，根据室内空气的湿度调节新风量，以满足除湿要求。电动调节阀的区域划分与风机盘管两通阀相同，其开度同样由所属区域 DDC 控制。新风管路处设有压力传感器，定压控制点设在自新风机组起最长新风管道的 2/3 处，溶液调湿新风机组根据压力传感器反馈的管道静压值调节送风机电动机的频率变风量运行。

3）楼宇控制系统方案

在风机盘管的电动两通阀和新风管道的电动调节阀所属区域内设置温湿度传感器，传感器反馈的室内温度和相对湿度参数经 DDC 运算后，通过执行和控制元件控制风机盘管电动两通阀和新风管道电动调节阀的动作。

4）新风机组开机方案

温湿度独立控制空调系统的一个典型特点是由干燥新风承担室内除湿任务，对于办公楼来说，下班后空调系统就会全部关闭，室外潮湿空气会逐渐渗入室内，使室内空气的含湿量增加，到了第二天早上室内空气的湿度已经高于风机盘管不结露的安全湿度，因此要提前开启新风机组除湿，提前开机时间主要与通过门窗的渗风量有关。

（3）运行结论

南海意库 3 号办公楼温湿度独立控制空调系统实际运行良好，溶液除湿新风机组承担了全部潜热负荷以及室内人员的显热负荷，室内空气参数稳定在 25℃，相对湿度为 60％左右，且干式风机盘管在整个供冷季保持干工况运行，无凝结水出现。

第四节　空调系统节能技术应用案例

空调系统节能应降低空调负荷的峰值，降低空调运行能耗，采用高效的空调节能设备或系统，采用合理的运行方式，提高空调设备的运行效率。空调系统节能技术包含很多方面，下面仅以两个案例进行简要介绍。

工程案例 1：神华大厦冰蓄冷空调系统

（1）项目概况

本案例摘自《暖通空调》2013 年第 43 卷第 3 期张亚立等所著的《神华大厦空调冷热源及系统设计》一文。该工程为神华大厦改扩建办公楼，是神华能源股份有限公司建设的自用办公楼，位于北京市安定门西侧，毗邻北二环，总建筑面积 53133m²，包括原神华大厦改建部分、扩建部分和神华大厦新建办公楼三部分。原神华大厦改建部分建筑面积为 21741.2m²，地下 2 层，地上 18 层。扩建部分建筑面积 6383.1m²，地上 20 层，地下 2 层。神华大厦新建部分建筑面积 25008.7m²，地上 9 层，地下 4 层，其外观如图 6-3-10 所示。

图 6-3-10 神华大厦外观

（2）技术要点

1）空调冷源按冰蓄冷系统设计，采用部分负荷蓄冰系统，制冷主机和蓄冰设备串联，且制冷主机为上游设计。夜间电价低谷时制冰系统将冰蓄满，白天电价高峰时融冰供冷。

2）为满足该工程空调内区常年供冷需求，过渡季及冬季采用冷却塔间接供冷方式。系统单设冷却水循环泵及冷水循环泵，屋顶冷却塔冬季设防冻保护措施。

3）神华大厦改建办公楼风机盘管水系统为两管制变水量系统，新建办公楼及扩建办公楼风机盘管水系统为四管制变水量系统。空调机组水系统采用两管制变水量系统。制冷机房在集水器每个环路处均设置静态平衡阀，在空调机组（包括新风机组）、风机盘管末端设置电动两通阀。风机盘管水系统竖向立管、水平环管采用同程式布置。新风机组水系统竖向立管、水平环管采用异程式布置。

（3）运行结论

1）根据全天逐时负荷制定主机和蓄冰设备的逐时负荷分配（运行控制）情况，控制主机输出，最大限度地发挥蓄冰设备融冰供冷能力，达到节能节约费用目的。

2）空调水路为变流量系统，冷水泵变频控制，当达到最低频率后转成压差旁通控制，通过控制供、回水干管上的旁通阀开度，保证冷负荷侧压差在一定范围内。

3）空调系统自 2010 年 2 月试运行以来，冷热源和末端运行良好。大堂、多功能厅、办公室等房间室内温湿度满足设计要求。

工程案例 2：北京某办公楼冰蓄冷＋低温送风空调系统

（1）项目概况

本案例摘自《第十八届全国暖通空调制冷学术年会》北京建筑设计研究院林坤平博士的专题发言。本工程位于北京，总建筑面积约 10 万 m²，分南北两座楼，设计时间 2009 年。北楼：地下 4 层，地上 17 层；南楼：地下 4 层，地上 14 层。建筑功能：B4-B2 层为车库，B1-3 层为商业及餐饮，4 层以上均为高档办公，其效果图如图 6-3-11 所示。

（2）技术要点

1）冷源采用冰蓄冷空调技术

冰蓄冷空调系统具有的优势有：可减小装机容量；提供低温冷源水，使冷冻水大温差运行，减小泵流量；实现空调机组低温送风。不足的是：蓄冰工况冷机效率较低，且增加了板换，提高了水系统阻力。

2）空调系统采用低温送风空调技术

充分利用冰蓄冷空调系统供应的低温冷冻水，可提高室内的热舒适性及空气品质，节省输配系统的风机能耗，减少送风设备的初投资，减小风管所需的安装空间。

图 6-3-11　北京某办公楼效果图

（3）运行结论

与常规空调系统相比，冰蓄冷＋低温送风空调系统的装机容量减小了 637kW，供冷季耗电量减小了 354kW，节省供冷季的运行电费，提高了供冷季得 COP。

第四章 暖通空调行业发展趋势

随着国家"十二五"规划的逐步施行，国家越来越重视节能减排和环保效益，暖通空调作为建筑能耗的大户，在建筑节能减排中发挥越来越重要的作用。当前我国暖通空调行业应从供热计量、通风方式、空调能效、自动控制等多方面多角度采取节能措施，降低系统能耗，逐步实现智能、舒适、环保化发展。

（1）推行供热计量收费，减少系统能耗

供热计量涉及多方面的利益诉求，热用户关注的是其效果、利益、方便性和节能；供热企业关注的是其利益、技术经济成本的可控性和节能；政府关注是使用效果和节能效益。

对新建建筑安置室温调控装置，对既有建筑的室温调控进行改造，应通过完善相关标准规范，建立计量产品和系统的质检体系，加强动态调节的技术手段，不断提升供热系统品质，通过计量收费这种行为节能挖掘出其节能潜力。

通过校核管网系统的不平衡，检验热管网损失及其输送效率，通过供热计量改造进行能耗分析，节能改造实现系统调控，自主室温调控，自主用热缴费，加强供热系统的能效评价，实现按需供热。供热计量应从粗放到精细、定性到定量，按用热多少进行收费，加强行为节能，减少系统能耗，推动节能减排，提高供热服务质量，使供热计量走向健康发展之路。

（2）采用多种通风方式提高室内空气品质，降低系统能耗

采用合理的通风方式提高室内空气品质，减少建筑能耗，包括自然通风、置换通风、按需通风、个性化送风等，可以通过模拟分析研究和实际测试各种形式的通风系统，来改善室内空气品质。比如：独立新风技术是采用满足人体舒适度的最小新风量运行，可以大幅降低系统造价，运行费用低；并且可以回收排风的热量并对新风预冷，承担室内显热负荷，降低系统能耗。

（3）提高自动控制水平，实现节能运行

暖通空调系统的自动控制系统，包括参数检测、参数与动力设备状态显示、自动调节与控制、工况自动转换、设备连锁与自动保护等，采用科学的运行控制策略，加强运行设备及输配管网的运行管理，努力提高自动控制水平，实现系统节能运行。

（4）注重设计施工运行相结合，提高暖通空调系统能效

暖通空调系统设计的优劣对系统的节能性能有着重要的影响，目前，在暖通

空调系统的设计过程中应明确控制技术要求、设计基本流程、给出关键控制参数；在施工过程中，应加强调试、验收过程中的技术投入，特别是传感器的准确性、执行器实际动作与指令的一致性、基础 PI 参数的调节整定；实际控制策略与设计是否相符等；在运行过程中，做好关键执行器、传感器的维保、校验，特别关注与能耗敏感的关键传感器，加强实际运行数据的监测、分析，根据系统实际特性改进控制策略，合理增加能耗能效监测点以及与系统能耗特性关系密切的关键运行参数测点，用于帮助改进控制策略、诊断控制系统，改进控制设计、完善控制验收方法。

(5) 大力推进区域能源和区域能源规划

区域能源是区域供暖、区域供冷、区域供电以及解决区域能源需求的能源系统和它们的综合集成。由于节能减排形势的紧迫，目前很多项目中出现了各种形式能源的综合利用，取长补短，共同达到保护环境、节约资源的目的。大力推进区域能源和区域能源规划，可以促进人们对大自然能源的合理用能、科学用能，实现能源的梯级利用、集成利用和综合利用，为我国绿色生态城市发展和节能减排事业作出积极贡献。

展望未来，不仅应努力提高暖通空调产品设备（包括制冷机组等）的性能系数和暖通空调系统的能效，还应从建筑的供热、通风、自控水平等多角度进行节能运行和管理，为国家建筑节能事业服务。

参考文献

［1］ 徐伟. 民用建筑供暖通风与空气调节设计规范技术指南［M］. 中国建筑工业出版社，2012 年 8 月.

［2］ 李妍，胡榕，冯婷婷. 温湿度独立控制空调系统在青岛香溪庭院二期别墅的应用［J］. 暖通空调，2011，41(1)：42～47.

［3］ 杨海波，刘拴强，刘晓华. 南海意库 3 号办公楼温湿度独立控制空调系统运行实践研究［J］. 暖通空调，2009，39(5)：135～138.

［4］ 中央空调资讯，2011 年 12 月.

［5］ 中央空调资讯，2012 年 3 月.

［6］ 中央空调资讯，2012 年 5 月.

［7］ 中央空调资讯，2012 年 8 月.

［8］ 罗继杰. 节能减排—暖通空调（设计）行业面临的机遇和挑战［J］. 暖通空调，2012，42(1)：1～8.

［9］ 邱东. 广州大学城区域供冷系统［J］. 制冷空调与电力机械，2007 年，第 04 期.

［10］ 丘玉蓉. 广州大学城区域供冷能源管理系统［J］. 制冷空调与电力机械，2008 年，第 02 期.

［11］ 清华大学建筑节能研究中心. 中国建筑节能年度发展研究报告(2011)［M］. 中国建筑工业出版社，2011 年 4 月.

［12］　张亚立，宋孝春. 神华大厦空调冷热源及系统设计［J］. 暖通空调，2013，43（3）：59～62.

暖通空调专业委员会编写人员：

路宾　王东青　魏立峰　孙德宇　李月华

第七篇 | 地源热泵

第一章　地源热泵行业发展状况

全球气候变化问题的日益凸显，煤炭、石油、天然气等常规化石能源的有限性与需求增加的矛盾日益突出，各国围绕低碳技术展开新一轮面向未来的竞争。地源热泵技术的开发利用作为一项节能的系统工程，由于系统的高效、稳定和可持续性，受到政府和各界的大力支持，具备十分广阔的市场前景。我国水地源热泵行业经过多年的发展，不论是在技术上还是在市场上都逐步走向成熟。水地源热泵产品凭借其良好的节能特点越来越受到人们的青睐。

国家《"十二五"建筑节能专项规划》、《节能减排"十二五"规划》及《可再生能源发展"十二五"规划》等政策的出台给地源热泵等新能源行业的发展将带来新的机遇。目前，我国已首次将绿色建筑纳入了国家"十二五"规划中，建筑业已加大既有建筑节能改造的投入和可再生能源建筑应用的力度。随着这些新政策的出台和相关措施的实施，水地源热泵在建筑中应用将迎来发展的新高潮。

第一节　2012 年可再生能源建筑应用发展状况

近年来为贯彻落实党中央、国务院关于推进节能减排与发展新能源的战略部署，财政部、住房和城乡建设部大力推动太阳能、浅层地能等可再生能源在建筑中的应用，先后组织实施了项目示范、城市示范及农村地区县级示范，取得明显成效，可再生能源建筑应用规模迅速扩大，应用技术逐渐成熟、产业竞争力稳步提升。按照《财政部住房和城乡建设部关于进一步推进可再生能源建筑应用的通知》（财建〔2011〕61 号）和《关于组织 2012 年度可再生能源建筑应用相关示范工作的通知》（财办建〔2011〕167 号）等文件规定，财政部、住房和城乡建设部组织了 2012 年可再生能源建筑应用示范市（县、区、镇）及共性关键技术产业化项目申报工作。

为确保示范效果，2012 年可再生能源建筑应用示范市县将优先在具备可再生能源建筑应用实施基础、相关能力建设体系相对完善的市县中安排，申请示范的市县可再生能源建筑应用应已具备一定规模，对新增可再生能源建筑应用示范市县的审批，已适当放宽推广面积标准要求。两部委组织了专家评审、工作基础及备案项目实地核查、供热计量收费核查及产业化项目现场答辩等，主要包括：2012 年可再生能源建筑应用示范市、示范县，2012 年可再生能源建筑应用集中连片示范区、示范镇，2012 年批准追加推广面积的示范市县，2012 年可再生能源建筑应用科技研发及产业化项目的名单。

国家可再生能源示范城市补贴说明如下：（1）补贴标准：按照 25 元/m² 进行补贴，批准应用面积 200～240 万 m²，最高补贴 5000 万元；240～300 万 m²，最高补贴 6000 万元；300 万 m² 以上的，最高补贴 7000 万元。（2）推广任务面积为折算面积，太阳能光热建筑应用折算系数调整为 0.3；（3）为了确保预算执行进度，拟将推广任务适当压缩，并根据此前各地实际工作进度分档确定：即对工作进度很好的一类地区将示范任务面积按 300 万 m² 控制；工作进度较好的二类地区示范任务面积按 240 万 m² 控制；工作进度一般的三类地区示范任务面积按 200 万 m² 控制。初步确定的 2012 年可再生能源建筑应用示范城市名单如表 7-1-1 所示。

2012 年可再生能源建筑应用示范城市名单 表 7-1-1

序号	所在省市	示范城市	推广任务面积（万 m²）	补贴资金（万元）	此次下拨资金（万元）	备注
1	山西	大同市	240	6000	3600	二类地区
2	内蒙古	乌海市	200	5000	3000	三类地区
3	黑龙江	牡丹江市	240	6000	3600	二类地区
4	江苏	连云港市	200	5000	3000	一类地区
5	厦门	厦门市	200	5000	3000	三类地区
6	江西	鹰潭市	200	5000	3000	三类地区
7	山东	临沂市	200	5000	3000	一类地区
8		菏泽市	300	7000	4200	
9	河南	新乡市	300	7000	4200	一类地区
10	湖南	娄底市	200	5000	3000	三类地区
11		岳阳市	200	5000	3000	
12	湖北	荆州市	240	6000	3600	二类地区
13		荆门市	200	5000	3000	
14	广东	梅州市	200	5000	3000	三类地区
15	广西	防城港市	200	5000	3000	三类地区
16		梧州市	200	5000	3000	
17		北海市	200	5000	3000	
18	四川	遂宁市	200	5000	3000	三类地区
19	云南	曲靖市	200	5000	3000	二类地区
20	甘肃	天水市	240	6000	3600	一类地区
21	宁夏	吴忠市	200	5000	3000	二类地区
	合计				67800	

根据专家评审意见及答辩结果，将科技研发及产业化项目补助资金额度分为两档：第一档，按项目申请补助额的 50% 给予补助，且不超过 500 万元；第二档，按项目申请补助额的 30% 给予补助，且不超过 300 万元。2012 年可再生能源建筑应用科技研发及产业化项目名单如表 7-1-2 所示。

2012 年可再生能源建筑应用科技研发及产业化项目名单　　　　表 7-1-2

序号	所在省市	项目名称	申报单位	下拨资金（万元）
1	北京	太阳能中温集热器关键技术研究及产业化	北京桑达太阳能技术有限公司	500
		与建筑结合的高效、高可靠相变玻璃热管太阳能即热系统科技及产业化	北京清华阳光能源开发有限责任公司	500
2	内蒙	太阳能-热泵复合热电联供技术研发与产业化项目	内蒙古德福安装工程有限公司	300
3	山东	工业余热型水源热泵供热技术产品研发及产业化	山东科灵空调设备有限公司	500
		年产 30 万 m² 建筑采暖蓄能式太阳能高效空气集热器产业化项目	皇明洁能控股有限公司	500
		离心式热泵压缩机研发	烟台蓝德空调工业有限责任公司	350
		地源热泵与太阳能复合供热与制冷机组的研发与产业化	贝莱特空调有限公司	300
		地源热泵技术研发与产业化项目	烟台顿汉布什工业有限公司	500
4	河南	新型高效热泵换热器产业化研发及地源热泵共性关键技术研究	河南贝迪新能源制冷工业有限公司	225
5	云南	基于"双蒸发 双冷凝"技术的空气源热泵辅助太阳能冷热源复合系统装置产业化	云南东方红节能设备工程有限公司	300
合　计				3975

第二节　2012 年地源热泵行业市场状况

目前地源热泵系统的工程应用已越来越多，集成商规模不断扩大，新专利新技术不断涌现，从业人员不断增多，行业已进入了快速发展阶段，针对 2012 年地源热泵行业的发展情况，下面从市场产值、行业规模、行业市场特点三个角度来分析今年的行业市场状况。

1. 地源热泵行业市场产值

目前，世界地源热泵的应用主要集中在北美、欧洲和中国。在 2010 年世界地热大会上参加报告地源热泵利用的国家，从 2000 年的 26 个国家已经增加到 2010 年的 43 个国家。据 2010 年世界地热大会的统计数据，2010 年世界地源热泵的年利用能量已经达到了 214782 TJ（1TJ＝ 10^{12} J），与 2005 年世界地热大会的统计数据相比，五年内增长了 2.45 倍，平均年累进增长率达到了 19.7％；地源热泵的设备容量为 35236MWt（兆瓦热量），五年间增长了 2.29 倍，平均年累进增长率为 18.0％。

截至 2012 年 9 月底，本年度我国地源热泵市场销售额已超过 80 亿元，从目前市场来看，大部分项目集中在北京、天津、河北、辽宁、河南、山东等地区。同时地源热泵系统的初装费也大幅度下降，由最初的每平方米 400 元到 450 元，降到目前的 220 元到 320 元，据测算，未来五年内，我国地热能开发利用市场规模接近 1000 亿元。预计到 2015 年全国地热能利用总量相当于 6880 万 t 标准煤，届时占我国能源消耗总量的 1.7％。

"十二五"规划中明确提出，非化石能源在未来能源结构中将占 15％以上。因此，随着地热能利用技术快速进步，地热能利用在我国未来能源利用中必将占有更为重要的地位。据预测，"十二五"期间，我国每年将推广应用 1000 个绿色建筑项目，累计将完成地源热泵供暖（制冷）面积 3.5 亿 m^2 左右，届时整个地热能开发利用的总市场规模至少在 700 亿元左右。

2. 地源热泵行业应用规模

随着我国《可再生能源法》的颁布和大量财政补助措施的出台，近年来开始大量应用于工程实践，与此相关的热泵产品应运而生，并已形成了一批提供热泵技术、产品和服务的厂家和从事地源热泵技术设计、施工的单位。

从整体上看，我国地源热泵工程应用每年扩展面积越来越大，据有关数据统计，我国地源热泵总应用面积从 2005 年约 3000 万 m^2，到 2010 年年底为 2.27 亿 m^2，而到 2011 年底，则已突破 2.4 亿 m^2，比 2010 年增长了 1300 万 m^2。我国地源热泵市场规模约以每年 30％的速度递增，到"十二五"期末，建筑节能形成 1.16 亿吨标准煤节能能力，力争新增可再生能源建筑应用面积 25 亿 m^2，形成常规能源替代能力 3000 万 t 标准煤。

3. 地源热泵行业市场特点

目前，我国地源热泵行业有自身的特点：一是以公共建筑大型水地源热泵系统工程应用居多；二是利用温度偏高，因此在系统设计时，应按照规范要求进行热响应实验，确定打孔数量并通过计算机模拟运行效果，经过测试和模拟运行，可考虑降低利用温度下限以达到理想运行效果；三是政策补贴力度加大，地源热泵符合国家可持续发展的国策，尤其是在"十一五"、"十二五"规划中，地源热泵项目得到了财政上的大力支持；四是别墅项目成为地源热泵市场新增长点，未来地源热泵的发展将倾向于家用建筑领域；五是行业应当加强监管，促进行业的可持续健康发展。

4. 地源热泵设计，施工和运行管理现状

据不完全统计，目前国内地源热泵相关设备产品制造，工程设计与施工，系统集成与调试管理维护的相关企业已达 1000 多家。自 2005 年开始，企业数量和规模不断扩大，新专利和技术不断涌现，从业人员不断增多。地源热泵企业的规模从 100 万至数亿元不等，其中注册资本在 1 亿元以上的占 25%，500 万元～1亿元的占 13%，3000 万元～500 万元的为 25%，3000 万元以下的有 37%。许多企业具备了一定的系统设计，施工能力。由于地区经济发展不平衡和地源热泵系统供热效率较制冷效率高等因素，从事地源热泵的企业多分布于华北，华东和东北。全国能够从事地源热泵系统设计的设计师人数也日益增大，施工队伍的整体水平也日益增高。

目前为止，地源热泵系统的运行管理还维持着现状，但是系统的运行管理优化对提供整体系统的效率，节能有重要作用。

第三节　地源热泵行业相关政策

根据 2011 年中国建筑节能协会主编的《中国建筑节能现状与发展报告》中地源热泵篇对国家和地方相关政策的描述，这里仅介绍近两年新出台的国家政策和地方政策。

1. 国家相关政策

（1）《"十二五"建筑节能专项规划》

2012 年 5 月，住房和城乡建设部印发了《"十二五"建筑节能专项规划》（建科［2012］72 号），《规划》提出：到"十二五"期末，建筑节能形成 1.16亿 t 标准煤节能能力。到 2015 年，北方严寒及寒冷地区、夏热冬冷地区全面执行新颁布的节能设计标准，执行比例达到 95% 以上，城镇新建建筑能源利用效率与"十一五"期末相比，提高 30% 以上。实施北方既有居住建筑供热计量及节能改造 4 亿 m² 以上，地级以上城市达到节能 50% 强制性标准的既有建筑，基本完成供热计量改造并同步实施按用热量分户计量收费。启动夏热冬冷地区既有居住建筑节能改造试点 5000 万 m²。建立健全大型公共建筑节能监管体系，实施高耗能公共建筑节能改造达到 6000 万 m²。争取在"十二五"期间，实现公共建筑单位面积能耗下降 10%，其中大型公共建筑能耗降低 15%。

（2）《关于加快推动我国绿色建筑发展的实施意见》

2012 年 5 月，财政部、住房和城乡建设部联合发布《关于加快推动我国绿色建筑发展的实施意见》（财建［2012］167 号），指出应大力推动绿色建筑发展，实现绿色建筑普及化，包括积极推进绿色规划、大力促进城镇绿色建筑发展、严格绿色建筑建设全过程监督管理、积极推进不同行业绿色建筑发展。

（3）《"十二五"国家应对气候变化科技发展专项规划》

2012 年 5 月，科技部、外交部、国家发改委等 16 个部门印发了《"十二五"国家应对气候变化科技发展专项规划》，《规划》提出：气候变化是全人类面临的重大问题；应对气候变化是我国实现科学发展的重大需求；应对气候变化需要强大的科技支撑。针对相关领域和部门发展减缓与适应技术；在建筑与人居领域开展提高大型热电联产电厂能源利用效率和城市管网热量输送能力的关键技术研发及示范，开发利用热泵改造各种供热锅炉并回收排烟潜热技术，集中供热供冷技术，分布式能源应用技术，LED 相关光源、灯具、控制和新的照明设计方法等建筑节能关键技术，垃圾和污水处理的资源化和低碳化技术；根据北方区域气候特点，研发针对北方中小城镇的高效集中供热热源方式为主的城市能源供应系统的节能和减排技术、城市集中供热采暖末端的室温调节技术；根据长江流域及以南地区气候特点，研发住宅的分散式室内环境调控新系统，在适宜地区研发和推广木结构建筑。

（4）《节能减排"十二五"规划》

2012 年 8 月，国务院印发《节能减排"十二五"规划》（国发［2012］40 号），该《规划》是继《"十二五"节能减排综合性工作方案》、《国家"十二五"环境保护规划》、《"十二五"节能环保产业发展规划》之后的又一个重量级行业政策。《规划》鼓励大型重点用能单位利用自身技术优势和管理经验，组建专业化节能服务公司。支持重点用能单位采用合同能源管理方式实施节能改造。到 2015 年，建立比较完善的节能服务体系，节能服务公司发展到 2000 多家，其中龙头骨干企业达到 20 余；节能服务产业总产值达到 3000 亿元，从业人员达到 50 万人。"十二五"时期形成 6000 万吨标准煤的节能能力。《规划》提出：突出抓好建筑等重点领域和重点用能单位节能，大幅提高能源利用效率。北方采暖地区既有居住建筑改造面积 5.8 亿 m²，城镇新建绿色建筑标准执行率 15%，公共机构单位建筑面积能耗 21 千克标准煤/m²。

（5）《可再生能源发展"十二五"规划》

2012 年 8 月 6 日，国家能源局公布了《可再生能源发展"十二五"规划》

（以下简称"《规划》"）。《规划》明确，"十二五"期间可再生能源投资需求估算总计约 1.8 万亿元。根据《规划》，可再生能源在能源消费中的比重将显著提高，其发展的基本原则是：市场机制与政策扶持相结合、集中开发与分散利用相结合、规模开发与产业升级相结合、国内发展与国际合作相结合。"十二五"时期可再生能源发展的总体目标：到 2015 年，可再生能源年利用量达到 4.78 亿 t 标准煤，其中商品化年利用量达到 4 亿 t 标准煤，在能源消费中的比重达到 9.5％以上，各类地热能开发利用总量达到 1500 万 t 标准煤。

（6）国家发布《能源发展"十二五"规划》

2012 年 10 月 24 日，国务院通过《能源发展"十二五"规划》中提到要"节能优先"的原则。《规划》指出："十二五"期间要加快能源生产和利用方式变革，强化节能优先战略，全面提高能源开发转化和利用效率，通过发展可再生能源实现能源结构的优化。

（7）国家发布《中国的能源政策（2012）》白皮书

2012 年 10 月 24 日国务院新闻办发布《中国的能源政策（2012）》白皮书，白皮书全面介绍中国能源发展现状、面临的诸多挑战以及努力构建现代能源产业体系和加强能源国际合作的总体部署。白皮书支持新能源和可再生能源产业，积极探索建立可再生能源配额交易等制度，加强顶层设计和总体规划，加快构建有利于能源科学发展的体制机制，改善能源发展环境，保障国家能源安全。

2. 地方相关政策

地源热泵行业的地方相关政策主要从两方面进行叙述，一方面是以省、直辖市为代表的相关政策；另一方面是以地级市为代表的相关政策。

（1）省、直辖市相关政策

由于全国省、直辖市地源热泵相关政策很多，限于篇幅，这里不罗列所有省、直辖市的地源热泵政策，仅对有代表性省、直辖市的政策进行重点介绍。

1）北京

2006 年 5 月 31 日北京市委等九个单位联合下发了国内第一个支持发展地源热泵的文件——《关于印发关于发展热泵系统的指导意见的通知》，并于 2006 年 7 月 1 日正式实施。2009 年北京市地勘局完成了《北京平原区浅层地温能资源地质勘查报告》，2010 年 3 月北京市发展和改革委员会发布了《绿色北京行动计划（2010～2012）》，随后发布了《北京市振兴发展新能源产业实施方案》。2011 年 12 月北京市发展和改革委员会发布《北京市"十二五"时期新能源和可再生能源发展规划》，《规划》提出：将把北京建设成为全国新能源和可再生能源高端研发中心、高端示范中心和高端制造中心，把首都打造成为全国新能源和可再生能源的高水平应用示范城市。到 2015 年，北京市新能源和可再生能源开发利用总量为 550 万 t 标准煤，占全市能源消费总量的比重力争达到 6% 左右，可再生能源发展比重将由原来的 3.2% 增加到 6% 左右。新能源发展将遵循高起点规划、高标准建设、高水平服务的"三高"原则，热泵供暖领域将实施百万平米热泵高效利用示范项目，重点加强再生水及工业余热的利用。

2）天津

2011 年 2 月，天津市发布《关于鼓励绿色经济、低碳技术发展的财政金融支持办法》（[2011] 11 号），该《办法》对利用地源热泵、淡（海、污）水源热泵等技术对建筑物进行供热供冷，并安装单独计量装置的项目，按照供热（冷）面积，给予 30～50 元/m^2 的财政补助，最高补助不超过 200 万元。2012 年 9 月，天津滨海新区公布《"十二五"能源发展规划》，该《规划》提出天津推广地热能的发展规划，对现状地热尾水进行梯级利用，回灌水温度小于 15℃。到 2015 年，新增地热能采暖面积 500 万 m^2。对其他非化石能源，新区也将积极探索应用，在中新天津生态城污水处理厂、北塘污水处理厂等处建设污水源热泵，新增采暖面积 120 万 m^2。

3）河北

近年来，河北省可再生能源建筑应用工作进展顺利。截至 2012 年 7 月底，全省累计可再生能源建筑应用（其中：太阳能包括太阳能热水系统、太阳能光伏发电等；浅层地能包括土壤源热泵、水源热泵、污水源热泵等）面积达 1.06 亿 m^2。2012 年 1～7 月建成可再生能源建筑应用面积近 800 万 m^2，可再生能源建筑应用占新建建筑竣工面积的 38% 以上。该省现有唐山、承德、保定 3 个全国可再生能源建筑应用示范城市，辛集、宁晋、大名、迁安、南宫、望都、平泉 7 个全国可再生能源建筑应用示范县，这些市县在可再生能源建筑应用方面发挥了示范引领作用。

4）山东

山东省发展和改革委员会、财政厅启动 2012 年新能源产业发展专项资金安排工作，集中扶持太阳能利用、半导体照明产业、地源热泵装备制造、核电装备制造、新能源汽车产业及新能源示范应用等 6 个方面的项目。山东省提出的目标是到 2012 年底，新能源实现替代常规能源 1200 万 t 标准煤，占全省能源消费的比重提高到 4%，新能源产业增加值突破 700 亿元。山东全面开展地源热泵项目技术方案评审论证，促进了全省地热资源合理开发和持续利用。初步统计，截至目前，全省已建成太阳能光热应用面积 3.3 亿 m^2，竣工地源热泵建筑应用面积达 3000 多万 m^2，可再生能源应用技术研发及产业发展水平全国领先。

5）江苏

2012 年 4 月，江苏省水利厅、物价局、住房和城乡建设厅联合发布《江苏省地源热泵系统取水许可和水资源费征收管理办法》，全面规范地源热泵系统取水许可管理和水资源费征收工作。《办法》要求：建设地源热泵系统，应当委托有水资源论证资质的单位编制水资源论证报告书，并按规定办理取水许可申请审批手续，对地源热泵系统施工图设计审查和竣工验收。《办法》规定：鼓励发展污水源热泵系统、海水源热泵系统和地表淡水源热泵系统，限制发展以深层地下水为水源的地下水源热泵系统。《办法》还明确了水利、物价和建设部门在地源热泵系统管理中的职责分工。这一政策的出台，将推动江苏省地源热泵系统取水许可管理和水资源费征收工作再上新台阶。

6）湖南

2012年8月23日，湖南省印发《湖南省"十二五"节能规划》，规划提出要重点发展节能技术产业化工程，提高太阳能、浅层地能和生物质能等可再生能源在建筑用能中的比重。同时，完善建筑节能管理基础数据，建设一批绿色建筑示范城市。为加强地源热泵系统建筑应用管理，促进浅层低热资源科学、有序、合理、可持续开发利用，确保地源热泵系统建筑应用项目工程质量，2012年11月，湖南省根据国务院《建设工程勘察设计管理条例》，财政部、住房和城乡建设部《关于进一步推进可再生能源建筑应用的通知》（财建〔2011〕61号）、《湖南省可再生能源建筑应用示范地区管理办法》（湘财建〔2011〕63号）等规定，决定对全省可再生能源示范地区地源热泵系统建筑应用项目开展技术论证工作。

7）新疆

为加快可再生能源建筑应用，新疆已编制完成《可再生能源建筑应用"十二五"专项规划》及相关实施方案，逐步建立可再生能源建筑应用评测体系，引导和规范可再生能源建筑应用技术与产品发展，并对各环节进行指导和监管。截至2011年底，新疆维吾尔自治区已建立1500万 m^2 的可再生能源建筑项目，共有13个可再生能源建筑应用项目被列为国家级示范项目，形成了近50万t标准煤的年节能能力；同时，吐鲁番市、昌吉市、奇台县等5个市（县）被列为国家可再生能源建筑应用示范市（县）。

（2）地级市相关政策

由于全国各地级市地源热泵相关政策很多，限于篇幅，这里不能罗列所有地级市的地源热泵政策，这里重点列举有代表性的几个地级市地源热泵相关政策。

1）长沙

2012年7月，长沙市出台了《长沙市可再生能源建筑应用实施方案》（以下简称《方案》），《方案》指出：截至今年年底，长沙将完成可再生能源建筑应用面积476万 m^2。《方案》规定：经批准的可再生能源建筑应用项目可以按标准获得财政专项资金补助，如土壤源热泵项目按建筑面积予以补助，补助标准为40元/m^2，污水源热泵项目的补助标准为35元/m^2，水源热泵项目的补助标准为30元/m^2，太阳能与地源热泵结合系统项目平均补助标准为53元/m^2。在项目的实施中，本市住建委组织有关部门对工程进度、施工质量进行跟踪监督，对施工现场进行跟踪监督检查，确保项目按方案及设计要求实施。项目竣工后，由市可再生能源建筑应用能效测评机构进行能效测评，测评合格后才能全额享受政府激励和资金补助。

2）许昌

许昌市日前编制了《许昌市可再生能源建筑应用专项规划》、《许昌市可再生能源建筑应用城市示范实施方案》和《许昌市供热计量实施方案》，在全市广泛征集可再生能源建筑应用示范项目 54 个，可再生能源建筑应用示范面积达 356.8 万 m^2，在此基础上，对示范项目进行科学布局和合理规划，积极推进全市可再生能源建筑应用工作。

许昌市的可再生能源建筑应用包括利用太阳能、浅层地能等可再生能源为建筑物供热、制冷、提供生活热水等；可应用的技术范围包括太阳能光热一体化、土壤源热泵技术、地下水源热泵技术、地表水源热泵技术和污水源热泵技术。市建设局有关负责人表示，2012 年新增可再生能源建筑应用示范面积近 230 万 m^2，2013 年将新增 170 万 m^2，力争到"十二五"末全市可再生能源建筑应用面积达到 500 万 m^2。

3）宜昌

湖北宜昌市对 2012 年底前竣工的可再生能源建筑应用示范项目实施专项补助政策，补助标准为：太阳能屋顶集中集热式系统补助 400 元/m^2；土壤源热泵（地源热泵）应用补助 50 元/m^2；水源热泵应用补助 40 元/m^2；太阳能采暖空调补助 65 元/m^2。2013 年底，宜昌可再生能源建筑应用总面积计划达到 357.4 万 m^2。届时全市每年节约标准煤 1 万 t，相当于节约电能 2700 万 kW·h，年节约空调电能消耗 1500 多万元。

4）保定

2012 年 9 月 11 日，《保定市可再生能源建筑示范城市建设的实施意见》正式出台，标志着该市新建建筑应用可再生能源补贴有了正式标准。根据《意见》，地源热泵系统应用、太阳能与地源热泵综合应用和太阳能采暖与制冷应用示范项目按照应用面积给予补助，补助标准分别为每平方米 13 元、20 元和 20 元。

5）邢台

邢台市积极推行国家节能减排政策的号召，针对新建居民小区、办公场所、宾馆酒店和商场等需要集中供冷（热）的场所，采取政策扶持，积极引导客户应用热泵技术，截至 2012 年 9 月底，已在万峰大酒店、东盛苑小区和邢台广播电视台成功应用地源热泵技术，供冷（热）面积达 10.3 万 m^2。

6）滕州

滕州市以节能减排为目标扎实推进可再生能源建筑应用和建筑节能工作，建成了翔宇经典、大宗村新型农村住宅工程等地源热泵项目，翠湖天地等空气源热泵热水器项目也起到良好示范作用。截至目前，该市已累计完成可再生能源建筑应用面积 148.83 万 m^2 以上。其中太阳能光热系统建筑一体化应用面积 126 万 m^2，地源热泵系统项目应用面积 15.8 万 m^2，空气源热泵热水器系统应用面积 7.03 万 m^2。

7）汝州

河南省汝州市近年来出台了《关于全面推进地源热泵系统建设和应用工作的实施意见》、《汝州市可再生能源建筑应用县级示范项目和资金管理暂行办法》等相关政策，对项目和专项资金管理作了详细规定，为可再生能源建筑应用示范项目顺利实施奠定了基础。以太阳能、浅层地能建筑一体化应用为重点，以示范县（市）和示范项目为载体，完善政策标准，加大科技创新力度，积极发展可再生能源产业，大力推进可再生能源在农村建筑中的应用。截至 2011 年底，已投入运行的可再生能源建筑应用示范项目有 23 个，其中太阳能光热建筑一体化项目 8 个，地源热泵项目 15 个。目前，汝州市正在实施的可再生能源建筑应用示范项目有 12 个，总建筑面积达 45.14 万 m^2。

8）烟台

烟台市先后出台了 13 项可再生能源应用、12 项建筑节能管理、15 项既有建筑节能改造和 6 项新型墙材管理政策，营造了支撑有力、联动推进的良好氛围。2012 年 8 月，烟台市"可再生能源建筑应用连片推广示范区"获国家住建部和财政部正式批准，并获得奖补资金总额达到 1.03 亿元，居全国地级市之首，成为全国仅有的两个可再生能源建筑应用示范无缝隙覆盖的地级市之一。这些资金将用于重点扶持学校、医院、幼儿园等建筑的地源热泵、太阳能利用项目。截至 2012 年 8 月，烟台率先实现全国可再生能源建筑应用示范全域覆盖，累计获得中央财政补助资金 2.28 亿元，为全国获奖补最多的地级市。目前，全市应用面积超过 430 万 m^2。

9）德州

为做好可再生能源建筑应用示范工作，德州市在借鉴外地经验的基础上，出台了项目管理办法、补贴标准，严格项目管理程序，对纳入示范的项目，认真组织专家进行评审，不断加强示范项目检测、验收工作，对已竣工的项目，委托相关机构检测，建立完善的档案制度，保证项目的质量和效益。德州市可再生能源建筑应用示范项目种类较多，主要分为太阳能光热项目、地源热泵项目、太阳能空调项目和太阳能与地源热泵相结合 4 钟类型。截至 2012 年 6 月，德州市共有地源热泵示范项目 30 多个，建筑面积达 280 多万 m^2。其中应用太阳能光热建筑面积 220 万 m^2，应用地源热泵建筑面积 60 万 m^2。

10）临沂

近年来，临沂市始终将优先发展建筑节能事业作为建设资源节约型、环境友好型社会的一个重要突破口，出台了相关管理办法，对可再生能源建筑应用作了规范，积极推广适合本市气候、地理地质条件的可再生能源在建筑中应用的技术。目前，临沂市的可再生能源建筑应用示范工程已初具规模，全市地源热泵建筑应用面积已达 50 万 m^2，太阳能建筑应用面积 400 余万 m^2。

2012 年 8 月临沂市成功入围 2012 年国家可再生能源建筑应用示范市，按照要求，如果两年内完成申报的 200 万 m^2 可再生能源建筑应用目标，临沂市将获取国家专项财政补助资金 5000 万元。国家专项资金的支持，将对推进临沂市可再生能源在建筑领域规模化和高水平应用、落实临沂的总体规划、改善居民的居住品质、完善城市的总体功能、提升临沂的整体形象发挥积极的促进作用。

11）南宁

2010 年南宁市地源热泵建筑应用面积已超过 400 万 m^2，2011 年 5 月，南宁市出台了《关于推进可再生能源建筑应用的实施意见》。《意见》规定：可再生能源建筑应用系统应达到与单体工程一体化、规模化应用的要求，确保全市可再生能源应用建筑面积占总建筑面积的 30% 以上。目前，南宁市住房和城乡建设委员会发出通知，决定对采用可再生能源具有示范意义的建设项目给予补助，最高每平方米可补助 70 元，具体标准为：采用浅层地能的每平方米补助 25～30 元并可优先获补，采用地源热泵与太阳能光热耦合系统的每平方米补助 35 元，利用太阳能光热的每平方米补助 12～18 元，利用浅层地能制冷、供热系统的每平方米补助 50～70 元。

第四节　地源热泵行业发展动态

地源热泵行业动态涉及方方面面，本节主要从 2011 年年底至 2012 年年底国内外召开的研讨会的角度来进行叙述，限于篇幅，这里不能一一列举所有研讨会议，仅重点介绍有代表性的行业研讨会。

1. 国内行业研讨会

（1）全国性行业研讨会

1）全国地源热泵技术创新与行业发展高层论坛暨 2011 年会

2011 年 11 月 24～25 日，由中国建筑学会暖通空调分会、中国制冷学会空调热泵专业委员会和中国建筑节能协会地源热泵专业委员会联合主办，中国建筑节能协会暖通空调专业委员会、安徽安泽电工有限公司、曼瑞德自控系统（乐清）有限公司、山东富尔达空调设备有限公司、贝莱特空调有限公司协办的"全国地源热泵技术创新与行业发展高层论坛暨 2011 年会"在广西桂林成功举办。

广西住房和城乡建设厅科技处处长张林峰致辞并介绍了广西壮族自治区可再生能源建筑应用状况，同时分析了地源热泵应用的障碍和相关解决措施等。地源热泵专委会主任、全国暖通空调学会理事长徐伟对国际热泵技术特点和发展趋势进行了详细阐述，并针对今年国际能源组织第 10 届 IEA 热泵会议的主题和文章收录情况，以及相关政策和市场发展趋势进行分析。随后，行业专家分别就《我国扶植地源热泵行业发展政策情况》、《国际热泵技术特点和发展趋势》、《地源热泵系统在绿色建筑中的应用》、《热泵技术的研究与进展》、《地源热泵存在的问题及解决方案》和《技术与模式的创新：地源热泵与合同能源管理》等行业和技术问题进行演讲，并与会场代表互动交流，气氛活跃，参会者获得很大启迪。

住房和城乡建设部建筑节能与科技司巡视员武涌介绍了住房和城乡建设部和财政部推动可再生能源在建筑中规模化应用的工作情况，希望所有企业和研究机构、教学机构的一线工作者共同努力，提升地源热泵等可再生能源在建筑中的广泛应用。"十二五"时期，国家将进一步加大力度完善相关产业政策，继续引导可再生能源应用的科技研发或产业化项目，同时也需要来自基层技术和产品应用的反馈。国家在"十一五"期间可再生能源示范工作取得成效的基础上，"十二五"时期，国家将继续推动可再生能源规模化应用，重心将由点状项目向集中连片项目转移，并将编制相应的推广方案以适应资源评价和规划等内容。

会议最后分别围绕系统集成企业、设备生产企业以及行业专家三部分，就地源热泵行业发展新趋势、上下游厂商衔接、产业布局以及在建筑中节能应用等方面话题进行了深入而激烈的讨论，最后行业专家吴元炜教授对大会进行了总结。

2) 2012 年第十八届全国暖通空调制冷学术年会

2012 年 10 月 24 日～26 日，由中国建筑学会暖通空调分会和中国制冷学会空调热泵专业委员会主办的以"绿色低碳，和谐共赢"为主题的 2012 年第十八届全国暖通空调制冷学术年会在山东烟台成功举办。大会设"绿色低碳 和谐共赢"主题论坛及专题交流会，其中涉及热泵行业的专题交流会有："利用工业余热热泵供热技术专题交流会"、"热泵技术工程应用专题交流会"、"土壤源热泵系统设计和测试分析专题交流会"，下面分别进行叙述。

①利用工业余热热泵供热技术专题交流会

2012 年 10 月 25 日上午，利用工业余热热泵供热技术专题交流会在认真和热烈的气氛中进行，会上有 9 名代表作了学术报告。马一太教授，用质的观点提出了用热力完善度评价水源热泵系统的性能，并对多个热泵产品进行了具体分析；付林教授，用质的观点从等效电量消耗的角度审视供热系统，分析了集中供热系统各个环节的节能潜力，介绍了吸收式换热的热电联产集中供热技术。发言代表戚飞介绍了研发的离心式高温热泵机组，并对热泵用于轮胎、化工行业的一些方案及工程案例作了深入的分析；葛建民介绍了地源热泵系统节能应用情况，通过对潍坊 25 个地源热泵监测数据分析探讨了地源热泵运行效果；石会群分析了邢台热电厂利用五段抽气驱动吸收式热泵回收工业余热的工程实例及其系统节能效果；刘兴原分析了吸收式热泵在钢铁、纺织及化工等行业工业余热的回收利用及工程实例并探讨其节能效果；薛学营介绍了第一类吸收式热泵在热电厂、有色金属、化工等行业的应用分析以及第二类吸收式热泵在升温的应用并探讨其节能减排效果和经济效益；江积斌介绍了利用蒸汽驱动的双效溴化锂吸收式热泵的工程实例；陈原以工程实例介绍了吸收式热泵在热电厂、钢铁行业、煤化工等行业应用的方案、节能减排性能和社会效益及经济效益。

本次专业交流会围绕工业余热供热的理论研究和实际工程应用展开研讨，对实际应用中的系统匹配、设备、运行管理等方面的问题进行交流，以期推动该项技术健康发展。

②热泵技术工程应用专题交流会

2012 年 10 月 25 日下午，热泵技术工程应用专题交流会在热烈的气氛中进行，同济大学张旭教授《复合式地源热泵运行策略及案例分析》，对当前土壤源热泵设计及运行中存在的问题及策略进行分析；王琰总工的《南京办公综合楼桩埋管地源热泵节能运行能耗分析》，结合具体项目介绍了桩埋管地源热泵的设计、施工、运行及经济性分析；卫宇副总裁的《水源多功能热泵及其典型应用》，主要介绍建筑物空调及供热负荷特点，水源多功能热泵的原理及运行策略以及欧洲几个典型项目的运用情况及节能减排效果；张子平教授的《大型中水源热泵系统的优化及节能研究》，主要介绍了大型污水处理场的中水为建筑物提供供热的冷热源的规划，对其供热能力及经济性进行了计算分析；姜益强教授的《污水源热泵能关键技术及工程应用》，主要介绍了污水源热泵现状、问题、关键技术及设备性能研究以及系统的效率分析；杨涛博士的《能源塔热泵技术应用实例及效率评估》，主要介绍了能源塔热泵运用背景、系统原理、形式，防冻及防腐情况，并对系统的效果及能效进行了分析。

③土壤源热泵系统设计和测试分析专题交流会

2012 年 10 月 26 日上午，土壤源热泵系统设计和测试分析专题交流会成功举行，与会代表 120 余人。会上，华中科技大学胡平放教授、长安大学官燕玲教授、武汉市建筑设计院陈焰华总工、中国建筑科学研究院朱清宇博士、重庆大学白雪莲博士等 11 位专家作了专题报告。

经分析讨论形成以下几点认识：a. 岩土热响应试验的目的是确定岩土热物性参数，地下岩土热物性参数是设计地源热泵系统地埋管换热器的基础数据，其准确与否直接关系到地源热泵系统设计的成败，应予以高度重视；b.《地源热泵系统工程技术规范》GB 50366—2005（2009 年版）中对岩土热响应试验报告提出的要求还应包括"测试条件下，钻孔单位延米换热量参考值"，单位延米换热量只能作为方案设计阶段的估计值，不能作为施工图设计的依据，在施工图设计时设计人员必须进行详细的计算；c.《地源热泵系统工程技术规范》4.3.5A中规定，夏季运行期间，地埋管换热器出口最高温度宜低于 33℃；而在附录B.0.2 中则规定，制冷工况下，地埋管换热器中传热介质的设计平均温度，通常取 33~36℃；后者规定的这个温度范围偏高。如取 36℃；则出口温度可能为 34~35℃；即明显劣于冷却塔工况，无法体现地源热泵的优势，也与前者的规定不一致。建议《规范》对此条内容进行修改；d. 土壤源热泵系统中地埋管的换热是一个三维流体、固体耦合非稳态问题，其传热过程复杂，因此宜采用系统化的设计方法，计算出建筑物全年动态负荷，随后通过岩土热响应试验获得岩土热物性参数，将其作为耦合设计的输入参数，进行地埋管系统的设计，以确保土壤源热泵系统运行安全可靠经济有效；e. 虽然岩土的导热系数随温度的升高而减小，但对地源热泵运行工况来说影响很小，因为温度变化10℃，导热系数变化仅0.05W/（m·K）左右。因此，采用向岩土施加一定功率的方法进行热响应试验与从岩土中取热进行热响应试验；f. 土壤源热泵地下换热器孔内置管在不同温度下，将产生一定的热形变，温升伸长扭曲挤压，温降回缩拉扯挤压，长期温变的热形变作用将导致岩土中换热管蠕动磨损，因此合理的孔内置管和回填技术是防止热形变的重要措施；g. 在地源热泵快速发展过程中，企业的水平和能力参差不齐，个别工程的质量得不到保证，损害了地源热泵技术的声誉，影响了市场的良性发展。

本次土壤源热泵系统研讨会涉及协同设计、交叉施工、联合管理等多方面内容，与会专家从不同的角度阐述了土壤源热泵系统的相关技术难点和施工管理要领，会场参会代表与专家积极交流探讨，气氛热烈，大家受益匪浅。

3）2012 年第四届中国地源热泵行业高层论坛

2012 年 8 月 16~17 日，由中国能源研究会地热专业委员会、国际地源热泵协会中国地区委员会在北京成功主办"2012 第四届中国地源热泵行业高层论坛"。本届论坛邀请了行业协会组织和政府机构的高层人员及业内著名专家、学者对我国《"十二五"新能源发展规划》及《"十二五"绿色建筑科技发展专项规划》对地源热泵等相关产品和技术在当前环境的发展机遇与对策进行解读，为地源热泵关联企业在"十二五"期间的发展提供了思路、指明了方向。

论坛上发言嘉宾围绕"我国'十二五'低碳发展政策展望"、"我国地源热泵行业可持续发展的创新之路"、"地源热泵系统检测与监测技术"、"城镇化发展与低碳化建筑"、"沈阳市应用地源热泵的技术现状"、"江苏省地源热泵技术建筑应用 2011"、"湖北省地源热泵应用迈上持续发展快车道"、"上海市浅层地热能开发利用现状"、"山东省浅层地温能开发利用现状及前景"、"天津市浅层地热能开发利用示范工程和动态监测网建设"、"热泵工质的发展现状与趋势"等题目发表了演讲，并对参会者提问进行了回答，会场气氛热烈，参会者对于地源热泵行业的未来发展有了新的认识和领悟。同时，企业代表与参会者也分享了成熟的地源热泵技术和成功案例。

本次高层论坛交流和探讨了国家相关政策、准确把握新能源产业发展规划及地源热泵行业在新能源发展规划中的商机等，为地源热泵业界人士提供了一个行业经验交流、发展思路碰撞的平台，意义深远。

（2）地方性行业研讨会

1）山东"211工程"地源热泵冷暖技术研讨会

2012年3月17日，由宏力集团公司联合威海市教育局、威海市文化局、威海市建委、威海市房产协会组织召开了山东"211工程"地源热泵冷暖技术研讨会。本次研讨会以绿色节能、低碳节能为理念，倡导新能源技术应用。通过此次会议，共同探讨了沿海地区可再生能源技术应用的新思路，推动威海市"211工程"的进展。会议明确了"十二五"可再生能源建筑应用的推广目标，切实提高太阳能、浅层地能、生物质能等可再生能源在建筑用能中的比重，共同为我国节能减排贡献力量。

2）地源热泵工程技术应用研讨会（合肥）

为贯彻国家节能减排战略部署，发展循环经济，建设资源节约型、环境友好型社会，2012年5月26日，由合肥市城乡建设委员会主办，合肥市建筑业协会建筑节能与勘察设计分会承办，新能源开发公司等单位协办的"地源热泵工程技术应用研讨会"在合肥巢湖半汤胜利召开。来自住房和城乡建设部、安徽省建设厅、合肥市建委以及相关企业单位代表等百余人参加了会议。

本次研讨会对我国可再生能源建筑应用政策进行了解读，介绍了安徽省新能源建设基本情况并解析了地源热泵技术的发展前景。与会专家分别就地源热泵技术应用与发展及合同能源管理进行了研讨，阐述了国内建筑区域能源规划和热泵技术的发展前景、技术路线、标准并进行了典型案例分析。张建忠总工作了"江苏省地源热泵技术应用与发展"的报告，介绍了江苏省地源热泵技术现状及今后的发展方向，对地源热泵在设计、施工、运行各环节的节能性和区域地源热泵供冷供热的节能性进行了探讨；赵鉴总工介绍了"地源热泵应用技术探讨"，对地源热泵的建设过程中存在的相关问题结合案例工程进行了剖析，提出了相关措施，为充分利用地源热泵技术提供科学依据；王海涛教授介绍了"地源热泵工程的应用与合同能源管理"，就提高地源热泵系统后期运行管理和效率提升，提出了合同能源管理解决模式。

本次研讨交流促进了科研设计单位、施工单位和生产企业的深入交流，促进了理论与实际更好地结合，推动本市地源热泵技术健康、有序发展，增进行业之间技术交流，对地源热泵工程技术的发展和应用起到积极的推动作用

3) 武汉市地源热泵工程技术研究中心 2012 年学术研讨会

2012 年 7 月，武汉市地源热泵工程技术研究中心在华中科技大学举行了 2012 年学术研讨会。来自华中科技大学、中信建筑设计研究总院有限公司（原武汉市建筑设计院）的专家学者及研究生参加了此次研讨会。会上 6 位专家就地源热泵地下换热、岩土热物性测试、系统优化、能效监测及工程应用方面进行专题发言，华中科技大学及中信建筑设计研究总院有限公司分别介绍中心的研究进展，与会人员对地源热泵的热点问题进行了讨论，对下一步工作进行了部署。与会代表决心继续加大研究力度，力争在下一阶段工作中取得更多新的成果。

4) 第三届湖南省可再生能源建筑应用发展研讨会

2012 年 11 月 8～9 日，第三届湖南省可再生能源建筑应用发展研讨会在长沙通程麓山大酒店成功召开，来自政府、高校、设计院、企业、相关机构代表及行业媒体 200 余人参加了此次研讨会，会场座无虚席，气氛热烈，专家与各位参会代表就共同关注的话题展开互动讨论。会议以"建筑节能和可再生能源建筑应用"为主题，结合国家和湖南省的发展状况和实际需求，对国家和湖南省绿色建筑和可再生能源相关发展状况、技术规范、标准和设计施工流程、相关政策和工作规划进行研讨与培训。

本次会议围绕"绿色、低碳、节能"等关键词展开议题，马威副处长作了题为《湖南省可再生能源建筑应用政策与实践》报告；马宏权博士作了题为《地源热泵应用中的能效提示》报告；刘明生教授作了题为《建筑节能与新的城市能源系统》报告；杨林岐高工作了题为《太阳能一体化建筑应用技术》报告，专家与参会代表就关心的问题进行沟通交流，会场气氛热烈。下午的主题报告围绕《绿色建筑与可再生能源财政政策》、《燃气分布式能源的价值、困难与路径》、《长沙市浅层地温能调查评价工作及初步成果介绍》、《绿色建筑与可再生能源的人才培养》等专题展开。

此次研讨会着重探讨交流了湖南省绿色建筑与可再生能源现状及各类产品的市场发展趋势，对促进我国可再生能源事业的发展作出了积极贡献。

2. 与国际合作研讨会

(1) 2012 年地热高新技术国际学术研讨会在天津召开

2012 年 4 月 19～20 日，由天津大学、吉林大学联合主办的"2012 年地热高新技术国际学术研讨会"在天津胜利召开。来自科技部高新司、中国能源研究会地热专业委员会、中科院地球物理所、天津市科委、天津大学机械学院等单位的有关领导以及全国各地的专家学者、科技工作者和企业代表共计 60 余人参加了此次会议。大会特别邀请到了美国伯克利国家实验室 Karsten Pruss 教授等国际地热领域的知名专家参会。Karsten Pruss 教授作了题为《干热岩地热系统流体传热传质数值模拟研究》的报告，介绍了目前美国干热岩技术研究现状和问题，重点分享了伯克利国家实验室在地热商业软件开发及应用方面取得的成绩及相关经验，为我国拓宽地热工作思路提供了有益借鉴。与会专家围绕增强型地热系统开发技术、地热热储资源评价方法、地热资源评价 TOUGH 系列软件应用方法、二氧化碳封存与开发应用技术、高温高压地热深井钻探技术、EGS 地热发电技术等相关主题进行了深入交流和研讨。

本次会议围绕国内外地热能高新技术展开交流，促进了地热能高新技术在我国的应用和发展。

（2）国际能源组织蓄能节能委员会（IEA/ECES）执行委员会会议

2012 年 5 月 15～18 日，国际能源组织蓄能节能委员会（IEA/ECES）第 73 次执行委员会会议在西班牙莱利达大学召开，会议吸引了世界 33 个国家的 350 名相关学者、工程师、技术人员、相关从业人员及政府官员，美国、德国、日本等 15 成员国都派出了国家代表出席了会议，地源热泵专业委员会徐伟主任及中方代表共计 14 人出席了会议，我国代表团发表 10 篇学术论文。大会期间，徐伟主任作为下一届国际蓄能大会举办国的国家代表在大会主论坛上发言，详细介绍了举办第十三届国际蓄能大会的重视程度以及大会的筹备情况，受到了参会代表的广泛关注。

通过此次会议，我国相关专家与国际上的蓄能专家们建立了良好的合作关系，学习和了解了发达国家的节能政策与蓄能技术以及他们在建筑节能中积累的宝贵经验，扩大了国内相关技术和企业的国际影响，对促进蓄能节能领域行业发展起到积极作用。

（3）中德地热能在建筑领域的应用研讨会

2012 年 6 月 18 日，由德国联邦经济技术部主办、德国工商大会北京代表处承办，中国建筑节能协会地源热泵专业委员会支持的"中德地热能在建筑领域的应用研讨会"日前在北京燕莎中心凯宾斯基酒店顺利召开。来自地热能项目的运营公司、设计公司、生产商、经销商、研究院以及相关政府机构在内共约 50 名代表出席了此次会议。会上，德国驻华大使馆经济处主任贝雅德女士、德国工商大会北京代表处环境服务部总监皮思仁（Soeren Puerschel）、中国建筑节能协会地源热泵专业委员会主任委员、中国建筑科学研究院建筑环境与节能研究院院长徐伟分别致辞。中德双方专家通过理论和案例交流了中德两国地热能的应用情况、最新技术与相关产品，尤其是依靠地源热泵技术开采利用浅层地热能的经验。

德国国际地热中心的 Eckehard Boscher 博士的专题报告介绍了地热能发展前景：机会、实际应用与挑战；中国建筑科学研究院建筑环境与节能研究院朱清宇博士介绍了我国地源热泵的应用与发展；德国埃尔福特应用科技大学的 Ludwig

Rongen 教授以案例分析介绍了地热能在高效节能建筑领域的应用；德国一些品牌公司介绍了相关的技术和产品，如强化热响应测试、光纤分布式测温、热泵设备、智能仪表、高效换热器等。参会者的踊跃提问和专家的答疑体现了双方的积极交流，也表示会后进一步联系及讨论合作的愿望，本次会议为今后中德地热能的交流和合作打下了基础。

（4）第二届国际热泵行业发展高峰论坛

2012 年 9 月 25 日，由国际制冷学会、欧洲热泵学会主办，上海世商展览服务有限公司承办的"第二届国际热泵行业发展高峰论坛"在上海展讯豪生酒店成功举办。本次高峰论坛以"绿色城市，低碳生活"为主题，介绍热泵行业最新的政策和投资热点，集中展示当前热泵行业最为领先的技术与产品，共同分享热泵经典工程施工案例，推动中国热泵市场的进一步快速发展。

本次高峰论坛分别以热泵技术在房地产领域的应用与发展、大型公共建筑地源热泵系统应用研究案例、WFI 地源热泵技术、地源热泵新技术——能量桩和季节性蓄热、全球及中国热泵市场发展趋势、城市污水热泵技术、国际空调器性能及节能比较为题目做了精彩报告，相关企业代表分享了其企业在热泵方面的最新技术和经典案例。作为热泵行业领先的国际性盛会，本届高峰论坛汇聚热泵产品供应商、经销商，工程承包商，建筑设计院，房地产开发商以及相关政府职能部门和行业协会代表等行业专家，探讨行业发展热点，展望未来热泵行业的发展趋势。

地源热泵行业发展动态还有很多，以上选取的是本年度国内外有代表性的行业研讨会议。地源热泵行业的健康有序快速发展需要政府、企事业单位、设计院所、相关行业组织的共同努力，相信通过各方面的共同努力，地源热泵行业的未来会发展得更加美好。

3. 新技术和新产品

（1）新技术方面

随着对地源热泵系统研究的深入，相关的新技术也随之发展起来。针对垂直地埋管系统主要可以总结为以下几个方面：垂直地埋管岩土相应实验及换热器的数值模拟和新型换热器的研究，表现为：针对岩土热响应试验，科研工作者提出了解决波动及停电情况下测试的非稳态方法，描述岩土热物性测试结果不确定性的方法。也有学者分别对热响应实验进行了分析比较，得出两种方法有相似结果的结论，并对地埋管周围岩土温度恢复周期进行了研究。地源热泵系统和其它能源一起的复合式热泵系统的研究也有进展。地源热泵系统设计，运行管理的优化上也有许多创新，比如说海尔公司提出水冷多压缩机组压缩机启停控制方法，风冷热泵机组，板式换热器防冻控制方法，空调的无线控制方法和无线网络系统。

（2）新产品方面

随着热泵技术的发展和科研力度的加大，地源热泵新产品也层出不穷。这里简要总结如下：在垂直型地埋管方面，一些厂家，供应商开发出了新型的换热器，比如：江苏际能环境能源科技有限公司研发出了一种梅花螺旋形地下换热器。在冷水机组的研发方面：海尔公司开发出磁悬浮水源热泵，螺杆式水源热泵系统，直接蓄冰式冷机，热泵机组，涡旋式水源热泵。在污水源系统中，哈工大热泵空调技术研究所开发了一套具有快速除污功能的干式管壳式污水源热泵机组，研发除了自除污污水换热器。

第二章 地源热泵系统评价

地源热泵系统的高效应用，从资源性条件和系统性条件出发，结合对项目所在地区水文工程地质环境和浅层地热能状况，对岩土体与地下水中热能提取使用进行分析和评价。下面结合工程案例分别从地源热泵的几种形式分别进行介绍。

第一节 土壤源热泵系统

1. 土壤源热泵适宜性评价

土壤源热泵系统是以岩土体作为热泵机组的低温热源，传热介质通过地下换热器，冬季从岩土中吸热，夏季向岩土中排热，从而实现为建筑供热、制冷的系统。由于地下一定深度处土壤温度较为恒定，作为热泵机组的低温热源，可使机组达到较高的运行效率，并且运行较为稳定。

我国地域辽阔，从东到西、从南到北的气候条件差异很大，由此建筑的冷热负荷需求相差较大，并且各地的地质条件、常规能源价格、电力价格等因素也有所差异，这就导致不同地区采用土壤源热泵系统所能达到的节能效益和经济效益是不同的，那么土壤源热泵应用在哪些气候区更适宜，以及在不同气候区如何应用能达到更优的效果是一个亟待解决的问题。评价体系的建立需要分析不同气候区采用土壤源热泵系统的适宜性，从资源性条件、节能效益、经济效益和环境效益四方面因素来进行评价。

2. 工程案例：中关村国际商城土壤源热泵系统

（1）工程概况

中关村国际商城位于北京市八达岭高速公路和北清路入口，是一座大型商业建筑，规划效果图如图 7-2-1 所示，一期由 1、2、3 号楼组成，总建筑面积 15.6 万 m²，以商业建筑为主，辅以一定数量的餐饮用房，并相应配备机动车库、设备机房、库房等后勤辅助用房，具

图 7-2-1 中关村国际商城规划效果图

体布局地下一层为汽车库和设备机房，一层、二层为商业及餐饮用房，三层为影视厅和汽车库，屋顶为设备机房和屋顶汽车库。

（2）系统形式

中关村国际商城一期的冷热源形式为土壤源热泵系统，热泵系统共选用三台地源热泵机组，单台制热量为 2206kW，可提供总热量为 6618kW，单台制冷量为 2388kW，可提供总冷量为 7164kW，负责面积为 15.6 万 m^2。建筑内区为全空气系统，外区按负荷需求设置风机盘管。商城、餐厅、影视中心为双风机全空气空调系统。由于空调用冷量显著大于空调用热量，且可用于埋管的面积比较紧张，因此采用复合式空调冷热源系统，按空调热负荷配置垂直埋管土壤源热泵系统，并配置常规冷却塔＋冷水机组冷源，由土壤源热泵和常规冷源共同承担空调冷负荷。与传统冷热源系统相比较每年可节约标准煤 920t、减少 CO_2 排放 2298.9t，节约用水 2.9 万 t。

（3）测试结果

测评机构于 2009 年 1 月 13～15 日对该示范项目进行了冬季工况现场测试，2009 年 6 月 23～25 日对该示范项目进行了夏季工况现场测试。

1）冬季工况测试结果

根据对中关村国际商城的室内温度实测结果，土壤源热泵系统供暖区域的室内应用效果较好，但存在一定的温度不平衡现象。测试期间商场内平均温度普遍偏高，而商场一层靠近商场出入口附件的测点却不能满足设计要求，主要原因是由于受室外新风渗透的影响较大。建议在今后的运行中根据实际负荷，对系统的运行状态和系统的平衡性进行调整，以利于系统的节能运行。

2）夏季工况测试结果

商场内湿度测点测试结果均满足设计要求，保证率为 100％，10 个测点相对湿度在 29％～54％之间，平均相对湿度 44％。根据对中关村国际商城的室内温湿度实测结果，土壤源热泵系统供冷区域的室内应用效果较好，但存在一定的温度不平衡现象。

第二节　地下水源热泵系统

1. 地下水源热泵适宜性评价

地下水源热泵区域适宜性评价是以全国、一个省或一个区域为评价范围，考虑地质条件、水源温度、水质、环境影响、投资、节能效果等多种因素，对该区域或项目的地下水源热泵系统利用提供较为宏观的综合性评价，并为该区域的资源利用发展规划提供指导。

对于一个区域采用地下水源热泵系统是否适宜，主要取决于两类因素：一方面是直接与该地区自然资源条件和社会资源条件相关的因素，如：该地区地下水的富水性、水温、回灌条件等，又如人口密度、人均 GDP 等社会条件。另一方面是采用地下水源热泵系统能够产生的经济、环境、节能效益，即在具备基本应用条件的情况下，地下水源热泵系统所具有的优势。

地下水源热泵的适宜性涉及多方面因素，主要有建筑负荷特性、系统运行特性、地区气候特点、地质状况、设备价格、设备使用寿命、当地的能源价格和电力价格等。为了全面、公正、合理的评价地下水源热泵系统，这里介绍一套综合的评价体系——层次分析法来进行系统适宜性的评价。层析分析法是一种定性与定量相结合的多因素决策分析方法，是分析多目标多准则复杂系统的有力工具。运用这种方法，决策者通过将复杂问题分解为若干层次和若干因素，按上一层的准则对其下一层次的各要素进行分别比较，就可以得出各要素的重要性程度权重，给定定量指标，然后求解各层次各要素相对重要性权值，最后做出综合分析和评判。

2. 工程案例：西山创意产业基地 G 区项目地下水源热泵系统

（1）项目概况

西山创意产业基地 G 区工程项目位于北京市海淀区杏石口路，规划效果图如图 7-2-2 所示，总建筑面积为 10.9 万 m^2。工程采用可再生能源—浅层地能冷暖系统取代传统冷热源，采用恒有源地能热泵系统设置一个集中机房为建筑冬季

图 7-2-2　西山创意产业基地规划效果图

供暖、夏季制冷，可使本工程建筑冷暖能源 3/4 以上来自浅层地能，提升了建筑群体的能源利用品质，为打造绿色生态建筑奠定了基础。

（2）系统形式

采用地下水源热泵系统为建筑提供冷热源，热泵机房内配备了 4 台型号为YSSR-1900A/F2 的热泵机组，机组的单机制冷量为 1882kW，单机制热量为2029kW，热泵系统总装机制冷量为 7528kW，总装机制热量为 8116kW，热泵机组共配置了 4 台空调循环泵和 10 台潜水泵。

（3）测试结果

西山创意产业基地 G 区地下水源热泵项目属于国家第四批可再生能源建筑应用示范项目，按照住房和城乡建设部《可再生能源建筑应用示范项目测评导则》中检测程序和评价标准，测评机构于 2011 年 12 月 9 日至 12 月 11 日对该示范项目进行了冬季工况现场测试。

通过对西山创意产业基地 G 区项目地下水源热泵系统冬季运行工况的测试和分析，得到如下结论：

1）测试期间在室外气候条件下，抽测房间的供热保证率为 100％。

2）测试期间在实际运行工况下，抽测热泵机组的制热平均性能系数为 3.70，热泵系统制热平均性能系数为 2.58。

第三节　地表水源热泵系统

1. 地表水（江、河、湖）源热泵系统

（1）地表水源热泵适宜性评价

地源热泵评价体系的建立是对热泵系统适宜性做出评价的前提，是评价的准则。评价体系的建立的目的是为较全面、合理地评价地表水源热泵的适宜性。各影响因素之间既相对独立，又互相影响，具有层次性和结构性，利用系统理论工程中的层次分析法结合专家咨询法进行构建方法的建立。

与第二节的层次评价分析法类似，地表水的评价体系也划分为目标层、准则层 1、准则层 2 及准则层 3，其中指标的选取应从影响热泵系统的运行效果、应用条件，依据上述指标体系建立的原则进行，并且应尽量选择定量表达的指标，在概念上要具体清晰、有层次性。在选取过程中不断进行理论分析和专家咨询，筛选过程中注意到我国幅员辽阔，地表水源热泵系统的适宜性会因地域、水文情况、气候条件及生活习惯、社会经济状况等不同而不同，通过多层次的筛选来得到较为合理的评价指标体系。从三大方面来分别考虑：能效方面、经济方面及社会环境方面。

（2）工程案例：重庆市开县人民医院地表水源热泵系统

1）工程概况

重庆市开县人民医院位于开县新城伯承路以西、安康水库东侧，是集医疗、教学、科研于一体的大型综合性医院，承担着近 200 万人的医疗救治和预防保健任务，和市内外医学院校及县内乡镇中心卫生院的科研教学、实习任务。该项目是三峡库区移民迁建项目业务综合楼工程，业务综合楼总占地面积 68199.62㎡，总建筑面积 54411.2㎡，其中地下 3722.15㎡，地上 50689.05㎡。大楼地下 2 层，地

图 7-2-3　重庆市开县人民医院外景图

上 21 层，主要为开县人民医院的门诊、医技、住院用房，图 7-2-3 为建成后的医院外景图。

2）系统形式

根据建设方各科室独立计费需求，空调系统采用自带冷热源的水环热泵机组，共计 700 台。系统的总装机制热量为 2912.7kW，总装机制冷量为 1117.2 kW。安康水库距开县人民医院约 300～400m，水库水容量常年维持在约 16～22 万 m³ 范围内，水体表面积约 33000m²，水体深度常年保持 5～7.5m，水质较好。机房水泵吸水标高低于取水口标高，采用自灌式吸水，系统一次侧采用开式系统。由于项目楼层较高，若末端热泵机组直接和湖水构成开式系统，将导致取水泵的扬程过高，因此在机房设置板式换热器，末端采用分散布置的水-空气热泵机组，二次侧为闭式循环。

3）测试结果

①系统总体运行情况

该项目在 2007 年年底完成安装调试，从 2008 年 4 月投入运行，至今经过了两个供暖季和两个供冷季，系统运行稳定，各项指标达到设计参数。经过连续运行监测，效果较好，冬季室内温度可以达到 18～20℃，夏季室内温度达到 25～26℃的要求，医院对使用情况比较满意。

②测试结果及评估

作为国家可再生能源建筑应用示范项目，测评机构于 2009 年 8 月进行了夏季测试；2009 年 1 月对该示范项目进行了冬季工况测试。该地表水源热泵系统制冷能效比为 3.8，冬季系统能效比为 2.3。全年常规能源替代量为 163t 标准煤。项目费效比为 0.77 元/（kW·h）。实现二氧化碳减排量 402.6t/年，二氧化硫减排量 3.3t/年，粉尘减排量为 1.6t/年，该项目年节约费用为 330015 元。

2. 海水源热泵系统

（1）海水源热泵适宜性评价

海水源热泵适宜性需要综合权衡资源性条件和海水源热泵系统性条件两方面，其中资源性条件为海水水温、水质、混浊度，系统性能条件包括节能性、经济性、环境效益几个方面，这是个多指标决策问题，可采用层次分析法对海水源热泵的适宜性进行分析。

对海水源热泵系统来说，系统能效比除了与机组 COP 相关外，还要考虑输送系统能耗，即海水泵以及用户侧循环水泵的耗功。一般工程项目机房均设置在项目所在地，因此用户侧循环水泵仅与末端建筑类型以及用户需要有关。海水源侧输送距离的差别，导致了海水源热泵系统耗功的差别和能效比的不同。

（2）工程案例：大窑湾港区海水源热泵系统

图 7-2-4　大连大窑湾港区规划图

1）工程概况

大窑湾港区位于辽东半岛南部、大连市金县东南 13km，其规划图如图 7-2-4 所示。大窑湾集装箱码头三期工程辅建区位于集装箱码头二期工程的西侧和汽车码头工程的东侧，建筑包括工楼、机修车间、DPCE 办公楼、海关查验办公楼、仓库等，总采暖面积约 1.6 万 m²。

2）系统形式

大窑湾集装箱码头三期工程辅建区空调形式为海水源热泵系统，所有热泵机组集中于同一热泵机房内，制备的冷热水通过小区外网输送至辅建区各用户。系统热源采用 4 台海水源热泵机组，系统的总装机制热量为 1643kW，总装机制冷量为 1569kW，同时设置 1 台板式换热器，3 台海水循环泵，5 台中介水泵和 5 台空调循环泵。

3）测试结果

①冬季工况测试结果

根据测评机构 2009 年 2 月对该项目的测试，海水源热泵系统供暖区域的室内应用效果较好，布置的 10 个温度测点，有 8 个温度测点达到设计要求，采暖保证率达到 80％。

②夏季工况测试结果

根据测评机构 2009 年 8 月对该项目的测试，海水源热泵系统供冷区域的室内应用效果较好，布置的 8 个温度测点，均达到设计要求，供冷保证率达到 100％。

3. 污水源热泵系统

（1）污水源热泵适宜性评价

城市污水有三种形式：原生污水、二级再生水和中水。原生污水就是未经任何物理手段处理的污水。二级再生水是指经过物理处理之后的一级污水再经过活性污泥法或生物膜法等生化方法处理或深度处理后（可称二级污水），达到排入天然河道的标准，主要用于使河水还清。少量二级再生水经过进一步深化处理，成为中水，作为城市杂用水，用于市政绿化、居民冲厕等。

将水源热泵系统技术与城市污水结合来回收污水中的热能，不仅是城市污水资源化的新方法，更是改善我国供暖以煤为主的能源消费结构现状的有效途径，同时也为可再生能源的应用和发展拓展了新的空间。

（2）工程案例：北京市马坊馨城污水源热泵系统

1）工程概况

北京市马坊馨城总建筑面积为 128137.06m²，其中住宅建筑面积为 100497.69 m²，配套商业建筑面积5921.78 m²，住宅及配套商业地下一层建筑面积为 9959.9 m²，地下车库建筑面积为 10240.09m²，其效果图如图 7-2-5 所示。

2）系统形式

系统冷热源配备 8 台水源热泵机组，清河污水处理厂的二级中水经水处理后进入热泵机组，夏季提供 7520kW 的冷量，冬季提供 7357kW 的热量。空调水系统为双管制系统，设置 9 台循环泵（8 用 1 备），夏季冷水供回水温度为 7℃/12℃，冬季热水供回水温度为 52℃/45℃，空调的末端形式为风机盘管。

图 7-2-5　北京市马坊馨城效果图

3）测试结果

①夏季工况测试结果

根据测评机构 2008 年 8 月对该项目 8 套住宅和 3 个底商的室内温度进行监测，所测区域的室内温度均达到设计要求，8 套住宅的室内平均温度为 23.2℃，最高温度为 28.6℃，最低温度为 17.7℃；3 个底商的室内平均温度为 25.2℃，最高温度为 29.2℃，最低温度为 23.2℃，供冷保证率达到 100%。

②冬季工况测试结果

根据测评机构 2008 年 12 月对该项目 11 套住宅的室内温度进行了监测，所测区域的室内温度均达到设计要求，11 套住宅的室内平均温度为 23.2℃，最高温度为 27.4℃，最低温度为 18.1℃；采暖保证率达到 100%。

第四节　复合式地源热泵系统

1. 复合式地源热泵系统的必要性分析

地源热泵的应用要遵循因地制宜的原则，对于全年冷、热负荷不均的地区，需作技术经济性分析，确定是否要增设辅助热源或冷源，使两者合理匹配，以保证整个系统经济、高效运行。地源热泵系统运行费用低，但初投资偏高，如何合理地降低初投资及运行费用是地源热泵系统应用中值得探讨的。复合式地源热泵系统应重点考虑以下两个方面：

（1）解决冷、热不平衡

对于冷热负荷差别比较大，或者单纯利用地源热泵系统不能满足冷负荷或热负荷需求时，经技术经济分析合理时，可采用复合式地源热泵系统。

对冷热负荷不等的地区，地源热泵向地下排放和吸收的热量不等，存在着不平衡，如果夏季空调向岩土体排放的热量大于冬季采暖时所提取的热量，那么，长期运行结果势必使岩土体温度越来越高，所能取得的热量会逐年减少，这将降低热泵系统的运行效率，最终导致夏季地源热泵系统不能正常运行。相反，如果夏季空调向岩土体排放的热量小于冬季采暖时所提取的热量，那么，长期运行结果势必使岩土体温度越来越低，所能取得的热量会逐年减少，这也将降低热泵系统的运行效率，最终导致冬季地源热泵系统不能正常运行。

因此，对冷、热负荷相差较大时，可采用复合式地源热泵系统。当冷负荷大于热负荷时，可采用"冷却塔＋地源热泵"的方式，地源热泵系统承担的容量由冬季热负荷确定，夏季超出的部分由冷却塔提供。

当冷负荷小于热负荷时，可采用"辅助热源＋地源热泵"的方式，地源热泵系统承担的容量由夏季冷负荷确定，冬季超出的部分由辅助热源提供。通常采用的辅助热源方式有：太阳能、燃气锅炉、电加热器或余热等。

（2）降低初投资

对于地源热泵系统来说，由于室外钻孔的价格偏高，从而导致地源热泵系统的初投资要略高于常规空调系统，但地源热泵系统的运行费用低。对于常规系统来说，初投资偏低但运行费用高，因此采用复合式地源热泵系统不仅要从技术上，还要从经济性角度进行优化分析。

典型的复合式地源热泵系统有：地源热泵与太阳能复合式系统、地源热泵与冰蓄冷复合式系统、地源热泵与冷却塔复合式系统、地源热泵热水系统等。

下面简要介绍太阳能地源热泵系统，天然气热泵系统和冰蓄冷热泵系统。

（1）太阳能地源热泵系统

随着我国"十一五"节能规划和《可再生能源法》的颁布实施，可再生能源，尤其是地源热泵技术和太阳能技术的结合在建筑中的应用正日益受到重视。对于地源热泵系统来说，如果放热量和取热量不平衡，将会导致土壤温度逐年升高或者降低，会导致系统运行效率降低，不利于系统长期稳定运行。另一方面，太阳能是取之不尽，用之不竭的可再生能源，两种能源结合使用可以相互弥补自身不足，提高资源利用率。

太阳能-地源热泵系统的优点可以简要总结如下：① 采用太阳能集热器辅助热泵供热时，热泵机组的蒸发温度提高，使热泵压缩机的耗电量减少，节省运行费用；② 在夏季太阳能集热器可以作为辅助散热设备，从而减少向地下的排热；
③ 在冬季运行时由于蒸发温度较高，使用户侧出水或空气侧出水温度上升，适
应性提高；④在制冷量高于制热量的地区，系统可以按照夏季工况设计，从而减
少了地下换热器的容量，减少初期投资。

（2）天然气热泵系统

天然气热泵以天然气哎发动机内燃烧做功驱动压缩机，并通过回收发动机缸
套水和烟气的余热，提高机组的一次能源利用率，减低运行费用。

燃气制冷可降低电网夏季高峰负荷，填补燃气夏季用电高峰，提高燃气网管
利用率，实现资源的充分和均衡利用。

天然气热泵具有如下优势：优化能源利用结构，环保性能好，空气调节温度
恒定，舒适，使用同一套系统，同时解决夏季制冷和冬季供热需求，节省投资，
且高效节能，运行费用低。

（3）地源热泵和冰蓄冷系统

冰蓄冷系统在夏季将蓄能空调和电力系统的分时电价相结合，从宏观上可以
起到削峰填谷，平衡电网负荷的作用，微观上可以使用户享受到分时电价政策，
节省费用。低于热泵和冰蓄冷系统可很好的利用于冷负荷大于热负荷的区域，这
样系统的设计可以按照热负荷的要求来设计，可以减少相关机组，设备，减少投
资，夏季不足的冷量可以由冰蓄冷来解决。这样的复合式系统即减轻了采用常规
能源带来的环境压力，还为平衡电网负荷作出了贡献。

需要指出的是，地源热泵和冰蓄冷复合式系统不能减少夏季向土壤的排热量，相
反会因夜间采用冰蓄冷导致热泵机组效率下降，增加向土壤的排热量。但是因为采用
了复合式系统，减少了尖峰负荷，所以降低了最高地埋管进出水温度。

2. 工程案例：北京建研科技园复合式地源热泵系统

（1）项目概况

该示范工程位于北京市通州区，有 3 栋建筑，为管理方便，将 3 栋建筑分为
南、北两区。南区建筑面积
6625m²，北区建筑面积 2835m²。
主要功能为办公和试验，其规划图
如图 7-2-6 所示。

（2）系统形式及特点

本项目采用太阳能与地源热泵
系统联合运行的方式。南、北两区
均采用地源热泵系统、太阳能系统
作为空调采暖系统的冷热源。办公

图 7-2-6 北京建研科技园规划图

区域夏季采用风机盘管加新风系统；冬季，北区采用地面辐射采暖系统，南区采用风机盘管加新风系统；试验区域夏季不设空调，冬季采用辐射型散热器采暖系统，保证值班采暖温度。设计工况下的负荷为：北区冬季热负荷 110kW，夏季冷负荷 55kW；南区冬季热负荷 298kW，夏季冷负荷 140kW。

1）太阳能系统与地源热泵系统联合供热

原则是以地源热泵系统为主，太阳能系统为辅助热源，但在运行控制上要优先采用太阳能，并加以充分利用。在供热运行模式下，北区试验区域采用散热器采暖系统与办公区域采用的地面辐射采暖系统串联运行，以提高太阳能利用率。

2）太阳能系统与地源热泵系统联合制冷

南区夏季采用地源热泵系统与太阳能-溴化锂制冷系统为办公区域提供冷量。在过渡季需要制冷时，仅采用太阳能-溴化锂制冷系统为办公区域提供冷量。采用太阳能-溴化锂制冷系统时，需采用热管真空管太阳集热器。

在制冷工况下，地源热泵系统与太阳能-溴化锂制冷系统交替运行，冷却系统均采用土壤 U 形地埋管换热器。根据蓄冷/热水箱中的温度判断地源热泵系统与太阳能-溴化锂制冷系统的启停。当蓄冷/热水箱中的温度低于设计值时，太阳能-溴化锂制冷系统运行，地源热泵系统停止；当蓄冷/热水箱中的温度高于设计值时，地源热泵系统运行，太阳能-溴化锂制冷系统停止。

在本项目中，因地源热泵系统与太阳能-溴化锂制冷系统在制冷时，并不同时运行，同时因空调供暖面积不同，冬夏季负荷也不同，冬季负荷大于夏季负荷，因此采用该联合系统后，地埋管换热器的配置能满足系统的要求。

第三章　地源热泵行业发展展望

随着我国《可再生能源法》、《可再生能源中长期发展规划》、《可再生能源发展"十二五"规划》等法律法规相继颁布，地源热泵系统作为一项建筑节能和可再生能源应用的重要技术，得到了政府部门的大力支持，从而得以迅速推广和大量应用，在建筑节能与可再生能源应用中地位突出。我国地源热泵从 2009 年开始进入快速发展阶段，2011 年 4 月至 2012 年 3 月，国家科技部会同重庆市科委共同组织开展了全国范围地热能利用技术及应用情况的调研工作，编制完成了《中国地热能利用技术及应用》宣传手册。未来地源热泵产业空间巨大，预计"十二五"期间，我国将完成地源热泵供暖（制冷）面积 3.5 亿 m^2 左右，届时整个地热能开发利用的总市场规模至少在 700 亿元左右。可以预见，随着地热能利用技术快速进步，地热能利用在我国未来能源利用中必将占据更为重要的地位，我国的地源热泵将迎来更大的发展机遇。

第一节　行业发展需加强浅层地热能资源的调查

浅层地热能资源的调查评价工作是地源热泵行业发展的基础，"十二五"期间，国家出台一系列可再生能源政策，对推动地源热泵产业模式升级有促进作用，浅层地热能资源调查的主要任务是查明我国主要城市浅层地热能分布特点和赋存条件，评价资源量及开发利用潜力，编制开发利用规划，建立监测网络，推动可再生能源示范项目建设，用好国家专项资金，在调查评价的基础上，结合当地行政区域可再生能源开发利用中长期目标，编制地源热泵项目开发利用专项规划。

第二节　加强市场环境分析，促进企业有序健康发展

地热能应用市场潜力巨大，工程增长速度加快。目前，全国各区域地源热泵发展程度不同，而且行业品牌格局多，竞争日趋激烈。多数企业是为了当前地热市场的利润而来，没有做长远投资打算，更没有开展相匹配的地质条件研究，不具备全面的地源热泵系统工程设计、施工及相关服务能力。政府相关机构及行业组织应加强对市场的分析，开展行业自律，引导和促进企业有序健康发展。

第三节 加强人才培训，提高从业人员专业素养

在目前我国已经建设的地源热泵项目中，部分地源热泵工程不能正常运转或效率低下，一些地区对已建工程的水热均衡研究及其对环境的影响缺乏监控，造成地源热泵工程不能长期有效运行。因此，解决上述问题的最有效方式就是让地源热泵从业人员参加系统、全面的地源热泵专业培训。地源热泵企业对行业人不仅对数量上有要求，更对质量上有要求。新投资的地源热泵公司需要补充人才，其岗位跨越多个层面，从项目经理、暖通设计师、暖通工程师到热泵施工员、技术员、项目销售工程师，涉及各个岗位；从类型讲，包含工程类、设计类、研发类、销售市场类等；从岗位层面分析则涵盖了中高级的管理人才，中层的技术研发销售人才，普通的施工技术人才等。

基于地源热泵的行业特性，企业为抢占市场，会尽快扩大公司在行业内的影响力，同时为提高企业利润都会采取了一系列措施，加强公司团队管理和相关制度规范化，提升公司研发设计能力，打造品牌。而这一切都需要优秀的人才，特别是一加入公司就可以为公司带来巨大效益的人才。在大型地源热泵公司受过良好培训且从事多个工程项目设计以及产品方案技术支持的人才，一到岗就可投入到工作当中，不但能立即为企业带来经济效应，而且还能带来大企业的先进设计理论和前沿技术方案。因此，可通过行业协会组织的系统培训，热泵公司自身对人员的培训，以及与高校联系开展在职教育等方法展开各种培训提高从业人员专业知识水平和专业素养。

第四节 加强系统匹配的技术投入，
建立完善的标准规范体系

从整体上看，市场不规范，缺乏市场准入制度和科学评价体系，是制约我国地源热泵技术推广的重要因素。以牺牲质量为代价的恶性竞争出现不断加剧之势。同时，对于目前我国地源热泵应用呈现城市级、超大规模使用的趋势和特点，不管是从技术上还是从管理上，各个相邻地源热泵项目间相互产生热干扰的风险都应引起高度重视。目前执行的标准仅有 2005 年编制、2009 年修编的国家标准《地源热泵系统工程技术规范》GB 50366—2009 和设备生产方面的国家标准《水源热泵机组》GB 19409—2003 等少数几个，目前《水源热泵机组》标准正在修编中，标准规范的严重滞后于行业的发展。

从产业自身发展来看，缺乏完善的地源热泵制造标准和应用规范，工程施工质量缺少监理；从产业政策看，对地源热泵项目的建设及运营监管不严格。同

时，国内已建的大部分热泵工程，均未建立地下水和岩土监测系统，不掌握地源热泵运行过程中对地质环境产生的影响，相关的土壤热传导机理研究和地下水回灌技术仍需完善。我国的地源热泵缺乏有序的竞争、规范的管理。引领行业健康发展，必须首先建立标准规范体系，依靠标准规范引领和加强行业的管理。

第五节　产业规模不断扩大，应加强行业指导

我国地源热泵产业规模不断扩大，截至 2011 年底，地源热泵应用面积已达 2.4 亿㎡，预计到 2020 年，我国的地源热泵市场规模将比目前增长 5～8 倍。如此大市场规模的新兴的产业，应加强行业指导。而地源热泵行业协会是联络政府、专家和企业，协调内外关系，解决技术和矛盾，组织交流与合作，带动全行业大小企业共同发展的重要行业组织，其协调和指导作用至为重要，应加强行业协会的指导作用。

参考文献

[1]　徐伟主编．中国地源热泵发展研究报告（2008）．中国建筑工业出版社，2008 年 12 月．
[2]　徐伟主编．地源热泵技术手册．中国建筑工业出版社，2011 年 5 月．
[3]　马最良，姚杨，姜益强等．热泵技术应用理论基础与实践．中国建筑工业出版社，2010 年 6 月．
[4]　郑克棪．谈地源热泵在中国的发展前景．中国新能源网，2011 年．
[5]　龚长山．中国地源热泵行业发展浅析［J］．中生产资料国市场，2011 年，第 45 期．
[6]　2010 世界地热利用的最新数据［J］．地热能，2010 年，第 5 期．
[7]　《热泵资讯》杂志，2012 年，第 35～37 期．
[8]　《地源热泵》杂志，2012 年，第 71～75 期．
[9]　《建设科技》杂志，2012 年，第 21 期．

地源热泵专业委员会编写人员：

徐　伟　王东青　魏立峰　李　怀　孙德宇　才　隽

第 八 篇 | 太阳能建筑应用

第一章　太阳能建筑应用行业发展现状

近年来，由于我国可再生建筑应用示范工作的有力拉动，整个太阳能建筑应用行业发展迅速。2012 年，财政部、住房和城乡建设部《关于进一步推进可再生能源建筑应用的通知》（财建［2011］61 号）和《关于完善可再生能源建筑应用政策及调整资金分配管理方式的通知》（财建［2012］604 号）进一步推动了太阳能光热建筑应用产业进一步升级，应用规模进一步扩大。国家能源局《关于申报新能源示范城市和产业园区的通知》（国能新能［2012］156 号）和《关于申报分布式光伏发电规模化应用示范区的通知》（国能新能［2012］298 号）也进一步使得太阳能光热光伏建筑应用获得更大的支持，到 2011 年底，在太阳能光热应用方面，太阳能集热器安装总量达到 1.94 亿 m，其应用范围和领域不断扩大。我国真空集热管具有较强技术优势，中高温集热技术取得重大进展，具备了产业化发展的条件。在太阳能光伏应用方面，2011 年全年组件产量达到 21GW，同比增长 141%，约占全球总产量的 60%。光伏技术进步迅速，形成了具有国际竞争力的太阳能光伏发电制造产业，在光伏电池制造技术方面，我国已达到世界先进水平。多晶硅等上游材料的制约得到缓解，基本形成了完整的光伏发电制造产业链。在"光电建筑应用示范项目"和"金太阳示范工程"推动下，太阳能光伏建筑应用规模化的格局正在形成。

2012 年 10 月，中国建筑节能协会太阳能建筑一体化专业委员会（以下简称"CBSA"）组织相关机构和人员对太阳能建筑应用行业进行深入调研，下面结合国家统计局的数据以及 CBSA 调研成果阐述我国太阳能建筑应用产业发展和工程应用情况。

第一节　产 业 发 展 情 况

1. 光热产业发展现状

我国光热企业的规模按照年营业额进行划分：年营业额 20 亿元以上的企业为大型企业，年营业额 2 亿～20 亿元之间的企业为中型企业，年营业额 2 亿元以下的企业为小型企业。根据统计局的数据，如图 8-1-1 所示，我国现有光热企业 3000 多家；其中规模化企业不超 20 家，中型企业 106 家，小型企业 2000 多家。

规模化企业市场占有份额 40％以上，其中产值 20 亿元以上的企业有皇明、太阳雨、桑乐、力诺瑞特等，如图 8-1-2 所示。

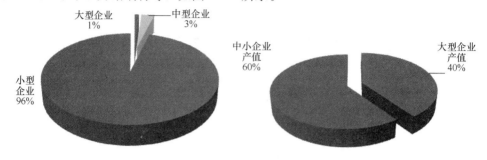

图 8-1-1 光热行业企业规模分布
数据来源：国家统计局

图 8-1-2 光热行业企业规模分布
数据来源：CBSA 调研数据

我国光热企业地区分布比较集中。从统计数据看，主要集中在江苏省、浙江省、山东省、北京市、广东省等地，这五省市的企业数量占到全部企业数量的 71％，如图 8-1-3 所示。

2. 光伏产业发展现状

我国光伏企业的规模按照年营业额进行划分，年营业额超过 20 亿元的企业为大型企业，年营业额在 3 亿～20 亿元之间的企业为中型企业，年营业额不足 3 亿元的企业为小型企业。国家统计局数据显示，我国共有光伏企业 359 家，以小型企业居多，其中，共有大型企业 8 家，占比 2.23％；中型企业 41 家，占比 11.42％；小型企业 310 家，占比 86.35％，如图 8-1-4 所示。

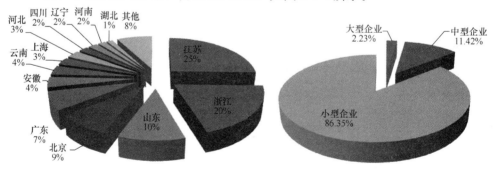

图 8-1-3 光热企业地域分布情况
数据来源：国家统计局

图 8-1-4 光伏行业企业规模分布
数据来源：国家统计局

实际调研得到的企业规模分布与国家统计局数据趋势一致，小型企业占比较大。但是由于面访的企业配合度较高，因此实际调研的数据，大中型企业占比偏大。如图 8-1-5 所示。

根据国家统计局的资料显示，我国光伏企业的数量比较集中。数量最多的前7名省市为浙江省、江苏省、广东省、上海市、北京市、山东省和河北省。这7个省市的光伏企业数量占全部企业数量的80%，如图8-1-6所示。

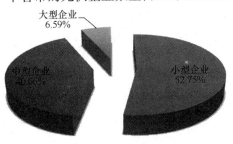

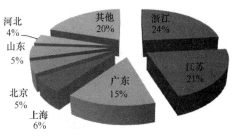

图 8-1-5　光伏行业企业规模分布　　　　图 8-1-6　光伏企业地域分布情况

数据来源：CBSA 调研数据　　　　　　　数据来源：国家统计局

第二节　工程应用情况

1. 光热工程应用情况

随着人们对热水的需求逐渐增多，越来越多的太阳能光热系统被应用在多层和中高层建筑中，如针对学校、医院、宾馆、集体浴室等的太阳能热水系统。

（1）系统分类

我国太阳能光热系统分为三种类型：热水系统，采暖系统和空调系统。

热水系统主要是利用太阳能集热器，收集太阳能辐射能把水加热然后供应人们使用的一种装置，供热时可以局部供热也可以集中供热。

采暖系统是指通过太阳能集热器收集分散的太阳能，将水加热后输送到发热末端，进而用来给建筑物加热的系统。太阳能采暖系统所需的集热面积远远大于太阳能热水系统，安装位置要求较大，在高层建筑或居住密度较大的城区难于应用，目前总体应用较少。

空调系统主要是利用太阳能集热器为吸收式制冷机提供发生器所需的热媒水，使吸收式制冷机工作制冷。目前我国太阳能空调系统技术尚处于起步阶段，只在个别示范工程中使用。

其中热水系统是最主要的应用方向，应用范围最广。

（2）工程项目地域分布

近几年来，在我国太阳能资源适宜的部分地区，光热建筑应用系统鼓励在建筑中安装和使用。近年来，许多省、市相继发布了太阳能光热强制安装激励政策，主要有：

省级、直辖市：海南、江苏、湖北、浙江、黑龙江、宁夏、青海、山东、安徽、辽宁、云南、河北、北京、吉林、天津、河北、江苏、上海、福建、广东等。

城市：深圳、青岛、烟台、德州、郑州、邢台、秦皇岛、承德、铜陵、福州、珠海、南京、苏州、昆明、济南、武汉、开封、大连、宁波、沈阳、太原、湖州、银川、厦门、合肥等。

（3）集热器使用情况

CBSA 调研显示，我国 75％的光热建筑一体化项目中使用了真空管集热器，24％的项目采用了平板集热器，另外还有 4％的项目同时也使用了这两种平板集热器，如图 8-1-7 所示。

根据 CBSA 调研数据，我国光热市场上平板集热器的市场占有率仅为 10％左右，但是由于平板集热器在光热建筑一体化工程应用中的天然优势，使得平板集热器在光热建筑一体化工程市场的市场占有率达到了 24％，未来发展空间很大。

（4）系统使用情况

目前，我国太阳能光热建筑应用项目对太阳能的利用，主要是以太阳能热水系统为主，占 90％以上，如图 8-1-8 所示。其中 7％的项目应用了热水系统与采暖系统及空调系统相结合的形式，独立采用太阳能采暖系统的项目较少，占比 1％。

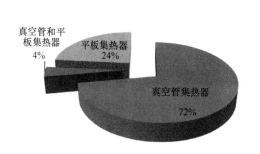

图 8-1-7 集热器使用情况
数据来源：CBSA 调研

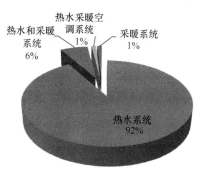

图 8-1-8 光热建筑一体化
项目系统使用情况
数据来源：CBSA 调研

（5）产品与建筑结合方式

光热产品与建筑结合方式主要包括平屋面支架式、坡屋顶内嵌结合、阳台立面结合三种形式，如图 8-1-9 所示。CBSA 调研显示，我国已建成的光热建筑一体化项目，所应用的产品与建筑的结合方式主要是平屋面支架式。应用到平屋面支架式的建筑一体化项目一共占比 81%；其次是阳台立面结合的形式使用较多，占全部项目数量的 11%；坡屋顶内嵌结合的形式使用最少，占比 3%；此外还有 5% 的项目使用了其他结合方式，如：平板集热器代替阳台构件的一体化结合方式等。

（6）建筑类型分布

通过 CBSA 调研显示，我国光热建筑一体化项目主要应用在居民建筑中。此次调研的光热建筑一体化项目中，居民建筑数量占比 49%，公共建筑占 42%，工业建筑占 9%。如图 8-1-10 所示。由于目前太阳能光热利用主要集中在热水应用系统，因此在居民建筑以及学校、游泳馆、办公大楼等公共建筑中应用较多。随着光热中高温技术的发展，在工业中的应用也将逐渐增多。

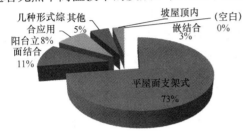

图 8-1-9　光热建筑一体化
中产品与建筑结合方式情况
数据来源：CBSA 调研

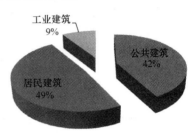

图 8-1-10　我国光热建筑
一体化建筑类型情况
数据来源：CBSA 调研

2. 光伏项目应用情况

（1）光伏项目分布情况

从财政部、住房和城乡建设部批复的 2012 年太阳能光电建筑应用示范项目的情况可以看出，我国光伏建筑应用项目覆盖全国各地，江苏、河南、内蒙古、山东等地安装规模较大。

（2）光伏组件市场占有情况

光伏组件包括三种，晶硅组件、非晶硅组件和聚光电池。其中，在工程应用中晶硅组件的占有率最高，约 80% 以上，非晶硅组件约 10% 以上，此外，还有少量聚光电池组件，如图 8-1-11 所示。

光伏建筑应用项目所用的产品，目前以晶硅组件为主。这主要是受光电转换效率及成本两方面的影响：

1）晶硅组件的光电转换效率比非晶硅组件高。单晶硅太阳能电池的光电转换效率为

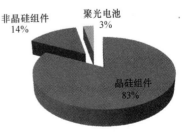

图 8-1-11　光伏产品市场占有率情况
数据来源：CBSA 调研

17%左右，最高的达到 24%；多晶硅太阳能电池的光电转换效率约 15% 左右；非晶硅太阳电池光电转换效率偏低，目前国际先进水平为 10% 左右，且不够稳定，随着时间的延长，其转换效率衰减。

2）硅原料价格的下降使晶硅组件成本下降，有利于其应用。

（3）与建筑结合方式分析

我国光伏建筑应用项目中，产品与建筑的结合方式主要分为 BAPV（Building Attached PV 的简称）和 BIPV（Building Integrated PV 的简称）两种类型。其中，BAPV 的结合方式主要为普通屋顶支架式，BIPV 的结合方式主要有光伏幕墙、光伏采光顶、光伏卷帘、光伏百叶窗、光伏遮阳板等。CBSA 调研发现，我国的光伏建筑应用项目中，采用了普通屋顶支架式的项目数量最多，达到 80%；其次使用较多的是光伏幕墙，占比 15%；光伏采光顶占比 10%；此外还有 5% 的项目采用了其他结合方式，比如做遮雨棚、防水层等的 BIPV 的形式，如图 8-1-12 所示。

（4）建筑类型分布

CBSA 调研显示，我国光伏建筑应用项目实施的建筑主体，公共建筑占比例最高，约为 65%，工业建筑其次，约占 28%，居住建筑占 7%，如图 8-1-13 所示。

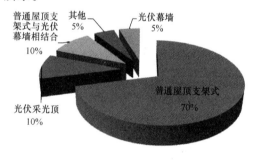

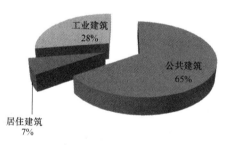

图 8-1-12　光伏建筑一体化产品与
建筑结合方式应用情况（按项目数量）
数据来源：CBSA 调研

图 8-1-13　光伏建筑一体化建筑类型分布
数据来源：CBSA 调研

第二章 太阳能建筑应用最新政策法规解读

作为一个新兴的行业，太阳能建筑应用行业受国家利好政策影响很大。近年来，比较稳定的政策体系是财政部、住房和城乡建设部的可再生能源建筑应用示范、太阳能光电建筑应用示范以及财政部、发改委、科技部联合实施的金太阳示范工程，这些相对稳定的基于财政补贴的经济激励政策是拉动国内太阳能建筑应用市场的主要力量。另外，国家能源局 2012 年印发《关于申报新能源示范城市和产业园区的通知》国能新能〔2012〕156 号和《关于申报分布式光伏发电规模化应用示范区的通知》国能新能〔2012〕298 号，启动了新能源示范城市和产业园区、分布式光伏发电规模化应用示范区的申报工作。

第一节 国家层面政策法规

近两年，国家相关部委相继发布了多项重大利好政策，促进太阳能在建筑中的规模化应用。下面就其中几个重要的政策进行解读：

1. 《关于进一步推进可再生能源建筑应用的通知》（财建〔2011〕61 号）

该通知明确了"十二五"可再生能源建筑应用发展目标：切实提高太阳能、浅层地能、生物质能等可再生能源在建筑用能中的比重，到 2020 年，实现可再生能源在建筑领域消费比例占建筑能耗的 15％以上。"十二五"期间，开展可再生能源建筑应用集中连片推广，进一步丰富可再生能源建筑应用形式，积极拓展应用领域，力争到 2015 年底，新增可再生能源建筑应用面积 25 亿 m² 以上，形成常规能源替代能力 3000 万 t 标准煤。

文中鼓励地方出台强制性推广政策。鼓励有条件的省（区、市、兵团）通过出台地方法规、政府令等方式，对适合本地区资源条件及建筑利用条件的可再生能源技术进行强制推广，进一步加大推广力度，力争"十二五"期间资源条件较好的地区都要制定出台太阳能等强制推广政策。财政部、住房和城乡建设部将综合考虑强制推广程度及范围，在确定"十二五"可再生能源建筑应用重点区域时对出台强制性推广政策的地区予以倾斜。

本政策明确提出了可再生能源在建筑领域应用的发展目标，为今后的可再生能源建筑应用指明了方向，提出了量化要求；提出了要进一步加强可再生能源建筑应用集中连片推广的要求，标志着可再生能源建筑应用示范进一步扩大规模，放大效益。该政策鼓励资源条件好的地方出台太阳能强制安装政策，为后面发布强制安装太阳能的埋下了伏笔。

2.《关于完善可再生能源建筑应用政策及调整资金分配管理方式的通知》(财建[2012] 604 号)

该通知明确了以下四个方面的重点工作，实施四个重点工程：

(1) 稳定可再生能源建筑应用示范市县政策，更好地发挥示范带动作用。

(2) 大力推进集中连片推广，更好地发挥政策整体效应。

(3) 支持可再生能源建筑应用省级推广，加快规模化推广进程。

(4) 大力推进实施太阳能浴室等重点工程，切实推动新能源更好地惠及民生。

四个重点工程为：

(1) 太阳能浴室工程。主要内容是以村为单位，建设公共太阳能浴室，解决农村特别是北方地区农村冬季洗浴难的问题。各省应对本辖区内村庄建设公共太阳能浴室工程的需求进行调查摸底，编制建设计划，并对浴室选址、设计、产品采购及施工加强指导、监督和政策支持，确保建设质量。北方地区建设的太阳能浴室必须同步采取建筑节能措施，进一步提高舒适性。要积极探索太阳能浴室建成后的后续管理模式，确保长期高效使用。

(2) 保障性住房太阳能推广工程。主要内容是有条件地区在保障性住房建设中，同步规划、设计、安装应用太阳能，为居民提供生活热水等。各省应根据地区实际及保障性住房建设规划，合理安排推广计划，与保障性住房建设同步实施、同步投入使用。

(3) 农村被动式太阳能暖房工程。主要内容是在新农村民居建设工程、牧民定居工程等集中建设农村住宅的过程中，同步采用被动式应用太阳能技术，部分的解决冬季采暖问题。各省要统筹考虑本地区气候特点、居民生活习惯、农居建筑形式等因素，合理选择被动式太阳能技术，并统一进行设计、施工。

(4) 阳光学校、阳光医院工程。主要内容是在寄宿制中小学、卫生院等公益性公共建筑中大力推广应太阳能，包括建设太阳能浴室及集中太阳能热水系统，解决生活热水需求；建设太阳能房，解决教室、病房的采暖问题等。各省要及时摸清学校、医院太阳能应用需求，编制建设计划及具体工作方案。

本政策明确了国家可再生能源建筑应用示范由示范市（县）进入到省级示范阶段，标志着国家可再生能源建筑应用推广工作进入了新的发展阶段。

首次明确了凡全年日照时数大于 2200h 的地区，都应在 2014 年前出台措施，在具备条件的民用建筑上进行强制推广，标志着太阳能建筑应用工作将要得到深化开展，进入新的发展阶段。

对太阳能浴室、保障性住房应用太阳能、农村被动式太阳能暖房工程、阳光学校、阳光医院工程等进行专项补贴，确保国家补助资金优先应用在民生工程，扩大补助资金，改善保障性住房及农村居住生活条件，提高人民生活水平。

3.《关于申报新能源示范城市和产业园区的通知》（国能新能〔2012〕156号）

国家能源局表示，未来五年国内将规划建设 100 座新能源城市、200 个绿色能源示范县、1000 座新能源示范区和 10000 个新能源示范镇。此次正式申报启动后，在分布式发电端将有新能源示范城市进行技术和商业模式上的探索。

申报的量化标准和期末的指标要求，将提升各城市的新能源需求。申报的评价指标要求：（1）城市的新能源消费量占比 3％或不低于 10 万 t 标准煤，太阳能、风能、生物质能、地热能等指标中需有两项达标；（2）规划期末（2015 年）新能源消费比重达到 6％。在此指标之下，假设入围的城市能源消费以 8％的速度增长，那么未来 5 年新能源消费将有 24％的增速，这将提升国内的新能源需求。

通过示范城市探索分布式发电的激励政策和管理经验。此次示范城市申报中，要求地方"建立有利于分布式能源发展的政策和管理机制"，这将帮助已形成初稿的《分布式发电管理办法》在制度上进一步完善、在后期的可实施性上进行验证。

4.《国家能源局关于申报分布式光伏发电规模化应用示范区的通知》（国能新能〔2012〕298 号）

该通知指出："国家对示范区的光伏发电项目实行单位电量定额补贴政策，国家对自发自用电量和多余上网电量实行统一补贴标准。项目的总发电量、上网电量由电网企业计量和代发补贴。"

"各省（区、市）可结合新能源示范城市、绿色能源县和新能源微电网项目建设，抓紧研究编制示范区实施方案。首批示范区在若干城市相对集中安排。每个省（区、市）申报支持的数量不超过 3 个，申报总装机容量原则上不超过 50 万 kW。"

在今年光伏行业发展受困的局面之下，继国家"太阳能光电建筑应用示范工程"和"金太阳示范工程"之后，国家能源局首次发布了分布式发电示范区补助政策，明确了每个省（区、市）的推广规模，是迄今为止启动的最大的分布式发电项目。国家对分布式发电的补助由项目扩展到示范区，对分布式光伏发电补助的力度进一步加大，标志着我国太阳能光伏建筑应用进入新的发展阶段。

国家电网称："11月1日起，国家电网将对适用范围内的分布式光伏发电项目提供系统接入方案制定、并网检测、调试等全过程服务，不收取费用。国家电网公司还将按照有关政策全额收购分布式光伏发电业主富余的电力，且上、下网电量实行分开结算。"

这一政策的出台给困境中的我国光伏行业注入了一针"强心剂"。在经历了一年多的欧美"双反"风波后，光伏行业终于迎来了国内这一利好政策的出台，新政策将快速激活国内光伏市场，光伏行业有望走出谷底迎来新的春天。

第二节　地方政策法规

2012年部分省市发布促进太阳能建筑应用的政策法规，这里摘录一些有代表性的地方政策进行简要说明。

1.《北京市太阳能热水系统城镇建筑应用管理办法》（以下简称"办法"）自2012年3月起发布实施

"办法"指出："本市行政区域内新建城镇居住建筑，宾馆、酒店、学校、医院、浴池、游泳馆等有生活热水需求并满足安装条件的新建城镇公共建筑，应当配备生活热水系统，并应优先采用工业余热、废热作为生活热水热源。不具备采用工业余热、废热的，应当安装太阳能热水系统，并实行与建筑主体同步规划设计、同步施工安装、同步验收交用。"

"办法"鼓励具备条件的既有建筑通过改造安装使用太阳能热水系统。"

此项政策联合了北京市发改、财政、规划、建设等各相关部门，重重把关，确保政策落实，杜绝了有法不依的情况发生。"办法"内容完善，明确了不同层数的建筑如何应用太阳能热水系统，提出了明确的计算方法和判断方法，有很强的可操作性。

2. 江苏省出台了《关于继续扶持光伏发电的政策意见》自2012年6月12日起发布实施

"意见"指出："省电力公司要全额收购光伏发电的上网电量，按照政府价格主管部门确定的上网电价与企业及时结算，确保扶持政策落实到位。"

光伏产业是江苏省战略新兴产业，在国内乃至国际市场占有较大的比重；同时，光伏产品的应用对于支持光伏产业发展，调整能源消费结构具有重要意义。因此，各级价格主管部门要把思想和认识统一到省政府的决策和部署上来，提高对利用价格杠杆扶持光伏发电产业发展的认识，认真履行职责，切实做好促进江苏省光伏发电项目发展的各项价格工作，为扶持江苏省光伏产业的应用发挥应有的作用。

3. 江苏省发布了《关于落实新一轮促进光伏发电扶持政策的实施办法》（以下简称"实施办法"）

本"实施办法"明确了江苏光伏发电上网电价为 2012 年 1.3 元/（kW·h）、2013 年为 1.25 元/（kW·h）、2014 年为 1.2 元/（kW·h）、2015 年为 1.15 元/（kW·h）。江苏发改委还要求地方配套扶持光伏发电，改进电网服务，加强金融支持，以及积极争取金太阳项目。

根据"实施办法"，2012 年江苏支持总量规模约 1000MW，其中江苏省给予的总量为 200MW，金太阳项目为 274MW，国家能源局分布式项目为 500MW。江苏省将为获得国家 1 元/（kW·h）基础光伏上网电价的项目提供额外 0.3 元/（kW·h）的补贴。

"实施办法"还明确了 2012 年度光伏项目支持安排的原则，优先支持电网匹配项目、低压并网的建筑物结合项目、新能源城市和示范区、制造企业和使用本省光伏产品的企业的项目。以及出台地方支持政策的地区和光伏条件优越，采用先进技术的项目。该"实施办法"的推出有望带动新一轮的装机增长。

第三章　太阳能建筑应用最新标准规范

第一节　国　家　标　准

1.《民用建筑太阳能空调工程技术规范》GB 50787—2012 于 2012 年 10 月 1日起实施

该标准是我国第一部民用建筑太阳能空调工程设计国家标准，标准中明确了太阳能空调工程设计计算方法，提出了规划和建筑设计要求，太阳能空调系统安装、验收、运行管理的要求。我国太阳能空调系统经过数年的示范应用，已经在慢慢开始走向规模化。在这个背景下，该标准及时出台，能够规范太阳能空调系统应用，促进行业快速健康发展。

2.《光伏发电站施工规范》GB 50794—2012 于 2012 年 11 月 1 日起实施

本标准中明确了光伏电站施工过程中对土建的要求和设备安装的要求，对安装完成后的设备和系统调试的要求，以及对后期维护中消防工程和环保与水土保持要求，可操作性强，有利于进一步规范我国光伏电站的施工要求，提高建设质量。

3.《光伏发电工程施工组织设计规范》GB/T 50795—2012 于 2012 年 11 月 1日起实施

本规范为了适应国家积极发展光伏电站的需要，提高光伏发电工程施工组织设计水平，在参考有关国际标准和国外先进标准的基础上，广泛征求了各一线施工企业的意见，认真总结实践经验，形成本规范。规范适用于地面安装和建筑附加（BAPV）的并网型光伏发电工程的施工组织设计，规定了光伏发电工程施工组织设计的一般原则和主要设计要求。明确提出施工组织设计应结合实际因地、因时制宜统筹安排、综合平衡、妥善协调光伏发电工程的施工，同时应结合实际推广应用新技术、新材料、新工艺和新设备。

4.《光伏发电工程验收规范》GB/T 50796—2012 于 2012 年 11 月 1 日起实施

为太阳能光伏发电系统能接入电网做好准备，编制了本规范。规范规定了单位工程验收、工程启动验收、工程试运和移交生产验收、工程竣工验收等各方面的要求。其适用范围虽限定在 380V 及以上电压等级接入电网的光伏发电新（扩）建工程，但其他电压等级接入电网的光伏发电新（扩）建工程可参照执行。另外，本规范不适用于建筑与光伏一体化和户用光伏发电工程，但可以参照执行。

5.《光伏发电站设计规范》GB 50797—2012 于 2012 年 11 月 1 日起实施

我国太阳能光伏发电行业正在发展过程中，为了规范太阳能发电的工程质量，促进太阳能发电行业的健康发展，组织制定了本规范。本规范的主要技术内容是：总则、术语和符合、基本规定、站址选择、太阳能资源分析、光伏发电系统、站区布置、电气、接入系统、建筑与结构、采暖通风与空气调节、环境保护与水土保持、劳动安全与工业卫生、消防。

6.《可再生能源建筑应用工程评价标准》发布

我国的可再生能源建筑应用已经由项目示范发展到省级示范、部分地区强制推广阶段，越来越普及的可再生能源建筑应用工程，需要由国家标准来对其性能进行评价。本标准由中国建筑科学研究院和住房和城乡建设部科技发展促进中心主编，行业内多家科研机构及企业参编，历时 3 年，于 2013 年 5 月由住房和城乡建设部发布。标准中对建筑中太阳能热利用系统、太阳能光伏系统、地源热泵系统等明确了评价指标、测试方法、评价方法、判定和分级，发布实施后可指导有关单位对可再生能源建筑应用系统的节能、环保效益进行科学的测试与评价，得出量化指标，为国家制定更为详细的支持可再生能源建筑应用的政策提供重要的技术数据，为可再生能源建筑应用产业的健康发展提供技术保障，提升行业增长率，社会经济效益明显。

第二节　行　业　标　准

1. 2012 年新发布的太阳能建筑应用行业标准主要为《被动式太阳能建筑技术规范》JGJ/T 267—2012 自 2012 年 5 月 1 日起实施

近年来我国被动式太阳能建筑应用技术得到了长足发展，各地相继探索建设了一批新型被动式太阳能建筑，开发了一系列新型被动式太阳能利用技术，但被动式太阳能技术和产品的标准和规范不健全，尤其是被动式太阳房的设计施工规范欠缺，已成为限制被动式太阳能建筑发展和推广的主要因素之一。

本标准结合我国国情，按照不同气候区域，提出了被动式太阳房采暖、降温等设计、施工、验收方法，是国内第一部指导被动式太阳能建筑设计、施工、验收的规范，为被动式太阳能建筑应用的推广奠定了坚实的技术基础，将对被动太阳能建筑在更大范围内的推广起到巨大的作用，从而节约大量建筑能耗，具有显著的经济、社会和环境效益。

2.《光伏建筑一体化系统运行与维护规范》JGJ/T 264—2012 自 2012 年 5 月 1 日起实施

该标准也是由光伏企业牵头编制的建筑领域行业标准，对于促进光伏技术与建筑技术的融合起到了很好的示范作用。本规范的实施意味着我国在光伏建筑运行和维护过程中将结束无行业标准可参照的现状。

第三节　地　方　标　准

2012 年发布的太阳能建筑应用直接相关的地方标准主要有《建筑太阳能光伏系统设计规范》DB11/T 881—2012、《居住建筑节能设计标准》DB11/891—2012 等，这些标准中明确了太阳能应用的相关要求。

1.《建筑太阳能光伏系统设计规范》DB11/T 881—2012

北京市工业和民用建筑中利用太阳能光伏发电技术正成为建筑节能的新趋势。广大工程技术人员，尤其是电气工程设计人员，只有掌握了光伏系统的设计、安装、验收和运行维护等方面的工程技术要求，才能促进光伏系统在建筑中的应用，并达到与建筑的结合。在此背景下，结合北京市的资源条件及项目经验，编制了本标准。

2.《居住建筑节能设计标准》DB 11/891—2012

北京市 2012 年 3 月 1 日起发布实施了《北京市太阳能热水系统城镇建筑应用管理办法》，在新建建筑中强制推广太阳能热水系统，本标准明确了需要安装太阳能热水系统的建筑类型，明确了是否需要太阳能热水系统的判断方法，为确保北京市全面推广太阳能热水系统提供了重要的技术支撑。

第四章　年度大事记

1. 2011 年 3 月财政部、住房和城乡建设部印发《关于进一步推进可再生能源建筑应用的通知》

为进一步推动可再生能源在建筑领域规模化、高水平应用，促进绿色建筑发展，加快城乡建设发展模式转型升级，财政部、住房和城乡建设部印发《关于进一步推进可再生能源建筑应用的通知》（财建〔2011〕61 号）。通知明确"十二五"可再生能源建筑应用推广目标：切实提高太阳能、浅层地能、生物质能等可再生能源在建筑用能中的比重，到 2020 年，实现可再生能源在建筑领域消费比例占建筑能耗的 15% 以上。"十二五"期间，开展可再生能源建筑应用集中连片推广，进一步丰富可再生能源建筑应用形式，积极拓展应用领域，力争到 2015年底，新增可再生能源建筑应用面积 25 亿 m² 以上，形成常规能源替代能力3000 万 t 标准煤。通知要求，"十二五"期间，切实加大推广力度，加快可再生能源建筑领域大规模应用；积极推进可再生能源建筑应用技术进步与产业发展；以可再生能源建筑应用为抓手，促进绿色建筑发展；切实加强组织实施与政策支持。

2. 2011 年 3 月住房和城乡建设部开展 2011 年度可再生能源建筑应用申报工作

根据《财政部　住房和城乡建设部关于进一步推进可再生能源建筑应用的通知》（财建〔2011〕61 号），规定了 2011 年度可再生能源建筑应用有关事项申报要求，住房和城乡建设部开展 2011 年度可再生能源建筑应用的申报工作。

3. 2011 年 11 月国对中国清洁能源产品首次发起"双反"调查

2011 年 11 月 9 日，美国商务部正式发布公告，宣布将对中国输美太阳能电池展开反倾销和反补贴调查，这是美国对中国清洁能源产品首次发起"双反"调查。

本次"双反"调查涉及的中国光伏企业多达 75 家，将国内有一定规模的光伏企业一网打尽。目前，在中国机电产品进出口商会的组织下，14 家中国光伏企业也将联合抗辩美国"双反"。

4. 2011 年 12 月住房和城乡建设部制定《住房和城乡建设部关于落实〈国务院关于印发"十二五"节能减排综合性工作方案的通知〉的实施方案》

按照《国务院关于印发"十二五"节能减排综合性工作方案的通知》（国发〔2011〕26 号）确定的总体目标和工作任务，住房和城乡建设部研究制定了《住房和城乡建设部关于落实〈国务院关于印发"十二五"节能减排综合性工作方案的通知〉的实施方案》。实施方案明确了节能目标：到"十二五"期末，建筑节能形成 1.16 亿 t 标准煤节能能力。其中，发展绿色建筑，加强新建建筑节能工作，形成 4500 万 t 标准煤节能能力；推动可再生能源与建筑一体化应用，形成常规能源替代能力 3000 万 t 标准煤。

5. 2011 年 12 月财政部、住房和城乡建设部联合组织 2012 年度可再生能源建筑应用相关示范工作

财政部、住房和城乡建设部印发《关于组织 2012 年度可再生能源建筑应用相关示范工作的通知》（财办建〔2011〕167 号），开展 2012 年度可再生能源建筑应用有关示范申请工作。通知明确，2012 年将在资源丰富、建筑应用条件优越、地方能力建设体系完善、工作基础较好的省（区、市），启动可再生能源建筑应用省级集中推广重点区示范。

6. 2011 年 12 月财政部、住房和城乡建设部发布《关于组织实施 2012 年度太阳能光电建筑应用示范的通知》，太阳能光电建筑补贴措施出台

为加快启动国内太阳能光电建筑应用市场，进一步提升太阳能光电建筑应用水平，财政部、住房和城乡建设部联合发布的《关于组织实施 2012 年度太阳能光电建筑应用示范的通知》（财办建〔2011〕187 号），2012 年光电建筑应用政策向绿色生态城区倾斜，向一体化程度高的项目倾斜。通知明确，鼓励在绿色生态城区的公共建筑及民用建筑集中连片推广应用光伏发电。绿色生态城区应当以宜居、绿色、低碳为建设目标，以居住功能为主，把太阳能光伏发电等可再生能源建筑应用比例作为约束性指标，绿色建筑应达到一定比例，从整体上实现资源节约利用与生态环境保护。该通知的主要目的在于加快国内太阳能光电建筑应用市场的启动，从而进一步提升太阳能光电建筑应用水平。初步预计，建材型等与建筑物高度紧密结合的光电一体化项目，补助标准为 9 元/W；与建筑一般结合的利用形式，补助标准为 7.5 元 W。最终补贴标准将根据光伏产品市场价格变化等情况进行核定。

7. 2012 年 1 月住房和城乡建设部组织编制《"十二五"建筑节能专项规划 (征求意见稿)》

根据《民用建筑节能条例》和"十二五"专项规划编制的总体要求,住房和城乡建设部印发《关于征求"十二五"建筑节能专项规划(征求意见稿)意见的函》(建办科函〔2012〕25 号),为住房和城乡建设部组织编制的《"十二五"建筑节能专项规划(征求意见稿)》征求意见。

8. 2012 年 1 月太阳能光电建筑补贴措施出台

财政部、住房和城乡建设部日前联合发布的《关于组织实施 2012 年度太阳能光电建筑应用示范的通知》指出,为加快启动国内太阳能光电建筑应用市场,进一步提升太阳能光电建筑应用水平,2012 年光电建筑应用政策向绿色生态城区倾斜,向一体化程度高的项目倾斜。

通知表示,鼓励在绿色生态城区的公共建筑及民用建筑集中连片推广应用光伏发电。绿色生态城区应当以宜居、绿色、低碳为建设目标,以居住功能为主,把太阳能光伏发电等可再生能源建筑应用比例作为约束性指标,绿色建筑应达到一定比例,从整体上实现资源节约利用与生态环境保护。该通知的主要目的在于加快国内太阳能光电建筑应用市场的启动,从而进一步提升太阳能光电建筑应用水平。

初步预计,建材型等与建筑物高度紧密结合的光电一体化项目,补助标准为 9 元/W;与建筑一般结合的利用形式,补助标准为 7.5 元/W。最终补贴标准将根据光伏产品市场价格变化等情况进行核定。

9. 2012 年 3 月住房和城乡建设部建筑节能与科技司印发 2012 年工作要点

2012 年建筑节能与科技司工作以落实部建设工作会议的部署为主线,以节能减排、科技创新为重点,深入抓好建筑节能,全面推进绿色建筑发展;组织实施好国家科技重大专项和科技支撑计划项目;抓好墙体材料革新工作;开展全方位多层次的国际科技合作与交流;完善监督管理机制,推进科技成果转化。

10. 2012 年 3 月第八届国际绿色建筑与建筑节能大会成功召开

由中国城市科学研究会、中国建筑节能协会等共同主办的第八届国际绿色建筑与建筑节能大会暨新技术与产品博览会于 29 日在北京国际会议中心隆重召开。住房和城乡建设部副部长仇保兴主持开幕式,国内外代表 3000 余人参加了开幕式。开幕式上,仇保兴代表住房和城乡建设部与加拿大联邦政府自然资源部签署了关于生态城市建设技术合作谅解备忘录。大会分为研讨会和博览会两大部分。

研讨会围绕大会主题安排了 1 个综合论坛和 25 个分论坛。在综合论坛上，仇保兴作了题为《我国绿色建筑发展和建筑节能的形势与任务》的主题报告。在 25 个分论坛上，来自国内外的 200 多名政府官员、专家学者和企业界人士围绕"绿色建筑设计理论、技术和实践"、"绿色建筑智能化与数字技术"、"既有建筑节能改造技术及工程实践"、"太阳能在建筑中的应用"等题目发表了演讲。博览会上，来自国内外的上百家知名企业向全世界展示了国内外绿色建筑与建筑节能领域的最新成果、发展趋势和成功案例以及建筑行业节能减排、低碳生态环保方面的最新技术、产品以及应用发展。

11. 2012 年 5 月财政部、住房和城乡建设部联合印发《关于加快推动我国绿色建筑发展的实施意见》

为进一步深入推进建筑节能，加快发展绿色建筑，促进城乡建设模式转型升级，财政部、住房和城乡建设部联合印发《关于加快推动我国绿色建筑发展的实施意见》（财建〔2012〕167 号）。实施意见明确推动绿色建筑发展的主要目标：切实提高绿色建筑在新建建筑中的比重，到 2020 年，绿色建筑占新建建筑比重超过 30％，建筑建造和使用过程的能源资源消耗水平接近或达到现阶段发达国家水平。"十二五"期间，加强相关政策激励、标准规范、技术进步、产业支撑、认证评估等方面能力建设，建立有利于绿色建筑发展的体制机制，以新建单体建筑评价标识推广、城市新区集中推广为手段，实现绿色建筑的快速发展，到 2014 年政府投资的公益性建筑和直辖市、计划单列市及省会城市的保障性住房全面执行绿色建筑标准，力争到 2015 年，新增绿色建筑面积 10 亿 m² 以上。补贴标准：对高星级绿色建筑给予财政奖励。对经过上述审核、备案及公示程序，且满足相关标准要求的二星级及以上的绿色建筑给予奖励。2012 年奖励标准为：二星级绿色建筑 45 元/m²，三星级绿色建筑 80 元/m²。奖励标准将根据技术进步、成本变化等情况进行调整。

12. 2012 年 5 月财政部、住房和城乡建设部联合印发的《关于对 2012 年太阳能光电建筑应用示范项目名单进行公示的通知》财建便函〔2012〕33 号

按照《太阳能光电建筑应用财政补助资金管理暂行办法》（财建〔2009〕129 号）、《关于组织实施 2012 年太阳能光电建筑应用示范的通知》（财办建〔2011〕187 号）要求，根据专家评审意见，财政部、住房和城乡建设部初步确定了 2012 年光电建筑应用示范项目名单，为确保评选的公开、公平、公正，予以公示，将有关事项通知如下：（1）根据光伏产品市场价格变化最新情况，对 2012 年度中央财政对太阳能光电建筑应用示范项目的补助标准进行了适当调整，具体为：对与建筑一般结合的利用形式（构件型与支架型），补助标准为 5.5 元/W，对与建筑物高度紧密结合的利用形式（建材型），补助标准为 7 元/W。项目与建筑结合方式根据申报材料及专家评审意见确定。（2）列入 2012 年光电建筑应用项目示范的单位须在项目批准后一年内，即 2013 年 5 月底前完成相应的光伏发电装机任务。需要退出示范的项目，申报单位请在公示期间提出书面退出申请。（3）任何单位和个人对公示的项目及内容如有不同意见，需说明存在的问题、详细原因、提供相关支撑材料，同时务必注明包括姓名、联系电话在内的详细联系方式。并发布《关于对 2012 年太阳能光电建筑应用示范项目名单进行公示的通知》财建便函〔2012〕33 号。

13. 美欧对华光伏发起双反

欧盟委员会 9 月公布，对中国光伏电池发起反倾销调查。这是迄今对我国最大规模的贸易诉讼，涉案金额超过 200 亿美元，折合人民币近 1300 亿元。这个影响会是相当大，我们很多企业面临着不仅是亏损，而且可能面临着破产的危险。又于 11 月 9 日对中国光伏进行反补贴立案。根据欧盟的"双反"，2013 年 6 月 6 日之前将公布反倾销初裁，征收临时反倾销税，在 2013 年 12 月 6 日之前公布反倾销终裁，征收最终反倾销税。

美国国际贸易委员会 2012 年 11 月 7 日作出终裁，认定从中国进口的晶体硅光伏电池及组件实质性损害了美国相关产业，美国将对此类产品征收反倾销和反补贴（"双反"）关税。美国国际贸易委员会当天以 6 票全部赞成通过此项裁定。由于美国商务部此前已终裁认定中国向美国出口的晶体硅光伏电池及组件存在倾销和补贴行为，根据美方规定，美国商务部将正式要求海关对此类产品征收"双反"关税。

商务部决定自 2012 年 11 月 1 日起对原产于欧盟的太阳能级多晶硅进行反补贴、反倾销调查，并将本案与 2012 年 7 月 20 日商务部已发起的对原产于美国和韩国的进口太阳能级多晶硅反倾销调查及对原产于美国的进口太阳能级多晶硅反补贴调查进行合并调查。

太阳能建筑一体化专业委员会编写人员：

住房和城乡建设部科技中心：梁俊强、郝斌、刘幼农、王珊珊、赵亚丽

中国建筑科学研究院：王选

国际铜业协会：黄俊鹏、李荆、邱晨怡

第九篇 建筑电气与智能化节能现状与技术发展

第一章 建筑电气与智能化行业 发展与现状分析

建筑作为我国的支柱产业之一在这几十年里发生了翻天覆地的变化，随着我国建筑行业的飞速发展，建筑电气与智能化作为建筑行业里的一个重要环节，它的发展速度也令人侧目。从建筑电气专业成立到现在，短短二十几年的时间，我国建筑电气的研发企业已增长到近1000家，并涌现了像西门子、ABB、施耐德、南京菲尼克斯电气等实力雄厚的建筑电气生产企业。从业人数也到达将近300多万，其中注册电气工程师的数量已突破10万人，发展速度非常惊人。

在低碳、环保观念大行其道的今天，建筑作为耗能大户引起了业内人士的广泛关注，注重建筑物自身的舒适、安全以及便利的同时，考虑到相应每个环节的能源效率，已经成为一种主流的发展趋势。建筑电气与智能化属于建筑节能工作中的一个重要的部分，建筑中用电设备能耗大，建筑物楼宇智能化程度高低也与节能有非常重要的联系。同时，相对于改变建筑的墙体、窗体结构的"被动节能"而言，建筑电气节能是一种"主动节能"，更具有见效快，对建筑正常使用影响小等优势。因此，在建筑物中实行优化的电气节能设计方案，使建筑物内的机电设备合理配置和运行，具有较大的节能空间。

本章从建筑电气与智能化的发展历程出发，总结了这些年建筑电气与智能化方面发展的总体概况，并对现阶段的市场现状以及影响智能建筑行业的因素进行了分析，总结了建筑电气与智能化未来的发展趋势，进而提出了节能在建筑电气中的重要地位。

第一节 建筑电气与智能化的发展历程

建筑电气技术的发展，是随着建筑技术的发展，电气科技的发展而同步的。尤其是随着信息技术的发展，如计算机技术、控制技术、数字技术、显示技术、网络技术以及现代通信技术的发展，使建筑电气技术实现了飞跃性的发展。自从改革开放以来，与国际上进行广泛的技术交流，国际上许多先进的新产品、新技术不断进入中国建筑市场，使建筑电气行业迈出了新的一步。

20世纪70年代末，建筑行业是我国大的支柱产业之一，建筑电气专业处于无标准规范、无科技期刊、无专业学会、无科研机构、无情报交流的状态，这与国家经济发展是很不相称的。建筑电气专业存在的上述问题不解决，势必要拖建筑行业的后腿。经过短短几年时间，这一情况得到了巨大的改观。大专院校先后在电气自动化专业开设与建筑电气有关的基础课程；成立了中国建筑学会建筑电气学术委员会、全国建筑电气设计技术协作及情报交流网、出版发行《建筑电气》杂志，部标《建筑电气设计技术规程》也于1983年颁布。为建筑电气专业设计今后的发展打下了坚实的基础，成为推动建筑行业同步发展的动力。

随着改革开放的不断深入，与国际技术交往、合作愈加频繁，从20世纪70年代末期的南京金陵饭店首开高层建筑国内外合作设计的先例后，相继在广东、深圳、上海、北京等地陆续建设了一批高层建筑。有的是合作设计，有的则是国内设计单位独立完成。在此期间，广大设计单位纷纷感觉到建筑电气技术的发展速度之快，是我们闭关自守这么多年所始料不及的。我们可以回顾改革开放初期建筑界的形势，国家以邻近港澳的沿海城市作为改革开放的窗口，全国许多省市的建筑设计院则以在沿海特区开辟分院、公司作为了解新技术的窗口。这种举措，在当时确实起到了良好的作用，使我们进一步看到了自己的差距，也逐步了解了国外建筑电气发展的情况。通过与国外同行的交流，引进新产品、新技术用到建筑中来。促进和加快了我国的建筑电气技术的进步。经过多年的发展，随着基本建设的推进，建筑电气技术在全国范围内得到了充分的发展。尤其是从1992年邓小平同志南方谈话后，经过拨乱反正，认准了方向，全国基本建设的形势历时十余年，以令世界瞩目的势头持续高速发展，使建筑电气行业有了长足的进步。

"智能建筑"是随着在20世纪80年代计算机技术、信息技术、电子技术、控制技术、通信技术等迅速发展，人们的生产方式和生活方式产生巨大变化后，在建筑领域中所诞生的全新概念。

1984年，美国哈福特（Harford）市将一座旧式金融大厦改造。并且对大楼的空调、电梯、照明、防盗等设备采用计算机进行监删控制。为大楼客户提供语音通信、文字处理和情报资料等信息服务．被称为世界第一座智能建筑。至今，美国智能楼宇超过万幢，日本新建的大楼几乎都是智能大厦。

在中国，智能建筑起源于20世纪90年代，起步较晚，但发展迅速。中国的智能建筑行业经历了类似的过程，前后大体经历过三个阶段：

1990～1995年（初始发展阶段），随着国际智能建筑技术引入中国，智能建筑这一理念逐渐被越来越多的人所认识和接受。但该阶段建筑智能化的对象主要为宾馆酒店和商务楼，各子系统独立，实现智能化的水平不高。智能建筑的广泛运用前景在这一时期受到政府部门、高等学校、科研院所、企业厂商等极大关注和支持，为适应智能建筑发展，主管部门开始制定了一系列标准规范。

1996～2000年（规范管理阶段），随着市场对智能建筑的认可与需求，智能建筑技术在全国范围内得以推广和应用。该阶段特点是，各种指导性文件、行业管理性文件、行业规范标准性文件、企业和人员执业证书文件得到充实与完善。建筑智能化的对象已经扩展到机关，企业单位办公楼、图书馆、医院、校园、博物馆、会展中心、体育场馆以及智能化居民小区。智能化系统实现了系统集成，形成了网络化控制。

2001 年至今（发展阶段），信息产业部和住房和城乡建设部在全国开展了"数字城市"的试点示范工作。信息产业部提出在政府系统建立"三网一库"为基本架构的政府信息化框架工作。这一阶段的特点：智能建筑呈现网络化、IP化、IT 化、数字化的趋势，一批新技术、新产品将进入智能建筑领域，如无线技术，数字化技术产品被广泛采用。智能建筑的实用价值得到了广泛提升。

第二节　建筑电气与智能化行业的市场现状及发展趋势

根据中国住宅和城乡建设部数据显示，中国现有建筑总面积 500 多亿 m^2，每年新增建筑面积约 20 亿 m^2。中国建筑智能化市场前景可谓非常广阔，然而也存在如下几方面有利因素和不利因素直接影响智能建筑行业未来的发展。

1. 有利因素分析

（1）国家政策支持

2011 年，国家住房和城乡建设部下发的《关于印发住房和城乡建设部建筑节能与科技司 2011 年重点的通知》中要求：完善省、市、县三位一体，协调运行，监管有力的建筑节能管理机制，确保工程质量。继续抓好政府办公建筑和大型公共建筑节能监管体系建设，完善国家机关办公建筑和大型公共建筑能耗统计制度。扩大高等院校节约型校园建设示范规模。建筑节能已经从建设部行业标准逐渐向全社会强制执行推进，建筑节能已势在必行。

（2）国民经济的持续稳定发展

自 20 世纪八九十年代以来，中国国民经济保持了快速发展。随着经济的持续发展和人们对生活质量要求的进一步提高，中国房地产、基础设施等支柱行业也将保持快速稳定的增长态势，这必将推动中国智能建筑行业的快速发展。

（3）市场前景广阔

随着中国经济发展水平的不断提高，人们生活水平的提高，国内智能化市场呈快速增长态势。随着中国城市化进程步伐的加快和城市规模的不断扩大，以建筑智能和城市轨道交通为代表的智能化系统行业市场前景十分广阔。与此同时，智能化系统正向纵深发展，应用领域不断扩展，可以预见在不久的将来，智能化系统将从目前的建筑、城市轨道、铁路等主要应用领域扩展到港口、码头、机场等领域，智能化系统企业面临较好的发展机遇。

（4）科技进步对行业的促进作用

科技进步对智能建筑行业的发展具有较大促进作用。近十年来，新技术的推广和普及对整个社会的发展产生了深远的影响，特别是信息、网络和通信等技术的发展，极大促进了行业的需求，满足了社会对智能化建设内容的需求。如今，可持续发展的理念被社会认同，在追求管理自动化、信息化的同时，越来越多地将节能、环保的需求引入智能建筑行业应用中。未来在空调节能、绿色照明、太阳能利用、生活污水处理等方面的需求还将不断增加，科技进步将有助于建筑智能工程行业的进一步发展。

与此同时，科技进步导致建筑智能工程采用的高新技术产品价格不断降低，客户使用成本不断下降，也促进了建筑智能工程技术的广泛推广和应用。

2. 不利因素分析

（1）行业市场集中度不高

智能建筑行业企业的市场占有率不高，没有一家企业在整体市场及细分市场中占有主导地位，行业集中度不高，市场竞争激烈，整个行业抗风险能力相对较弱。

（2）资金实力不足

由于建筑智能工程的合作方式日益向着国际先进的工程总承包与带资承包模式方向发展，智能建筑工程企业是否具备相应的自有资金实力和融资能力，已成为工程建设项目业主衡量承包商实力的重要指标。中国的智能工程企业起步晚、资产规模小、融资贷款难度相对较大，往往导致恶性循环。企业实力弱致使融资困难、人才流失，从而难以承揽大型工程项目，进而更加剧了经营困难、商业信誉变差、融资更加困难等不利处境。

（3）企业的创新能力不足

中国建筑智能工程行业创新能力不足，体现在对系统核心技术的掌握以及通过对新技术的集成应用进行行业解决方案的创新。目前，部分建筑智能工程企业还停留在简单的产品模仿和常规系统集成服务上，没有从根本上根据客户的需求和业务流程的特点，进行智能化解决方案的设计、定制和软硬件产品的开发，无法真正满足用户对智能化系统的使用要求。

总而言之，中国是一个能源消耗的大国，其中建筑能耗在全球占有相当大的比例。据相关资料统计显示，中国既有建筑 500 多亿 m^2. 每年增长约 20 亿 m^2。目前建筑相关能耗占全部能耗的 46.7%，其中包括建筑能耗、生活能耗、空调等 30%，以及建筑材料生产过程中耗能占 16.7%。

智能建筑节能的程序中，实现节电节能是重要的一环，国外系统节能率一般可达 30％左右，而中国智能建筑的建筑节能远远落后世界先进水平，现有建筑只有 4％实现了节能。

目前，中国既有建筑约有 400 亿 m^2，且 75％～ 80％属高耗能建筑，使它们成为节能型建筑也是住房和城乡建设部在"十二五"期间推动的重点。"十二五"期间，国家将会加大改造的力度，扩大改造的规模，也会把改造的范围从居住建筑推广到公共建筑领域，并在体制机制上创新。

智能建筑不仅为人们提供安全、舒适、工作和生活空间，还能运用高新技术进行资源控制，实现节能减排。而建筑智能化，减少资源消耗，将是大势所趋。

第三节　建筑电气与智能化相关标准、规范及政策

随着建筑电气与智能化的飞速发展，有关建筑电气与智能化方面的标准规范也日渐完善。本章主要总结了近些年来有关建筑电气与智能化方面的相关政策法规，一方面反映了建筑电气与智能化标准不断发展与完善的过程，另一方面希望能给业内人士提供相应的参考。

（1）《夏热冬暖地区居住建筑节能设计标准》JGJ 75—2003

《夏热冬暖地区居住建筑节能设计标准》于 2003 年实施，为贯彻国家有关节约能源、保护环境的法规和政策，改善夏热冬暖地区居住建筑热环境，提高空调和采暖的能源利用效率，制定本标准。

（2）《公共建筑节能设计标准》GB 50189—2005

《公共建筑节能设计标准》于 2005 年 7 月 1 日正式实施，为了改善建筑围护结构保温、隔热性能；提高采暖、通风和空气调节设备、系统的能效比；增进照明设备效率，特制定了此标准。

（3）《智能建筑工程质量验收规范》GB 50339—2003

《智能建筑工程质量验收规范》于 2003 年 10 月 1 日起实施，该规范主要对通信网络系统、信息网络系统、建筑设备监控系统、火灾自动报警及消防联动系统、安全防范系统、综合布线系统、智能比系统集成、电源与接地、环境和住宅（小区）智能化等智能建筑工程的质量控制、系统检测和竣工验收作出了规定。

（4）《智能建筑设计标准》GB/T 50314—2006

《智能建筑设计标准》GB/T 50314—2006 自 2007 年 7 月 1 日起实施。该标准共分为 13 章，主要内容是：总则、术语、设计要素（智能化集成系统、信息设施系统、信息化应用系统、建筑设备管理系统、公共安全系统、机房工程、建筑环境）、办公建筑、商业建筑、文化建筑、媒体建筑、体育建筑、医院建筑、学校建筑、交通建筑、住宅建筑、通用工业建筑。

（5）《居住区智能化系统配置与技术要求》CJ/T 174—2003

《居住区智能化系统配置与技术要求》CJ/T 174—2003 自 2003 年 12 月 1 日起实施。该标准规定了居住区智能化系统配置与技术要求等内容：主要包括定义、技术分类、建设要求、技术要求、安全防范子系统、管理与监控子系统和通信网络子系统等。该标准适用于新建居民区智能化系统的建设，已建的居民区进行智能化系统的建设仅作为参考。可作为房地产开发商建设智能化居住区选择系统与子系统的技术依据。

(6)《全国住宅小区智能化系统示范工程建设要求与技术导则》

为促进住宅建设的科技进步，提高住宅功能质量，采用先进适用的高新技术推动住宅产业现代化进程，原建设部在总结"2000 年小康型城乡住宅科技产工程项目"工作经验的基础上，拟自 2000 年起，用 5 年左右的时间组织实施全国住宅小区智能化系统示范工程（以下简称示范工程）。

(7)《建筑智能化系统工程设计管理暂行规定》

《建筑智能化系统工程设计管理暂行规定》自 1997 年 10 月 20 日起实行。该规定就建筑智能化系统设计内容及要求等都作出了相应指导和规定。

第二章　建筑电气与智能化节能技术综述

建筑电气中用电设备与系统设备种类众多，主要包括中央空调、照明、电线电缆、电梯、给排水、电加热负载、水泵、变配电站、变压器及其他混合负载。所以，建筑电气节能，不但要选择节能的机电设备，还应注重从电气设计方案开始，就系统的各种可能结构和参数中找到最佳匹配，减少控制环节，使整体效能最佳，能提高系统的效率，提高可靠性和稳定性，降低故障发生的概率，降低投资和运行费用。

本章从我国建筑电气的节能技术出发，主要介绍了变配电站计算机监控系统、照明节能控制系统、节能型照明光源、灯具及附件、合理选用电线电缆、建筑智能化系统集成和建筑机电设备能源管理等几个方面的具体节能方法。

第一节　变配电站计算机监控系统

1. 变配电站计算机监控系统的概念

变配电站计算机监控系统以计算机监控为基础，实现变配电所管理自动化，改变了传统变配电站的主体管理模式和值班维护方式，是现代电网发展的必然趋势。

该系统可以通过计算机及通信网络，将各个变配电站相互关联的部分连接为一个有机的整体，以实现电网的安全控制、运行状态以及电量参数实时采集和显示，对电能进行自动分析统计，对事故、跳闸等参数自动记录等。可以按照要求，按时序排序，进行事故处理提示并快速处理事故等。

这一系统使供电安全、可靠、方便、灵活，可以进行避峰填谷操作，并完成了遥信、遥测、遥控、遥调及继电保护等功能，提高了供电质量，提高了综合效益。

2. 变配电站计算机监控系统组成

变配电站计算机监控系统宜分为三层，即现场监控层（间隔层）、网络管理层（通信层或中间层）及主站层（系统管理层）。

（1）现场监控层（间隔层）

现场监控层采用分散分布式结构，按供配电系统一次设备隔离，单元化设计，分布式处理各隔离单元，相互独立，不依赖计算机，以增强系统的可靠性。

（2）网络管理层（又称通信层或中间层）

网络管理层位于站控层（系统管理层）与现场监控层之间，它的主要任务是完成现场监控层和网络管理层之间的网络连接、转换和数据、命令的交换，通过以太网可以实现与办公自动化信息管理系统（MIS）、建筑设备监控系统（BAS）及智能消防管理系统（FAS）等自动化系统的网络通信，以达到信息资源共享。

（3）系统管理层（站控层）

系统管理层位于变配电站控制室或值班室内，设有高性能工业控制计算机、显示器、打印机、UPS 不间断电源、报警音箱、GPS 对时机构及动态模拟屏等。

3. 变配电站计算机监控系统的功能特点

计算机监控系统软件一般是基于 windows，能够运行在 microsoft（微软）环境下的电力系统专用组态软件，它可以提供全中文界面，并采用了简洁的画面设计、灵活的组态方式、高性能驱动程序，遵循开放式数据库连接标准。计算机监控系统软件具有以下功能：

（1）显示功能

显示变配电站一次系统图，并在一次系统图上显示各开关、设备的运行状态以及电量信息等。

（2）报警功能

提供状态报警、超限报警、三相不平衡报警等功能。

（3）控制功能

在电力管理部门许可下，实现人机界面下的各种控制功能。

（4）统计和打印功能

根据要求记录、统计并打印所需要的各种信息及报表。

（5）历史记录

对所检测的各种信息进行历史记录，并可以随时提取分析。

（6）通信功能

系统内部一般采用 RS485 接口，与上位机通讯遵循一定规约或 TCP/IP 通信协议。

（7）自检功能

本系统具有完善的自诊断功能，当系统发生故障时，诊断功能将提供单方面故障信息，以便及时排除故障。

4. 变配电站计算机监控系统对供配电系统的优化

采用变配电站的计算机监控系统，可合理调整变配电运行参数，控制用电高峰，调节负荷。

计算机监控系统的统计和打印功能、历史记录功能等，给我们提供了大量的日、月、年的电能统计，自动生成的日用电负荷表、月用电负荷表、年用电负荷表，变压器的负荷年表以及电费报表等。这些报表及数据，使用电管理人员及有关部门领导很容易掌握各个变配电站的用电情况、用电数量、用电规律，不同用电性质的用电特点等。

利用计算机监控系统，可以准确地了解和掌握各行各业的用电状态，进行分析和比较、优化供配电系统，找出各行各业用电的共同点、不同点，有利于指导我国的电力能源政策，有利于制定电能的收费标准，有利于科学地发展我国的电能供应，有利于指导各设计院电气设计人员合理的确定变压器的运行台数，合理的确定变压器的容量，合理的利用电力资源。根据用电负荷特点，平衡用电的高峰期，低谷期，优化组合用电系统，节约电力资源。

5. 变配电站计算机监控系统对供电质量的改善

采用变配电站的计算机监控系统，可进行谐波分析，减少用电损耗，提高供电质量。

目前，大量的用电设备，例如：荧光灯、气体放电灯、调光设备、大型电动机的软启动设备、UPS、EPS等各用电源设备，均会产生多次谐波。

变配电站的计算机监控系统在满足常规监控要求的基础上，能对电压波动、频率波动、谐波畸变等电能质量问题进行全面监视，同时它的波形捕捉功能可以记录波形的异常变化。

所有的测量结果，通过工业控制现场总线实时传输给前端机，在积累了一定时间的电能质量数据后，可以据此对谐波污染进行科学治理和采取相应措施，既改善供电质量，又减少谐波对变压器、电容器等设备的损害、延长设备的使用寿命。

6. 变配电站计算机监控系统对供电系统整体性能的提高

采用变配电站的计算机监控系统，提高了供电系统的可靠性、安全性、灵活性。

监控系统能实时监控整个变配电系统的运行并对其参数、故障、事件及操作记录等进行更新、存档及分析。主要有以下几个方面：

（1）在监控站的监控计算机的显示器上以图形界面的方式实时显示所有断路器的状态。

（2）监控站的监控计算机中建有数据库，监控计算机按设定的时间间隔自动采集并存储所有的运行参数，此外还可实现对配电系统的操作记录以及故障记录实时打印等。

（3）监控计算机根据数据库中存储的数据可以自动生成日负荷表、年度报表的等。

（4）当配电系统中出现故障报警时，及时报警以供工作人员排查检修。

（5）在监控计算机中可按监控人员的职责设置不同等级的操作权限，从而保证了配电系统的可靠运行。

7. 变配电站计算机监控系统的目标

节能是监控系统所追求的主要目标，变配电站监控系统，不可避免地要增加一次投资，不应仅仅重视初期投资问题，而不重视长期效应和节省电能。

变配电站监控系统能实现经济运行、负荷分析，移峰填谷，合理调度等功能，因而节约电能效果显著。另外，计算机监控系统可以实现除主站监控室外，各分变配电站无人值守，节省的人工费也是一笔可观的数字。

有资料计算统计，一个变配电站规模的监控系统一次投资，可以与五年中节省的人工费用相抵。

变配电站监控系统，促进了无人值班变电站的实现，可以远程迅速而准确的获得变配电站运行的实时信息，完整的掌握变配电站的实时运行状态，及时发现变配电站运行的故障，并做出相应的决策和处理。同时可以使管理人员，根据变配电站系统的运行情况进行负荷分析，合理调度，远控合分闸，把握安全控制、事故处理的主动性，减少和避免误操作、误判断，缩短事故停电时间，实现对变配电系统的现代化运行管理。

第二节 照明节能控制系统

1. 智能照明节能控制系统定义

智能照明控制系统是一种可编程的照明管理系统，是根据某一照明区域的功能、用途、不同的时间、光照度等要求进行预先设定、编程，自动控制该区域的照明系统。

2. 智能照明节能控制系统应用

智能照明控制系统可对照明系统进行实时动态跟踪，将照明供电的输出、输入电压信号与最佳照明电压相比较，通过计算进行自动调节，确保照明工作电压能稳定输出不受电网电压波动的影响。

通过系统中的时钟管理器、自动探测设备如：动静感应器、人体感应器、光感应器等，感测诸如人体运动波、周围环境照度、温度等信号的变化，再根据不同环境要求，预先设定的假想条件，自动执行相应的操作如：开/关、调节灯光的亮度等。

(1) 智能照明节能控制系统的控制方式

1) 根据照度自动控制 (智能照度传感器)；

2) 根据时间自动控制 (时钟管理器)；

3) 人体感应自动控制 (红外线传感器)；

4) 车辆感应自动控制车库灯光。

(2) 智能照明控制系统的优点

1) 提高了管理水平，降低了运行维护费用；

2) 节约能源；

3) 延长灯具寿命；

4) 线路简单、安装方便、易于维护；

5) 维护改造方便，拓展性、灵活性强；

6) 控制回路与负载分离，控制回路的工作电压为安全电压 DC12～36V，即使开关面板意外漏电，也不会危及人身安全；

7) 当建筑物停电可自动恢复正常工作，有利于提高物业管理水平；

8) 智能照明控制系统具有开放性，可以和其他物业管理系统 (BMS)、楼宇自控系统 (BA)、保安及消防系统组合联网，符合智能大厦的发展趋势。

(3) 智能照明控制系统节能造价估算

智能照明控制系统可改善环境，提高员工工作效率以及减少维修和管理费用等，也为业主节省一笔可观的费用。下面以一建筑面积为 $1000m^2$ 左右的办公楼为例，估算区域智能照明控制系统的经济性。灯具 120 套 $2\times36W$ 荧光灯，总功率 9.6kW，回路数为 12，工作时间为 10h/d 计，一年以 300d 计，电费以 0.5 元/度计。系统的基本配置见表 9-2-1。

智能照明控制系统的基本配置 表 9-2-1

序号	设备名称	规格型号	单位	数量
1	荧光灯	YG2-2	套	120
2	荧光灯控制器	DTK925	只	3
3	光感智能传感器	DTK503	只	6
4	可编程控制面板	DTK841	块	6
5	遥控编程器	DTK508	只	4
6	编程接口	DTK140	只	1
7	智能管理器	DTK602	个	1

智能系统基本配置参考价格为 49200 元。

原照明系统所需常规格控制器件费用为 5000 元。

采用智能系统增加的费用为 44200 元。

系统年运行电费：10h/天×300 天×0.5 元/（kW·h）× 9.6kW＝14400 元。

年节约电费按节约 50% 计为：7200 元。

延长光源寿命以 3 倍计，若未用智能系统，一年换一次灯，需 1680 元，采用智能系统后，则三年换一次灯，每年节省灯管费用为 1120 元。年降低运行费用：7200 元＋1120 元＝8320 元。

智能控制系统回收年限：增加费用分年降低运行费用≈5 年。

一个工程的照明节能效果通常可通过两个方面进行评估，一方面是根据照明设计方案的节能措施判定；另一方面可用一个数量级指标进行评估。我国《工业企业照明设计标准》中提出的评估照明节能效果是采用"目标效能指标"，即用 $100\text{lx}/\text{m}^2$ 照度所需的用电量来表示，当照明工程实际能耗低于标准中规定的目标效能值时即可认为其符合照明节能要求。其节能效益比为

$$E_r = e_1/e_2$$
$$e_1 = N（P_1 + P_2）/A$$
$$e_2 = NP/A$$

式中　E_r——节能效益比；

　　　e_1——目标效能值；

　　　e_2——照明工程计算效能值；

　　　N——灯具数量；

　　　P——光源功率；

　　　A——房间面积。

最新国家标准《建筑照明设计标准》GB 50034 也明确了照明功率密度值（LPD）。

3. 自然光的应用

（1）充分利用自然光、太阳能的理由

自然光（含直射阳光和天空光）无处不在，是一种取之不尽、用之不竭、无污染的绿色洁净能源，在进行照明系统设计时，充分考虑自然光源的利用，有利于整个系统的节能降耗。

（2）自然光的利用

建筑物利用自然光分为主动式采光和被动式采光两类。被动式天然采光是通过利用不同类型的建筑窗户进行采光（通常由建筑专业实施，本章节不再论述）。主动式采光则是利用集光、传光和散光等设备与配套的控制系统将自然光传送到需要照明部位的采光法。

主动式采光主要有镜面反射采光法、利用导光管导光采光法、光纤导光采光

法、棱镜传光采光法、利用卫星反射镜的采光法、光电效应间接采光法等六种。

1）光纤导光采光法

光纤导光采光法就是利用光纤将阳光传送到建筑室内需要采光部位的方法。

2）光电效应间接采光法

光电效应间接采光法即利用太阳能电池的光电特性，先将光转化为电，而后再将电转化为光进行照明。

4. 照明系统传统的节能控制

（1）充分利用自然光，房间内靠近外窗一侧的照明灯具应能单独控制

在白天的室内，自然光照射在近窗处，使得靠窗处亮度较高，房间深处较暗。要想保持室内照明均匀度，改善室内环境质量并充分利用自然光，靠近外窗一侧的照明灯具布置及控制应与窗平行，并能单独控制，在自然光光线不够时只开室内照度不足的部分灯。

（2）利用普通翘板照明开关或照明电子开关节能

理论上讲一个开关所控灯具数量为：负载（灯具数之和）电流小于开关允许的载流量即可。由于各种光源的容量不同，每个开关能控制的灯具数量是不同的。为便于节能，普通翘板照明开关设置应遵循以下原则：

1）一个开关控制灯数不宜太多，小房间应每灯设一开关，但位置要合理，以便随手关灯。

2）根据使用场所的不同功能设置开关，如大开间办公室、商场等按区域设置开关；走道、前室等按功能性质设置开关；体育设施按不同运动项目分区设开关，并提供不同的照度水平。

3）靠窗一侧的灯具单独控制，自然光充足时方便关灯。

（3）照明电子开关设置应遵循以下原则：

采用调光开关、定时开关、光控开关、声控开关、触摸开关等限制照明使用时间、调节照度等实现节电功能。定时开关有电子式、气囊式、时钟式等，控制时间由 1min 到数小时可选。

第三节　节能型照明设计

1. 照明产品能效标准

（1）能效定义

能效标准起源于美国，"能效"（energy efficiency）一词来源于国外，是"能源利用效率"的简称。

（2）我国节能标准

我国在 20 世纪 80 年代时就制定出 9 个产品节能标准，但对用电设备规定的还是能耗指标。随着节能观念的转变，以及国际上能效标准的发展，原有的能耗标准已跟不上我国节能管理的需要。我国从 1996 年开始对能效标准进行研究，在照明产品方面制订了《管形荧光灯镇流器能效限定值及节能评价值》GB 17896—1999（以下简称"荧光灯镇流器能效标准"）。自镇流荧光灯、双端荧光灯和单端荧光灯产品的能效标准，并且准备制定高压钠灯和金属卤化物灯，以及高压钠灯镇流器和金属卤化物灯镇流器能效标准。

（3）能效限定值

能效限定值是国家允许产品的最低能效值，低于该值产品则是属于国家明令淘汰的产品。这类产品不但额外地消耗了大量能源，同时也相对加大了用户在用能方面的开支。所以淘汰高耗能、低能效率的产品是我国能源管理的一个重要制度。

（4）产品的寿命对用户的经济利益有着较大的影响

从用户经济利益考虑，用户购买被认证机构确认为"节能"产品后，在使用这种产品时，不但能够获得节能产品所带来的最大效用，同时也可节省费用支出。这里的费用支出不仅仅是指电费，而是指由使用该产品所引发的一切费用的支出。

要减少这种广义的费用，节能产品必须能源转换效率高、产品性能质量好，且安全可靠。

产品的寿命对用户的经济利益有着较大的影响，劣质、寿命短的产品是造成用户节电不节钱的主要原因。

除产品寿命外，其他质量因素同样也影响着用户的使用效用和费用支出。

（5）不同效率值的照明产品可适用于不同的场所

1）电感镇流器与电子镇流器相比各有利弊，电感镇流器虽然耗电高，但其寿命长、谐波含量较低，而电子镇流器虽然省电、没有频闪效应，但在寿命与谐波问题上又不如电感镇流器。

2）寿命周期成本的分析也证明，不同类型的镇流器适用于不同的场合。

3）一般情况下，电费高、照明时间长的用户更适合使用电子镇流器，而电费低，照明时间短的用户则适合用电感镇流器。

4）节能电感镇流器在低电费、短照明时间的用户市场中占更强的优势。

综合考虑镇流器的各种特性（如：噪声、寿命、耗能等）和投资回报等因素，在不同的使用场合对镇流器进行合理的选用。

（6）我国管形荧光灯镇流器能效标准

1）我国国家标准《管形荧光灯镇流器能效限定值及节能评价值》GB 17896—1999，该标准适用于 220V、50Hz 交流电源供电、标称功率在 18～40W 的管形荧光灯所用独立式电感镇流器和电子镇流器。该标准不适用于非预热启动的电子镇流器。

2）各类镇流器能效限定值应不小于表 9-2-2 的规定。

镇流器能效限定值　　　　　　　　　　　　表 9-2-2

标称功率（W）		18	20	22	30	32	36	40
BEF	电感	3.154	2.952	2.770	2.232	2.146	2.030	1.992
	电子	4.778	4.370	3.998	2.870	2.678	2.402	2.270

注：镇流器能效因数（BEF，ballast efficiency factor）作为能效指标，其计算公式如下：

$$BEF = 100 \times \mu / P$$

式中　BEF——镇流器能效因数；

　　　μ——镇流器流明系数；

　　　P——线路功率（W）。

对于电子镇流器，其电源中谐波含量还应符合 GB 17625.1 中的规定，无线电骚扰特性应符合 GB 17743 中的规定。

（7）我国自镇流荧光灯能效标准

1）我国国家标准《自镇流荧光灯能效限定值及能效等级》GB 19044—2003，该标准适用于额定电压 220V、频率 50Hz 交流电源，标称功率为 60W 及以下，采用螺口灯头或卡口灯头，在家庭和类似场合普通照明用的，把控制启动和稳定燃点部件集成一体的自镇流荧光灯。

该标准所适用的自镇流荧光灯，其性能应符合《普通照明用自镇流荧光灯性能要求》GB/T 17263 标准的要求。

2）自镇流荧光灯能效等级如表 9-2-3 所示。自镇流荧光灯能效限定值为表中能效等级的 3 级。自镇流荧光灯节能评价值为表中能效等级的 2 级。

自镇流荧光灯能效等级　　　　　　　　　　表 9-2-3

标称功率范围（W）	光效（lm/W）					
	能效等级（色调：RR，RZ）[①]			能效等级（色调：RL，RB，RN，RD）[①]		
	1	2	3	1	2	3
5～8	54	46	36	58	50	40
9～14	62	54	44	66	58	48
15～24	69	61	51	73	65	55
25～60	75	67	57	78	70	60

[①] 表中色调应符合 GB/T 17263 中表 3 的要求。企业可以根据用户的要求制造非标准颜色的灯，但应同时给出非标准颜色色度坐标的目标值，且其容差应符合 5SDCM 的要求。对介于 RR，RZ 两个标准颜色之间以及相关色温高于 RR 标准颜色灯的非标准颜色灯的光效，按 RZ 标准颜色灯的光效值标准进行判定；对介于 RL，RB，RN，RD 标准颜色之间以及相关色温低于 RD 标准颜色灯的非标准颜色灯的光效，按 RD 标准颜色灯的光效值标准进行判定；对于介于 RZ 和 RL 标准颜色灯之间的非标准颜色灯的光效按 RL 标准颜色灯的光效值标准进行判定。

（8）我国双端荧光灯镇流器能效标准

1）我国国家标准《双端荧光灯能效限定值及能效等级》GB 19043—2003，该标准适用于标称功率在 14～65W 范围内，采用 50Hz 频率电源带启动器的预热阴极双端荧光灯及采用高频电源工作的预热阴极双端荧光灯。

该标准所适用的双端荧光灯，其各项性能指标应符合《双端荧光灯性能要求》GB/T 10682 中第 5 章的规定。

2）双端流荧光灯能效等级见表 9-2-4。

双端荧光灯能效等级

表 9-2-4

标称功率 （W）	光效（lm/W）								
	能效等级（RR，RZ）			能效等级（RL，RB）			能效等级（RN，RD）		
	1	2	3	1	2	3	1	2	3
14～21	75	53	44	81	62	51	81	64	53
22～35	84	57	53	88	68	62	88	70	64
36～65	75	67	55	82	74	60	85	77	63

注：φ16 高光效系列（14W、21W、28W、35W）双端荧光灯的节能评价值为表 1 中能效等级的 1 级。

双端荧光灯能效限定值为表中能效等级的 3 级。双端荧光灯节能评价值为表中能效等级的 2 级。

3）双端荧光灯目标能效限定值见表 9-2-5。

双端荧光灯 2005 年的目标能效限定值

表 9-2-5

标称功率 （W）	光效（lm/W）		
	RR，RZ	RL，RB	RN，RD
14～21	53	62	64
22～35	57	68	70
36～65	67	74	77

（9）单端荧光灯能效标准

1）《单端荧光灯能效限定值及节能评价值》，该标准适用于具有预热式阴极的装有内启动装置或使用外启动装置的单端荧光灯。本标准所使用的单端荧光灯，其性能应符合 GB/T 17262 的要求。

2）单端荧光灯能效限定值见表 9-2-6。

单端荧光灯能效限定值

表 9-2-6

灯的类型	标称功率 （W）	最低初始光效（lm/W）	
		RR，RZ[①]	RL，RB，RN，RD[①]
双管、四管、多管和方形	5～7	41	44
	9、10、13	50	54
	11（双管）	67	72
	16～26	56	60
双管、方形	≥28	62	66
多管		54	58
环形	22	44	51
	≥32	48	57

①表中色调应符合 GB/T 17262 中标准色品坐标的要求。企业可根据用户的要求制造非标准颜色的灯，但应同时给出非标准颜色色品坐标的目标值，且其容差应在 5SDCM 的范围之内。对于非标准颜色的灯，其光效应按临近标准颜色色温较低的光效值进行判定。

3）单端荧光灯节能评价值见表 9-2-7。

单端荧光灯节能评价值　　　　　　　　　　　　　表 9-2-7

灯的类型	标称功率	最低初始光效（lm/W）	
	（W）	RR，RZ①	RL，RB，RN，RD①
双管、四管、多管和方形	5～7	51	54
	9、10、13	60	64
	11（双管）	74	80
	16～26	62	66
双管、方形	≥28	69	73
多管		64	68
环形	22	58	62
	≥32	68	72

①表中色调应符合 GB/T 17262 中标准色品坐标的要求。企业可根据用户的要求制造非标准颜色的灯，但应同时给出非标准颜色色品坐标的目标值，其容差应在 5SDCM 的范围之内。对于非标准颜色的灯，其光效应按临近标准颜色色温较低的光效值进行判定。

2. 照明光源的合理选用

（1）各种光源的光效等技术指标

各中光源的光效、显色指数、色温和平均寿命等技术指标见表 9-2-8。

各种电光源的技术指标　　　　　　　　　　　　　表 9-2-8

光源种类	光效（lm/W）	显色指数（Ra）	色温（k）	平均寿命（h）
普通照明	15	100	2800	1000
卤钨灯	25	100	3000	2000～5000
普通荧光灯	70	70	全系列	10000
三基色荧光灯	93	80～98	全系列	12000
紧凑型荧光灯	60	85	全系列	8000
高压汞灯	50	45	3300～4300	6000
金属卤化物灯	75～95	65～92	3000/4500/5600	6000～20000
高压钠灯	100～200	23/60/85	1950/2200/2500	24000
低压钠灯	200		1750	28000
高频无极灯	55～70	85	3000～4000	40000～80000

由表 9-2-8 可知，低压钠灯光效最高，但由于其显色性较差，故主要用于道路照明；其次是高压钠灯，主要用于室外照明；再次金属卤化物灯，室内外均可应用，一般低功率用于室内层高不太高的房间；而大功率应用于体育场馆，以及建筑夜景照明等；再次为荧光灯，在荧光灯中尤以三基色荧光灯光效最高；高压汞灯光效较低；而卤钨灯和白炽灯光效就更低。

（2）各种光源的经济效益

1）普通照明白炽灯由紧凑型荧光灯取代（在照度相同条件下），取代后的效果由表 9-2-9 可知。

紧凑型荧光灯取代白炽灯的效果 表 9-2-9

普通照明白炽灯	由紧凑型荧光灯取代	节电效果（节电率%）	电费节省
100W	25W	75W（75%）	75%
60W	16W	44W（73%）	73%
40W	10W	30W（75%）	75%

2）粗管径荧光灯由细管径荧光灯取代

从表 9-2-10 可以看出粗管径荧光灯用细管径荧光灯代替的节电和节省电费的效果。

细管径荧光灯取代粗管径荧光灯的效果 表 9-2-10

灯管径	镇流器种类	功率（W）	光通量（lm）	光效（lm/W）	替换方式	照度提高（%）	节电率或电费节省（%）
T12（38mm）	电感式	40	2850	72			
T8（26mm）三基色	电感式	36	3350	93	T12→T8	17.54%	10%
T8（26mm）三基色	电子式	32	3200	100	T12→T8	12.28%	20%
T5（16mm）	电子式	28	2900	104	T12→T5	1.75%	30%

3）荧光高压汞灯由高压钠灯和金属卤化物灯取代

从表 9-2-11 可以看出荧光高压汞灯由高压钠灯和金属卤化物灯取代的效果

荧光高压汞灯由高压钠灯和金属卤化物灯取代的效果 表 9-2-11

编号	灯种	功率（W）	光通量（lm）	光效（lm/W）	寿命（h）	显色指数（Ra）	替换方式	照度提高（%）	节电率或电费节省（%）
NO.—1	荧光高压汞灯	400	22000	55	15000	40			
NO.—2	高压钠灯	250	22000	88	24000	65	NO.—1→NO.—2	0	37.5%
NO.—3	金属卤化物灯	250	19000	76	20000	69	NO.—1→NO.—3	−13.6%	37.5%
NO.—4	金属卤化物灯	400	35000	87.5	20000	69	NO.—1→NO.—4	37.1%	0

4）合理选用光源的措施

① 尽量减少白炽灯的使用量；

② 推广使用细管径 T8、T5 荧光灯和紧凑型荧光灯；

③ 逐步减少高压汞灯的使用量；

④ 积极推广高光效、长寿命的高压钠灯和金属卤化物灯。

（3）设计中可参照规范《建筑照明设计标准》GB 50034—2004 选择光源。

3. 照明设计时可按下列条件选择光源

（1）高度较低房间，如办公室、教室、会议室及仪表、电子等生产车间宜采用细管径直管形荧光灯；

（2）商店营业厅宜采用细管径直管形荧光灯、紧凑型荧光灯或小功率的金属卤化物灯；

（3）高度较高的工业厂房，应按照生产使用要求，采用金属卤化物灯或高压钠灯，亦可采用大功率细管径荧光灯；

（4）一般照明场所不宜采用荧光高压汞灯，不应采用自镇流荧光高压汞灯；

（5）一般情况下，室内外照明不应采用普通照明白炽灯；在特殊情况下需采用时，其额定功率不应超过100W。

4. 灯具的合理选用-采用高效率灯具

（1）选用配光合理的灯具

选择合理的灯具配光可使光的利用率提高，达到最大节能的效果。灯具的配光应符合照明场所的功能和房间体形的要求，如在学校和办公室宜采用宽配光的灯具。在高大（高度6m以上）的工业厂房采用窄配光的深照型灯具。在不高的房间采用广照型或余弦型配光灯具。房间的体形特征用室空间比（RCR）来表示。

（2）选用高效率灯具

一般不同的灯具类型，其光效率是不同的。通常在满足眩光限制要求的条件下，应优先选用开启式直接型照明灯具，不宜采用带漫射透光罩的包合式灯具和装有格栅的灯具，前者的效率比后者的效率高20%～40%。从节能角度出发，室内灯具的效率不宜低于70%，要求反射罩具有高的反射比。

《建筑照明设计标准》GB 50034—2004 规定：

在满足眩光限制和配光要求条件下，应选用效率高的灯具，并应符合下列规定：

1）荧光灯灯具的效率不应低于表9-2-12的规定。

荧光灯灯具的效率　　　　　　　　　　表 9-2-12

灯具出光口形式	开敞式	保护罩（玻璃或塑料）		格　栅
		透　明	磨砂、棱镜	
灯具效率	75%	65%	55%	60%

2）高强度气体放电灯灯具的效率不应低于表9-2-13的规定。

高强度气体放电灯灯具的效率　　　　　表 9-2-13

灯具出光口形式	开　敞　式	格栅或透光罩
灯具效率	75%	60%

故在设计选型时，为节约能源，应严格执行规范要求。

（3）选用光利用系数高的灯具

选择灯具所发出的光尽可能多的射向工作面上，这表明灯具的光的利用率高，亦即灯具的利用系数高，可节约电能。灯具的光利用系数取决于灯具效率、配光形状、房间各表面的颜色装修和反射比以及房间的体形。一般情况下，灯具效率高，其利用系数也高。灯具的配光应适应其房间体形（RCR），则其光的利用系数高，如宽而矮的房间（RCR 小），则应选择宽配光的灯具，如果房间的体形高而窄（RCR 大），则可选用窄配光的灯具。如果房间各表面采用浅色的装修，则其光利用系数也大，反之，则小。

（4）选用高光通量维持率的灯具

灯具在使用过程中，由于灯具中的光源的光通量随着光源点燃时间的增长，而其发出的光通量在下降，同时灯具的反射面由于受到尘土和污渍的污染，其反射比在下降，从而导致反射光通量的下降，这一切使灯具的效率降低，所消耗的能源量不变，但其发出的光通量较初始光通量减少，造成能源的浪费。

（5）尽可能选用不带光学附件的灯具

灯具的附件常用的包合式的玻璃罩、格栅、有机玻璃板和棱镜等，这些附件对灯具起改变配光、减少眩光以及免受外部的损伤等。这些部件使灯具的光输出下降，降低灯具光效率，在同样的照度水平条件下比无附件灯具的光输出下降多，从而使用电量增加。

（6）采用空调和照明一体化灯具

现今的办公大楼均采用集中式的空调设备，大都在顶棚采用嵌入式的荧光灯具照明，而荧光灯的能量只有 25% 变为可见光，用于办公室的照明，而 75% 以辐射的形式传向空间。如果采用空调与照明相结合的灯具，夏季通过灯具的空气将热量带到顶棚空间，用风机将 60% 热空气排到室外，从而减少空调制冷量 20%，但从管道需补充新鲜空气，最后可以达到节约 10% 电能的效果。冬季，将灯产生的热量送到室内，可减少供热量。总之，可减少供暖和制冷设备的容量，减少用电量。此外，由于空调和照明一体化，使天棚美观，照度和空气分布好，隔墙可灵活布置，由于环境温度适当，可使荧光灯的光输出增加，提高室内照度，减少镇流器的故障。

5. 灯具的合理布置

（1）均匀布置灯具

灯具在房间均匀布置时，其布置是否达到规定的均匀度，取决于灯具的间距 L 和灯具的悬挂高度 H（灯具至工作面的垂直距离），即 L/H。L/H 值愈小，则照度均匀度愈好，但用灯多、用电多、投资大、不经济；L/H 值大，则不能保证照度均匀度。一般灯具的最大允许距高应在厂家的灯具样本中给出。

（2）灯具与建筑围护结构表面的距离

为使整个房间有较好的亮度分布，还应注意灯具与顶棚的距离以及灯具与墙的距离。当采用均匀漫射配光的灯具时，灯具与顶棚的距离和顶棚与工作面的距离之比宜为 0.2~0.5。当靠墙处有工作面时，靠墙的灯具距墙不大于 0.75m；靠墙无工作面时，则灯具距墙的距离为 0.4~0.6L（灯间距）。

（3）非均匀布置灯具

在高大的厂房内，为节能并提高垂直照度也可采用顶灯与壁灯相结合的布灯方式，但不应只设壁灯而不装顶灯，以避免空间亮度明暗不均，不利于视觉适应。对于大型公共建筑，如大厅、商店，有时也不采用单一的均匀的布灯方式，以形成活泼多样的空间照明效果，同时也可节约电能。

6. 照明灯具节能附件

（1）推广采用节能镇流器

由于普通电感镇流的自身功耗大，系统的功率因数低，以及启动电流大等缺点，同时又有温度高和在市电电源下有频闪等效应，但其价格较低，寿命较长，从表 9-2-14 看出，普通电感镇流器的功耗大于节能型电感镇器和电子镇流器。

各种镇流器的功耗比较表   表 9-2-14

灯功率（W）	镇流器功耗占灯功率的百分比（%）		
	普通电感	节能型电感	电子型
20 以下	40~50	20~30	<10
30	30~40	<15	<10
40	22~25	<12	<10
100	15~20	<11	<10
150	15~18	<12	<10
250	14~18	<10	<10
400	12~14	<9	5~10
1000 以上	10~11	<8	5~10

（2）电子式镇流器

电子镇流器用电子部件（DC-AC 变换）线路取代铁心产生的电磁场来启动荧光灯，是一种高频稳定的点灯方式。频率范围设定在与家用电器的控制不发生冲突的约 40~50kHz 范围内。由于荧光灯在高频状态下工作，因此比在通常频率下工作的光输出增加 10%。从商业性考虑出发，可以不增加光输出而将这部分用于节能，虽然两种方式都可以选择，但是"相同明亮度节省能源"的产品是现在的主流产品。

40W 两灯用电子镇流器的耗电量为 72W（200V），与节能型镇流器配普通荧光灯使用的系统相比减少了 15% 的电量。如果与配节能型光源使用的系统相比，则减少了 8% 的电量（72/85=0.85、72/78=0.92）。

电子镇流器除了节能以外还有以下的特长。

·无频闪；

·噪音小；

·重量轻；

·体积小；

·用较低的价格即可实现分段调光和连续调光。

（3）Hf 电子镇流器

不过更节能、更高效化的照明器具是使用 Hf 电子镇流器（高频点灯光源用镇流器）的灯具。与一般的电子镇流器相区别时加上表明高频含义的 Hf（High frequency）。此产品在进入市场之初（1992 年），是以在额定光通量（3200lm）的 150％的光通量值（4500lm）条件下的使用作为标准，此产品也可以对应额定光通使用，还可以连续调光。Hf 照明器具虽然高效率、高性价比，但初期设备费稍微高一些，以后可以通过节省的电费来弥补，所以大型设施若重视长期的经济效益，采用 Hf 电子镇流器的照明器具是最有利的。

7. 正确选择照度标准及亮度分布

（1）正确选择照度标准

目前国际上及我国的照度标准，可以根据照明要求的档次高低选择照度标准值，一般的房间选择照度标准值，档次要求高的可提高一级，档次要求低的可降低一级。这样选择照度标准值，区别对待，对于照明节能十分有利。不宜一味追求高照度，有些场所，照度高并不合适。

（2）《建筑照明设计标准》GB 50034－2004 对照明功率密度（LPD），即单位面积上的照明安装功率（包括光源、镇流器或变压器），作出了严格的规定，且为强制性标准。

6.1.2　办公建筑照明功率密度值不应大于表 6.1.2 的规定。

办公建筑照明功率密度值　　　　　　　　　　　　　表 6.1.2

房间或场所	照明功率密度（W/m²）		对应照度值（lx）
	现行值	目标值	
普通办公室	11	9	300
高档办公室、设计室	18	15	500
会议室	11	9	300
营业厅	13	11	300
文件整理、复印、发行室	11	9	300
档案室	8	7	200

6.1.3 商业建筑照明功率密度值不应大于表6.1.3的规定。

商业建筑照明功率密度值   表6.1.3

房间或场所	照明功率密度（W/m²）		对应照度值（lx）
	现行值	目标值	
一般商店营业厅	12	10	300
高档商店营业厅	19	16	500
一般超市营业厅	13	11	300
高档超市营业厅	20	17	500

6.1.4 旅馆建筑照明功率密度值不应大于表6.1.4的规定。

旅馆建筑照明功率密度值   表6.1.4

房间或场所	照明功率密度（W/m²）		对应照度值（lx）
	现行值	目标值	
客房	15	13	—
中餐厅	13	11	200
多功能厅	18	15	300
客房层走廊	5	4	50
门厅	15	13	300

6.1.5 医院建筑照明功率密度值不应大于表6.1.5的规定。

医院建筑照明功率密度值   表6.1.5

房间或场所	照明功率密度（W/m²）		对应照度值（lx）
	现行值	目标值	
治疗室、诊室	11	9	300
化验室	18	15	500
手术室	30	25	750
候诊室、挂号厅	8	7	200
病房	6	5	100
护士站	11	9	300
药房	20	17	500
重症监护室	11	9	300

6.1.6 学校建筑照明功率密度值不应大于表 6.1.6 的规定。

学校建筑照明功率密度值　　　　表 6.1.6

房间或场所	照明功率密度（W/m²）		对应照度值（lx）
	现行值	目标值	
教室、阅览室	11	9	300
实验室	11	9	300
美术教室	18	15	500
多媒体教室	11	9	300

6.1.7 工业建筑照明功率密度值不应大于表 6.1.7 的规定。

工业建筑照明功率密度值　　　　表 6.1.7

房间或场所		照明功率密度（W/m²）		对应照度值（lx）
		现行值	目标值	
1. 通用房间或场所				
试验室	一般	11	9	300
	精细	18	15	500
检验	一般	11	9	300
	精细，有颜色要求	27	23	750
计量室、测量室		18	15	500
变、配电站	配电装置室	8	7	200
	变压器室	5	4	100
电源设备室、发电机室		8	7	200
控制室	一般控制室	11	9	300
	主控制室	18	15	500
电话站、网络中心、计算机站		18	15	500
动力站	风机房、空调机房	5	4	100
	泵房	5	4	100
	冷冻站	8	7	150
	压缩空气站	8	7	150
	锅炉房、煤气站的操作层	6	5	100
仓库	大件库（如钢坯、钢材、大成品、气瓶）	3	3	50
	一般件库	5	4	100
	精细件库（如工具、小零件）	8	7	200
车辆加油站		6	5	100

房间或场所		照明功率密度（W/m²）		对应照度值
		现行值	目标值	（lx）
2. 机、电工业				
机械加工	粗加工	8	7	200
	一般加工，公差≥0.1mm	12	11	300
	精密加工，公差＜0.1mm	19	17	500
机电、仪表装配	大件	8	7	200
	一般件	12	11	300
	精密	19	17	500
	特精密	27	24	750
电线、电缆制造		12	11	300
线圈绕制	大线圈	12	11	300
	中等线圈	19	17	500
	精细线圈	27	24	750
线圈浇注		12	11	300
焊接	一般	8	7	200
	精密	12	11	300
钣金		12	11	300
冲压、剪切		12	11	300
热处理		8	7	200
铸造	熔化、浇铸	9	8	200
	造型	13	12	300
精密铸造的制模、脱壳		19	17	500
锻工		9	8	200
电镀		13	12	300
喷漆	一般	15	14	300
	精细	25	23	500
酸洗、腐蚀、清洗		15	14	300
抛光	一般装饰性	13	12	300
	精细	20	18	500
复合材料加工、铺叠、装饰		19	17	500
机电修理	一般	8	7	200
	精密	12	11	300
3. 电子工业				
电子元器件		20	18	500
电子零部件		20	18	500
电子材料		12	10	300
酸、碱、药液及粉配制		14	12	300

注：房间或场所的室形指数值等于或小于1时，本表的照明功率密度值可增加20%。

设计中，必须严格遵守规范的强制性条文。

（3）照明方法

以满足上述照明标准为前提，对照度水平进行区域划分（zoning），根据区域的大小、布灯方式、局部照明和整体照明等的不同，选择效率高的照明方式。

另外，近年来有效地利用工作面照明（task lighting）的方法备受关注。一般来讲，欧美等国家的工作空间大多是单人房间，如果在作业面（task）集中照明，而使其周围（ambient）变得稍微暗些（作业面的大约 1/3），同时使其他地方（通道或大厅等）变得再暗些（作业面的大约 1/9，但 100lx 以上）的话，就可以达到照度的合理化并且能够减少照明用电，照明方式是将照明分为基础照明和作业面照明两个部分。综合考虑场所用途和室内设计，有顶棚格栅型、顶棚吊挂型和附近照明型等很多局部照明方式。附近照明方式下应尽量避免直接眩光和反射眩光。

（4）室内形状和反射率

采用高效光源和灯具的同时，室内形状和墙壁、顶棚的反射率等因素也十分重要，两者相结合会达到更高效的效果。

在形状方面，进行照明设计时，室指数是用来计算平均照度的因数之一（表9-2-15）。

$$室指数 R = (X - Y)/[H(X + Y)]$$

式中，X 为长度；Y 为进深；H 为光源到作业面的距离。

室指数和符号的对照表　　　　　　　　　　　　　　表 9-2-15

室指数	5.0	4.0	3.0	2.5	2.0
范围	4.5 以上	4.5～3.5	3.5～2.75	2.75～2.25	2.25～1.75
符号	A	B	C	D	E
室指数	1.5	1.25	1.0	0.8	0.6
范围	1.75～1.38	1.38～1.12	1.12～0.9	0.9～0.7	0.7 以下
符号	F	G	H	I	J

注：《节能措施实用手册》，丸岗巧美，OHM 社，2002 年，p.69。

顶棚和墙壁的反射率不同，采用相同光源时，作业面照度不同。表9-2-16给出了各种材质反射率的近似值。

不同材质的顶棚和墙壁的反射率　　　　　　　　　表 9-2-16

顶棚和墙壁 的材质	石膏板 白色瓷砖 白色、浅黄色油漆 白色壁纸 抛光金属面	浅色石膏板 浅色油漆 白色窗帘	纤维板（质地） 混凝土 带色油漆 浅色窗帘	玻璃窗 深色油漆
反射率	约 75%	约 50%	约 30%	约 10%

作为照明器具，最好是适合房间，并且不产生眩光。

灯具效率和反射率相同的器具的照明率大致相同，室指数和反射率比光源本身对照明效率的影响更大。这里所说的照明效率是指，从光源到达作业面的有效光束占全光束的比例（％），是在考虑了房间面积、顶棚、墙壁的反射率和器具的配光等因素后得出的数值。

提高反射率可以节省电量，表 9-2-17 为室内各面反射率的推荐值。因此，在最初设计时充分考虑反射率的因素，可以避免用灯数量过多的情况的发生。

图 9-2-4 表示了房间形状变化对照明率的影响情况，房间形状对照明率的影响很大，但是与将墙壁和顶棚的反射率提高 20％ 的方法相比较，反射率的增加更加节能。从这些可以看出选择正确的室内装修材料是十分重要的。

室内面反射率的推荐值　　　　　　　　表 9-2-17

区分	照明学会 照明标准（JIEC—001—1992）	国际推荐标准 （ISO 8995—1989）
顶棚	0.6 以上	0.6 以上
墙壁	0.3～0.7	0.3～0.7
地板	0.1～0.3	0.1～0.3
日常用具	0.25～0.5	0.25～0.5
桌面	0.3～0.5	

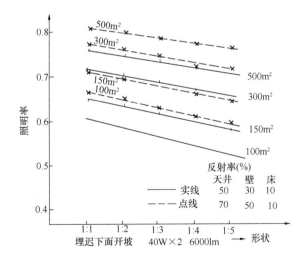

图 9-2-4　房间形状和照明率的关系

（5）恰当的亮度分布

1）在工作视野内有合适的亮度分布是舒适视觉环境的重要条件。如果视野内各表面之间的亮度差别太大，且视线在不同亮度之间频繁变化，则可导致视觉疲劳。一般被观察物体的亮度高于其邻近环境的亮度 3 倍时，则视觉舒适，且有良好的清晰度，而且应将观察物体与邻近环境的反射比控制为 0.3～0.5。

2）为了保证室内有良好的亮度比，减少灯同其周围及顶棚之间的亮度对比，顶棚的反射比宜为 0.7～0.8，墙面的反射比为 0.5～0.7，地面的反射比为 0.2～0.4。

3）适当地增加工作对象与其背景的亮度对比，比单纯提高工作面上的照度能更有效地提高视觉功效，且较为经济，节约电能。

8. 正确选择照明方式

（1）当照明场所要求高照度，宜选混合照明的方式，因为如果采用一般照明方式，势必消耗大量的电能方能达到高照度，然而采用混合照明的方式，少量的电能用在一般照明方式，而设在作业旁边的局部照明，可以较低的功率消耗，达到高照度的要求，则可较一般照明节约大量电能。

（2）当工作位置密集时，则可采用单独的一般照明方式，但照度不宜太高，一般最高不宜超过 500lx。

（3）如果工作位置的密集程度不同，或者为一条生产线时，可采用分区一般照明的方式，对于工作区可采用较高的照度，而交通区或走道上可采用较低的照度，可以节约大量的电能，但工作区与非工作区的照度比不宜大于 3∶1。

（4）在高大的厂房，在高处采用一般照明方式，而在墙壁或柱子上装灯的方式，也可达到节能之目的，但不能只设壁灯和柱灯，而无顶灯。

（5）把照明灯具安装在家具上或设备上，也不失为一种照明节能方式，但不允许只设局部照明，而无一般照明。

（6）间接照明或发光顶棚，在达到同样的照度水平条件下，比直接照明方式所用电能要大的很多，虽其照明质量好，光线柔和，但不是一种节能的照明方式。

9. 照明负荷的功率因数与节能

（1）荧光灯宜采用电子镇流器，其功率因数不宜低于 0.97。

（2）高强度气体放电灯采用节能型电感镇流器时，可选用恒功率型。

（3）气体放电灯的功率因数都很低，大约为 0.4～0.55，由于功率因数低，致使大量的无功功率增大了照明线路电流和变压器容量，从而大大增加了线路和变压器电能损耗，也加大了电压损失，降低了照明质量。

10. 照明系统谐波与节能

（1）照明系统谐波的产生

1）非线性的照明系统及照明设备，产生谐波，各种气体放电灯及镇流器，是照明系统谐波的来源。

2）采用电感镇流器的气体放电灯的谐波含量，一般在允许范围内，但装设补偿电容器后，明显放大了谐波电流。

3）采用电子镇流器时，其谐波含量比较大。按国家和国际标准，电子镇流器有高谐波量的 H 级和低谐波量的 L 级产品，H 级产品的谐波含量比较大，配电系统必须注意采取相应措施。

4）照明调光设备、控制设备也将产生谐波。

（2）照明系统谐波的危害

1）过大的谐波电流在照明线路及变压器中产生附加损耗，不利节能。

2）各相的三次谐波，在配电线路的中性线上叠加，导致中性线的电流过大，甚至超过相线之电流，使中性线过热，甚至造成火灾事故。

3）谐波使照明电器、变压器过热，降低寿命，产生噪声。

4）谐波过大，会降低照明系统的功率因数。

5）对电网和通信、信息系统带来干扰和危害，如电话杂音，计算机误动、误显，电视图像变坏，某些保护装置误动等。

（3）照明系统最大允许谐波电流限值

1）照明设备的谐波限值应符合国标《低压电气及电子设备发生的谐波电流限值（设备每相输入电流≤16A)》GB 17625.1—1998 的规定。该标准将设备分为四类，其中 C 类为照明设备，包括带调光装置的照明设备。

C 类设备的谐波限值见表 9-2-18。

C 类设备（照明设备）的谐波电流限值　　　　　表 9-2-18

谐波次数 h	最大容许谐波电流（%，以基波频率输入电流为基数）
2	2
3	30λ
5	10
7	7
9	5
11≤h≤39（仅奇次）	3

注：λ 为电路的功率因数。

2）荧光灯的电子镇流器的谐波应符合国标《管形荧光灯用电子镇流器的性能要求》(GB/T 15144—94) 的规定。

（4）限制谐波的措施

1）限制谐波应首先从照明设备采取措施

①气体放电灯采用电感镇流器时，应选用节能型，其总谐波含量不应大

于 10%；

②采用电子镇流器时，应选用低谐波的 L 级产品，其总谐波含量不宜大于 15%；

③采用照明调光、控制设备的，应有良好的滤波措施，其谐波含量应符合相关规定。

2) 照明配电变压器应选用 D，yn11 接线三相变压器，为三次谐波电流提供环流通路。

3) 照明配电系统三相负荷尽量平衡，不平衡度不宜超过 10%。

4) 当采取以上措施后，配电系统三次谐波含量仍过大时，宜在配电系统装设三次谐波滤波器。

11. 充分利用天然光

天然光（含直射阳光和天空光）是一个取之不尽，用之不竭，无污染的巨大洁净能源。

（1）被动式天然采光

被动式天然采光方法主要为侧窗和天窗两类主要方法。

（2）主动式天然采光

这种采光方法特别适用于无窗或地下建筑。它的优越性，一是改善室内光照环境质量，在无天然光的房间也能享受到阳光照明；二是可减少人工照明用电，节约能源。

此法虽很早已提出，但一直处于研究和试验阶段，目前已有的主动式天然采光方法主要有以下六类：镜面反射采光法、利用导光管导光的采光法、光纤导光采光法、棱镜组传光采光法、利用卫星反射镜的采光法、光电效应间接采光法。

（3）要根据《建筑采光设计标准》GB/T 50033—2001，按照采光系数，设计建筑物的采光。

12. 照明节能设计要点

照明设备的节电节能方法及其注意点如下：

1) 减少开灯时间；

2) 减少供电线路的能耗；

3) 减少镇流器的能耗；

4) 降低不必要照度；

5) 消减灯具数量；

6) 提高利用系数；

7) 提高维护系数；

8）采用高效率的光源。

第四节　合理选用电线电缆

1. 总述

电线、电缆的选择，是供电设计的重要内容之一，选择的合理与否直接影响到有色金属消耗量与线路投资，以及电力网的安全经济运行。

（1）电线、电缆的选择原则一般为：

1）按发热条件选择。在最大允许连续负荷电流下，导线发热不超过线芯所允许的温度，不会因过热而引起导线绝缘损坏或加速老化。

2）按机械强度条件选择。在正常状态下，导线应该有足够的机械强度，以防断线，保证安全可靠运行。

3）按允许电压损失选择。导线上的电压损失应低于最大允许值，以保证供电质量。

4）按经济电流密度选择。应保证最低的电能消耗，并尽量减少有色金属的消耗。

5）按热稳定的最小截面来校验。在短路情况下，导线必须保证在一定时间内，安全承受短路电流通过导线时产生的热的作用，以保证安全供电。

（2）选择导线电缆的几个方面时，应综合考虑有以下节能环节：

1）节环供电距离最短，以减少电缆长度。变电所应靠近负荷中心，供电半径不宜超过150m，否则，宜考虑另设配电所；变配电所应靠近电气竖井；末端配电箱供电半径不宜大于40m。

2）选择电缆的基础数据是载流量，当电缆直埋地或穿管埋地时，影响电线、电缆载流量的因素之一是土壤热阻系数。

从表9-2-19可知，干燥的沙热阻系数较高，为2.5～3.0，建筑垃圾也为2.0～2.5。

不同类型土壤热阻系数 ρ_τ 　　　　　表 9-2-19

	不同土壤热阻系数 ρ_τ 〔（K·m）/W〕				
	0.8	1.2	1.6	2.0	3.0
土壤情况	潮湿土壤，沿海、湖、河畔地带，雨量多的地区，如华北、华南地区等；湿度>9%的砂土或湿度>14%的砂泥土	普通土壤，如东北大平原夹杂质的黑土或黄土，华北大平原黄土、黄黏土等；湿度为7%～9%或湿度为12%～14%的砂泥土	较干燥土壤，如高原地区，雨量较少的山区、丘陵、干燥地带；湿度为8%～12%的砂泥土	干燥土壤、如高原地区，雨量少的山区、丘陵、干燥地带；湿度为4%～7%的砂土或湿度为4%～8%的砂泥土	非常干燥；湿度<4%的砂土或湿度<1%的黏土

砂与砾石混合比 1∶1，砂粒度直径不大于 2.4mm，砾石粒度直径为 2.4～10mm，（不得带有尖角形颗粒）均匀混合后，作为垫层代替砂垫层，在干燥状态下，ρ_τ 为 1.2～1.5（K·m）/W。

砂与水泥混合，砂与水泥体积比 14∶1 或质量比 18∶1 代替沙垫层，在干燥状态下，ρ_τ 约为 1.2（K·m）/W。

从表 9-2-20 也可知，砂子作为电缆敷设的垫层，对于电缆载流量并不是最好的选择。特别是颗粒大小均匀的粗砂效果更差，但由于取材容易且价格较低而被大量应用。从提高载流量的角度，宜选择热阻系数小的垫层。

不同土壤热阻系数的载流量修正系数　　　　　　　　　表 9-2-20

土壤热阻系数〔（K·m）/W〕		1.00	1.20	1.50	2.00	2.50	3.00
载流量校正系数	电缆穿管埋地	1.18	1.15	1.10	1.05	1.00	0.96
	电缆直接埋地	1.30	1.23	1.16	1.06	1.00	0.93

建议采用特殊配方的"敷设电缆用回垫土"（专利号 90108313.5）代替砂垫层。这种特殊回垫土是由不同粗细的砂、砾石、水泥、粉煤灰及一些特殊材料配制而成，能有效降低土壤热阻，提高电缆载流量。它的 ρ_τ 为 1.0～1.2(K·m)/W，性能高于砂与砾石和砂与水泥混合的垫层，而且能长时间保持稳定，价格也很低廉。

2. 配电线路的经济截面

电流流过电缆线路，因为存在电阻，所以产生正常的发热损耗。如果一条电缆的截面是按照温升条件选择，虽然它的发热程度是安全的，但是电能损耗可能很大。

电缆线路的经济截面选择与投资和年运行费用密切相关，不能用以往规定的经济电流密度套用，也不能仅规定适用于高压输电线路的选择。因为低压配电线路也常会遇到采用大一点截面的电缆更经济的情况。例如工矿企业，接有长年运行的大功率负载和较长低压配电电缆线路中，线路截面如按温升条件选择，每年造成的电力线路损耗是很大的。电缆截面的经济性，主要表现在电缆使用期间，其初次投资及其以后的电能损耗费用总和是否最小。经济合理的电缆截面不仅减少线路损耗，节约了电能，而且降低了电缆的运行温度，延长了电缆的使用寿命。

我国对电缆经济截面的选择在设计规范已有规定，但是仅规定对较长距离的大电流回路或 35kV 以上高压电缆才宜选择经济截面。实际上在许多工矿企业的低压配电系统中，干线与支线都有很大的节能潜力。人们常为了省钱，对这些电缆都是按温升最小截面来选，虽然可以减小一次投资，但却加大了长年线路损耗电费。

电缆导线的经济截面的评估方法和其他电力工程一样，考虑投资与运行费用的时间因素，采用国际通用的方法，用等价于投资的总拥有费用法（TOC_{EFC}）即现值法，将所比较的初次投资及日后运行费用都以现在时刻的价值表示。计算出给定电流下的不同截面的 TOC_{EFC} 值并找出它的最小值，此值即电缆使用期间总费用为最低的截面或经济截面。而按温升条件选择的截面一般只验算温度条件使电缆运行不出问题，而不计算电能损耗费用。所以前者的截面大于后者很多，初次投资虽大，但与使用期损耗费相加后总费却是最低的。

此外，经济截面与所供负载线路的年最大负荷损耗小时数有关，而年最大负荷损耗小时又与生产班制、年最大负荷利用小时和功率因数有关。例如冶金工厂的三班制作业，年最大负荷利用小时数很高，一般为 6500～7200h，功率因数为 0.92 左右，其年最大负荷损耗小时为 5000～5500h。而机械制造工厂的三班制作业年最大负荷利用小时比较低，如为 4500h，其年最大负荷损耗小时为 3000h；其两班制则为 3500h，年最大负荷损耗小时为 2100h；一班制为 2000h，年最大负荷损耗小时为 1200h。因此在实际工作中需要根据不同行业，不同生产班制和不同年最大负荷损耗小时求出不同的经济截面。

第五节　建筑智能化系统集成

1. 建筑智能化系统集成概述

智能建筑的系统集成从概念上讲，有广义系统集成和狭义的集成两个层次。狭义的系统集成则仅限于部分子系统的集成，也就是 BMS 的系统集成。广义的系统集成强调的是以建筑物为基础，结合水暖电以及运营和服务等多方位的全面集成，即包括界面集成、数据集成和业务流程集成的一体化集成 BMS。

这两个层次的集成所实现的功能与内容属于不同的两个领域：信息域和控制域。

控制域系统是完成楼宇硬件设施的监控和管理，也就是 BMS 系统集成的内容。它由很多功能设备迥异的分项子系统构成，涉及各方各面，但从功能上大致可分为两类：保障系统与运营服务系统。就建筑工程所要求集成的几个系统而言，建筑设备监控系统、消防系统、公共广播系统、综合安防系统属于保障系统。这些智能化专业系统首先需要完成对本系统的整体监控管理，建筑设备监控系统管理风、水、电、智能照明等环境设施，综合安防管理视频监控、报警、巡更、门禁等保全设施。建筑设备集成系统 BMS 则将这些在硬件上独立、在管理上关系紧密的智能化系统集成在一起，实现数据共享和联动关系，一方面对控制域的各系统进行整合，实现统一的管理和调度；另一方面是向信息域集成的必要接口，将控制域的设施管理提交给信息域的运营管理链，从而完成建筑的整体高效运营。

信息域系统建立在 IT 信息平台上，是往来业务、内部管理的运营命脉，对于建筑应包括办公自动化系统、物业管理系统等。这些系统的作用是传递和管理决策信息，它同时处理着多种异构数据，为企业的办公、管理环境实现充分的信息资源共享，并通过 Web 驱动企业应用集成，这也就是 BMS 的内容。

从建筑的性质、用途出发，决定综合系统集成的目标不仅仅是在某个层次上进行的集成，还需要在一体化集成的基础上，将不同的信息资源和业务事件互相紧密地衔接起来，实现在异构子系统之间跨越各个应用系统边界的数据共享平台。因此，虽然在这次投标中并未包含更深层次的集成，但出于为长远发展的考虑，基于信息技术的集成平台，面向 BMS。并且，楼宇设施管理系统所提供的信息对企业的运营与决策有着必要的、重要的作用。

因此从技术上讲，系统集成的平台必须在这两个层次均具有足够的开放性。在控制域层面上通过 LonWorks、BACNet、Integrator 等方式将各种不同的机电系统集成起来，使之相互协调、联动、共享信息，在信息域中利用先进的 IT 技术和成熟的解决方案通过标准数据库和 Web 接口将不同的信息系统集成起来。从而组织和管理整个楼宇的高效运营，充分体现集成系统的先进性、安全性、实用性和可扩展性等特点。

2. 建筑智能化系统集成技术

数字城市的发展，使智能建筑进入了一个新的发展时期，智能建筑传统的理念、概念、技术、管理都发生了很大变化，新技术、新产品不断进入智能建筑，智能建筑的市场容量不断扩大，追溯其根源离不开科学技术的发展和管理概念的膨胀。

（1）信息域平台管理（BMS）

信息域管理平台将不同的信息资源和业务事件互相衔接起来，消除"信息孤岛"，成为在异构子系统之间跨越各个应用系统边界的数据共享平台，从而改善建筑的整体应用业务，提高综合服务效率。其核心技术有如下几项：

1）互联网络技术；

2）浏览器/服务器（B/S）技术；

3）Microsoft . NET 平台；

4）数据库技术；

5）多媒体技术；

6）智能卡技术。

（2）控制域设备管理（BMS）

控制域的综合管理是通过标准的开放接口技术 OPC（OLE for Process Control）、LonWorks、BACnet 技术等，将各个有互交关系的弱电子系统集成在一起，从而将整个建筑的各种设备相互协调、联动和共享信息。

3. 集成管理系统的功能介绍

（1）管理功能

平台采用 B/S 的结构：全部图形化动态信息均通过 Web Server 发布，操作者所使用的工作站计算机，不需要安装任何软件，即可通过 Web 浏览器对建筑设施进行管理，这也使安装和维护楼宇自动化系统的成本降至最小。

（2）浏览功能

本方案所提供的 BMS 系统，充分实现智能化专业系统信息的网上浏览，所有管理操作站均无需安装任何楼控软件，而是通过 Web 访问，采用标准 Web 浏览器界面，就能依照登录用户的权限实时在线浏览权限范围内的各个系统、各个设备的状态、报警、历史以及维护等信息。

（3）联动功能

本方案所提供的 BMS 系统，通过对各智能化应用系统信息和数据的综合管理，可实现各智能化应用系统之间信息的交互，并可通过信息引发相应子系统的联动响应程序。BMS 服务器通过数据库、应用程序 API、BACnet、OPC 等开放技术为各子系统之间建立关联沟通的作用，实现了跨系统间应用子系统的信息双向交互及流向的设置。每个系统所产生的有用信息都将被应用到其他相关系统中，实现所有系统的整体协动。

（4）查询功能

本方案所提供的 BMS 系统，提供多种方式的信息查询，可以查询集成系统各子系统及所属设备的各类信息（状态信息、报警信息、维护信息等），以及基于原始信息的统计信息。

（5）设置功能

本方案所提供的 BMS 系统，提供了完善的设置管理功能，以保证整个集成系统准确、稳定、安全地运行。

建筑智能化集成管理系统提供高质量的综合物业管理，有利于能源管理，实现有效的能源策略，是多方面能源措施结合的成果，不是由某一个设备或软件就可以完成的，就楼宇设施管理系统而言主要有以下几个方面：

1）采用节能、高效、环保的设备；

2）安装测量、监视、计算能源消耗的仪器仪表；

3）编制合理、节能的自动控制程序；

4) 依靠有效的能源数据分析、管理软件。

整体的节能目标需要由建筑、设计院各专业以及控制管理系统的专业公司共同参与实施。

为了评价能源管理策略的有效性，软件系统每天记录能源的使用情况，辅助计量系统可以对设备的一部分进行能源消耗的跟踪记录。另外，软件可以基于设备以往的模式模拟设备的用电需求，从而可以对设备的异常情况进行预测和报告。这些记录在进行能源管理分析时是非常有用的，它可以提高用户的能源意识，并可以有效地减少能源消耗。

另一方面，数据可视化将各种原始数据收集并综合起来，经过系统转换为各种图形、曲线或报告，而这种方式的信息一目了然，易于被使用人员理解和分析，从而使楼宇大综合信息最大限度地得到利用。建筑智能化集成管理平台为建筑提供了最佳的能源管理手段，实现合理的能源审计、分析、跟踪和管理。同时，通过对暖通空调、照明、电梯等机电设备的优化控制，确保节约能源，从而降低运行费用。

第六节　建筑机电设备能源管理

1. 建筑机电设备能源管理系统概述

建筑机电设备能源管理系统以实现建筑节能为目标，本着实际、实用、有效的原则。适用于新、老建筑的节能控制，在系统集成平台上，根据各个集成子系统的上传数据，从整个智能建筑协调控制角度出发，通过楼宇自控系统对监控设备参数进行优化控制，实现节能。

（1）能源管理中节能概念

基于可持续发展的要求，应采用需求侧能源管理和综合资源规划方法。其核心思想是：改变过去单纯以增加资源供给来满足日益增长需求的做法，将提高需求侧的能源利用率从而节约的资源统一作为一种替代资源，以提高资源的利用效率和利用效益；同时不限制发展和降低建筑物的服务标准，将有限的资金投入能耗终端（需求侧）的节能所产生的效益要远高于投资能源生产的效益，建立终端节能优先的思想。

（2）能源管理节能工作思路

提高能源利用率，需求量越大，所需要的资源就越多，能耗也就越高，而服务曲线的斜率就是资源利用效率的倒数，可见能源利用效率越高，服务曲线越平坦，满足等量需求所需要的能耗就会降低。如果试图在能耗不变的情况下不降低服务标准，也就是要服务曲线更加平坦，只有提高能源的利用效率。

需求侧能源管理和综合资源规划的主旨是提高能源的利用效率和利用效益，用最少的资源和能源代价取得最大的经济、社会和环境效益，终端节能优先。据测算，终端节能的投入与生产等量的能源的投入之比为1：5，经济效益和社会效益巨大。蓄冷空调就是这种思想的典型产物。无论是从科学原理上说还是从技术经济的角度来说蓄冷空调是绝不节能的，但它们恰恰反映了需求侧能源管理和综合资源规划的核心思想：提高需求侧的能源利用效率，终端节能优先。

（3）能源管理节能的主要问题

物质水平的飞升提高了人们对室内舒适性的要求，从而对空调有了更多依赖。据统计，空调系统的能耗已经上升到建筑物运行能耗的40％。而多数建筑物空调系统在50％负荷以下运行时间超过7成。在传统的定流量系统中，部分负荷下大流量小温差现象严重，耗费了泵系统的输送动力。换言之，当今的能源利用存在着较严重的供冷与需求不匹配、能源无端耗费的问题。

建筑设备控制中最为复杂的就是空调系统的控制，监控设备多，控制变量多并且往往相互联系相互影响，其中某个控制变量的改变和调整，不仅影响该变量所在的局部能耗，而且还将影响整个系统的能耗。而目前应用的节能控制方法多局限于局部优化方案，尽管这些控制方案可以达到一定节能和提高室内舒适性的效果，但由于它们只考虑系统的某些局部特性，因而有可能损害或降低系统其他局部的控制质量。因此，要真正实现楼宇空调的优化管理和控制，必须从系统的层次上综合考虑整个系统的控制特性，优化控制和管理各控制回路的控制设定值。

（4）能源管理节能控制现状

目前在对设备管理上缺乏协调级的控制策略，多数为基于PID的控制策略，所以造成了整体能源利用率低，原因就是冷冻水供水温度、冷却水回水温度、冷冻水流量、末端压差及冷机台数不是孤立存在的。当末端用冷需求降低时，压差增大，调节泵变频运行，降低流量或在不适宜量调节的场合作适度温差降低的质调节。由此可见，量调节与质调节存在耦合关系，那么究竟让哪些因素变、变多少？

PID控制造成控制独立分散，PID将对这些参数的控制分立化，如温度回路、湿度回路、压力回路等，各信息之间不存在相互关联，造成控制上独立分散的弊端。PID控制更趋向于点对点的相对分散的监控，不利于系统集成。在这样的控制思路下，之前需要解决的探索参数间内部关联，使流程内外协调运作的预想变得不再可能。

2. 建筑机电设备能源管理的特点

（1）技术先进，具有趋势预测控制功能

充分利用了当代最新科技成果，采用具有趋势预测控制功能，使系统具有优化控制功能，可以根据空调系统运行环境及负荷的变化预测并择优选择最佳的运行参量和控制方案。

（2）按需供给，有效节约资源

其核心思想是：改变过去单纯以增加资源供给来满足日益增长的需求的做法，将提高需求侧的能源利用率从而节约的资源统一作为一种替代资源，以提高资源的利用效率和利用效益；同时不限制发展和降低建筑物的服务标准，将有限的资金投入能耗终端（需求侧）的节能所产生的效益要远高于投资能源生产的效益，建立终端节能优先的思想。

（3）动态负荷跟随，实现高效节能

突破了传统空调系统的运行方式，实现系统负荷的跟随性，实现系统运行的趋势预测和动态调整，确保主机始终处于优化的工作状态下，使主机始终保持高的热转换效率，既确保空调系统的舒适性，又实现节能。

（4）多参量控制，运行安全可靠

有效克服控制过程的振荡采用系统模型控制，在系统出现外来扰动（如负荷变化）时，能自适应地调整系统并消除扰动，使系统能很快趋于新的优化的运行状态，不会引起振荡，系统运行稳定可靠。全面的保护功能，有效的抗干扰措施。系统设置了操作权限管理功能，可有效防止非授权人员的无意或蓄意访问系统，确保系统数据的采集、传递、储存、使用的安全性。

（5）人性化设计，使用操作简便

遵循"以人为本"的人性化设计理念，系统的软、硬件设计都从用户操作使用的方便出发，提供了全汉化的中文软件界面，以及非常直观的图形和图表，以满足不同管理人员和操作人员的使用习惯，使操作人员易于理解、易于学习，让不熟悉计算机的人员也能快速掌握和操作整个系统，很快胜任运行管理工作。

3. 能源管理系统节能思路

（1）节能解决思路

系统以能源最优化分配为思路，即按需分配，如冷冻站系统能耗主要由冷却塔、制冷机、冷却水泵、冷冻水泵能耗4部分组成。每一个设备都有自身的最优工况，系统的协调运转，能量在设备间如何分配，怎样实现这种分配才能使总能耗最低。

（2）节能管理系统的宗旨

通过对建筑内各类设备的能耗进行检测，利用能量管理系统进行能耗分析，获得能源使用状况，结合运行模式给出能量使用的合理性分析，并据此给出相应的优化运行指导意见，调整系统的运行策略，便于充分利用能量，减少浪费。

（3）建筑集成管理技术与智能控制完美结合

计算机技术的高速发展促使建筑系统集成技术日趋成熟，从而为建筑设备节能提供更广阔的发展条件，一场新的建筑设备控制技术的革命即将引发。在系统集成平台上，楼宇自控系统、冷水机组、电量计量系统、热量计量系统、智能照明系统、消防火灾报警系统、门禁系统等各个子系统的信息可以自由通讯，建筑设备的控制不再仅仅局限于单一设备或单一系统的反馈控制，而是从建筑整体能耗的角度考虑各个系统的协调控制。在建筑系统集成平台上，对建筑进行综合能耗管理，使实现建筑设备系统的协调运行和综合性能优化成为可能。

（4）优化控制实现条件

有一个高度网络化的信息平台，进行数据的采集与监控。系统集成平台提供了必要条件，可自由读写来自不同通信协议的设备的信息，如冷水机组内部的详细参数，楼宇自控系统的监控点，能量计量系统的数据，照明系统的状态，门禁系统的数据。

有一个准确而高效的优化控制预测模型，能够实时在线预测系统动态响应。

优化计算方法能够快速获得优化解，并能够适应在线检测信号带有噪声的特点，并且从而给出使整个系统总能耗为最小的前提下优化各控制变量的设定值。

（5）智能楼宇节能管理系统功能

首先按需分配，将整个楼宇进行分析处理，而不是作为一各环节独立控制，即协调级控制策略按需分配，降低由于能量传输过程中损耗和无用功。其次是趋势预测，系统对整个建筑物进行建模动态分析，提出趋势预测的概念，即楼宇能量的供给量是以下一时段楼宇需求量为准，现场反馈量作为修正值，而不是决定值。

可操作的协调级的控制策略是实现建筑节能的重要手段，而可操作的协调级的控制策略必须是在高程度的系统集成的平台实现，能源管理系统进行系统能量优化管理和优化能源配置，在实现建筑物"高性能设计""集成控制"和"动态控制"。

（6）建筑机电设备能源管理工作内容步骤

能源检查：楼宇能耗状况总览；

能源审计：节能潜力在和具体措施；

能源监测和控制：能源消耗和成本控制；

能源报告分析：连续监控基础上发掘的改进潜能；

能源优化：能源消耗的连续改进。

4. 建筑机电设备能源管理系统的实施

建筑机电设备能源管理实施方案是一套旨在改进楼宇运营能效的项目解决方案。为建筑执行一套完整的能源方案，了解其当前及进行节能改进后的运营状况。采用高级的计算机程序和模拟计算节能额度。按照面积/过程成本对现有建筑和数据库中的类似设施进行能耗对比，以便确定哪些设施需要采用节能措施。

建筑机电设备能源管理实施方案的效果检验，节能额度的计量和验证是非常关键的。对提高计量和验证可靠性的需要使整个行业逐渐在协议问题上形成一致。与计量和验证有关的主要问题就是基线开发。采用预先计量的方式，以便充分、适当定义所涉及系统的当前运行状况。例如，如果暂时计量装置被安装在具有暖通空调装置（HVAC）的设施的冷冻水系统上，则该设备/系统的运行时间、负荷和能耗将成为某些外部参数（如外部气温）的函数。

5. 建筑机电设备能源检测评估手段

（1）能源审计

耗能情况如何；最大的耗能模块是什么；

室内空气质量评估及能耗基准对比；

潜在的节能方向；

建议节能措施；

建议的测量表计方案；

楼宇运行表现的评估报告。

（2）高效的能源监测和控制

基于网络的经济有效的能源管理系统，提供能源监测和控制，连续地记录和估计能源消耗数据，确定能源节省潜力并确定节能优化措施。楼宇能源消耗的可靠信息可通过特别考虑的外部影响因素（度日数）并和定义的设定点（能源预算）的对比来获得。

采用分表计量实时监测通过互联网对建筑进行能源监控（图 9-2-5）：

通过网络浏览器进行直观操作；

从任何联网工作场所获取能源消耗数据；

根据员工的技术和访问权限进行全面的用户管理；

通过 Email 和 SMS 发出读取数据提醒专业能源消耗报告；

与以前的年份进行比较；

能耗特点；

二氧化碳排放；

用户成本分配；

不同用户比较；

能源预算控制；

气候调节。

（3）操作模式

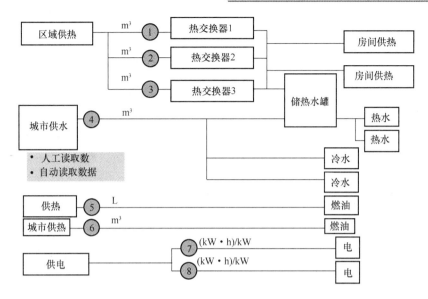

图 9-2-5 以分表计量实时监测方式对建筑进行能源监控

能源管理系统以 ASP（应用服务提供）技术为基础，能耗数据通过标准网络浏览器手动收集或自动进行收集。能源报告可在任何标准联网 PC 上进行编辑和检索。

通过互联网进入您的个人能源管理系统账户（图 9-2-6）：

通过网络浏览器进行直观操作；

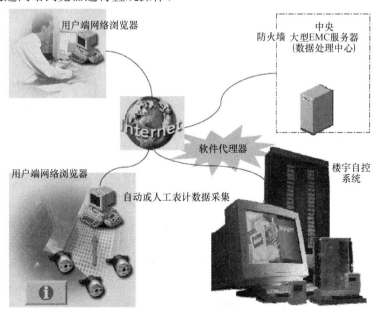

图 9-2-6 能源管理系统操作模式

247

从任何联网工作场所获取能源消耗数据；

根据员工的技术和访问权限进行全面的用户管理；

通过 Email 和 SMS 发出读取数据提醒专业能源消耗报告；

与以前的年份进行比较；

能耗特点；

二氧化碳排放；

用户成本分配；

不同用户比较；

能源预算控制；

气候调节。

（4）节能测评软件

节能测评软件是为楼宇节能专门开发的节能效率测评软件，其中包括各种以下模块：

各个输入模块；

楼宇基本信息输入；

楼宇设备信息及使用情况输入；

气候信息输入；

能耗及能源消费量表；

节能方案选择及各种节能效果；

详细方案参数填写及计算；

综合节能效果评估；

节能措施前后比较。

6. 能源管理系统的基本功能

耗能设备管理功能：记录耗能设备与节能设备的各项属性参数，建立完善的设备台账和动态资产管理信息，用电脑代替烦琐的人工管理，实现耗能设备的生命周期管理（日常运行、维修保养、促全报废），并实现动态的节能管理目标。

能耗数据采集功能：对各种耗能设备的能耗数据进行实时自动采集、保存和归档，用各种智能仪表测量耗能设备运行数据，代替繁重的人工记录。形成动态的能源监测管理信息系统。

数据显示、统计、分析和预警功能：耗能设备运行数据以各种形式（表格、坐标曲线、饼图、柱状图、GIS 图等）加以直观实时显示，并时刻监测设备运行状况，发现设备运行异常或能效过低状态，实时声光报警提示现场运行人员，若能耗高于历史同期和计划设定值则报警提示管理人员；按时、日、月、年不同时段，或不同地理区域，或不同能源类别，或不同类型耗能设备对能耗数据进行统计、自动生成实时曲线、历史曲线、仿真曲线、实时数据报表、日月年报表等资料，为管理节能提供数据依据，为节能技术改造提供数据基础。并预测未来能源消耗趋势。

节能专家诊断功能：智能化的能源管理信息系统可以根据采集的实时数据，分析对比规程规范和设计指标，自动分析诊断出耗能设备产生高能耗的原因，自动生成节能技改方案，自动调整运行参数，使耗能设备始终在最节能的状态下运行。

智能控制功能：结合各种控制设备，按时间顺序或控制信号安全地实现就地或远程的自动控制功能，实现最大程度的节能。

模拟仿真功能：自动模拟仿真出耗能设备实施节能前/后的能耗状况，为节能效益的量化计算提供客观准确的基准数据。

设备地理信息系统（GIS）功能：在地图上或者建筑图上直观地管理不同区域的各种耗能设备和节能设备，随时随地掌握设备运状况。

丰富的报表功能：系统可按客户不同的要求，自动生成文字、表格、坐标曲线、饼图、柱状图、GIS图等不同的报表形式，供客户选择。

综合评价功能：通过对各种能源资源消耗的自动采集，形成各耗能设备的分项能源资源消耗计量，并计算各分项计量系统的能效，进而对能效以权重的方式进行综合评分，得到能耗系统的综合评价，从而进一步了解耗能设备的用能情况，为节能方案设计提供参考依据。

第七节　建筑电气与智能化新技术及解决方案

为了更好地响应国家节能减排的号召，进一步解决目前在建筑电气与智能化方面存在的一些问题，行业内各大科研机构、高校以及企业等投入大量的人力、物力和财力开发新产品新技术。本节以数据中心、开放式建筑机电设备网络通信协议——iopeNet、物联网和云计算为例，阐述了目前比较热门的新产品新技术。

随着通信、网络、互联网等的迅猛发展，近几年数据中心的建设也如雨后春笋般出现在建筑行业内。数据中心作为一个汇集大量服务器和通信设备的多功能建筑，它的供配电系统必须保证为数据中心用电设备提供稳定、可靠和安全的电源，若是供电中断而造成数据中心瘫痪，将会造成巨大的经济损失。

开放式建筑机电设备网络通信协议——iopeNet 的出现是为了解决目前存在的因为网络设备的种类繁多，而造成相互之间不兼容导致能源浪费的问题。在设计楼宇设备控制系统的设备网络时，为了应对各种环境的条件，通常我们需要BACnet、LonWorks 以及 EIB 等设备网络模式，而这些网络设备模式在统一整合一个智能楼宇中的各个部分的功能时候，要达到互通互联，还需要采用各种具备专用规范特点的子系统网络。因此，出现了开放式设备系统网络通信协议——iopeNet 的构想理念。

云计算是一种将 IT 相关的能力以服务的方式提供给用户，允许用户在不了解提供服务的技术、没有相关知识以及设备操作能力的情况下，通过 Internet 获取需要服务的技术。它的出现将会使资源的利用得到最大化，属于低碳节能的又一力作。

物联网是指凡是有传感器和传感技术而感知物体的特性来按照固定的协议实现任何时候物与物之间、人和物之间、人与人之间互联互通，实现智能化识别定位跟踪管理的网络。物联网的提出突破了将物理设备和信息传送分开的传统思维，实现了物与物的交流，体现了大融合理念，具有非常重大的意义。现有的通信主要是人与人的通信，目前全球的通信用户已经接近于饱和，发展空间有限。而物联网涉及的通信对象更多的是"物"，如果这些所谓的"物"都纳入物联网通信应用范畴，其潜在可能涉及的通信连接数可达数百亿个，为通信领域的扩展提供了巨大的空间。

第三章　经典节能工程案例

建筑电气与智能化节能工作的开展并非一朝一夕，经过长时间的不断努力，如今，无论是在科研成果方面还是具体工程方面都取得了一定的成绩。

本章以已获我国"三星级绿色建筑设计标识证书"和美国 LEED™金奖的永久性场馆——上海世博中心场馆的绿色环保和电气节能技术为例，揭示了我国在具体项目中如何实现科技创新技术和绿色低碳可持续发展的理念。

第一节　引　　言

举世瞩目、精彩难忘的 2010 年世博会已在上海成功举办，世博场馆建设中集中体现了一大批先进的科技创新技术和绿色低碳环保可持续发展的理念，很好地实现了"城市，让生活更美好"的世博主题。

上海世博园区内永久性场馆共有 4 个，其中之一的上海世博中心已获得了我国"三星级绿色建筑设计标识证书"和美国绿色建筑委员会的 LEEDTM 金奖。"三星级绿色建筑"作为我国绿色建筑评价标准中等级最高的绿色建筑，其主要特点是：建筑中大量利用可再生能源和未利用能源，注重能源节约和建筑材料资源的循环使用，减少建筑工程中对自然生态环境的损害。所谓绿色建筑，就是在建筑周期内，最大限度地节约资源（节能、节地、节水、节材）、保护环境和减少污染，为人们提供健康、适用和高效的使用空间，与自然和谐共生的建筑。绿色建筑注重建筑材料和能源的合理使用与节约，因而对建筑建造和使用过程的每个环节都最大限度地节约能源和材料。绿色建筑将低碳环保技术、节能控制技术、智能信息技术应用于各个方面，用最新的理念、先进的技术去解决生态节能与环境舒适问题。

第二节　场馆中绿色低碳、节能技术的构成

世博中心（图 9-3-1）作为世博会永久保留建筑，在世博会期间以及会后都承担着重要的工作。世博会期间，其作为了世博会的庆典活动中心、指挥营运中心、国宴宴会中心、新闻发布中心以及世博会论坛中心；世博会后已成为上海的政务中心和用于国际组织首脑会议的国际会议中心等，总建筑面积超过 14

万 m^2。

图 9-3-1　上海世博中心外景图

世博中心是按中国和国际标准建成的"绿色低碳"建筑（同时获得我国"三星级绿色建筑设计标识证书"和美国 LEEDTM 金奖），作为中国公共建筑节能科技的典范，世博中心成功解决了国内外大型公共建筑节能、环保和减排的难题。世博中心在其设计过程中，在保护不可再生资源、集约利用能源、建立循环经济模式、创造可持续的人居模式等方面都受到了高度的重视。世博中心围绕"科技创新"与"可持续发展"的理念，按照减量化（Reduce）、再利用（Reuse）、再循环（Recycle）的 3R 设计原则，从节能、节电、节水、节材、节地等环节入手，统筹安排资源和能源的节约、回收和再使用，减少对资源和能源的消耗，减少污染物的排放量，减少建筑对环境的影响。

世博中心场馆的绿色低碳环保、节能技术主要表现在：

（1）采用建筑表皮节能系统、建筑与遮阳一体化、自然采光通风、江水直流冷却水系统、冰蓄冷、分工况变频给水系统等建筑节能技术，降低了建筑能耗；

（2）采用了雨水控制及利用系统、杂用水收集利用系统，程控型绿地微灌系统，合理利用了各种水资源；

（3）建筑屋顶设置了蓄热太阳能热水系统、建筑一体化太阳能光伏发电系统（BIPV）最大可能地合理利用了自然能源；

（4）建筑室内外较大规模的使用了新型、节能环保的 LED 灯光照明；

（5）采用先进的建筑设备自动监控系统（BAS）、智能照明控制系统和变频调速控制装置，对空调设备、给排水设备、电气设备、照明设备及其他用电设备实现了节能监控管理；

（6）主要场所设 CO_2 浓度监控，保证了室内空气品质且实现节能运行；

（7）实现了绿色环保的室内环境控制；

（8）电气设施的自身低耗节能及节能技术的应用等。

为实现场馆在建设的全寿命周期内最大限度地节约资源、保护环境和减少污染，为人们提供健康、舒适和高效的使用空间和环境，设计通过系统比选、数据分析、类比测试、模拟计算、效益评价，作了符合世博中心工程实际情况的系统设计并予以实施，保证了世博中心绿色建筑设计目标的实现。工程建筑的节能率

252

超过 62%，52%的生活热水通过太阳能热水系统提供，太阳能发电量超过工程总用电量的 3%（超过了国家绿色建筑评价标准中规定优选项 2%的要求）。工程在绿色建筑专项技术研究、应用、创新和集成方面的成果，也标志着我国在大型公共建筑的绿色低碳建筑技术集成方面达到国际水平。

第三节　绿色电气节能技术的有效应用

世博中心场馆的电气设计在满足建筑功能需求、环境舒适及各系统安全、可靠的前提下，充分体现绿色低碳节能理念，提高了建筑电能使用效率，减少电能损耗。主要体现在以下几个方面：

（1）可再生能源的广泛应用

在世博中心建筑的屋面设置了一套建筑一体化太阳能光伏发电系统（BIPV）。利用城市建设的 BIPV 系统，达到绿色环保的目的，是本届世博会"城市，让生活更美好"主题的一个不可或缺的重要组成部分。

屋面上安装的太阳能光伏发电系统总容量为 1MW，太阳能电池方阵采用不透光的单晶硅电池板，其转换效率为 12%～15%；系统采用并网运行方式，这比独立运行方式具有更多的优点，其可以省去储能用蓄电池，而蓄电池在存储和释放电能的过程中，会损失部分电能，且在 5～7 年寿命报废后对环境会造成污染。并网运行系统可以降低投资，并具有更高的发电效率和更好的环保性能。

太阳能所发的电能经过采用逆变、升压（将太阳能电池方阵输出的直流电转换成与城市电网相同电压、频率、相位的交流电，同时进行故障监控、保护）等技术处理后直接并入城市 10kV 电网，使这一清洁能源得以充分利用。

根据上海地区日照时间的情况以及光伏发电系统发电量的计算方式：

系统发电量＝安装场地日照量×设置容量×综合系数

理论上计算在屋面上安装的太阳能光伏发电系统每年的发电量可达 1000MW·h。如果按照有关部门提供的数据，按 1kW·h 相当于 0.404kg 标准煤进行换算，那么本工程 1 年可节约标准煤约 404t；如果按照 1kg 标准煤会产生 2.493kg CO_2，那么 1 年可减少排放 CO_2 1007t，其社会效益是显而易见的。

（2）注重对供配电系统的节能设计

由于场馆的建筑面积和用电负荷都较大，负荷也较为分散，因此整个建筑内除了设置 1 座 35/10kV 总变电站外、还设置了 5 座 10/0.4kV 的分变配电站，以方便供电，并使供电电源靠近负荷中心，减少线路的损耗。另外在变压器的选择上考虑了变压器的节能型以及经济运行要求。变压器是供配电系统中的主要耗电设备之一，变压器容量偏小、负荷率过高会引起负载损耗增大、效率变低、寿命变短；而变压器容量偏大、负荷率过低又会引起空载损耗增大、效率也变低；因此应根据实际负荷需求合理选择变压器容量，使变压器尽可能运行在最佳负荷状态。工程中所选的变压器实际负荷率基本控制在 0.5～0.7 范围内，属于较佳的负荷状态。变压器采用的是节能型变压器，并在各个环节采取了提高功率因数的措施。

（3）照明系统的节能措施

建筑室内白天能充分考虑利用自然光线，达到节能效果。场馆的照明设计都以技术成熟的高光效光源（如 T5 荧光灯、金卤灯及 LED 灯等）及高效率灯具为主，结合房间的室型指数等指标，采用合理的布灯和配光设计，在满足照度、均匀度、眩光指数、显色性等照明品质要求的前提下，全面降低了照明的功率密度值，符合并超过了国家标准《建筑照明设计标准》GB 50034 目标值的要求。

场馆景观照明设计中，大面积使用了绿色、节能、环保、耗电量低的 LED 光源来替代传统光源。LED 半导体照明技术是上世纪末发展起来的新技术，在上海世博会上，它已成为世博园区绿色照明建设的主要应用技术和展示世博主题的重要视觉元素。

在景观照明控制上，LED 光源也体现出传统光源无法比拟的优势。LED 灯光控制系统具有控制节点多、控制能力强、响应快等特点，颜色和亮度可连续调节，在平时、节日、重大活动等不同场合，能营造出不同的光色环境，产生出色彩斑斓，变化丰富的景观艺术效果，在降低能耗的同时也给人们带来了精彩绝伦的视觉盛宴。这些都契合了上海世博会"城市，让生活更美好"的主题。

虽然 LED 现已被广泛运用在室外景观照明，但作为室内功能性照明的应用则是刚刚起步，它尚不能代替传统灯具的原因在于诸多技术难题尚未解决（如：LED 的发光效能、显色性、散热问题等）。为了更好地体现世博场馆的绿色、节能、环保，在世博中心高达 14m 的政务厅全部采用了 LED 灯作为功能性照明，不仅满足了功能需求，更重要的是解决了 LED 代替传统功能照明的技术难题，也使 LED "功能照明"进入普通室内建筑成为可能。

政务厅规模约 2000m²，净高 14m。为满足上海各类政务会议和大型国际性会议和活动（如"上合峰会"、"APEC 会议"等）的需求，要求在照明上既要满足蓝色调国际会、还要满足国内暖色调的政务会议，显然采用一套普通照明灯具是无法满足功能需求的。作为一种新的尝试，设计中考虑采用 LED 光源作为室内功能性主照明的方案，为保证理论计算出的配光数值与实际效果数值相符，方案实施前对 LED 灯具做了实际模拟测试，对于 LED 颗粒的光束角选择也作了反复测试比选，找到了最佳的腔体内混光方式，并较好地解决了 LED 灯具散热问题；另外选择的 LED 灯由于采用了先进的芯片技术与封装方法，也使 LED 的显色性大大提高。

政务厅的功能照明采用了 LED 光源，照明效果良好，选用的 LED 光效高，且色温与照度同时可调，在体现节能的同时也大大降低了传统光源汞的污染，保护了环境。另外大功率 LED 在室内高大空间内作为主照明的应用在当时尚无先例，这也开拓了用 LED 在类似照明领域的新应用，填补了当时室内高大空间内 LED 功能性主照明应用的空白，也为以后室内高大空间内有效应用 LED 主照明树立了良好的典范（图 9-3-2）。

图 9-3-2　政务厅采用大规模室内 LED 照明实景图

在选择高光效光源及高效灯具的同时，注重照明系统的节能控制。工程设有照明控制系统，根据室内外光亮度的变化或系统设定的参数、设计程序，自动调节控制灯光开启的时间、数量、亮度，达到预先设定的灯光效果、场景，并制定出特定时段的时间程序控制，及时关闭不使用的照明回路，避免不必要的电能浪费。采用照明控制系统后，照明节电的效果达到了 20%～30%。

（4）电能管理及能耗监测系统的有效应用

场馆中设置了有效的电能管理及能耗监测系统，电能管理系统采用集中管理、分散布置的模式，分层、分布的系统结构，利用先进的计算机技术、通信信息处理技术，对供配电系统的保护、控制、测量、信号等功能进行优化组合，同时通过对现场各类电气设备及回路数据监测，网络传输构成一个完整的智能化电能管理系统，实现对供配电系统设备实时保护、监测等综合智能化管理。而设置的能耗监测系统在不影响各用能系统的既有功能、降低系统技术指标的前提下，对能耗数据的采集充分利用了电能管理系统、建筑设备监控系统既有的功能，实现了数据传输与共享。系统通过对建筑内各种能耗分类设备实现分项能耗数据的实时采集、计量、传输、处理，分析了解各项能耗指标，监控各个运行环节的能耗异常情况，评估各项节能设备和措施的关联影响，并记录、存贮各能耗数据，为进一步的节能运行提供有效的数据支撑。

（5）建立了有效的建筑设备监控系统（BAS）

工程中采用了建筑设备自动监控系统，对冷热源机组、水泵、空调设备、给排水设备、电气设备、照明设备及其他用电设备进行监视和节能控制，及时准确地掌握各区域用电设备的运行状况和故障状况，以降低能耗；同时还对室内环境质量进行监测控制。建筑设备监控系统中还包含了多个设备子系统的运行数据信息，如：智能照明节能控制系统、电能管理及能耗监测系统、江水源热泵系统、冰蓄冷系统、分工况变频给水系统、电梯系统等。

由于在整个建筑物能耗中空调系统的能耗约占整个建筑能耗的近 40%，因而实现对空调系统的节能控制对节能环保具有较重要的意义。对空调系统的节能控制设计主要体现如下：

1）对空气处理机组（AHU）采用时间程序控制，从而减少机组的空载运行，降低空调能耗；

2）对新风空调机组（PAU）采用最少新风量、最低混风比及新回风门阀门比例控制，满足人体对室内空气品质的需求；

3）空调机组采用变频控制，针对实际需求进行变频控制调节风量，从而实现对空调机组节能控制；

4）空调机组水阀采用 PID 控制来调节空调供水量，从而减少空调冷热源能耗，起到了可观的节能效果；

5）空调冷热源采用冰蓄冷及江水源冷却热泵机组的系统形式。冰蓄冷系统通过对乙二醇系统的流量控制，满足设备的流量要求，控制系统的动态水力平衡及在各个工况下的静态水利平衡，以保证水泵的正常启动和维持水泵的高效工作，乙二醇系统在末端需要的负荷较小时，水泵降频使用，以实现最大限度的节能。

（6）谐波治理和降损节能

由于场馆中电力电子设备使用较多，会产生较多的谐波。如：各种电力电子装置、变频装置、电子镇流器、VAV 空调、灯光系统等非线性的设备都会产生谐波。谐波电流流入电网后，通过电网阻抗产生谐波压降，从而引起电网的电压畸变，给配电系统的各个环节带来较严重的谐波问题。因此预防和治理谐波有助于提高设备的使用寿命，减少电能损耗。工程中主要应用无源滤波装置对谐波进行治理，取得了较好的效果，谐波得到了有效的抑制。

第四节　结　　语

世博中心场馆设计对建筑的绿色低碳、节能技术作了全面的考虑，并采取了有效的绿色节能措施。场馆建成和实施，对指导类似项目的绿色建筑设计，提高绿色建筑水平，促进绿色建筑技术的应用与发展有着深远的意义，并也成为"绿色世博"的一个亮点。

参考文献

[1] 张文才. 建筑电气技术的发展[J]. 论文天下论文网. http：//wenku. baidu. com/view/c22a9483d4d8d15abe234e2e. html.

[2] 2011～2015 年中国智能建筑行业发展前景与投资战略规划分析报告.

[3] 中国建筑设计研究院. 建筑机电节能设计手册[M]. 北京：人民交通出版社，2009.

[4]　中国建筑设计研究院机电院. 数据中心机房的系统设计方法[J]. 智能建筑电气技术，2007，(1).

[5]　欧阳东，吕丽，黄吉文，满容妍，肖昕宇. 开放式建筑机电设备网络协议——iopeNet研究[J]. 智能建筑电气技术，2010，(2).

[6]　张公忠. 物联网与智能建筑[J]. 城市建筑与智能信息，2011，(1)：14～17.

[7]　陆伟良，丁玉林，宋舒涵. 物联网与绿色智能建筑核心技术探讨[J]. 城市建筑与智能信息，2012，(2).

[8]　陈全，邓倩妮. 云计算及其关键技术[J]. 高性能计算发展与应用，2009，(1).

[9]　邵民杰. 绿色环保和电气节能综合技术在世博建筑中的应用理念与实践[J]. 智能建筑电气技术，2011，(3).

电气智能化专业委员会编写人员：

欧阳东　吕丽　严诗恬　肖昕宇

第 十 篇 | 地方篇

第一章 北 京 篇

第一节 北京市建筑节能工作的基本情况

"十一五"时期,北京市建筑节能工作在新建建筑执行节能设计标准、既有建筑节能改造、可再生能源应用、农民住宅建筑节能、公共建筑节能运行监管、住宅产业化和绿色建筑等领域全面推进。到"十一五"末,形成了每年节约396万 t 标准煤和减排二氧化碳 990 万 t 的能力,为完成全市节能减排目标和改善人民群众的生活和工作条件做出了重要贡献,为"十二五"时期更好地推进本市建筑节能工作创造了有利条件。

1. 新建建筑全面执行节能设计标准

"十一五"期间新建居住建筑 7985 万 m^2,全部执行节能 65% 的设计标准;新建公共建筑 5738.69 万 m^2,全部执行公共建筑节能设计标准。城镇节能居住建筑和节能民用建筑的比重分别达到 76.3% 和 57.75%,居国内各省市区首位。

2. 超额完成既有建筑与供热系统节能改造任务

累计完成既有建筑节能改造 4692.9 万 m^2,其中大型公建低成本改造 2320 万 m^2,居住建筑围护结构节能改造 2372.9 万 m^2;完成 166 座供热锅炉房节能改造,涉及供热面积 5670 万 m^2,完成 498 个小区的老旧供热管网改造。

3. 抗震节能型农民住宅新建和改造取得明显成效

截至 2010 年底,共完成新建抗震节能型农宅 13851 户,完成节能改造 42301 户。新建和节能改造后的农民住宅冬季室内温度提高了 6-8℃,一个采暖期平均每户耗煤量分别减少 2 吨和 1 吨,农民群众称之为"暖心工程"。

4. 可再生能源建筑应用规模不断扩大

实施了 38 个国家级可再生能源应用示范项目,总建筑面积达 265 万 m^2。平谷区和延庆县被批准为国家级农村可再生能源建筑应用示范县。到 2009 年底,累计采用浅层地能和热泵技术采暖的新建城镇民用建筑 2000 万 m^2,太阳能采暖的民用建筑 30 万 m^2，民用建筑安装太阳能集热器 500 万 m^2。

5. 绿色建筑和住宅产业化试点工作加快推进

共有 13 个项目被评为住房城乡建设部的绿色建筑示范工程；共有 6 个项目通过国家绿色建筑设计标识认证。2010 年发布了《关于推进本市住宅产业化的指导意见》，在全国率先出台了产业化住宅项目面积奖励政策，组织落实了 50 万 m^2 试点。32 家企业组建了北京市住宅产业化企业联盟。金隅集团被批准为国家住宅产业化基地。

6. 公共建筑节能监管体系初步建立

建立了国家机关办公建筑和大型公共建筑耗电监测平台耗电监测平台，对 65 座市级机关办公建筑和 250 栋大型公共建筑施行在线监测。

第二节 建筑节能"十二五"的目标和主要任务

1. 北京市"十二五"时期建筑节能目标

"十二五"时期，北京市建筑节能工作将在全面落实国家有关要求的基础上，结合北京实际，紧抓重点领域和关键环节，努力在节能设计标准、既有建筑改造、科技创新和政策支持方面实现突破，努力达到国际领先水平。

"十二五"建筑节能工作的重点任务是：一是进一步完善建筑节能的法规标准体系、政策体系、科技与产业支撑体系、市场监管体系。二是修订提高新建居住建筑、公共建筑的节能设计标准，其中居住建筑实施第四步节能 75％标准。三是完成 6000 万 m^2 城镇既有建筑围护结构节能改造，其中居住建筑 3000 万 m^2。四是完成 10 万户新建抗震节能型农民住宅和既有农民住宅节能改造。五是完成公共建筑和符合节能 50％以上节能标准的居住建筑的热计量收费改革。六是完善公共建筑节能运行监管体系，实现全市公共建筑电耗降低 7％，其中公共机构降低 10％。七是 2015 年前全市使用可再生能源的民用建筑面积达到 8％。八是到"十二五"末全市采用产业化施工方式建造的住宅达到 1000 万 m^2，在未来科技城、丽泽金融商务区等重点功能区建设绿色建筑示范区。实现上述目标，将在"十二五"期末形成每年节约 529 万 t 标准煤的能力。

2. 建筑节能十二五主要任务

（1）争创一流，赶超国际先进水平。

重点领域和关键环节上实现突破。一是节能设计标准要有新突破。要抓紧修订居住建筑和公共建筑的节能设计标准。能耗水平与节能技术指标的基准点要高，不仅要在国内领先，还要达到国际上同纬度国家的最高水平。我们的节能标准达到同纬度欧美国家的水平，再加上建筑物的平均体型系数低和节俭的生活习惯，就能够成为世界上同纬度单位建筑面积采暖能耗最低的城市。

（2）既有建筑改造要有新突破。

既有居住建筑节能改造，包括农民住宅的节能改造是最大的民生工程。既要保证进度、达到效果，又要确保质量和安全。我们要加强宣传教育，强化企事业单位的节能改造实施主体责任，按照计划安排，加紧督促推进。要进一步完善政策，加大支持力度，建立投资保障机制和融资平台，并把建筑抗震加固、改扩建与节能改造同步实施，使改造后达到新建建筑物节能标准。

（3）科技创新要有新突破。

要充分利用北京科技资源丰富的优势，继承和发扬奥运场馆建设中科技攻关的好经验、好做法，根据实际需要，既要学习引进国外先进技术，又要抓住关键、难点问题，组织力量进行科技攻关，争取尽快取得实质性进展。发展改革委和科委要制订促进科技创新和新技术推广应用的政策，加快与建筑节能有关的规划设计、结构体系、材料部品、施工技术、智能管理等方面的科学研究、工程试点、示范推广。加快新材料、新技术、新设备、新工艺的创新和应用，提高技术水平和管理水平，促进建筑节能向纵深发展。

（4）政策支持要有新突破。

要进一步完善法规体系、标准体系、政策体系，通过法律、经济、行政等多种手段，采取综合措施加以推进。要率先推进公共建筑电耗定额管理和级差价格政策，在公共建筑节能运行激励政策方面走在各大城市前列。要在国内率先实现产业化住宅和绿色建筑从点式向片式的发展转变，在现有产业化住宅项目的面积奖励政策基础上，继续完善住宅产业化和绿色建筑的技术标准和激励政策，建立和完善产业支撑体系和政策支持体系。总之"十二五"时期破解许多建筑节能的难题，都必须在政策创新上下功夫、想办法。

第三节　北京市建筑节能产业技术发展状况

1. 探索具有北京特色的建筑节能技术发展道路

若 2012 年起城镇新建居住建筑执行修订发布的北京市地方建筑节能设计标准，单位建筑面积采暖耗热量与能耗指标达到节能 75％ 的水平，需要广泛的软硬技术支撑。

（1）树立科学的建筑节能发展观。

建筑节能是在满足人民群众日益提高的合理服务需求和保护环境的前提下，通过采取各种建筑节能措施，降低能源消耗，减少CO_2排放，提高资源（材料、土地等）的利用率，减少固体废弃物（建筑废物和生活垃圾）排放，并提高其资源化利用率。因此，根据全面协调可持续发展的基本要求，推动建筑节能技术发展需要把握六个环节：既要重视减少能源消耗，又要重视减少CO_2排放；既要重视资源节约，又要重视资源的循环利用；既要重视单项技术或产品的先进性，又要重视其适用的范围；既要重视原始创新，又要重视集成创新和消化吸收再创新；既要重视技术创新，又要重视管理创新；既要重视实施建筑节能措施，又要重视政府和用户最关心的实际效果。

（2）加大自主创新力度，发挥后发优势，实现跨越式发展。

自主创新包括原始创新、集成创新和引进消化吸收再创新三种创新方式。根据国外经验，三类创新方式在发展的各阶段是同时共存的，但三类创新方式的组合与重点不尽相同。以韩国为例，在人均 GDP 达到 1000～3000 美元时，以引进消化吸收再创新和集成创新为主，人均 GDP 上升到 5000 美元以后，原始创新的比重不断提高。

据北京市有关专家分析，从北京市情和国际环境出发，在总体上北京市的自主创新应以集成创新和消化吸收再创新为主。原始创新虽然重要，但由于市力所限，只能集中在一些重大战略需求方面。

此外，北京市应积极参与国际合作，引进多种国外新技术、材料与设备，在消化吸收的基础上实现再创新，发挥后发优势，实现跨越式的发展。

（3）重视建筑节能技术的城乡协调发展。

城乡统筹协调发展说到底就是在新的经济发展期，城市与农村、工业与农业之间协调发展，消除城乡二元经济社会结构，逐步改变城乡分割、各自发展的模式，走以城带乡、城乡互动、共同繁荣的道路。

从北京市建筑节能层面看，首先要认识农村建筑节能存在的主要问题是冬季采暖能耗高，而室内热环境并不舒适；夏季降温能耗占总能耗的比例较小，今后面临不断上升的趋势；其次要看到乡村的优势。北京市农村具有丰富的可再生能源，若将数量庞大的生物质能加以高效利用，辅之以太阳能、风能等可再生能源利用，将形成北京市农村建筑节能的一大亮点；第三要充分发挥城市的人才和技术优势，对农村现有成熟的技术、总结提高推广，同时将城市多年建设中适合农村的先进适用技术向农村扩散，推动农村建筑节能水平的不断提高。

（4）提倡精细管理理念，充分发挥管理对建筑节能的推动作用。

建筑节能的设施建设（包括设计和施工）是建筑节能的前提条件，是硬件，后续的设施管理则是建筑节能重要的保障条件，是软件，两者是统一体，缺一不可。以建筑节能为例，建筑能否节能，关键一环要看运行阶段的节能效果。一个优化的节能设计和精细的施工固然重要，如果在运行阶段出现设施系统紊乱、调控失常、围护结构损坏、冷桥滋生、冷风渗透，存在无效能耗、能源损失，就会出现"节能建筑不节能"、"耗能建筑更耗能"的能耗"黑洞"现象。大量实践证明，对实行集中供暖的居住建筑，其节能运行管理的因素通常占到50%节能指标的10%～15%，而对于采用中央空调系统的大型公共建筑，其节能运行管理的节约因素一般可占其能耗节约潜力的30%～50%，甚至更高。精细的设施管理是一项投资少而对建筑节能贡献大的有力措施，应当重视并逐步落实，切实扭转重建设、轻管理，重使用、轻维护的不良倾向。

其次，要合理引导建筑的发展模式。北京市城乡居民的人均住房面积以每年约 $1m^2$ 的速度增长。按照这个发展趋势，到 2020 年北京市的人均住房面积将达 $40m^2$ 左右，而且还有一定比例的"豪宅"存在。各种大型商业/公共建筑（特别是透明玻璃幕墙建筑）正在快速增长，这些建筑单位面积耗电量是普通居民住宅的 10～15 倍。如果不进行合理引导，适度加以调控，将会进一步加剧用电紧张。美国商用/民用领域用电量约占全社会用电量 70% 左右的局面，未来就有可能在北京市发生。

2. 建筑节能技术发展的重点任务

（1）提高我市建筑节能技术方面的竞争力和软实力

加快与建筑节能有关的建筑规划、结构体系、材料部品、施工技术、智能管理、宏观政策等方面的科学研究、工程试点、示范推广，提高我市建筑节能的技术水平和管理水平。加强对新建建筑、既有建筑节能改造工程的管理，加强对建筑节能材料、产品和节能服务市场的监管，淘汰落后材料、产品和建筑用能技术，打击假冒伪劣产品和商业欺诈行为，维护消费者与合法经营者的利益，保证建筑节能工程的质量。增强我市建筑节能技术方面的竞争力和软实力。

（2）建筑围护结构隔热保温技术

继续加强墙体和屋面节能开发力度，发展符合我国国情和市情的建筑结构特点的墙体和屋面节能成套技术，努力实现墙体和屋面技术与产品的多样化、高性能化和产业化；提高墙体、屋面节能设计质量，为既有建筑墙体与屋面的节能改造提供技术支撑，研究与建筑抗震加固相结合的建筑节能技术。对技术与产品进行合理的选择，注重细部设计（如节点构造、特殊部位的增强措施等）；实施专业化施工，建立健全相关检测制度，严格工序检查，做好隐蔽工程验收工作，保证墙体屋面工程的质量。

严格实行建筑的节能设计标准，提高建筑墙体与屋面节能设计水平到 75%。

1）重视墙体与屋面节能产品开发，发展新型墙体与屋面节能技术体系。

重点研究和推广住宅产业化的建筑结构体系、预制部品与施工技术，保温与防火功能好的自保温复合墙体技术，墙体屋面无机保温材料与施工技术。以建筑节能为核心，推动新型墙材的发展。如：提高外墙外保温的技术水平、研究开发多功能预制保温装饰板材、中、低层建筑发展节能防水的坡屋面、平屋面发展倒置式屋面，种植屋面等。

2）为既有建筑墙体与屋面的节能改造提供技术支撑。

需要改造的既有建筑量大面广、形式多样，而且与老百姓的生活与环境质量息息相关，需要因地制宜开发多项技术和产品。将墙体改革与建筑节能与抗震有机结合起来。

3）制定建筑节能及墙体与屋面节能技术政策的措施；强化建筑节能经济鼓励政策与管理政策，注重保护知识产权。

4）加强对新建和既有建筑节能改造的建筑的节能效果的监督管理，对达不到规定指标要求或节能工程质量有严重缺陷的墙体与屋面节能工程，追究相关方的有关责任。

5）加强对建筑节能技术工作基础性和系统性研究。可以采取行业协会的主导，骨干企业参加，政府支持。建立科学而准确的建筑材料热物理性能基础数据库。并在此基础上，给出考虑我们不同气候对新型节能建筑围护结构的热工性能的影响的节能建筑的保温技术措施和构造形式。

（3）节能门窗与遮阳技术

节能门窗包括：提高门窗的保温隔热性能，减少门窗部位的热损失。要合理选择门窗材料和窗型，确定合理的窗墙比和建筑物的朝向，着力解决门窗型材的断热问题，从设计、加工、安装等各个细微环节入手，保证门窗具有高强度、高气密性、高水密性、高精度性和优异的隔热性能。发展四腔或五腔塑钢窗型材生产应用技术，节能门窗暖边材料及应用技术重视开发应用各类通风换气窗和建筑排风余热回收技术与产品，减少通风换气的热损失。具体包括以下技术内容：

1）建筑外窗传热系数 $K \leqslant 2.0$ 节能设计标准。提高资源利用率，保护环境，改善建筑功能。

2）提高建筑外窗的空气声隔声性能、采光性能等其他功能；

3）开展太阳能光伏与门窗集成的研究，提高绿色能源的利用，实现可持续发展的需求；

4）发展系统化集成技术，推进门窗型材、玻璃、胶条、五金件成套技术，推广积木化设计概念，节省资源，优化配置，提高产品质量。

5）加大复合型材研究开发力度，提高门窗节能性能。

遮阳技术包括：

利用绿化的遮阳。绿化遮阳是一种经济而有效的措施，特别适用于低层建筑，但绿化时要注意尽量减少对通风、采光和视线阻挡的影响。

结合建筑构件处理的遮阳。结合构件处理的遮阳问题的手法有：加宽挑檐、外廊、凹廊、阳台、旋窗等。

专门安装的遮阳。最常见与最具代表性的还是专门安装的遮阳制品，对窗口设置的遮阳。

（4）太阳能与建筑一体化技术

大力推进太阳能光热系统与建筑一体化，中高温太阳能集热器和太阳能光热发电技术除有景观特殊要求的地区外，在城镇新建居住建筑和公共建筑中，按与建筑物同步投资、同步设计、同步施工、同步验收、同步销售、同步纳入物业管理的原则。太阳能利用技术包括：光热利用，太阳能生活用水、太阳能采暖、太阳能制冷空调；光电利用，带有蓄电池的独立光伏发电系统、并网光伏发电系统；阳光采光技术，主动和被动阳光采光技术。

建筑一体化形式：与平屋面结合、与斜屋面结合、与墙面和阳台板结合、与屋顶构架结合。太阳能供热方式分集中和分户两种。在适合的气候带，推广太阳能采暖与建筑一体化技术。

（5）热计量与辐射采暖技术

进一步研究集中供热住宅的分户热计量技术。

冷暖供给末端技术是建筑节能的重要方面，其中采用高效散热器和低温辐射技术是最常用的。低温辐射技术又分为地板系统（电缆式水管式）及顶棚系统（金属板式、毛细管式、电热膜式）。

地板辐射供暖技术：

建立技术创新机制，加大地面供暖新技术与新产品的研究开发（研究开发和推广使用地板辐射供暖节能型结构体系和建筑材料）推进建筑地面辐射供暖产业化进程。推进地面辐射供暖企业化、专业化、市场化和集约化经营；推进地面辐射供暖从城镇向农村发展。推进地面辐射供暖从城镇向农村发展。

设置集中热水采暖系统的住宅采用分户热计量、分室温控的节能技术。目前采用的热计量表有楼栋热表、户用热表、热水流量表和热分配表。一般采用变流量系统和定流量系统进行计量。

分室散热器上应设置手动温控调节阀或自力式恒温阀，即能提高室内舒适度，又能节约采暖热量的无效消耗。

（6）热泵技术

重点发展空气源热泵和高能效比热泵生产与应用技术。

空气源热泵：利用环境空气作为热泵机组的热源和热汇，取之不尽，推广适应用低温气候区的新型节能空气源热泵。

地源热泵：利用土壤热源和热汇，提高能效、利于环保，比传统空调节约运行费用 70％。地源热泵分为水平地理和垂直地理式。

水源热泵：利用水作为热源和热汇（如河、湖、废水等），提高能效、节约能源。

（7）室内新风换气技术

独立新风系统：集中管道收集居室空气，并与新风交换热量、排出污气。热新风通过补偿置换，达到室内空气新鲜、节约能源。

置换通风系统：从室内地板附近送入较低温度空气、热气上浮从室内上部排出，达到空气置换。

新风微循环系统：采用在外墙（窗）上的进风口过滤空气，利用厨房和卫生间的排风机抽吸造成负压，使新风连续不断进入室内进行交换。

（8）大力推进公共建筑节能降耗

尽管北京市公共建筑总面积仅 1.6 亿 m^2。大型公共建筑面积为 2070 万 m^2，占公共建筑面积的 13％。有 1 亿 m^2 的公共建筑具备节能改造的条件，其中大型公共建筑单位面积电耗此具有很大的节能潜力。综合采取各项建筑节能技术措施可以使用电量减少 20％～50％，这些技术措施包括：尽可能用水循环替代空气循环输送冷热量，采用新的水系统循环方式减少各类调节用水阀，使用变频水泵充当调节手段，采用各类热回收装置，回收排风能量；发展新的温度、湿度独立控制的空调方式改善系统的运行调节和管理等。

（9）开发农村可持续发展的建筑节能模式

目前农村建筑节能应坚持因地制宜、高效用能和可持续发展的原则，着力解决以下几方面的问题：

1）改变传统的农村采暖模式，选择新型合理的采暖方式。提高建筑围护结构热工性能（包括屋顶、门窗、外墙等）；完善建筑平面布局，避免由于建筑体形系数过大而增加室外空气过量渗透；提高农村建筑的设计和施工水平，改善农村建筑的整体质量，降低采暖负荷和采暖能耗。

2）要在传统采暖方式基础上推陈出新，改善采暖效果，降低空气污染。如目前在传统火炕的基础上发展出了新型的"吊炕"技术、材料与设备，利用秸秆或秸秆压缩颗粒为燃料，提高了火炕向室内散热能力，与好的灶具及保温良好的建筑相结合，使冬季室内达到热舒适要求，并不造成室内外环境的污染。

3）优化农村用能结构，实现可持续发展。目前农村生活用能以煤和生物质材料直接燃烧为主，能源利用效率低，污染严重，用能结构不合理。优化用能结构应该以生物质能的高效清洁利用为主，结合太阳能、水电等可再生能源，逐步减少对煤炭的依赖。

生物质能的高效清洁利用应本着因地制宜、合理使用的原则，逐步开发和应用农林固体剩余物致密成型燃料及其燃烧技术、材料与设备、高效低排放户用生物质半气化炉具、沼气技术、材料与设备、生物质气化技术、材料与设备等。利用生物质材料宜就近收集,就近利用。除生物质资源非常丰富和集中的地区之外,不宜将生物质资源远距离运输、储存和用于集中发电。

3. 新能源开发利用的技术重点任务

(1)应用推广与建筑一体化的太阳能热水系统的关键是提高太阳能集热器产品质量。要设法提高太阳能集热器的承压性能,抗冻、抗雨雪、抗冰雹性能,密封性能,耐久性能,使其符合模数要求,便于安装。同时要开发太阳能集热器与建筑结合的系列构配件。

(2)太阳能供热采暖是继太阳能供热水之后最具发展潜力的一项技术、材料与设备。要努力提高太阳能供热、采暖系统的太阳能保证率,力争全年综合利用;应研究开发短期和季节蓄能新技术,提高太阳能供热、采暖系统的节能效益,这是太阳能供热、采暖技术进步的重要发展方向。

(3)太阳能供热、制冷重点是关键设备的开发和示范工程建设。要研发国产中、高温太阳能集热器,特别是要积极推进具有自主知识产权、可用于金属表面的高耐久性选择性涂层材料的研发,以此带动北京市太阳能供热制冷空调技术的发展。

(4)热泵技术的应用要重视解决工程实践所提出的生态环境和技术难题。如何抽取和回灌地下水热泵系统的推广应用中关系保护水资源的重大问题,研究开发先进的回灌技术、材料与设备迫在眉睫。土壤源热泵在保护环境方面具有独特的优势,但是在人口密集的城市,长期采用这种技术所造成地温变化以及相关的问题是值得进一步关注的问题。

(5)要重视热泵复合能源系统的开发应用。要开展热泵复合能源系统的研究与应用,即把不同形式的热泵相互结合或将热泵与其他可再生能源利用设备集成应用可以组成效能更高的复合能源系统,比如太阳能与地热源热泵,土壤热泵与地表水或地下水热泵结合,气源热泵与水源热泵相结合都可以组成不同类型的高效复合能源系统,并在技术集成和系统优化方面开展有效的研究工作。

(6)在关注提高热泵机组能效比的同时,还要重视整个系统能效比的提升。要着眼于整个系统的所有能量转换和传递过程,采取提高传热效率,降低热阻和降低热泵功率,提高流体输送效率等措施,提高整个系统的能效比。

4. 节材和材料资源合理利用的技术

(1)继续推进墙体改革,提高外墙围护结构的保温、隔热、防水与饰面功能和内墙的隔声、防潮功能。积极开发应用重量轻、耐久性好、施工方便的新型墙体材料。发展混凝土小型空心砌块、加气混凝土砌块,以及利用轻骨料、工业废料和植物秸秆制作的新型墙体材料；开发具有保温、装饰功能的复合墙体和轻质隔墙。

（2）继续发展和推广使用高品质化学建材，提高房屋建筑保温、防水功能和装饰效果。推广应用的重点是节能门窗、新型防水材料和建筑涂料。建立优先使用品牌产品、淘汰落后产品的机制。积极开发配套施工机具、材料和现场检测设备。

5. 节水和节电技术的重点任务

（1）积极推进推动城乡供水一体化，不断提高供水水质检测水平。

1）推动城乡供水一体化，提高城镇和农村供水水平。

2）加强对城市供水水源的安全保护与监督，建立对各种供水突发事故的报警系统，采取多种应急措施，保证城市供水。

（2）大力发展和推广村镇集中供水技术。

发展和推广村镇集中供水技术。积极推行计划用水，发展饮用水源开发利用与保护技术。开采地下水应封闭不良含水层，防控苦咸水、污废水等劣质水侵入水源；鼓励水源保护林草地建设。推行集中供水，积极发展村镇供水管网优化设计技术、材料与设备。

鼓励研究开发并推广村镇家用水表和节水型用水设施，缺水地区要逐步开展村镇家庭用水分户计量。

（3）大力研发和推广节水和节电型器具。要大力推广节水型水龙头、便器系统、洗浴设施以及节能灯、节电设备等。

（4）大力开发建筑废物处理与资源化利用技术

1）加快制定完善相关法律法规、制度和监督执法工作。要加大监督执法力度，坚决杜绝建筑废物非法排放，使建筑废物资源化由行政强制逐渐成为全行业的自觉行动。

2）建立并逐步完善建筑废物资源化标准体系。当前，应抓紧制定"建筑废物再生砖"、"建筑废物再生砌块"、"建筑废物再生混凝土结构技术规程"等系列标准和规范。

3）促进建筑废物的源头减量化。要实现建筑废物的减量化，第一要从工程设计、材料选用等源头环节减少施工现场建筑废物的产生和排放数量；第二要加强区域规划设计的长期性和权威性，保证新建筑的施工质量，尽可能提高建筑的使用寿命，减少非正常拆毁建筑；第三对施工产生的废物尽可能在现场直接利用。第四要大力发展建筑工业化、产业化，扩大使用标准化的预制构配件，全面推广应用预拌混凝土和预拌砂浆等，既保证工程质量又减少建筑废物产生量。

第四节 2012 年主要成就

1. 新建建筑全面执行节能设计标准

截至到 2012 年 11 月底，北京市 2012 年新增城镇民用建筑（备案）3082.8 万 m^2，其中居住建筑 2001.4 万 m^2，公共建筑 1081.4 万 m^2，全部按照建筑节能设计标准设计建设。从 1988 年起累计新建节能住宅 32818.4 万 m^2，新建节能住宅占全部既有住宅的 78.3%；累计新建节能民用建筑 42063.8 万 m^2，新建节能民用建筑占现有全部既有民用建筑总量的 60.4%，节能住宅和节能民用建筑的比重继续居各省市首位。

2. 既有建筑节能改造要有新突破，既有建筑节能改造要达到新建建筑节能设计标准

需要改造的既有建筑量大面广、形式多样，而且与老百姓的生活与环境质量息息相关，需要因地制宜开发多项技术和产品。将墙体改革与建筑节能与抗震有机结合起来。2012 年共组织了 1500 万 m^2 既有非节能建筑围护结构节能改造；并开始实施"十二五"时期安排的 1900 万 m^2 既非节能有居住建筑供热计量及节能改造工程，1.5 亿 m^2 既有节能居住建筑供热计量改造工程和 5000 万 m^2 既有建筑热源和管网热平衡改造，包括农民住宅的节能改造。在改造过程中加强宣传教育，强化企事业单位的节能改造实施主体责任，按照计划安排，加紧督促推进。发布了《北京市老旧小区综合整治工作实施意见》，主要对 1990 年（含）以前建成的，须进行节能改造、热计量改造和平改坡；对水、电、气、热、通信、防水等老化设施设备进行改造；对楼体进行清洗粉刷；根据实际情况，进行增设电梯、空调规整、楼体外面线缆规整、屋顶绿化、太阳能应用、普通地下室治理等内容的改造。为了保证外墙保温工程顺利进行，北京市公安局、住建委、规划委联合颁布"关于加强老旧小区综合改造工程外保温材料使用与消防安全管理工作的通知"［2012（391 号）文］，文中规定本市老旧小区综合改造工程从严执行《国务院关于加强和改进消防工作的意见》（国发［2011］46 号）与住房和城乡建设部《关于贯彻落实国务院关于加强和改进消防工作的意见的通知》（建科［2012］16 号）的规定，使用燃烧性能为 A 级和复合 A 级（芯材为热固性且燃烧性能达到 B1 级及以上）外保温材料。供应上述材料的生产企业，向北京市住房和城乡建设委员会（以下简称：市住房和城乡建设委）进行外保温材料专项备案。北京市建筑节能与建筑材料管理办公室（以下简称：市建筑节能建材办）受市住房和城乡建设委委托，负责专项备案的管理工作。保证了既有建筑节能改造取得新的进展。

为了争创国家供热计量及节能改造重点城市，保证达到节能设计标准和供热计量要求，2012 年在完成老旧小区节能改造同时，对近 800 万 m² 既有建筑的供热计量改造。

3. 深化公共建筑节能监管体系建设

截至 2012 年 11 月底，北京累计完成 258 栋大型公建和 65 栋政府机关办公建筑的用电分项计量安装与全市监管信息平台建设，从 2010 年底开始实现实时用电数据稳定上传，2011 年起逐步对其能耗监测平台强化数据分析，定期编制《大型公建能耗监测分析报告》；累计完成 46 栋大型公建能源审计统计、176 栋大型公建一般能源审计和 10 栋大型公建深度能源审计。2012 年，按住房和城乡建设部《民用建筑能耗和节能信息统计报表制度》要求，按期统计、上报全市 2011 年民用建筑的能耗统计数据。在获得上述能耗数据基础上，组织相关单位开展"北京市公共建筑能耗定额、级差价格与实施体制机制研究"及"北京市民用建筑能耗统计指标体系"的研究工作，编写《大型公建空调制冷节能运行管理和技术措施》，指导业主开展空调运行节能工作。

自 2011 年起，组织 4 所高校开展节能型校园建设，北方工业大学建设的节能监管体系已于 2012 年 9 月份正式投入使用，实现了学校能源消耗数据的自动采集、计算、对比和分析，从管理角度实现了数据的"可视化、可预测"。为全校能源的定额管理，领导决策提供了数据支持；其他三所高校均按要求开展了能耗统计、能源审计、能效公示等工作，能耗监测平台的建设工作正在进行中。

4. 支持引导可再生能源建筑大规模应用

2012 年新增太阳能热水系统建筑应用 50 万 m² 集热器面积、300 万 m² 浅层地能或污水源热泵采暖建筑应用面积、10MW 光电建筑应用能力。

海淀区（温泉）体育中心光伏建筑一体化等 3 项太阳能光电建筑应用示范项目完成验收，总光电装机容量 2349kW，已并网发电运行，并安装监测系统上传住房和城乡建设部。中关村海淀北部园区太阳能光伏电站示范等 6 项太阳能光电建筑应用示范项目，合计总光电装机容量 12400kW，获得批准进入项目实施阶段。太阳能中温集热器关键技术研究及产业化 2 个国家级可再生能源产业化示范项目获批，并进展顺利。

平谷区、延庆县被批准为可再生能源建筑应用农村地区示范县，目前平谷区可再生能源建筑应用示范项目竣工面积 75.3 万 m²，延庆县示范项目竣工面积 48.9 万 m²，均已完成示范任务。

为加快推进太阳能热水系统在本市民用建筑领域的应用，提高人民群众生活质量，促进节能减排，北京市发布了《北京市太阳能热水系统建筑产品城镇建筑应用管理办法》的通知（京建法〔2012〕3号）文件，办法规定"本市行政区域内新建城镇居住建筑，宾馆、酒店、学校、医院、浴池、游泳馆等有生活热水需求并满足安装条件的新建城镇公共建筑，应当配备生活热水系统，并应优先采用工业余热、废热作为生活热水热源。不具备采用工业余热、废热的，应当安装太阳能热水系统，并实行与建筑主体同步规划设计、同步施工安装、同步验收交用。鼓励具备条件的既有建筑通过改造安装使用太阳能热水系统"。"根据建筑功能特点、节能降耗和方便使用与维护等要求，合理确定太阳能集热系统的类型。(1) 城镇公共建筑和7至12层的居住建筑，应设置集中式太阳能集热系统。(2) 13层以上的居住建筑，当屋面能够设置太阳能集热器的有效面积大于或等于按太阳能保证率为50％计算的集热器总面积时，应设置集中式太阳能集热系统。(3) 13层以上的居住建筑，当屋面能够设置太阳能集热器的有效面积小于按太阳能保证率为50％计算的集热器总面积时，应采取集中式与分散式相结合的太阳能集热系统，亦可采用集中式太阳能集热系统与空气源热泵相结合的热水系统。(4) 6层以下的居住建筑可选用集中式或分散式太阳能热水系统。采用集中式太阳能集热系统的，提倡居民在每天12时至24时之间使用该系统提供的热水"。对推动北京市"十二五"建筑节能规划的实施，提高太阳能热水系统建筑工程质量、使用功能和节能效益起到重要作用。在实施文件的过程中，并由市住房和城乡建设委员会安排协会安排《集中式太阳能热水系统定价与收费制度研究》和《太阳能热水系统设备的产品技术、质量状况及市场准入与监督管理办法的研究》两个课题的调研，目前调研已取得初步成果。

根据资源条件推广热泵系统建筑应用。根据我市浅层低温能资源领域分区控制方案，在适宜发展浅层低温能建筑应用的地区，鼓励新建建筑和既有建筑通过改造使用浅层地能热泵系统，并优先发展地埋管式地源热泵系统，解决采暖、制冷和生活热水的部分用能需求。结合污水处理厂建设计划，积极推进污水源热泵建筑应用项目。积极推进利用热泵系统使用电厂余热供热。

鼓励具备一定规模和管理条件的城镇公共建筑、开发区和工业园区建设太阳能屋顶光伏发电项目。降低太阳能光电上网转换或蓄电配套设施的建设成本，实现太阳能光电设备的稳定运行。

2012年新增浅层地能或污水源热泵采暖的民用建筑，新增使用太阳能生活热水的民用建筑面积，新增使用太阳能光热系统采暖的民用建筑面积，新增太阳能光电建筑应用面积。

北京市在建筑物围护结构节能技术和产品的开发、推广应用方面已经取得了较好的业绩。而在室内供暖供冷技术和产品的开发、推广应用方面才刚刚起步。因此，大力推广应用室内供暖供冷新技术、新产品已成为执行65％节能设计标准、完成节能降耗指标的当务之急。需要解决的方面很多，其中最主要的有：解决采暖方式由高温到低温的过度设备；解决空气源热泵的冬季运行和提高能效比；实现自动化控制，操作简便。多层和高层住宅目前仍应以集中供热为主，包括市政热网或区域锅炉房通过换热站供热，或设立燃气锅炉房直接供热。但对于无上述热源条件的普通住宅、独立别墅、小型公建等，相对燃煤供热和电直接供热，采用空气源热泵结合太阳能作为供热热源，在环境保护和节能方面都有不容置疑的优势；因此，北京市建立了利用太阳能进行被动式和主动式供暖的太阳能和空气源热泵联合供暖形式，主要用于本地区独立住宅形式为主。开展了空气源热泵供暖和采用以空气源热泵为辅助热源的太阳能制备生活热水的分户独立系统的相关技术的研究。

5. 组织绿色建筑和住宅产业化示范

2012 年在未来科技城、丽泽金融商务区、海淀北部新区、CBD 东扩、门头沟生态城、首钢产业置换厂区等开始组织绿色建筑园区的试点示范。其中丽泽商务区区域低碳规划：项目功能区总体规划面积 8.09km²，涉及东管头、三路居、马连道、菜户营、万泉寺、西局、太平桥等 7 个行政单位。规划总建筑面积 800～950 万 m²，其中地下空间建设容量约 160～240 万 m²。整个功能区划分为中心区、景观环和外围居住混合配套区三个部分。凡列入区域规划的商务、会议、科技园区等重要功能性园区，均应进行绿色低碳园区试点示范，园区建筑应达到绿色建筑标准。为完成"十二五"时期新建绿色建筑达到 3500 万 m²，各区县均完成一定数量的绿色建筑示范工程。

2012 年的住宅产业化试点示范规模达到 100 万 m²，"十二五"时期累计示范面积超过 1500 万 m²。落实管理措施与奖励政策，加快绿色建筑和产业化住宅项目落地。2012 年当年建设的绿色建筑面积占当年开工建筑面积的比例达到 10%，实现 300 万 m² 绿色建筑和 100 万 m² 产业化施工的住宅项目落地和开工建设。绿色建筑从单体建筑向绿色园区扩展，重要功能性园区建成绿色低碳园区，园区建筑应达到绿色建筑标准。以保障性住房为重点，全面推进住宅产业化。

2012 年制订《北京市民用建筑绿色建筑设计标准》、《北京市绿色建筑评价标准》和《北京市民用建筑能效测评标识标准》，制订和修订有关可再生能源建筑应用和住宅产业化的设计、施工、验收规范，为北京市推广绿色建筑、可再生能源建筑应用和住宅产业化提供技术支持。编制北京市农村住宅节能、抗震等方面的设计标准、施工规程、分区域房屋设计参考图集，对建筑结构、抗震性能、保温隔热性能以及新材料、新能源的应用技术条件提出基本要求。开展了《绿色生态区域建设示范与技术指标体系研究（绿色通道）》、《太阳能光电建筑应用系统认证体系研究》、《低碳城市策略研究与应用》、《北京市公共建筑能耗定额、级差价格与实施体制机制研究》、《北京市绿色建筑评价标准》等课题的研究。

6. 加速推进新建、改造抗震节能型农民住宅建设

北京市积极组织农村新建抗震节能型农民住宅和既有农民住宅抗震加固改造，探索小城镇建设和新农村建设模式。2012 年农民住宅抗震节能改造工程超过 10 万户。利用 2011 和 2012 年 2 年时间完成北京市"十二五"建筑节能规划中确定的 20 万户目标。

结合新农村社区和新民居建设，完成了《北京市农房节能改造技术指导手册（2011 年修订版）》，规模化地推进建筑节能。采用统一规划、统一建设方式的建设项目执行本市新建建筑节能设计标准，按基本建设程序进行施工图设计审查和施工质量监督。

7. 不断完善地方法规、政策、标准体系

（1）不断完善地方法规体系

北京市政府于 2001 年发布《北京市建筑节能管理规定》（市政府令第 80 号），于 2006 年发布《北京市节能监察办法》（市政府令第 174 号）。北京市人大于 2010 年修订《北京市实施〈中华人民共和国节约能源法〉办法》。

根据上述法规规章，北京市有关委办局发布了《北京市既有非节能居住建筑供热计量及节能改造项目管理办法》（京建法〔2011〕27 号）、《北京市太阳能热水系统城镇建筑应用管理办法》（京建法〔2012〕3 号）、《北京市农民住宅抗震节能建设项目管理办法（2011～2012 年）》（京建法〔2011〕26 号）等规范性文件。其中《北京市太阳能热水系统城镇建筑应用管理办法》规定从 2012 年 3 月 1 日起，北京市新建居住建筑和有热水需求并具备安装条件的公共建筑，除利用工业废热以外均应当同步安装太阳能生活热水系统。

2012 年我市完成了修订《北京市建筑节能管理规定》（市政府 80 号令）的调研和立项论证，将该规章的修订列入 2013 年市政府立法计划。

（2）完善技术标准体系

北京市于 2004 年率先发布节能 65％的《居住建筑节能设计标准》，于 2005 年发布《公共建筑节能设计标准》。2012 年发布修订的北京市《居住建筑节能设计标准》，是国内第一个第四步节能，即节能 75％的居住建筑节能设计标准。该标准的单位建筑面积采暖能耗达到世界同类气候条件地区的先进水平和国内领先水平，并且强制在东西向外窗强制安装活动式外遮阳设施，强制安装太阳能热水系统，降低制冷、生活热水制备的能耗。该标准 2013 年 1 月 1 日实施。此外，编制发布《北京市老旧小区综合改造外墙外保温施工技术导则（复合硬泡聚氨酯板做法）》等 4 项施工技术导则。从开展建筑节能工作以来，北京市发布了建筑节能设计、施工、验收地方标准、规程、图集达 60 余项。

（3）完善建筑节能的经济激励政策

1）建立建筑节能资金，保障建筑节能

北京市发布了《关于印发〈北京市节能减排专项资金管理办法〉的通知》（京财经一〔2008〕2772 号），支持节能减排领域新技术、新产品、新机制、试点示范项目；支持节能管理能力建设、减排效果奖励；对中央财政支持的节能减排项目进行配套支持。

2）加大财政资金投入，推动建筑节能

2012 年，北京市发布《关于老旧小区综合整治资金管理有关问题的通知》（京财经二〔2012〕346 号），其中规定：市财政将原既有非节能建筑等单项改造每平方米 100 元的补助标准，统一调整为市和区（县）两级财政按 1∶1 比例分担。按照北京市既有非节能居住建筑热计量与节能改造每平方米 500 元的平均资金需求计算，2012 年在既有非节能居住建筑热计量与节能改造项目上投入的财政资金将超过 75 亿，包括中央财政奖励资金 6.18 亿元，市和区县两级财政投入 68 亿元以上。

北京市积极争取中央财政资金支持，开展可再生能源建筑应用示范，引导和推进可再生能源建筑应用向高水平、大规模发展。2012 年申报的 6 项太阳能光电建筑应用示范、2 个国家级可再生能源产业化示范项目获得中央补助资金 5827 万元，将根据项目实施进度分批下拨到项目实施单位。2009 年和 2010 年，平谷区和延庆县申报可再生能源建筑应用农村地区示范县得到批准，获得国家补助资金 3600 万元。目前项目进展顺利，补助资金已拨付至区县。北京市还先后发布了一系列资金支持政策，如《关于发展热泵系统的指导意见》（京发改〔2006〕839 号）、《北京市太阳能热水系统项目补助资金管理暂行办法》（京发改〔2010〕525 号）、《北京市太阳能光伏屋顶发电项目补助资金使用管理办法》（京财经二〔2010〕296 号）及 2010 年实施的推进阳光惠农工程等，促进了可再生能源建筑应用。

2012 年，为建立科学、准确的北京市民用建筑能耗统计指标体系和制度，市财政支持 96.7 万元开展相应课题研究。为开展高校节能型校园建设，获得了中央财政补助资金 675 万元，用于 3 所高校节能监管体系建设。为了建立既有建筑节能运行监管体系并保障其正常运行，"十一五"以来累计投入 6447 万元。其中中央财政补助资金 3415 万元、市财政专项资金 3032 万元。

2012 年，为了推进抗震节能型农民住宅的建设和农民住宅的节能改造，市财政将对新建、翻建农民抗震节能住宅的奖励标准定为每户 2 万元，对农民住宅节能改造的奖励标准定为每户 1 万元，各区县政府结合各自实际，给予配套补贴。

3）发挥墙改基金作用，支持建筑节能墙改

"十二五"以来，北京市墙改本着节能、利废、节材、环保的原则，研究、开发适合本市的新型墙材结构体系，大力推广新材料、新技术、新工艺，满足新时期建筑节能、住宅产业化和新农村建设发展的需要。2012 年使用新型墙体材料专项基金 130 万元，重点支持了"墙体材料节能减排综合评价体系研究"、"预制加气混凝土外墙板框架结构体系可行性研究"、"玻璃棉、岩棉外保温系统连接安全性、耐久性解决方案及标准编制"等建筑节能墙改项目的研究。

（4）完善建筑节能技术与产品的推优限劣制度

2009 年，北京市发布了《北京市推广、限制、禁止使用的建筑材料目录管理办法》（京建材〔2009〕344 号）。2010 年发布了《北京市推广、限制和禁止使用建筑材料目录（2010 年版）》（京建材〔2010〕326 号）、《关于发布第二批北京市建设领域科技创新成果推广项目的通知》（京建发〔2010〕392 号）。2012 年发布了《北京市绿色建筑适用技术推广目录（2012）》，目录涵盖绿色建筑节地类、节能类、节水类、节材类、室内环境类、运营管理类 6 个领域 24 个方面的 84 项通用技术和 44 项具体应用技术，指导本市低碳生态园区和绿色建筑项目建设。

8. 不断加强管理机构体系

（1）不断强化协调推进机制

北京市在 20 世纪 90 年代成立了建筑节能墙改工作领导小组，2007 年改为由市政府副秘书长为总召集人，各有关委办局和各区县主管区县长参加的北京市建筑节能工作联席会议，办公室设在市住房和城乡建设委。

2012 年，北京市以老旧小区综合整治的方式组织既有非节能居住建筑的抗震节能改造，成立了老旧小区综合整治领导小组，由陈刚副市长任组长，张玉平市政府副秘书长任办公室主任。办公室设在市重大工程指挥部办公室，市住房和城乡建设委、市市政市容委、市发展改革委、市财政局等市级相关部门及区县政府和有关单位为成员单位。办公室每周召开调度会，分析各区县工作进展情况，研究解决各类问题。市委组织部抽调 200 名党员干部到重点区县帮助和督促老旧小区综合整治工作的进行。

（2）不断加强建筑节能工作的管理机构

北京市从 20 世纪 90 年代即明确由市建委负责全市建筑节能的综合管理，市规划委负责建筑节能设计标准和建筑设计环节的管理，市市政管委负责供热节能管理。市住房和城乡建设委内设建筑节能与建筑材料管理专门处室。各区县建委也明确了承担建筑节能工作的业务部门。

2012 年，市重大项目建设指挥部办公室（对外以"北京市老旧小区综合整治办公室"名义开展工作）负责全市老旧小区综合整治，为局级单位，下设办公室和资金统筹、房屋建筑抗震节能综合改造、小区公共设施综合整治 3 个工作组。各区县也成立了相应的专门机构负责老旧小区整治工作。

（3）实施节能减排目标责任考核与表彰制度

我委在 20 世纪 90 年代即对各区县建筑节能工作进行目标责任考核与表彰。2008 年以来，经市政府领导批准，每年的建筑节能工作任务指标以北京市建筑节能工作联席会议办公室名义分解下达给各区县政府，并进行考核；同时建筑节能工作的主要指标纳入市政府对各区县政府的单位 GDP 能耗降低目标责任考核体系。2011 年 11 月，由陈刚副市长代表市政府与各区县政府签订了 2011 年至 2013 年"节能暖房工程"责任书，将全市 2400 万 m^2 既有非节能居住建筑热计量与节能改造任务分解下达给各区县政府。几年来，既有建筑节能改造、新建抗震节能农宅和既有农宅节能改造的任务均列入市和区县政府的折子工程、实事工程，市政府督察室每季度督查，年度考核。

2010 年北京市发布了《关于印发北京市节能减排奖励暂行办法的通知》（京发改〔2010〕810 号），对在节能减排领域作出突出成绩的单位和个人进行奖励，奖励资金纳入年度预算，由市级财政安排。

9. 加强对建筑节能的全过程监管

北京市不断完善和强化从民用建筑项目立项、规划、设计、施工、竣工、销售、使用各环节的全过程监管。2012 年北京市委重点加强了以下环节监管。

（1）节能设计审查备案与施工许可环节。

2012 年，北京市应进行建筑节能设计审查备案的建设项目，全部在市或区县住房城乡建设委申办施工许可时完成备案。各级住建委做好节能设计备案的同时，还做好热计量宣传服务工作，向建设单位发放告知书，告知北京市有关热计量工作的规定。

（2）施工质量监督环节。

市区两级建设工程质量监督部门采用网格式管理模式对全市在施和竣工项目的建筑节能工作进行检查。

市、区两级建筑节能管理机构每年会同工程质量监督机构组织两次建筑节能专项检查。2012 年重点针对建筑节能验收备案工程和在施工程的供热计量装置安装情况进行专项检查。检查结果表明，我市新建民用建筑施工阶段节能强制性标准的执行率基本上保持了 100％。

（3）竣工验收环节。

2013 年 3 月 1 日实施了《北京市住房和城乡建设委员会关于调整民用建筑节能专项验收备案行政管理事项的通知》（京建法〔2012〕2 号）。各级住建委按其规定，严格执行民用建筑节能专项验收备案制度，做到了新建工程热计量安装可控、可计量，应备案的工程均进行了备案。

（4）房屋销售环节。

对房屋销售活动进行执法监督，督促市场主体在房屋销售现场明显位置张贴民用建筑节能信息，在售房合同书、质量保证书、使用说明书中按规定标明相关建筑节能的内容。

（5）房屋使用环节。

对全市 20 家宾馆饭店、商场超市和写字楼等大型公共建筑单位实施了夏季室内温度控制管理专项检查。对其中 4 家不符合规定的单位下达了《责令改正通知书》。现正开展冬季公共建筑室内温度控制管理专项检查。

10. 强化建筑节能的材料、技术支撑体系

2012 年，北京市继续围绕建筑节能重点工作，积极筹措资金，安排科研项目，为建筑节能深入发展做好技术储备。开展了《北京市民用建筑能耗统计制度》、《北京市墙材发展指导意见》、《促进绿色区域与绿色建筑发展支撑体系的研究与制定》等政策性课题调研；《装配式混凝土结构施工与质量验收规程》、《北京市绿色农宅建设技术指标体系研究》等技术标准类课题研究编制；《陶瓷太阳板与建筑一体化关键技术研究及示范》、《北京市高节能建筑外窗系统技术提升研究》、《住宅建设工业化关键技术及相关技术研究与示范》等科技项目开发。

11. 加强宣传培训，营造建筑节能良好的社会氛围

（1）加大建筑节能宣传力度

2012 年，北京市充分利用电视、广播、报纸、杂志、网络、展会等各种平台，宣传建筑节能的重大意义、政策法规和先进技术与经验，营造推进建筑节能的社会氛围。如录制《小阀门里的大变迁——北京市老旧小区节能综合改造热计量纪实》宣传片，指导全市供热计量改造工作；结合"走、转、改"活动，组织中央及市属媒体赴施工现场采访报道老旧小区节能综合改造工作，并在电视台《北京新闻》等栏目播出，引起社会强烈反响；召开了新闻媒体座谈会，对节能相关政策做深度解读，并在《北京日报》等主流媒体报道；做客北京城市服务管理广播"城市零距离"栏目，与广大市民现场交流；策划节能综合改造微博宣传计划，形成广播电视，报纸与网络通信三方媒体交互的立体报道；免费发放《北京市既有农村住宅建筑（平房）综合改造实施技术导则》、《新农村住宅设计图集》（09BN-1）、《北京市农房节能改造技术指导手册》、《北京新农村民居抗震节能保温实用手册》等有关建筑节能的文件汇编、技术手册、知识问答等宣传资料。

(2) 组织建筑节能技术培训

2012 年，开展了北京市《绿色建筑评价标准》专家和专业评价人员的培训；进行了《北京市老旧小区综合改造外墙外保温施工技术导则（复合硬泡聚氨酯板做法）》等四项导则的宣贯；还组织了 1500 名村镇建筑工匠培训；举办"太阳能热水系统政策、技术培训"等大型公益讲座 7 期，参加人数达到 3500 多人。

12. 加快重点节能应用技术的研究

组织重点建筑节能科技项目攻关。

突出重点，加快研发和推广一批对推动我市建筑节能发展有重大意义的新材料、新技术。2012 年修订了地方标准《胶粉聚苯颗粒复合型外墙外保温工程技术规程》和《外墙外保温工程技术规程（保温板玻纤网聚合物砂浆做法）》；组织编制了岩棉板、玻璃棉板、复合聚氨酯保温板、复合酚醛塑脂保温板等四项外墙外保温施工技术导则。重点研究和推广了住宅产业化的建筑结构体系、预制部品与施工技术，屋面泡沫玻璃、泡沫陶瓷、玻化微珠等无机保温材料与施工技术；为了为即将颁布的节能 75％ 的居住建筑节能设计标准作铺垫，在市科委的支持下，组织新型塑钢窗型材和铝合金窗型材的生产应用技术研究，节能门窗暖边材料及应用技术研究；不断扩大可再生能源应用领域，如太阳能应用与建筑一体化技术的应用，研究了黑陶瓷板集热器；中高温太阳能集热器技术和热泵应用等技术；研究公共建筑智能化节能运行与综合管理技术，符合北京各区域自然条件与生活习惯的农民住宅设计技术；加快推广高性能节能门窗、low-E 玻璃，LED 光源，太阳能室外照明灯具、建筑遮阳制品，混凝土再生骨料，脱硫石膏墙板和砌块，加气混凝土制品，干混砂浆，聚羧酸系混凝土高效减水剂和免降水基坑施工技术，地源与污水源热泵技术，薄型预制地板采暖技术，光导管应用技术；进一步研究集中供热住宅的分户热计量技术，倒置式平屋面，种植屋面技术，新风微循环技术，植物纤维墙体材料应用技术，大型并网逆变器和高效蓄能电池等太阳能光电设备技术。

组织绿色建筑和住宅产业化重点应用技术攻关，重点发展和推广应用装配式钢筋混凝土结构（包括框架结构、剪力墙结构、框架剪力墙结构、框架筒体结构）、钢结构（包括轻型钢结构）等符合产业化住宅标准、节约资源效果明显的结构体系，重点发展保温结构复合外墙、楼梯、叠合楼板、阳台板、空调板等预制部品和整体厨卫，推广装修一次到位。提高建筑物保温、隔热、隔声、日照、通风等物理性能，改善墙体屋面防水性能，提升设备设施的智能化水平。促进住宅标准化、部品预制化、施工装配化、运输专业化、全程链接化，实现部品生产与施工过程的节能、节地、节水、节材和环境保护。

开发农村建筑节能适宜技术，优先对户门、外窗、阳光廊进行节能改造，引导农民使用新型墙体材料和建筑节能材料。

积极推进施工过程节能减排。加大建筑节能新材料、新技术研发和推广。断桥铝合金、玻璃钢的节能门窗的性能进一步提高；采用多项节能技术和节能材料的12项建筑工程获国家级绿色建筑示范项目称号；住宅产业化综合技术研究取得重要成果，启动了规模化的工程示范。

13. 加大淘汰落后产品的力度

发布和修订《北京市推广、限制、禁止使用的建筑材料、设备目录》和《北京市建设领域新技术推广目录》，加快调整建筑节能市场产品结构的步伐。

建立建筑节能材料、设备供应单位的质量诚信机制。进一步加强建设行政主管部门实施的建筑材料采购单位备案和重要建筑材料供应单位备案工作，支持行业协会组织部分建筑材料品种供应单位的质量诚信等级评价工作，逐步开展北京市住宅产业化部品、可再生能源建筑应用设备认证工作。开展了太阳能热水系统供应单位质量诚信活动和太阳能热水系统市场准入和监管政策的研究。

总之，2012年北京市建筑节能有了长足发展，建筑节能的总体工作保持国内先进水平，部分领域的工作达到国内领先水平。

今后建筑节能工作重点是：树立科学的建筑节能发展观。探索具有北京特色的建筑节能技术发展道路；加大自主创新力度，发挥后发优势，实现跨越式发展；重视建筑节能技术的城乡协调发展。提倡精细管理理念，充分发挥管理对建筑节能的推动作用。争取建筑节能技术发展研究继续引领建筑节能水平的提高。

北京市建筑节能专业委员会编写人员：

王庆生　李禄荣　谢琳娜

附件：2012年度全国建筑节能地区现状统计表（北京地区）

附件：

2012 年度全国建筑节能地区现状
统计表（北京地区）

（中国建筑节能协会）

省（区、市）名称：__北京市_____

组 织 机 构 代 码：_____

填　　报　　人：__马瑞勤_____

填报人联系电话：__88223777_____

填　　表　　期：__2012-12-19_____

二〇一二年七月

填表要求

1. 填报单位必须实事求是、认真、严格、逐表逐项按填写说明填报调查表，并对所填数据负责；

2. 手工填表一律用碳素或蓝黑墨水钢笔填写，字迹工整、清晰、不得涂改；

3. 手工填表或打印上报表应一式二份，须加盖单位公章；

4. 填表前应仔细阅读各表页下方的说明，按要求填报；

5. 表中数据一律用阿拉伯数字，小数点后保留两位数字，文字内容一律用汉字；

6. 所填表项填报信息应完整，不得留有空格。数据为 0 时要以"0"表示，没有数据的指标划"一"表示；

7. 表中某一数据与上面或相邻数据相同时，不得用"'"或"同上"、"同左"、"同右"等符号、词汇代替，必须填写相同的数字；

8. 填表所填数据项表格不够时，可另附页填写；

9. 一个填报单位上报一套调查表，禁止同一单位信息的重复上报、不完整数据上报；

10. 本调查的基准时间为 2011 年。填报数据一律以 2011 年年末（截至 2011 年 12 月 31 日）为准；

11. 请于 2012 年 10 月 31 日前将调查表报送中国建筑节能协会；

12. 本调查表属于保密资料，不会外传，仅供中国建筑节能协会调查研究使用；

13. 本调查表由中国建筑节能协会相关专业委员会负责解释。

联系人：马瑞勤　　　　　　　联系电话：88223777

邮寄地址：北京市海淀区复兴路 34 号

邮政编码：100039　　　　传　　真：88223777

E-mail：

地区行业企业基本情况统计表一

填表单位名称（全称）	北京市建设工程物资协会建筑节能专业委员会				
详细地址	北京市海淀区复兴路34号		邮编	100039	

联系人资料

联系人	马瑞勤	职务		手机	
座机	88223806	传真	88223777	E- mail	

建筑节能行业概况

企业数：＿＿＿＿＿＿＿＿＿＿＿＿＿

		2009 年			2010 年			2011 年		
		数量（家）	产能/实施能力	销售收入	数量（家）	产能/实施能力	销售收入	数量（家）	产能/实施能力	销售收入
建筑节能专业委员会（行业）	大型企业	—	—	—	—	—	—	18	19,455,000m³	
	中等规模企业	—	—	—	—	—	—	37	7,549,000m³	
	小型企业	—	—	—	—	—	—	19	12,452,000m³	
	合计	—	—	—	—	—	—	74	39,456,000m³	

说明：
(1) 行业划分按地方建筑节能协会/专委会职能范围确定；
(2) 大、中、小企业的划分标准由地方建筑节能协会/专委会根据行业情况制定；
(3) 产能/实施能力的单位由被调查行业产品情况确定

注：行业企业统计不完全，未能反映全部。

北京市建筑节能基本情况调查表二

建筑节能项目	2010年度			2011年度			2012年度		
新建建筑节能	设计达标率 100%	施工达标率 100%	累计节能建筑面积 37342	设计达标率 100%	施工达标率 100%	累计节能建筑面积 41375	设计达标率 100%	施工达标率 100%	累计节能建筑面积 42063.8万m²
既有居住建筑改造	当年开工面积	当年竣工面积 643.57	累计完成节能改造建筑面积 1785.59	当年开工面积	当年竣工面积 324.3	累计完成节能改造建筑面积 2109.89	当年开工面积	当年竣工面积 1500万m²	累计完成节能改造建筑面积 3609.89万m²
大型公建节能改造	当年开工面积	当年竣工面积	累计完成节能改造建筑面积	当年开工面积	当年竣工面积	累计完成节能改造建筑面积	当年开工面积	当年竣工面积	累计完成节能改造建筑面积
可再生能源建筑应用（地源热泵和太阳能建筑）	当年开工面积	当年竣工面积 430	累计完成可再生能源建筑应用面积 3016	当年开工面积	当年竣工面积 434	累计完成可再生能源建筑应用面积 3450	当年开工面积	当年竣工面积 350万m²	累计完成可再生能源建筑应用面积 3810万m²
实施绿色建筑（m²）	实施一星面积/项目数量 3/152467	实施二星面积/项目数量 3/148262	实施三星面积/项目数量	实施一星面积/项目数量 3/185307	实施二星面积/项目数量 3/365695	实施三星面积/项目数量 9/580.128	实施一星面积/项目数量	实施二星面积/项目数量 100万m²	实施三星面积/项目数量 680.128万m²

第二章 上 海 篇

第一节 上海市建筑节能工作的整体情况

1. 建筑节能工作取得的成果

"十一五"是上海市建筑节能深化推广阶段和绿色建筑起步发展阶段,通过几年的努力,初步形成了相关的政策体系、计划体系、管理体系、标准体系和技术体系5大体系。

建筑节能由单体建筑节能向区域整体节能延伸,由建筑节能建设管理向建筑节能服务产业延伸。"十一五"期间,本市完成新建建筑100%按照建筑节能新标准实施建设;完成了28982万 m^2 的既有建筑节能改造;积极推广可再生能源建筑领域应用,完成太阳能光热建筑应用面积337.65万 m^2,浅层地热能建筑应用面积241.7万 m^2;初步构建了本市国家机关办公建筑与大型公共建筑节能监管体系构架,完成了国家住建部和财政部大型公共建筑能耗分项计量城市示范项目,1000多幢大型公建能耗审计,能源审计207幢,能效公示130幢次,分项计量120幢等,初步了解了本市公共建筑能耗水平与用能规律。

绿色建筑的示范实践走在了全国的前列,截至2012年11月,本市共有58个项目获取绿色建筑评价标识,位列全国第三;2011年度全国绿色建筑创新奖16个项目,上海占8个。

上述工作成效夯实了基础,为"十二五"的深化发展与突破提供了扎实的支撑。

2. 建筑节能工作新进展

2011年1月1日起,《上海市建筑节能条例》正式施行。结合条例实施,上海开展相关配套政策的制定工作,颁布《上海市固定资产投资项目节能评估和审查暂行办法》和《关于贯彻〈上海市建筑节能条例〉若干意见》;修订《上海市建筑节能项目专项扶持办法》,出台《国家机关办公建筑和大型公共建筑分项计量管理规定》等规范性文件;编制完成《上海市"十二五"建筑节能专项规划》。这些规范性文件和专项规划的出台,为上海建筑节能向纵深发展提供了坚实的制度保障。

同时，上海建筑节能技术体系的研究和实践应用不断深化，科技支撑作用日益显现。根据上海气候特点和建筑节能发展的技术路线，2011 年修编《居住建筑节能设计标准》，将上海的节能设计标准提高到 65%，更加注重建筑外门窗、建筑外遮阳等的节能效果。重点开展居住建筑气候适应型节能技术体系、保障性住房建筑节能技术体系等相关重大课题研究。新编和修编《民用建筑能效测评标识标准》、《公共建筑节能设计标准》、《绿色建筑评价标准》、《公共建筑能耗监测系统规范》、《既有建筑节能改造技术规程》等。

（1）全面建设公共建筑节能监管体系

基于上海市"十一五"建筑节能工作成果，城市经济结构调整要求和"四个中心"建设的发展需求，公共建筑逐渐成为整个城市节能减排、低碳发展的重要方面。为此，本市从大型公共建筑节能监管体系的建设着手，深化推进建筑节能工作，主要取得了以下进展。

1）出台实施意见

为加快节能监管体系建设，明确专项战略布局，2012 年 5 月 11 日，上海市人民政府印发了《关于加快推进本市国家机关办公建筑和大型公共建筑能耗监测系统建设实施意见的通知》（沪府发〔2012〕49 号），明确建设建筑能耗监测系统的工作部署，主要是，年内建成 1 个大型公共建筑能耗监测市级平台、17 个建筑能耗监测区级分平台和 1 个市级机关办公建筑能耗分平台；对本市单体建筑面积在 1 万 m^2 以上的国家机关办公建筑，2 万 m^2 以上的公共建筑，有计划、有步骤地推进用能分项计量装置的安装及联网。到 2015 年，基本建成覆盖本市国家机关办公建筑和大型公共建筑的能耗监测系统。

2）提高标准执行等级

从 2010 年 3 月 1 日起，上海市实施了《上海市大型公共建筑能耗监测系统工程技术规范》。该规范对分项计量实时监测系统的设计、施工、检测、验收和维护运行的全过程提出了统一的要求，从而确保了工程质量和系统采集数据满足统一监管的要求。为适应上海市建筑节能形势的发展的和新的需求，近期本市颁布了新修订的《公共建筑用能监测系统工程技术规范》DGJ 08—2068—2012，作为强制性规范，已在 2012 年 5 月 1 日起正式实行。

3）建成市级公共建筑能耗监测系统

上海市建筑能耗监测系统的建设已经取得了阶段性进展。主要成果是：

① 市级平台已经初步成形。它具有对本市国家机关办公建筑和大型公共建筑用能情况的能耗统计、综合评价、对标分析、行业监测、定额标示等功能，负责提供全市各领域建筑用能状况的监测和分析；分别向相关委办局、行业主管部门提供不同领域、功能差异的管理支撑。

②正在逐步建设中的全市17个区县区级分平台，具有本行政区域内区级国家机关办公建筑和大型公共建筑的能耗统计、能效评估、监测预警等功能，负责向区县节能主管部门和相关区级行业主管部门，提供本区域建筑用能状况的监测分析，根据业主、物业服务企业的需要，提供建筑用能状况查询、分析等功能。各区县还可根据各自需要，扩大建筑能耗监测范围、拓展其他应用功能。

③市级机关分平台具有市级国家机关办公建筑的能耗统计、能效评估、监测预警等功能，负责向市机管局提供市级国家机关办公建筑用能状况的实时监测、节能诊断、合同能源管理等服务分析；向业主和物业服务企业提供建筑用能状况查询、节能改造分析等功能。

2012年7月12日，上海市建筑能耗监测平台项目通过了住房和城乡建设部的验收。与会专家和领导一致认为：上海市建筑能耗监测平台建设，组织管理有序、项目管理规范、工作方法正确、技术路线合理，在全国已开展的试点城市中名列前茅。

（2）绿色建筑发展进入规模化推动阶段

为贯彻实施财政部、住房和城乡建设部《关于加快推动我国绿色建筑发展的实施意见》，上海结合实际情况取得了以下七个方面的新进展：

1）完善地方评审制度

成立了全国首批地方性绿色建筑评价标识管理机构，主持地方一、二星级绿色建筑评价标识工作。组建了绿色建筑评审专家库，开展了绿色建筑评价工作，目前此项工作已形成制度。截至目前，上海市共有58个绿色建筑评价标识项目，建筑面积400多万 m^2，其中上海市地方评出的一、二星级绿色建筑设计评价标识项目为21项。

2）颁布地方评价标准

在国家标准规范的基础上，结合本地区气候特点，上海市于2012年3月1日出台了绿色建筑地方评价标准，并已实施。此标准的出台，为继续发展适合上海地域特色的绿色建筑提供了技术支撑。

3）出台资金扶持政策

在2012年8月6日颁布的沪发改环资［88］号文中，将"绿色建筑示范"项目纳入新修订的《上海市建筑节能项目专项扶持办法》中，明确"绿色建筑示范项目"每平方米最高补贴为60元，单个项目补贴总量最高不超过600万元。

4）制定绿色建筑专项规划

2012年4月18日发布的《上海市"十二五"建筑节能专项规划》中，对推进绿色建筑、可再生能源建筑应用有着明确的要求。上海市还制定了《上海市绿色建筑专项规划》和《上海市可再生能源建筑应用专项规划》，形成了计划体系的框架，为指导和促进绿色建筑的发展提供了依据。

5）推进绿色保障性住房建设

为发挥政府示范带动效应，实施惠民民生工程，在保障性住房中率先采纳绿色建筑的技术标准。今年，本市计划完成当年度开工量10％以上的保障性住房，按照绿色建筑标准建设，并且鼓励建造更多二、三星级标准的保障性住房。

6）创建绿色建筑示范园区

在八大低碳实践示范城区的基础上，上海市还积极鼓励园区规模化推进绿色建筑工作。目前，虹桥商务区、南桥新城等几大示范区，已进入推进绿色建筑发展的实施阶段。

7）企业成为绿色建筑的推动者

在政策引导和支持下，上海绿地集团等一批骨干开发企业积极开展绿色建筑工程实践，积极参加住建部"双百"示范工程、上海市示范工程、绿色建筑设计标识和运行标识的评选工作。其中，"新江桥城"成为首个获得绿色建筑星级标识和全国绿色建筑创新奖的保障房项目。

绿色建筑技术服务机构和产品生产企业日趋活跃，据不完全统计，上海市现有相关服务机构约60家，绿色、节能材料和设备生产企业数百家，全市绿色建筑上下游产业链正在逐步形成。

3. "十二五"建筑节能的规划目标

"十二五"期间，上海市建筑节能的工作原则是：节能目标的制定遵循可持续发展、因地制宜以及与全市节能减排总体目标相接轨等原则；节能工作的实施体现先进性、可操作性、可量化性和可核查性等原则。

（1）发展目标

总体节能指标：2015年本市民用建筑总能耗相比2010年的净增量在700万吨标准煤以下，即建筑总能耗增幅小于33％的节能目标。

主要分项节能指标：重点抓好新建建筑节能和既有建筑节能改造，继续加强大型公共建筑用能监管，进一步推广绿色建筑，开展低碳城区试点建设。具体指标如下：

1）对新建建筑继续100％严格按照国家或地方节能标准执行设计建造外，积极稳步推进建筑执行更高节能标准。

2）实现既有公共建筑节能改造1000万 m^2，其中节能门窗、加装遮阳设施等单项节能改造建筑面积达到500万 m^2。

3）实现既有居住建筑节能门窗、加装遮阳设施等单项节能改造建筑面积1500万 m^2。

4）力争建筑施工业万元增加值能耗下降15％。

5）每年定期开展能耗统计；每年组织开展能源审计，至"十二五"末期实现重点用能建筑覆盖率90％以上；每年完成100栋建筑分项计量监测系统的安装；每年完成 80 栋左右建筑的能效公示。

6）实现建筑中安装太阳能光热面积 60 万 m²，新增太阳能光电建筑应用装机容量 25MW，新增浅层地能建筑应用面积 400 万 m²。

7）完成创建绿色建筑面积 1000 万 m² 以上，启动至少 8 项低碳城区建设工程。

（2）重点任务

"十二五"期间，仍坚持观念创新、机制创新、技术创新和工作创新，重点推进下述 10 项任务，确保本市建筑节能目标顺利完成：1）新建建筑节能；2）既有建筑改造；3）大型公共建筑用能监管；4）可再生能源在建筑中应用；5）家用节能设备推广；6）建筑遮阳技术应用；7）绿色建筑推进；8）低碳城区实践；9）建筑施工降耗；10）城市级建筑节能信息平台建设。

4. 未来的工作重点

围绕本市"十二五"绿色建筑和建筑节能规划的总体目标，以因地制宜、注重实效为基本原则，以体现特色、突出重点为指导思路，上海市制定了系列计划目标，在未来的五年内，将重点推进绿色建筑发展，深化建筑节能专项等工作，同时，积极探索实施低碳城市建设，积极推动绿色节能产业发展。

（1）深化建筑节能工作

上海以本市建筑节能"十二五"专项规划为纲领，有效推进建筑节能各项任务，重点深化建设全市能耗监测系统，完善节能监管体系；有序推进既有建筑改造，创建国家级节能改造示范城市；扩大可再生能源建筑一体化应用规模；形成全面开展建筑节能的工作格局。主要工作为：

1）建设市区级能耗监测系统

在目前基础上，完善提升市级国家机关办公建筑和大型公共建筑能耗监测系统平台功能，形成政府部门、行业主管、物业管理、业主经营等多层次、多主体的管理支撑体系。

用实际运营数据体现建筑节能的实际效益，将节能技术体系落于实处。同时，不断提高监测系统的覆盖面和实效性，对新建项目强制实行分项计量；对既有大型公共建筑和国家机关办公楼，逐步实行能源审计和分项计量改造，充分发挥能耗监测系统在节能改造和运行管理的基础性作用。

2）推进既有建筑节能改造

在大型公共建筑能耗监测系统规模覆盖的基础上，进一步出台用能指南标准和用能定额。推广用能对标，提高用能效率。积极争取国家大型公共建筑节能改造示范城市项目，促进高耗能公共建筑节能改造，推进合同能源管理市场模式的发育，探索建筑节能领域的碳交易机制。

同时，根据夏热冬冷气候特点，结合本市居民生活习惯，因地制宜实施有特色的建筑节能改造。以外窗与外遮阳改造为技术重点，采取市级财政补贴等激励机制，对居住建筑与公共建筑实施分步骤、有序的节能改造，特别是促进中心城区既有建筑节能改造，优化城区格局。

（2）规模化推进绿色建筑

"十二五"期间完成新建绿色建筑不少于 1000 万 m^2，到 2014 年本市公共机构、保障性住房全面执行绿色建筑标准，推进绿色生态城区建设；力争到 2015 年，绿色建筑占当年新增民用建筑的比例达到 10%。围绕以上目标，已经分解制定了系列建设内容。主要包括以下三方面：

1）进一步推进绿色保障性住房的规划和建设

为提高本市保障性住房建设水平，进一步强调绿色节能环保要求，在制定保障性住房建设规划和年度计划时，安排一定比例的保障性住房，按照绿色建筑标准进行设计建造。从 2014 年起，上海市保障型住房全部执行绿色建筑标准。

2）加快在公共机构中发展绿色建筑的步伐

在上海市政府办公建筑、学校、医院、博物馆等公共机构建设中，率先执行绿色建筑标准。结合本市经济社会发展水平，在公共机构中开展强制执行绿色建筑标准试点，从 2014 年起，本市公共机构建筑全部执行绿色建筑标准。

3）推进绿色生态城区建设，规模化发展绿色建筑

编制绿色生态城区指标体系、技术导则和标准体系，鼓励本市各类示范区，按照绿色、生态理念完成总体规划、控制性详细规划和建筑、市政、能源等专项规划，为积极发展绿色生态城区创造条件。

同时，将发展绿色建筑的指标纳入开发项目建设审查和招标程序中，对新出让地块提前设定绿色建筑发展指标，作为土地公开出让前置条件。

（3）促进绿色建筑节能产业发展

支持绿色建筑配套四新产品研发，大力推进绿色建筑产业发展，开展建筑固体废弃物回收利用、倡导循环经济；积极建设整体装配式住宅，促进住宅产业化发展；鼓励合同能源管理模式，培育节能服务业市场，实现建筑领域的创新转型，提升产业发展能级。

积极支持绿色建筑重大共性关键技术研究，加大高强钢、高性能混凝土等绿色建材的推广力度；根据绿色建筑发展需要，及时制定发布相关技术、产品推广公告和目录，促进行业技术进步；加快建筑垃圾资源化利用，研发建筑垃圾资源化利用相关技术和装备，实行建筑垃圾集中处理和分级利用；积极推广适合住宅产业化的新型建筑体系，支持集设计、生产、施工于一体的工业化基地建设；加快建立建筑设计、施工、部品生产各环节的标准体系，实现住宅部品通用化，大力推广住宅全装修，推行新建住宅一次装修到位。

为确保上海"十二五"节能指标顺利完成,上海将从健全政策法规体系、提高建筑节能法制保障,加强标准体系建设、完善地方性适应体系,加大科技研发投入、提升科技创新水平,强化建筑节能监管、完善建筑节能管理体制,完善能效测评技术、推行能效测评标识制度五方面着手,推动建筑节能工作。

总之,因地制宜、注重实效是上海市建筑节能和绿色建筑工作规模突破和深化推进的内在要求,更是实现本市低碳建设发展的工作原则。

第二节 上海市建筑节能产业技术发展概况

1. 积极推进可再生能源建筑应用

近年来,上海市综合运用财政、金融等手段,以建筑用户作为市场消费者,重点刺激建筑用户的可再生能源应用需求,充分发挥企业的积极性和创造性。同时,运用建设、运营一体化模式,合理采取合同能源管理、区域能源系统特许经营等市场化推广机制,不断推进可再生能源建筑应用工作。

此外,上海城市的高速发展为太阳能应用等可再生能源利用提供了广阔的空间。上海市年均新增建筑面积超过 5000 万 m^2,发展太阳能与建筑一体化楼宇的潜力巨大;城市的市政体系为光伏一体化的研发推广提供了广阔的空间;世博会的召开也将为太阳能产品、浅层地能产品的创新开发和产业化发展提供强大的驱动力。

(1)集中连片推广

上海大力推进虹桥商务区、崇明县、临港地区、金桥出口加工区等 8 个低碳发展实践区建设,在嘉定、松江、青浦、金山等 7 个郊区新城建设中,以科学规划为纲领,积极创建可再生能源建筑应用示范区,集中连片推进可再生能源建筑应用规模化发展。

1)太阳能光热建筑应用

上海大力推进太阳能光热建筑应用,按照城市建设规划和建筑设计标准要求,结合郊区新城和新农村建设,以及大型商务区、居住区等建设,鼓励大规模推广太阳能光热利用;强制执行 6 层以下(含 6 层)居住建筑或有热水需求的新建公共建筑统一设计并安装符合标准的太阳能热水系统;将太阳能利用重点放在符合条件的公共建筑和新建小区规模化应用太阳能光热系统,建设太阳能采暖和制冷示范工程,在郊区农村大规模推广太阳能光热利用。

2011 年上海市出台了建筑节能条例,鼓励和支持太阳能光热建筑一体化应用,大大促进了太阳能光热产品技术创新及在上海的推广应用。体现在:①系统创新上,建筑结合太阳能热水系统技术已经比较成熟,在低层、多层建筑应用日益普及，在小高层住宅用的应用不断增加；②阳台式、壁挂式、楼顶集中集热-分户供热系统目前已经广泛应用；③在民用建筑的太阳能系统中已经逐步向智能化方向发展。

2009～2011 年上海地区太阳能热水器年安装量和累计保有量　表 10-2-1

年份	总安装量 （万 m²）	比上年增长 （%）	累计保有量 （万 m²）	比上年增长 （%）
2009	7.0	25	25.4	13.5
2010	8.3	16	28.5	12.2
2011	9.7	14	32.6	14.4

注：表中数据由上海市太阳能学会统计并提供。

2）太阳能光伏建筑一体化示范应用

上海是国内光伏产业启动最早的地区之一。近年来，伴随着国际光伏产业的日益升温，上海的光伏产业也有了快速的发展，目前已形成了产业集群组合、技术瓶颈突破快速、整体协同发展的新局面。

上海目前拥有 10 余家研发实力强、研究基础好的光伏领域相关科研院所，研究领域从硅材料提纯技术、从主要材料的研究到辅助材料的开发等，几乎涉及光伏产业链的整个领域。上海市正着力拓展产学研合作的有效机制，逐步使科研力量和业已形成的产业能力结合产学研联盟。据行业对 16 家上海市本地光伏生产企业的不完全统计，2011 年，上海市光伏电池产量为 418MW、电池组件产量为 2600MW。

上海以国家实施金太阳示范工程为契机，在外高桥、陈家镇等光电应用示范区利用建筑面积大、电网接入条件好、电力需求集中的优势，进行金太阳示范项目建设试点。优先支持在大型公共建筑、政府办公大楼、工业厂房等开展屋顶光伏电站建设。在符合条件的城市标志性建筑和部分新建建筑中，积极示范光伏建筑一体化项目。

上海市历年光伏建筑一体化（BIPV）情况统计　表 10-2-2

年份	项 目 名 称	装机容量 （kW）	合计装机容量 （kW）
2011 年以前	世博主题馆和中国馆	3127	10912
	虹桥枢纽	6680	
	上海太阳能工程技术中心	1000	
	崇明生态公园屋顶光伏系统	85	
	崇明瀛东生态度假村	20	

年份	项　目　名　称	装机容量（kW）	合计装机容量（kW）
2011年金太阳工程	张江开发区集电港厂房屋顶一共4期	10000	10000
2012年金太阳工程	上海金桥出口加工区光伏发电项目	31500	92975
	宝钢股份金太阳示范项目（一期）	50000	
	上海晶澳太阳能发电示范项目	4003	
	虹桥机场货运楼屋顶光伏发电项目	3456	
	中铝上海铜业有限公司光伏发电示范项目	2016	
	上海电力学院光伏发电示范项目	2000	

注：表中数据来源于上海市太阳能学会不完全统计。

3）浅层地能资源应用

在地热能方面，综合考虑资源、地质、地下空间利用及应用条件等因素，在开展浅层地热能资源调查与评价基础上，上海市研究开发利用管理机制，编制技术规程，稳妥积极地开展地热能开发利用；鼓励在有条件的公共建筑以及大型居住社区、商务区和新城规划建设中，科学合理地开发利用浅层地热能。

上海市工程建设规范《地源热泵系统工程技术规程》目前已完成报批稿，年内将会正式发布，该规程对规范全市地源热泵工程建设具有非常重要的意义；同时，上海市已经完成全市浅层地热能调查评价和相关管理政策研究工作。上海市将立足于本身的发展定位和环境效益，利用在浅层地热能领域的深入研究和较为成熟的技术应用，使之逐步成为解决上海能源问题的有效途径之一，保证经济发展和环境保护协调共存。

（2）示范工程引入

上海建设交通委通过组织实施可再生能源在建筑中的规模化应用示范工程建设，总结经验，带动相关产业发展，形成政府引导、市场推进的机制和模式。他们积极组织并协助相关企业参与国家可再生能源建筑应用示范项目的申报与实施，确保示范项目达到国家有关标准，充分发挥示范引导作用。

近年来，上海市共有6个项目被住房和城乡建设部、财政部批准为国家级可再生能源建筑应用示范项目，涵盖公共建筑应用项目、住宅建筑应用项目以及新农村建设应用项目等。其中，太阳能综合示范园区项目于2008年10月建成，建筑面积为2.85万 m^2，该项目为兆瓦级BIPV（光伏建筑一体化）发电类型，主要示范技术有：光伏采光顶一体化组件、光伏中空玻璃幕墙组件、光伏遮阳组件、PV/LED一体化光伏组件、柔性薄膜太阳电池组件以及屋顶一体化光伏组件等，可实现年二氧化碳减排量912.2t，全年常规能源替代量369.3t标准煤，年烟尘减排量 3.69t, 年二氧化硫减排量 7.39t。上海河畔华城二期项目主要可再生能源示范技术为太阳能光热系统和太阳能光伏发电系统, 可实现年二氧化碳减排量 138.05t, 全年常规能源替代量 101t 标准煤, 年烟尘减排量 0.56t, 年二氧化硫减排量 1.12t。

目前, 上海已有世博演艺中心、中大九里德苑、绿地集团总部大楼等多个成功的可再生能源应用案例, 取得良好成效。

2011 年上海市可再生能源利用总体情况   表 10-2-3

项 目 名 称	应 用 情 况
太阳能光热建筑应用	建筑面积 85.8/集热面积 1.03（万 m^2）
太阳能光电建筑应用	装机容量: 6.8MW
浅层地能应用（可利用浅层地热能资源: 地表水、土壤、海水）	88.72 万 m^2

注: 表中资料由上海市建设交通委主管单位提供。

（3）技术研发支撑

面对技术集成能力有待进一步提高的需求, 上海市鼓励企业、高校、科研院所等各方积极参与, 整合相关资源, 大力推动"管产学研用"联合, 加大投入, 增强科研开发能力, 提升可再生能源建筑应用技术水平和产品质量水平。上海市积极争取建设浅层地热能开发利用关键技术研究国家级综合实验基地, 加快地热能应用以及地热能与太阳能等其他可再生能源集成应用的技术研发。

针对可再生能源建筑应用存在的技术难点, 上海市开展技术攻关, 不断提升应用技术水平, 解决可再生能源与建筑材料、围护结构形式、建筑用能设备完美结合问题, 可再生能源建筑构件化问题, 相关能源互补问题以及智能化控制技术问题等。

上海市积极开展太阳能光伏、太阳能光电以及地源热泵与建筑一体化应用技术攻关, 进一步提高能源利用效率, 降低技术应用成本, 推进上海市可再生能源建筑应用工作; 探索研究海水源、污水源等可再生能源建筑应用技术, 有效拓展可再生能源建筑应用领域。

上海市积极利用财政资金, 支持可再生能源建筑应用重大共性关键技术、产品、设备的研发及产业化, 支持可再生能源建筑应用产品、设备性能检测机构、建筑应用效果检测评估机构等公共服务平台建设。

（4）"十二五"继续加大应用力度

截至 2011 年底, 上海市共有既有建筑面积 9.2 亿 m^2, 其中居住建筑面积约 5.3 亿 m^2, 公共建筑面积约 2.1 亿 m^2。根据上海"十二五"发展规划,"十二五"期间每年将新建居住建筑约 2000 万 m^2, 公共建筑约 1000 万 m^2, 在可再生

295

能源建筑应用方面大有文章可做。

"十二五"期间规划可再生能源利用目标   表 10-2-4

项 目 名 称	应 用 目 标
新增太阳能光热建筑应用	建筑面积 3000/集热面积 60（万 m²）
新增太阳能光电建筑应用	装机容量：25MW
新增浅层地能应用（可利用浅层地热能资源：地表水、土壤、海水）	400 万 m²

注：表中资料由上海市建设交通委主管单位提供。

2. 注重门窗与建筑遮阳节能技术应用

上海市根据夏热冬冷气候特点，结合本市居民生活习惯，因地制宜实施有特色的建筑节能改造。以外窗与外遮阳改造为技术重点，采取市级财政补贴等激励机制，对居住建筑与公共建筑实施分步骤、有序的节能改造，特别是促进中心城区既有建筑节能改造，优化城区格局。

今年发布的《上海市建筑节能项目专项扶持暂行办法》中，增加了建筑外窗、外遮阳的内容，并给予专项扶持资金的补贴，将对实施建筑外窗或外遮阳（建筑外窗符合相关标准要求）节能改造的，按照窗面积每平方米补贴 150 元；对同时实施建筑外窗和外遮阳节能改造的，按照窗面积每平方米补贴 250 元。

主管部门根据《上海市建筑节能条例》和《上海市人民政府关于印发上海2012 年节能减排和应对气候重点工作安排的通知》要求，制定了详细的 2012 年本市各区县和部分管委会建筑节能工作任务计划，明确了今年既有居住建筑和既有公共建筑节能改造任务为 400 万 m²，其中外窗与外遮阳改造的单项技术改造成为技术重点，并能得到专项扶持补贴，这大大刺激了相关行业的发展。

（1）建筑遮阳节能技术

在建筑节能技术中，建筑遮阳是一种经济、便捷、实用的节能降耗方式。它利用各种遮阳系统，控制太阳光线进入室内并调节光线方向，能有效地达到夏日隔热遮阳、冬日保温采暖的效果。根据《欧洲 25 国遮阳系统节能及二氧化碳排放研究报告》结论，采用建筑遮阳的建筑，总体平均节约空调用能 25%，节约采暖用能约 10%。

上海市目前在遮阳行业起着主导地位、具有一定知名度的企业约有 15 家，生产的遮阳产品主要有硬卷帘、软卷帘、金属百叶帘、天篷帘、遮阳板、一体化遮阳窗及窗帘配件等。

从行业调研结果统计，销售收入方面，2009 年，所调研企业最高的收入超过 3000 万元，最低的企业不足 100 万元；2010 年，1 家企业的销售收入超过了

296

5000万元，其余大部分企业在销售收入方面均有增长，增幅从20%～145%不等；2011年，2家企业的销售收入超过了5000万元，其余企业在销售收入方面均有增长，增幅从20%～145%不等，另有1家企业从2011开始生产建筑遮阳硬卷帘产品。

产能方面，所有企业的生产能力自2009年至2011年均有不同幅度的增长，总体产能的增长率，2010年为10%，2011年为76%。按生产能力分类，高产能企业单一遮阳产品年产能大于20万 m^2，可达到40万～50万 m^2，中等产能企业的单一遮阳产品年产能大约在10万 m^2。

应用工程方面，50%的工程项目位于上海市，39%的工程项目位于外省市，11%的工程项目位于境外。其中14.3%的项目为既有工程改造，82.1%的项目为新建工程，3.6%的项目部分新建建筑，部分为既有建筑改造。

上海市工程的建筑遮阳产品的应用面积占工程面积比例为0.5%～31%，应用遮阳产品面积6.89万 m^2，其中26.1%为天篷帘和遮阳板产品，2.9%为金属百叶帘品，71.0%为硬卷帘产品。

上海市在外省市工程的建筑遮阳产品的应用面积占工程面积比例为1.5%～13%，应用遮阳产品面积7.94万 m^2，其中65.5%为软卷帘和天篷帘产品，7.5%为遮阳板产品，5.0%为金属百叶帘产品，22.0%为硬卷帘产品。例外在境外工程的建筑遮阳产品的应用面积占工程面积比例为0.02%～0.04%，应用遮阳产品面积4.17万 m^2，86.3%为金属百叶帘产品，13.7%为硬卷帘产品。

从行业统计的结果表明，上海市在建筑遮阳的技术与产品研发、工程应用等方面还有很大的提升空间，产品创新任务较为艰巨。政府主管部门目前极为重视建筑遮阳在建筑节能技术中的重要作用，行业内已形成普遍共识，在上海地区建筑遮阳是一种经济、便捷、实用的节能降耗方式，建议对既有建筑进行节能改造时，应优先考虑采用建筑遮阳技术；对新建建筑应大力推进建筑遮阳技术的应用，同时应制定出台更多鼓励建筑遮阳技术的政策法规，推出形式多样、功能兼备而又经济可靠的适宜技术产品。

今年，上海市主管部门发布了《上海市建筑遮阳技术推广技术目录（第一批）》，针对不同的建筑类型和建筑高度，分别规定了适用的技术，地方标准《建筑遮阳设计规程》也在编制过程中，积极推动建筑遮阳技术和产品在工程中应用，这对上海地区建筑节能的发展将起到重要的推动作用。

（2）门窗节能技术

上海市建筑门窗行业目前有生产企业300多家，能生产铝合金门窗、塑料门窗、铝木复合门窗、铝塑复合门窗、全木门窗、隔声通风窗、智能门窗等品种。

根据行业统计，到2011年底，上海市门窗企业年生产能力在10万 m^2 以上的有26家，门窗企业年生产能力在5万 m^2 的有129家，其余的企业年生产能力在 3 万 m^2 以下，全市年生产能力合计为 1112.8 万 m^2，实际销售收入 91.25 亿元人民币。

上海市门窗的质量普遍较好，在全国处于领先水平，上海的门窗企业也有不少能生产德国的旭格门窗、意大利的阿鲁克、日本的 YKK 等国外品牌门窗，能够达到该类国际品牌相应的技术和质量要求。

目前上海的门窗企业根据国家对建筑节能的要求，所有企业都生产隔热铝合金节能门窗，但由于国家的有些标准和政策对门窗在本地区的节能作用未加重视，如：对整个建筑的节能计算用加权平均来平衡，没有强调门窗在建筑节能中的重要性，而门窗能耗占有较大比重，以居住建筑为例，门窗的耗能在整个建筑中极端时要达到 45%～50%，如果对门窗的节能指标要求不高，即使墙体再节能门窗照样在大量消耗能耗。因此，上海市从地域气候特点出发，逐步提高对门窗节能指标的要求，并在实际工程应用中加大对门窗质量的现场监管，不少工程项目在招投标时对门窗的选用不再以价格为最主要中标依据，而是保证优质、节能的门窗得到更广泛的应用。

为促进上海市节能门窗技术的推广应用，主管部门和行业协会共同开展了《上海市建筑节能门窗技术推荐目录》（以下简称技术目录）申报工作，并正在组织编制技术目录。推荐目录正式发布后，使用该目录内节能门窗技术的建设工程，可优先申请上海市建筑节能示范项目，这必将推动一批优质高效的产品在工程中广泛应用。

门窗行业的产业创新必须从材料、设计、配件和安装等方面入手，上海市正在组织门窗行业内相关企业和科研设计单位共同开发新型节能门窗技术，旨在将门窗设计、生产与施工形式相匹配，整合集成采光、遮阳、通风以及节能保温于一体，且产品可以进行工厂预制化与标准单元化生产，继而实现产品的市场有效的推广应用。

3. 发展建筑墙体节能技术

在上海建筑节能发展过程中，对建筑围护结构尤其是墙体部分实施保温隔热是一项重要的技术措施。墙体节能技术为上海地区建筑节能推进作出了应有贡献。

（1）建筑节能材料技术应用现状

1）建筑节能保温主要技术

随着上海地区建筑节能的推进，各类建筑墙体节能技术发展迅速。2002 年，上海地区建筑节能刚起步时，墙体节能技术生产和供应企业不足 10 家，到 2012 年已超过 360 家，其技术类别有外墙外保温系统、外墙内保温系统、外墙自保温系统以及外墙复合保温系统。目前，在上海主要是以外墙外保温为主。外墙外保温系统产品，以前主要是以 EPS、XPS、胶粉聚苯颗粒三大系统为主。但是 2010 年发生大火之后，市场以 A 级材料为主，目前主要以无机保温砂浆系统、岩棉系统和泡沫混凝土板三大系统为主。

根据行业统计的数据，2011 年的市场占有率，EPS 系统是 26.1%，胶粉聚苯颗粒是 11.8%，无机保温砂浆系统是 45.5%，岩棉系统是 3.7%，发泡混凝土板是 0%，当时这一系统是刚刚开始；到 2012 年 9 月统计数据，市场占有率方面，EPS 系统是 3.0%，胶粉聚苯颗粒 1.3%，无机保温砂浆系统 78.1%，现在上海市场上主流产品就是无机保温砂浆系统，此外，岩棉系统 5.9%，发泡混凝土板系统 3.9%。

各系统产品的市场占有率（按保温面积计算）　　　　表 10-2-5

系　　统	EPS 系统	XPS 系统	PU 系统	胶粉聚苯颗粒系统	无机保温砂浆系统	岩棉板系统	发泡混凝土板系统	其他
2011 年市场占有率（%）	26.1	3.3	2.9	11.8	45.5	3.7	0	6.7
2012 年上半年市场占有率（%）（截至 9 月底）	3.0	0.7	1.5	0.3	78.1	5.9	3.9	1.7

注：表中数据来源于上海市建筑材料行业协会行业统计。

2) 建筑节能保温企业概况

上海地区墙保温企业按生产规模、装备水平、技术含量和管理情况大致分为以下五类：

第一类企业是在上海较早从事建筑节能工作，引进国外先进技术和设备，有一定规模，装备较先进，管理较规范，检测手段较齐全。这类企业是上海地区建筑节能最早的骨干企业。

第二类企业是在国外长期从事建筑节能工作，有成熟的技术和管理经验，生产规模、技术水平、管理手段先进，质量控制到位，品牌效益明显。这类企业是上海地区建筑节能的引领企业。

第三类是在我国北方地区较早从事建筑节能工作，有一定的实力和施工经验，加入上海地区建筑节能技术领域的企业。这类企业为上海地区墙体保温带来了一定的经验，但有些企业的产品和技术水平一般。

第四类是上海地区原来生产建筑涂料，根据市场要求，拓展外墙保温技术的企业。这类企业管理和质量控制尚可，但在施工方面有一个适应、完善过程。

第五类是新办的众多中小型墙体保温企业。相对而言，这类企业规模较小（注册资金 200 万元），技术力量差，往往以低价竞争，质量难以保证。

现在，在上海市建筑节能材料外保温的 360 家生产企业中，180 家是外保温系统提供商，他们提供整个保温系统并且能够负责施工；另外部品件及配套材料企业大约是180家，其中，128家是本市生产企业，占70%左右。

2011年的市场应用情况，从行业的正规数据统计表明，建筑外墙保温的工程应用情况是建筑面积5968万m²，保温面积是2981万m²。近年来，建筑节能外墙保温体系在民用建筑中的使用情况逐年上升，详见表10-2-6。

2008～2011年外墙保温的工程应用面积统计表　　　　表10-2-6

年　　份	建筑面积（万 m²）	保温面积（万 m²）
2008 年	5006	2510
2009 年	5390	2694
2010 年	5712	2812
2011 年	5968	2981

注：表中数据来源于上海市建筑材料行业协会行业统计。

（2）建筑节能材料技术发展

目前上海市建筑保温执行标准情况：①EPS、XPS、胶粉聚苯颗粒系统，执行国家或者行业标准；②A级材料中，无机保温砂浆系统有两个标准，一个是地标，另外一个是行业标准；③其他A级材料，岩棉系统、发泡混凝土板系统包括泡沫混凝土板系统，以及其他一些系统，比如说VIP、STP板系统，还未出台国标、行标、和地标，参照上海市地方性推荐应用规程或者图集，上海市主管部门正在加紧编制相关节能系统的地方标准，具体详见表10-2-7。

主要保温体系执行的标准　　　　表10-2-7

主　要　系　统	执　行　标　准
EPS 系统	JG 149—2003
胶粉聚苯颗粒系统	JG 158—2004
XPS 系统	DGJ 08—113—2009
PU 系统	GB 50404—2007
无机保温砂浆系统（A级）	DG/TJ 08—2088—2011（地标） JGJ 253—2011（行标）
岩棉板系统（A级）	应用技术规程
发泡混凝土板系统（A级）	应用技术规程
泡沫玻璃板系统（A级）	应用技术规程
STP 板系统（A级）	应用技术规程

注：表中数据来源于上海市建筑材料行业协会行业统计。

由于A级材料在上海市的市场占有率逐步增大，针对A级材料市场应用中的主要问题，如：①无机保温砂浆系统吸水率偏高、导热系数偏高、抗压强度不够；②岩棉系统吸水率偏高、抗拉强度低；③发泡混凝土板系统重度高、赶工期中材料使用不当造成后期大量粉化等问题，政府主管部门非常重视行业的这些质量问题，与行业内各方正在共同加紧研究，注重技术攻关，加强质量监管，出台相关政策规范市场，以保证工程应用的节能效果和质量安全。

目前，为更好地满足建筑节能与防火的相关要求，在行业主管部门的领导与组织下，上海市《民用建筑围护结构保温材料防火技术规程》和《上海市民用建筑工程保温系统防火与安全管理规定》已形成征求意见稿，规定和规程从材料选用、建筑构造、材料进场、材料储存、施工、管理、验收等诸方面作出了严格而详细的规定。

上海地区长期以来采用的墙体节能技术主要是学习和借鉴国外和我国北方地区常用的外墙外保温做法，即大量采用有机类板材薄抹灰系统。此类技术有其优势，保温节能效果好，施工方便。但上海属于夏热冬冷地区，其建筑除需要保温外，还要考虑夏季的隔热以及上海多雨潮湿的气候特点。因此，上海不能照搬照套外国和我国北方地区的外墙外保温做法，更不能把墙体做得越厚越好，应该有选择地实施此类技术。

根据上海地区建筑和气候的特点，应鼓励发展既能保温又能隔热，同时兼顾防水、防潮、耐久性好、防火性能优的各类墙体节能技术和产品。在材性要求方面，应具有耐久性好、防火性优、轻质高强、不易变形收缩等性能。此外还应考虑原材料资源丰富、施工方便、价格适中、便于维修保养等因素。

从目前上海地区现有的墙体节能技术分析，墙体自保温系统、装配式复合墙板系统（PC板）以及内外墙组合保温系统将是未来发展的重点。

（3）新型墙体材料发展情况

1）墙体材料行业基本概况

近年来，上海市认真贯彻国家墙体革新政策的力度，持续加大"禁止黏土烧结砖的生产和使用，限制黏土烧结多孔砖的生产和使用"，新型墙体材料行业得到了快速的发展，形成了普通混凝土砌块（砖）、蒸压加气混凝土砌块、蒸压灰砂砖、各类保温砌块（砖）及板材为主的非黏土类新型墙体材料产品体系。

"十一五"期间，非黏土类新型墙材产量累计约为202.16亿标砖，非黏土类新型墙体材料占墙体材料总产量的80%左右，每年均有明显的提升，2009年度共计墙体材料生产企业188家，墙体生产量为521211.15万标砖，新型墙体材料生产量为509886.45万标砖，非黏土类新型墙体材料生产量为420654.67万标砖，非黏土类新型墙体材料占墙体材料总产量的80.71%，非黏土新型墙体材料占新型墙体材料总量的82.50%。

2010年度共计墙体材料生产单位207家，墙体材料生产总量为534357.18万标砖，新型墙体材料生产量为523173.48万标砖，非黏土类新型墙体材料生产量为 442358.1 万标砖，非黏土类新型墙体材料占墙体材料生产量的 82.78%，非黏土类新型墙体材料占新型墙体材料总量的 84.55%。

2011 年本市共计墙体材料生产单位共计 217 家，墙体材料生产总量为 679716.52 万标砖，非黏土类新型墙体材料生产量为 606267.56 万标砖，非黏土新型墙体材料占墙体材料生产总量的 85.31%。非黏土类新型墙体材料占新型墙体材料总量的 89.19%。

2）新型墙体材料行业发展特点

① 上海市新型墙体材料的原材料基本使用的是各类工业固体废弃物，原材料中固体废弃物基本占到整个原材料的 70% 以上，成为解决各类废弃物再循环使用的有效途径之一。

新型墙体材料使用固体废弃物作为原材料的情况　　　　表 10-2-8

墙体材料产品名称	主要原材料
蒸压加气混凝土砌（板）	粉煤灰或石英尾矿砂，部分脱硫石膏
蒸压灰砂砖	长江河道疏浚淤砂
混凝土砌块（砖）	矿山碎石屑
轻质墙板	矿山碎石屑、粉煤灰、矿渣
纸面石膏板	脱硫石膏

注：表中数据来源于上海市建筑材料行业协会行业统计。

② 部分新型墙体材料具有一定的保温隔热性能

上海市众多的类型的新型墙体材料中，不少墙体材料热工性能较好，适当配以附加保温或者辅助保温就可以达到建筑节能标准的要求。

部分新型墙体材料热工性能表　　　　表 10-2-9

新型墙体材料	厚度 (m/m)	墙体厚度 (m/m)	主墙部分传热系数 K 值 [W/ (m² · K)]	热惰性指标 D 值
蒸压加气混凝土砌块	200	220	0.78	3.28
	250	270	0.64	4.25
双排孔混凝土保温砌块	240	275	0.86	3.64

注：表中数据来源于上海市建筑材料行业协会行业统计。

3）新型墙体材料执行法规情况

① 2000 年，上海市政府在原有规章基础上修改颁布了《上海市禁止和限制使用黏土砖管理暂行办法》（上海市政府令第 90 号），市建委颁布了《关于贯彻实施〈上海市禁止和限制使用黏土砖管理暂行办法〉的若干意见》

② 2012 年，为进一步推进本市墙材革新，上海市政府颁布了《上海市新型

墙体材料专项基金征收使用管理实施办法》（沪府发［2012］3 号），上海市城乡建设和交通委员会和上海市财政局联合印发了《关于贯彻实施〈上海墙体材料专项基金征收使用管理实施办法〉的若干规定》（沪建交联［2012］691 号），明确了本市新型墙体材料认定的监管办法，同时发布了《上海市新型墙体材料目录》；此外，主管部门还印发了《关于开展上海市新型墙体材料认定工作的通知》（沪建市管［2012］103 号），正式启动新型墙体材料认定工作。

除了加强以上各建筑节能行业的技术发展，上海市正在加强建筑节能建材与设备、产品的生产和市场监管，强化建筑节能工程全过程监管，杜绝监管盲点。实施建筑节能材料与设备、产品的生产许可、产品能效标识制度和市场准入制度，加强市场监督检查和材料与设备产品进场的抽检，杜绝劣质产品进入施工现场。

并且，完善配套政策，加强对材料生产企业、开发建设企业、设计单位等各相关主体的监管力度，对采用劣质材料、偷工减料、违法施工等违规行为加大处罚力度，强化执行建筑节能从业人员执业资格和企业专业资质管理。

上海市在建筑节能方面政府重视，行业聚焦，政策配套，不断深化建筑节能技术体系的研究和实践应用，必将进一步推动建筑节能工作。

第三节　2012 年上海市建筑节能与绿色建筑工作大事记

1. 修订《上海市建筑节能项目专项扶持办法》，落实扶持资金

上海市新修订的《上海市建筑节能项目专项扶持办法》于 2012 年 9 月 15 日起实施，除保留原暂行办法中对高标准建筑节能示范项目、既有建筑节能改造示范项目、可再生能源与建筑一体化示范项目的补贴专项，还对于整体装配式住宅示范项目、既有建筑外窗或外遮阳节能单项改造示范项目、立体绿化示范项目给予专项补贴，增加了针对绿色建筑示范项目的资金扶持政策，按照绿色建筑星级的不同，实施有区别的财政支持政策。明确了绿色建筑示范项目每平方米最高补贴 60 元；单个项目补贴总量最高不超过 600 万元；保障性住房单个项目补贴总量最高不超过 1000 万元的扶持制度。《扶持办法》明确了各扶持项目的合同管理办法以及各扶持项目的审核和资金下达办法，为落实扶持资金提供政策支持。

2. 出台政策全面推进建筑能耗监测系统的建设

2012 年 5 月，上海市政府印发《关于加快推进本市国家机关办公建筑和大型公共建筑能耗监测系统建设实施意见的通知》，明确：在年内建成 1 个建筑能耗监测市级平台、17 个建筑能耗监测区级分平台和 1 个市级机关办公建筑能耗

分平台，实现市级平台与分平台数据自动交换，完成 600 栋以上既有国家机关办公建筑和大型公共建筑用能分项计量装置的安装及联网（其中新增 400 栋以上）；对全市单体建筑面积在 1 万 m² 以上的国家机关办公建筑，2 万 m² 以上的公共建筑，有计划、有步骤地推进用能分项计量装置的安装及联网。到 2015 年，基本建成覆盖全市国家机关办公建筑和大型公共建筑的能耗监测系统。《实施意见》还明确了市级相关部门和区县政府在监测系统建设工作中的具体任务分解，落实管理职责。

上海市建设交通委对 2009 年编制的《上海市大型公共建筑能耗监测系统工程技术规范》进行修编并更名为《公共建筑用能监测系统工程技术规范》，且上升为强制性规范，已于 2012 年 5 月 1 日实行。对分项计量实时监测系统的设计、施工、检测、验收和维护运行的全过程提出统一要求，充分发挥建筑能耗监测系统在节能改造和运行管理中的基础性作用。

3. 颁布上海市《绿色建筑评价标准》

在国家标准规范的基础上，结合本地区气候特点，上海市于 2012 年 3 月 1 日出台了绿色建筑地方评价标准，并已实施。此标准的出台，为继续发展适合上海地域特色的绿色建筑提供了技术支撑。

地方标准依据上海市历年评价绿色建筑项目经验，绿色建筑设计和运营阶段具有不同特色。为此，地标中将设计和运营阶段评价指标分开罗列，并进行评价，条理更为清晰。标准注重与上海市地理、气候特点相符与上海市建筑特点和政策相连接，新增评价项目；合理变更评价要素，增强可操作性；依据上海城市定位，提高评价要求。

标准符合上海地区建设特点和发展方向，具有较强的针对性、可操作性和创新性，解决了前几年绿色建筑实践中发现的问题，为上海市绿色建筑的规划、设计、施工和运营提供了评价依据，对规范和带动上海市绿色建筑及相关产业的发展，具有积极意义

4. 上海展团参加"第八届国际绿色建筑与建筑节能大会"，展现上海绿建成果

2012 年 3 月，上海市城乡建设和交通委员会科学技术委员会组织上海展团参加第八届国际绿色建筑与建筑节能大会暨新技术与产品博览会，向国内、国际专家、同行业者展示上海地区 2011 年度在绿色建筑与建筑节能领域的最新成果。

上海展团共有 20 余家企、事业单位组成，均为上海地区在绿色建筑与建筑节能领域具有先进性和代表性的企业。参展内容包含了绿色建筑规划设计、绿色建筑咨询、绿色建筑施工、绿色建筑示范案例、绿色建筑合同能源管理与碳交

易、绿色建筑产品等完整的绿色建筑产业链。展示期间，接待了大量访客，各参展企业代表和国内、国际各位专家、友人、同行进行了热烈的交流，获得了住建部领导和各界来宾的一致好评。

5. 举办"2012上海建筑节能与绿色建筑科技周"

2012年9月12日～14日，2012上海建筑节能与绿色建筑科技周活动在上海隆重举行。本次"科技周"活动由中国建筑节能协会、中国绿色建筑与节能专业委员会、上海市城乡建设和交通委员会科学技术委员会、上海绿色建筑与节能专业委员会等单位共同发起和组织。"科技周"活动旨在汇聚上海和国内外各界建筑节能与绿色建筑领域的专家、学者、企业代表等，共同学习、交流、合作，探讨适合地区特点的建筑节能与绿色建筑的适宜技术路线，打造地区性建筑节能与绿色建筑的交流平台，共同推动建筑节能与绿色建筑的产业发展。"科技周"活动由中国建筑节能协会2012年度理事（扩大）会、第二届夏热冬冷地区绿色建筑联盟大会、第五届上海绿色建筑与节能国际大会、2012GBC绿色建筑与节能展览会等系列学术会议和展览活动组成。通过举办"科技周"，旨在巩固和宣传绿色建筑与建筑节能，更加关注"研发适宜技术、推进绿色产业、注重运行实效"的发展主题，并形成长效机制，为探索和确立适合夏热冬冷地区，尤其是"长三角"地区的建筑节能与绿色建筑发展策略、标准规范、应用技术体系和产业链建设作出贡献。

上海市城乡建设与交通委员会科学技术委员会

附件：2012年度全国建筑节能地区现状统计表（上海地区）

附件：

2012 年度全国建筑节能地区现状
统计表（上海地区）

（中国建筑节能协会）

省（区、市）名称：<u>上海市城乡建设交通委员会</u>
<u>科学技术委员会办公室</u>
组 织 机 构 代 码：<u>05304239-4</u>
填　　　报　　　人：<u>何忆江</u>
填 报 人 联 系 电 话：<u>021-64435455</u>
填　　表　　日　　期：<u>2012-11-25</u>

二○一二年十一月

填表要求

1. 填报单位必须实事求是、认真、严格、逐表逐项按填写说明填报调查表，并对所填数据负责；

2. 手工填表一律用碳素或蓝黑墨水钢笔填写，字迹工整、清晰、不得涂改；

3. 手工填表或打印上报表应一式二份，须加盖单位公章；

4. 填表前应仔细阅读各表页下方的说明，按要求填报；

5. 表中数据一律用阿拉伯数字，小数点后保留两位数字，文字内容一律用汉字；

6. 所填表项填报信息应完整，不得留有空格。数据为 0 时要以"0"表示，没有数据的指标划"—"表示；

7. 表中某一数据与上面或相邻数据相同时，不得用"′"或"同上"、"同左"、"同右"等符号、词汇代替，必须填写相同的数字；

8. 填表所填数据项表格不够时，可另附页填写；

9. 一个填报单位上报一套调查表，禁止同一单位信息的重复上报、不完整数据上报；

10. 本调查的基准时间为 2011 年。填报数据一律以 2011 年年末（截至 2011 年 12 月 31 日）为准；

11. 请于 2012 年 10 月 31 日前将调查表报送中国建筑节能协会；

12. 本调查表属于保密资料，不会外传，仅供中国建筑节能协会调查研究使用；

13. 本调查表由中国建筑节能协会相关专业委员会负责解释。

联系人：　　　　　　　　　　联系电话：

邮寄地址：

邮政编码：　　　　　　　　传　　真：

E-mail：

上海市行业（建筑保温）企业基本情况统计表一（1-1）

填表单位名称（全称）	上海市建筑材料行业协会				
详细地址	上海市普安路 128 号淮海大厦东楼 1601-02、1701-02 室			邮编	200021

联系人资料

联系人	张弥宽	职务	节能分会秘书长	手机	13162055096
座机	021-63841590	传真	021-63842493	E-mail	zxmk@sina.com

建筑节能行业概况

企业数：__125__

行业名称	企业规模	2009 年			2010 年			2011 年		
		数量（家）	产能/实施能力（万 m²）	销售收入（亿元人民币）	数量（家）	产能/实施能力（万 m²）	销售收入（亿元人民币）	数量（家）	产能/实施能力（万 m²）	销售收入（亿元人民币）
建筑节能行业（建筑保温）	大型企业	12	1200	/	12	1200	/	22	2200	/
	中等规模企业	9	900	/	9	900	/	13	1300	/
	小型企业	104	5200	/	121	6050	/	73	3650	/
	合计	125	7300	87.3	142	8150	105.3	108	7150	153.7

说明：

(1)企业规模按照注册资金：200 万～500 万为小型（含 200 万）；500 万～1000 万（含 500 万）为中型，1000 万以上（含 1000 万）为大型，本统计均为产能测算；

(2)大、中、小企业的划分标准由地方建筑节能协会/专委会根据行业情况制定；

(3)产能/实施能力的单位由被调查行业产品情况确定

上海市行业(建筑保温)企业产品基本情况统计表(1-2)

填表单位 名称(全称)	上海市建筑材料行业协会		
详细地址	上海市普安路 128 号淮海大厦东楼 1601 室	邮编	200021

联系人资料					
联系人	张弥宽	职务	节能分会秘书长	手机	13162055096
座机	021-63841590	传真	021-63842493	E-mail	zxmk@sina.com

建筑节能行业概况

企业行业划分:<u>建筑保温系统材料</u>

	产品 名称	2009 年			2010 年			2011 年		
		实际销 售量	单位	销售收入 (亿元 人民币)	实际销 售量	单位	销售收入 (亿元 人民币)	实际销 售量	单位	销售收入 (亿元 人民币)
主要 建筑 节能 产品 及规 模	外墙保 温系统	2694 (本市总)	万 m²	134.7	2812 (本市总)	万 m²	140.6	2981 (本市总)	万 m²	208.7
		1746 (上海 市业)		87.3	2106 (上海 企业)		105.3	2196 (上海 企业)		153.7

说明:
本页中"产能/实施能力"为实际销售量,其中"本市总"为总销售量,"上海企业"为上海本地企业销售量

上海市行业（建筑保温）主要工程应用情况调查表（1-3）

序号	产品名称	应用工程项目名称	项目地点	建筑面积（m²）	产品应用面积（m²）	工程类型（新建、改造）
1	外墙保温系统（无机保温砂浆）	恒盛鼎城（东城）1~23号	武威东路以北桃浦西路以西	183240	250000	新建
		徐汇世家花园1-9住宅，派出所，商业1-9，地下车库、地下商业及车库等	田林街道236街坊5/1丘周沈巷地块西块	198999	160000	新建
		浦江镇201-B地块配套商品房	召楼路以西、姚家浜以南	113276	113600	新建
2	外墙保温系统（岩棉板）	新江湾城C2-2地块项目三期	杨浦淞沪路700号	46500	25000	新建
		汇锦城（原金典花苑）3号地块一期	上海市南汇区沪南公路7199号	51031	42882	新建
		周浦23号地块二期（印象春城）一、二街区工程二标段	年家浜东路129弄	55223	25000	新建
3	外墙保温系统（膨胀聚苯板）	长桥街道381街坊新造屋南地块就近安置配套商品房	龙吴路1311号.	192408	188000	新建
		金色西郊城三期	华漕镇北翟路2000弄	197322	100000	新建
		上海市保障性住房三林基地6号地块	浦东三林	197819	125000	新建
4	外墙保温系统（胶粉聚苯颗粒）	银都路就近安置配套商品房项目	华泾镇445街坊	134700.6	134700.6	新建
		长兴岛配套商品房基地（镇西区）3号地块项目	长兴岛	150024.15	83000	新建
		南翔永翔动迁基地住宅9~19号楼	南翔镇金润路	119692	77800	新建

上海市行业（建筑保温）执行标准调查表（1-4）

行业产品执行标准情况：□企业标准 □行业标准 □国家标准 □欧盟标准 □其他标准 □没有标准	
标准名称	**内　容　简　介**
地标：无机保温砂浆外墙保温系统	标准号为：DG/T J 08—2088—2011，上海市城乡建设和交通委员会批准，2011 年 10 月 1 日实施
行标：无机轻集料砂浆保温系统技术规程	标准号为：JGJ 253—2011，住房和城乡建设部发布，2012 年 6 月 1 日实施
行标：膨胀聚苯板薄抹灰外墙外保温系统	标准号为：JG 149—2003，国家建设部发布，自 2003 年 7 月 1 日实施
行标：胶粉聚苯颗粒外墙外保温系统	标准号为：JG 158—2004，国家建设部发布，自 2004 年 12 月 1 日实施，主编单位为国家建设部
国标：硬泡聚氨酯保温防水工程技术规范	标准号为：GB 50401—2007，由国家建设部和国家质量监督检验检疫总局发布，2007 年 9 月 1 日执行
上海市推荐性标准	关于无国家、行业、地方标准的外墙保温系统，目前采用的上海市建筑产品推荐性应用标准（图集），主要有：岩棉外墙外保温系统、泡沫水泥板外墙外保温系统，泡沫玻璃外墙保温，保温装饰一体化保温系统，加气混凝土砌块自保温系统，无机保温砂浆外墙外保温系统（目前本市外保温系统企业已采用上海市地方标准和行业标准），膏料保温系统，真空板保温系统等

上海市行业（门窗）企业基本情况统计表一（2）

填表单位名称(全称)	上海市建筑五金门窗行业协会				
详细地址	上海 市大统路 938 弄 7 号 2001 室			邮编	200070

联系人资料					
联系人	钱经纬	职务	秘书长	手机	13801784631
座机	021-56554829	传真	56554709	E-mail	qjwxs@126.com

建筑节能行业概况

企业数：251

行业名称	企业规模	2009 年			2010 年			2011 年		
		数量（家）	产能/实施能力（万 m²）	销售收入（亿元人民币）	数量（家）	产能/实施能力（万 m²）	销售收入（亿元人民币）	数量（家）	产能/实施能力（万 m²）	销售收入（亿元人民币）
建筑节能行业（门窗）	大型企业	20	200	15	25	250	19.5	26	235	19.27
	中等规模企业	120	601.5	45.1	128	635.8	49.59	129	625	51.25
	小型企业	95	285	21.38	95	280	21.8	96	252.8	20.73
	合计	235	1086.5	81.48	248	1165.8	90.89	251	1112.8	91.25

说明：

(1) 行业划分按地方建筑节能协会/专委会职能范围确定，本统计均为产能；

(2) 大、中、小企业的划分标准由地方建筑节能协会/专委会根据行业情况制定；

(3) 产能/实施能力的单位由被调查行业产品情况确定

上海市行业(建筑遮阳)企业基本情况统计表一(3-1)

填表单位名称(全称)	上海市建筑五金门窗行业协会		
详细地址	上海 市大统路 938 弄 7 号 2001 室	邮编	200070

联系人资料						
联系人	钱经纬	职务	秘书长	手机	13801784631
座机	021-56554829	传真	56554709	E-mail	qjwxs@126.com

建筑节能行业概况

企业数: 7

行业名称	企业规模	2009 年			2010 年			2011 年		
		数量(家)	产能/实施能力(万 m²)	销售收入(万元人民币)	数量(家)	产能/实施能力(万 m²)	销售收入(万元人民币)	数量(家)	产能/实施能力(万 m²)	销售收入(万元人民币)
	大型企业	/	/	/	/	/	/	/	/	/
	中等规模企业	3	51.28	3809	3	49.97	7356	3	117.6	10171
	小型企业	3	32.2	2750	3	42.54	4130	4	45.2	4950
	合计	6	83.48	6559	6	92.51	11486	7	162.8	15121

说明:

(1) 行业划分按地方建筑节能协会/专委会职能范围确定,本统计均为产能;

(2) 大、中、小企业的划分标准由地方建筑节能协会/专委会根据行业情况制定;

(3) 产能/实施能力的单位由被调查行业产品情况确定

上海市行业(建筑遮阳)企业产品基本情况统计表(3-2)

填表单位名称(全称)	上海市建筑五金门窗行业协会									

详细地址	上海 市大统路 938 弄 7 号 2001 室	邮编	200070

联系人资料

联系人	钱经纬	职务	秘书长	手机	13801784631
座机	021-56554829	传真	56554709	E-mail	qjwxs@126.com

建筑节能行业概况

企业行业划分：建筑遮阳

	各产品名称	2009 年			2010 年			2011 年		
		产能/实施能力	单位	销售收入(万元人民币)	产能/实施能力	单位	销售收入(万元人民币)	产能/实施能力	单位	销售收入(万元人民币)
主要建筑节能产品及规模	硬卷帘	51	万 m²	2130	62.2	万 m²	4630	97	万 m²	7620
	软卷帘	5.3	万 m²	1681	3.94	万 m²	3348	8.59	万 m²	3467
	天篷帘	0.36	万 m²	375	0.46	万 m²	480	0.65	万 m²	673
	金属百叶帘	6.11	万 m²	1243	5.02	万 m²	1548	5.33	万 m²	1641
	一体化遮阳窗	20	万 m²	30	20	万 m²	30	50	万 m²	120
	遮阳板	0.7	万 m²	1100	0.89	万 m²	1450	1.2	万 m²	1600
	窗帘配件	23.29	万套	662	34.71	万套	724	20.35	万套	787

说明：本统计均为产能

上海市行业(建筑遮阳)主要工程应用情况调查表(3-3)

序号	产品名称	应用工程 项目名称	项目地点	建筑面积 (m²)	产品应用面积 (m²)	工程类型 (新建、改造)
1	一体化遮阳窗	绿地南翔经适房	上海市南翔	10万	1500	新建
		崇明生态村	上海市崇明	10000	500	新建
		顺义花园	北京	60000	8000	改造
2	电动软卷帘	珠江新城"西塔"	广州珠江新城	—	37000	新建
3	电动百叶帘	ROLEX大厦	阿联酋 迪拜		36000	新建
4	电动软卷帘、天蓬帘、幕帘	苏州科技文化艺术中心"苏州鸟巢"	苏州	15万	15000	新建
5	电动软卷帘、天蓬帘、遮阳板	外滩中信城	上海外滩CBD、陆家嘴CBD和规划中的北外滩CBD的"金三角"区域	—	18000	新建
6	硬卷帘	三湘海尚高层	上海市宝山区长江西路200号	10万	14000	新建
		三湘海尚别墅			8000	
		三湘七星府邸高层	上海杨浦区政青路、殷高东路口	36929.02	2700	新建
		三湘七星府邸别墅			2100	新建
		三湘未来海岸	上海杨浦区三门路、殷高东路	14000	4300	新建
		太仓上海公馆一期	东仓新路西侧,武汉路北侧	237414	1300	新建
		绿地1960项目	上海市东安路	14188	2300	新建
		太原MOMA三期	太原市万栢林区长风西街16号丽华大酒店斜对面	65万	8000	新建
		德国滴水湖别墅	德国	1000万	2500	新建
		澳大利亚	澳大利亚	800万	3200	新建
		湖滨晨韵	上海闵行	—	560	新建
		法国风情小镇	浦东高桥		350	改造
		金都别墅	上海闵行	8000	550	改造
		屋顶遮阳	上海浦东	8000	1280	新建
		三林卫生院	三林住宅基地	11000	1000	新建
		康桥半岛	浦东秀沿路恒和路	100000	10000	改造

续表

序号	产品名称	应用工程项目名称	项目地点	建筑面积 (m²)	产品应用面积 (m²)	工程类型（新建、改造）
7	遮阳板	奥瑞特电力设计院外墙	四川省绵阳市	23000	1450	新建
		济宁北湖小学外墙	山东省济宁市	20000	1000	新建
		无锡地铁站	江苏省无锡市	28000	2500	新建
		成都涉外办证大厅顶面遮阳	四川省成都市	8000	1000	新建
8	金属百叶帘	上海 E+H	上海	—	2000	新建及改造
		南京菲尼克斯	南京	—	1800	新建
		大连格劳博	大连	—	2200	新建

上海市建筑节能基本情况调查表二(3-4)

建筑节能项目	2009 年度			2010 年度			2011 年度		
新建建筑节能	设计达标率	施工达标率	累计节能建筑面积 (1-10 月)	设计达标率	施工达标率	累计节能建筑面积	设计达标率	施工达标率	累计节能建筑面积
	100%	100%	5972.8 万 m²	100%	100%	4865.23 万 m²	100%	100%	4550 万 m²
既有建筑	既有居住建筑面积总量(上半年)	既有公共建筑面积总量(上半年)	执行 50% 及以上节能标准建筑面积(上半年)	既有居住建筑面积总量	既有公共建筑面积总量	执行 50% 及以上节能标准建筑面积	既有居住建筑面积总量	既有公共建筑面积总量	执行 50% 及以上节能标准建筑面积
	47195 万 m²	17095 万 m²	16156.58 万 m²	50211 万 m²	18961 万 m²	25308.01 万 m²	53163 万 m²	21066 万 m²	30366 万 m²
大型公建节能监管（单体面积 2 万 m² 以上）	栋数及面积	已审计建筑栋数	已监测建筑栋数	栋数及面积	已审计建筑栋数	已监测建筑栋数	栋数及面积	已审计建筑栋数	已监测建筑栋数
	1557 栋/ 4858.9 万 m²	100 栋	30 栋	1074 栋/ 4981.3 万 m²	207 栋	80 栋	1105 栋/ 5103.57 万 m²	469 栋	116 栋

续表

建筑节能项目	2009 年度			2010 年度			2011 年度		
	太阳能光热应用	太阳能光电建筑应用	浅层地能应用	太阳能光热应用	太阳能光电建筑应用	浅层地能应用	太阳能光热应用	太阳能光电建筑应用	浅层地能应用
可再生能源建筑应用	建筑面积 59.56 万 m²/集热面积 6949m²	13.57 兆瓦	57.73 万 m²	建筑面积 77.08 万 m²/集热面积 15447m²	15.13 兆瓦	52.46 万 m²	建筑面积 85.8 万 m²/集热面积 1.03 万 m²	6.8 兆瓦	88.72 万 m²
	实施一星面积/项目数量	实施二星面积/项目数量	实施三星面积/项目数量	实施一星面积/项目数量	实施二星面积/项目数量	实施三星面积/项目数量	实施一星面积/项目数量	实施二星面积/项目数量	实施三星面积/项目数量
实施绿色建筑	0	30.309676 万 m²/5	22.3351 万 m²/5	47.011385 万 m²/5	35.84238 万 m²/7	27.782014 万 m²/6	26.82 万 m²/2	16.47 万 m²/5	12.29 万 m²/3

注：因政府主管部门统计数据的内容与本表原设置略有不同，本调查表作了相应调整。

317

第三章　河　北　篇

　　2012 年，河北省建筑节能工作围绕住房和城乡建设实际，在新建建筑节能监管、既有居住建筑供热计量及节能改造、可再生能源建筑应用、机关办公建筑和大型公共建筑能耗监管、绿色建筑发展，以及建筑节能与绿色建筑标准体系建设等方面都取得了显著的进步，为推动全省节能减排，构建生态安全格局，打造绿色城区和绿色建筑，作出了应有的贡献。

第一节　河北省建筑节能工作简述

1. 建筑节能取得的成就

　　2012 年，全省城镇竣工建筑面积 3164.81 万 m^2，施工图设计阶段及竣工验收阶段节能标准执行率均达 100%；目前已累计新建节能建筑 3.45 亿 m^2，2012年完成既有居住建筑供热计量及节能改造项目 1376.81 万 m^2，累计完成既改项目 6000 多万 m^2，节能建筑占全省城镇建筑面积的 30.3%；2012 年完成可再生能源在建筑中一体化应用建筑面积 1258.273 万 m^2（太阳能应用 1024.603 万 m^2，浅层地能 233.67 万 m^2），占竣工面积的 39.76%，全省可再生能源建筑应用面积累计达 1.14 亿 m^2。

　　（1）新建建筑节能工作取得显著成效

　　实行监督管理全覆盖。加强新建建筑节能在规划、设计、建设、验收、销售、保修的全过程闭合管理。为提高新建建筑设计水平，省住建厅下发了《关于进一步加强建筑节能相关管理工作的通知》，要求全省在新建的建筑工程节能设计中推广使用计算机软件，并修订了《建筑节能设计审查备案表》。加强监督检查。2012 年 11 月，省住建厅分成 4 个组开展全省建筑节能专项监督检查，检查完成后印发了检查通报，要求对存在的问题进行认真整改。2012 年还重点检查了 152 项民用建筑工程节能设计审查的质量。认真做好 2011 年国家检查违规项目的整改。针对存在问题的 5 个项目（河北出版集团发行中心、石家庄市奥林匹克苑 3 号楼、沧州银行、沧州金鼎领域 9 号楼、黄骅市安泰家园廉租住房 7 号楼），召集相关市建设局专题研究布置整改工作。5 个项目存在问题均已整改完毕，并按要求行文报送住房和城乡建设部。

（2）既有居住建筑供热计量及节能改造全面推进，并在实践中积累了新的经验

认真谋划。在 2011 年出台的《河北省建筑节能"十二五"规划》中，明确"十二五"河北省完成"既改"面积 5000 万 m^2 以上，超额完成国家占具有改造价值老旧住宅的比例 35% 以上的要求。省住建厅开展了《河北省既有居住建筑供热计量及节能改造中长期规划》课题研究，并将研究成果印发各市作为制定既改政策的参考。分解目标，落实任务。2011 年省委办公厅、省政府办公厅印发《关于开展城镇建设三年上水平工作的实施意见》，明确 2011～2013 年"既改"目标为 3000 万 m^2，将这项指标分解后列入省委、省政府对各市考核目标的内容。为了抓好 2012 年的既改工作，省财政厅、住建厅下发了《关于下达 2012 年北方采暖区既有居住建筑供热计量及节能改造补助资金的通知》（冀建科［2012］136 号），将住建部下达的 1369 万 m^2 目标任务分解到各市、县（市）的具体项目，并要求各市制定改造实施方案。积极争取省级财政资金。为激励各地的既改工作，确保完成年度任务和体现集中连片、规模化及示范作用，省住建厅积极与省财政厅协调，争取 2500 万元资金用于 2012 年三项内容全部改造的项目，这部分资金已经拨付到各个项目。

（3）可再生能源建筑一体化应用水平不断提高

全面推广应用太阳能热水系统。近年来，省住建厅先后印发了《关于在民用建筑中推广应用可再生能源应用技术的通知》、《关于执行太阳能热水系统与民用建筑一体化技术的通知》等文件，对 12 层以下的工程项目强制应用太阳能集中热水系统；研究起草了《关于进一步执行太阳能热水系统与民用建筑一体化的通知》，拟在高层建筑中强制推广应用太阳能热水系统。还先后制定、颁布了《民用建筑太阳能热水系统一体化技术规程》、《民用建筑太阳能热水系统安装图集》等地方标准、图集。抓好示范项目建设。河北省列入国家可再生能源建筑应用示范项目 20 个，总建筑面积 240 万 m^2；列入国家太阳能光电建筑应用项目 23 个，总装机容量 20 余 MW；唐山、承德、保定 3 个设区市，辛集、宁晋、大名、迁安、南宫、平泉、望都、献县、清河 9 个县（市）及北戴河新区绿色建筑起步区，列入国家可再生能源建筑应用城市示范、农村地区县级示范、集中连片示范。这些示范项目取得良好的节能减排效果，较好地发挥了示范效应。配套能力建设增强。省住建厅编制了《河北省可再生能源建筑应用"十二五"规划》、《河北省可再生能源建筑应用推广重点区域实施方案》，开展了《太阳能建筑一体化应用发展机制与关键技术研究》，编制了地源热泵、太阳能光热建筑一体化等技术规程，指导有关科研单位进行建筑能效检测能力建设，可再生能源建筑应用的设计、施工水平不断提高，为推进可再生能源规模化建筑应用打下了好的基础。

（4）国家机关办公建筑和大型公共建筑运行节能监管体系逐步建立

建立了机关办公建筑和大型公共建筑能耗省级监测平台。目前，已有部分项目实现能耗监测数据传输，保定、承德两市市级中转平台正在建设。开展机关办公建筑和大型公共建筑节能改造。秦皇岛市政府出资对部分政府办公建筑进行节能改造，唐山市利用能源服务方式完成交警支队、五联商场等单位的节能改造。开展民用建筑能效测评标识工作。对国家机关办公建筑和大型公共建筑实行民用建筑能效测评标识制度。河北省建筑科学研究院等3家单位作为能效测评机构。积极推进节约型校园建设。与省教育厅印发《关于进一步加强高等院校节约型校园建设工作的实施意见》。河北医科大学、石家庄铁道大学等8所高校列为国家节约型校园示范建设单位。

2. 绿色建筑健康发展

（1）逐步健全政策标准体系

省住建厅印发了《关于推进河北省绿色建筑小区建设的实施意见》、《河北省绿色建筑创新奖的评审办法》、《河北省一二星级绿色建筑评价标识实施方案》等文件。先后颁布实施《绿色建筑评价标准》、《绿色建筑技术标准》、《河北省绿色建筑小区建设技术导则》等。

（2）绿色建筑评价标识工作进展加快

全省已累计获得绿色建筑评价标识 37 个，建筑面积 340.82 万 m²。其中，三星级项目 3 个，为秦皇岛万科假日风景 A 区项目（2～5 号、9～12 号、14～16 号）、廊坊万达学院一期工程和唐山市丰润区乡居假日 A4 组团 301～308 号楼；二星级项目 19 个，为邯郸市文化艺术中心，保定市电谷国际商务中心，河北科技大学图书馆，秦皇岛数谷大厦，唐山马驹桥保障性住房项目 A1 地块 1～10 号，张家口市万柳公寓小区 C 区 1～13 号、D 区 1 号、2 号、5～13 号，邯郸市赵都新城 S5 地块 3 号，张家口市红旗楼嘉园一期 1 号、2 号、4 号楼，保定市丽景溪城 3 号、5 号、10 号、11 号、12 号住宅楼，鹿泉市四季花城 1～2 号住宅楼，唐山马驹桥保障性住房项目 A02～A04 地块，唐山市曹妃甸国际生态城央企生活服务基地一期项目，中铁·秦皇半岛一期 31～37 号楼，唐山港陆花园住宅小区（一期），秦皇岛在水一方住宅小区，峰峰矿区水岸名都小区 17 号、20～22 号楼，衡水中景天玺香颂 25 号楼，邯郸市馆陶县柳湖胜景 14 号楼和保定市红山庄园 C3 楼。一星级项目 15 个，为保定市大众味业综合办公楼，涿州市华阳风景综合楼，张家口市万柳公寓小区 C 区 14～16 号、D 区 3 号、4 号、14 号楼，磁县宝盛世纪名苑 B 区 6 号、10 号楼，邯郸市南湖花园小区（二期）20 号楼，衡水市冀州万都城，沧州市万泰丽景东区 2～5 号、8 号、16 号住宅楼，沧州市泰和世家 7 号、21 号楼，沧州市荣盛·兰亭苑二期 9～15 号楼，沧州市津狮国际酒店住宅工程 1 号楼，石家庄裕华万达广场住宅 E2 区，石家庄裕华万达广场（商业部分），廊坊万达广场 A 区综合体，唐山万达广场商业和衡水丽景福苑 12 号、17 号楼。秦皇岛市"在水一方"住宅小区住宅楼，获得运行阶段二星级绿色建筑评价标识；石家庄裕华万达广场大商业，获得运行阶段一星级绿色建筑评价标识。

（3）开展绿色"双十佳"评选活动

按照省委、省政府的工作部署，2012 年继续开展了"十佳绿色建筑"、"十佳绿色小区"评选活动。编制了《河北省十佳绿色建筑评选办法》、《河北省十佳绿色小区评选办法》及配套标准。2012 年度绿色"双十佳"项目，其中：廊坊市"万达学院一期"，秦皇岛市"秦皇岛经济技术开发区数据产业园－数谷大厦"，廊坊市"廊坊万达广场 A 区综合楼"，石家庄市"石家庄 36524 大厦"、"河北师范大学新校区主食堂"、邯郸市"昌宏丽都 1 号楼"、保定市"电谷广场·商务会议中心"、"六九硅业消防站工程"，沧州市"颐和大厦"和秦皇岛市"秦皇岛戴河首领黄金假日酒店"为"十佳绿色建筑"；保定市"维多利亚夏郡小区 C 区"、邯郸市"荣盛·阿尔卡迪亚碧水湾一期"、沧州市"沧州阿尔卡迪亚新儒苑二期"、唐山遵化市"港陆花园住宅小区一期"、保定市"秀兰·尚城"、石家庄市"中央悦城迎宾苑项目"、承德市"港湾花园"、邢台市"天一城北区"、秦皇岛市"金海湾·森林逸城"和邯郸市"涉县枫美·蓝堡湾小区一期"为"十佳绿色小区"。

（4）绿色保障房建设呈现好势头

唐山市以大规模建设保障性住房为契机，大力推进绿色建筑。该市认真做好谋划，夯实基础，围绕规划、设计、施工、验收等环节，出台了《保障性住房规划与建筑设计导则》、《保障性住房室内外装修设计导则》、《保障性住房绿色施工导则》等，为把保障性住房建设成绿色建筑提供了技术保障。158 万 m² 绿色保障房正在抓紧建设，2013 年底将陆续竣工。

（5）推进"4＋1"生态示范城市绿色建筑发展

落实省政府与住房和城乡建设部《关于推进河北省生态示范城市建设促进城镇化健康发展合作备忘录》精神，"4＋1"（正定新区、北戴河新区、唐山湾生态城、黄骅新城、涿州生态宜居示范基地）规划均通过省规委会审议，正在编制绿色建筑专项规划，一批绿色建筑示范项目落地并取得建设成果。

（6）深化科技体制改革和科技成果推广转化

以提升建筑产业技术创新能力和推动建筑产业绿色化、智能化，大力开展关键共性技术自主研发、引进消化吸收再创新及示范推广为目标，成立了河北省绿色建筑产业技术研究院，努力为河北省建筑产业发展方式转变和结构调整提供技术支撑。在河北省建筑科技研发中心、秦皇岛"在水一方"住宅小区及唐山市开展了被动式低能耗建筑示范项目建设，将为我省乃至我国被动式低能耗建筑标准制定提供可靠的数据依据，为在全国大面积推广被动式低能耗建筑积累了经验。

（7）组织开展建筑节能项目示范

印发了《关于组织申报新型墙体材料专项基金支持绿色建筑示范项目的通知》、《关于组织申报省级建筑节能与结构一体化技术示范工程项目的通知》，利用新型墙体材料专项基金800余万元支持补贴邯郸市文化艺术中心、保定市电谷国际商务中心和秦皇岛数谷大厦等一批绿色建筑示范项目，保定市高新区小学、保定市教育局九年一贯制学校等一批建筑节能与结构一体化示范项目，还支持了超低能耗示范（节能90%）项目——中德被动式低能耗建筑示范工程。对评选出的2012年度绿色"双十佳"项目也给予一定的奖励性资金补助。这样做，对于促进全省绿色建筑发展起到了良好的推动和引导作用。

3. "十二五"建筑节能的规划目标

（1）发展目标

1）全省城镇节能建筑在既有建筑面积中占比提高10个百分点。

2）全省新建城镇建筑严格执行强制性建筑节能标准，设计、施工阶段建筑节能标准执行率均达到100%。

3）全省完成具备改造价值的老旧住宅的供热计量及节能改造面积的35%以上，且改造规模达到5000万 m^2 以上，同时完成国家下达的改造任务。各设区市达到节能50%强制性标准的既有建筑基本完成供热计量改造。

4）新建建筑可再生能源建筑一体化应用比例达到38%以上。

5）每个设区市建成3个以上、每个县级市建成1个以上绿色建筑示范小区，全面开展绿色建筑星级评价标识工作。

6）机关办公建筑及大型公共建筑监管体系建设取得重要进展，各市与省能耗监测平台联网并实现动态监管。

（2）重点任务

1）全面推进新建建筑节能工作强化新建建筑执行节能标准监管的力度，着力抓好施工阶段等薄弱环节以及县（市）等薄弱地区执行标准监管工作。全面推行民用建筑能效测评标识、民用建筑节能信息公示等制度。

2）加快既有居住建筑供热计量及节能改造。制定改造实施方案，分解改造任务，加强技术指导，完善评估考核机制，督促落实项目资金，保质保量按时完成任务；坚持供热系统节能改造与既有建筑节能改造配套进行；调动城镇居民参与建筑节能改造的积极性，不断完善适合全省实际的既有居住建筑节能改造模式和技术体系。

3）大力推进可再生能源在建筑中的规模化、一体化应用。以建设国家级可再生能源建筑应用城市示范、农村地区县级示范为契机，以及可再生能源建筑应用示范项目的实施，推广先进适用的成套节能技术与产品，建立较为完善的可再生能源建筑应用法规政策体系、技术标准体系和管理体系。重视和研究太阳能建筑应用向更高的楼层发展，科学推进浅层地能在建筑中的应用。

4）推进政府机关办公建筑和大型公共建筑节能监管体系建设。建立较为完善的建筑能耗监管体系，完善能耗统计、能源审计和能效公示制度，研究制定不同类型建筑物的能耗定额标准，积极推行合同能源管理试点示范工作。建立和完善能耗动态监测系统，建立运行良好的建筑能耗监管机制。继续抓好节约型校园示范建设。

5）积极倡导和大力推进绿色建筑的发展。组织开展"十佳绿色建筑"、"十佳绿色小区"评选活动，完善绿色建筑技术标准并在全省实施；广泛开展绿色建筑评价标识工作；选择具备条件的区域、城市、片区开展不同层次、不同类型的绿色建筑试点示范；重点抓好唐山湾新城、石家庄正定新区、秦皇岛北戴河新区、沧州黄骅新城以及涿州生态示范新城绿色建筑的建设。

6）加强对建筑节能新材料的监管工作。制定并实施建筑节能新型材料推广应用政策。组织开展"四新"技术的研发及推广应用，组织编制并发布推广应用和限制、禁止使用的产品和技术公告。进一步加强建筑节能材料、产品使用的监管并严格工程准入。继续推进"禁实"工作，省内城镇全部实现禁止使用实心黏土砖的目标。启动和开展"限粘"工作，创造条件推动县（市）"限粘"工作开展。

第二节　民用建筑节能管理体制建设情况

1. 明确建筑节能管理部门

河北省人民政府办公厅《关于印发河北省住房和城乡建设厅主要职责内设机构和人员编制规定的通知》，明确省住建厅承担推进建筑节能、城镇减排职责，厅内设建筑节能与科技处负责全省建筑节能工作。

2. 成立领导机构

省住建厅成立了以厅长为组长、有关副厅长为副组长的节能减排工作领导小组，制定了《河北省建设厅节能减排工作分工方案》，明确了各有关处室及厅属单位的职责、任务，建立了建筑节能与科技处牵头建筑节能、城建处牵头减排、有关处室齐抓共管的工作机制。

3. 专设日常管理机构

成立了河北省墙材革新和建筑节能办公室，11个设区市均专设管理机构，90%以上县(市)设有专、兼职部门，形成了省、市、县(市)三位一体的监管体系。

4. 建立政府考核和评价体系

省政府将建筑节能重点工作列入城镇建设上水平、节能减排的考核内容，作为约束性指标对市政府进行考核评价。省住建厅每年开展全省建筑节能专项监督检查并印发通报。

第三节　建筑节能配套政策制定情况

1. 政策法规不断完善，已形成较为完善的建筑节能政策法规体系

先后出台实施了《河北省节约能源条例》、《河北省民用建筑节能条例》、《河北省墙体材料革新与建筑节能管理暂行规定》、《河北省粉煤灰综合利用暂行规定》、《关于加快发展循环经济的实施意见》、《关于推进节能减排工作的意见》、《关于加强节能工作的决定》、《关于促进光伏产业发展的指导意见》等。2009 年 10 月 1 日施行的《河北省民用建筑节能条例》，从建筑节能管理、新建建筑节能、既有建筑节能改造、可再生能源利用、系统运行节能等方面，规定了相关管理部门、各责任主体的职责和义务，要求政府设立建筑节能专项资金，建立建筑节能奖励表彰制度。省住建厅还制定印发了《河北省民用建筑节能管理实施办法》、《关于宣贯〈河北省民用建筑节能条例〉推进建筑节能工作的实施意见》等配套文件。

2. 制定了专项规划

制定发布了《河北省建筑节能"十二五"规划》，提出了到"十二五"末全省新建城镇建筑节能标准执行率 100％、既有居住建筑供热计量及节能改造 5000 万 m² 以上，新建建筑可再生能源建筑一体化应用比例达到 38％、机关办公建筑和大型公共建筑能耗监测通过联网实现动态监管、全面开展绿色建筑建设等目标，明确了建筑节能的工作重点及保障措施。

3. 技术标准体系日趋完善

在全国较早实施居住建筑节能 65％设计标准，并先后制定《居住建筑节能设计标准（修订）》、《河北省公共建筑节能设计标准》、《既有居住建筑节能改造技术标准》、《既有公共建筑节能改造技术标准》、《绿色建筑评价标准》、《绿色建筑技术标准》等 20 多个地方标准、图集等，编制了《既有建筑物围护结构节能改造施工》等 11 部工法，制定下发了《河北省建设工程材料设备推广限制使用和淘汰产品目录（2010 年版）》。还编制了《CL 体系技术规程》、《CL 结构工程施工质量验收规程》等新型结构体系规范，加大了节能新型结构体系推广的力度。

4. 研究制定建筑节能经济政策

2007 年以来，省财政每年安排建筑节能财政预算，用于建筑节能技术标准制定、课题研究、示范项目补助等，6 年累计补助资金 5500 万元。其中，2012 年建筑节能专项资金增至 3000 万元。

第四节　供热计量工作情况

1. 加强新建建筑供热计量工程监管

为贯彻落实 2012 年北方采暖地区供热计量改革电视电话会议精神，2012 年 9 月 30 日省政府办公厅下发了《关于进一步推进供热计量改革工作的意见》，提出了全省供热计量改革的 4 项工作目标和 9 项工作任务。在供热计量工程"两个不得"落实执行上再次强调，加强规划、设计、施工图审查、施工、监理、质量监督、竣工验收等环节的监管，新建项目规划许可前要明确供热计量方式和供热单位。设计单位要严格按照国家工程建设标准进行供热计量工程设计，并对其设计质量全面负责。施工单位要按照工程设计、施工技术标准要求制定详细施工方案并报监理单位批准后实施。监理单位要按规定对分户热计量、温度调控和供热系统调控装置的安装施工进行监督。对不符合供热计量要求的新建项目，施工图设计文件审查机构不予出具审查合格书，建设主管部门不予发放施工许可证。新建建筑工程安装分户热计量、温度调控和供热系统调控装置要严格按照工程建设标准进行验收。

从各市自查和督导检查情况看，河北省各市都能严格按照相关法律法规和省政府要求，在新建建筑节能管理中对供热计量装置的设计安装严格把关，将新建建筑供热计量安装纳入建筑节能闭合管理。在建筑设计备案阶段，严格审查项目是否设计热计量及温控装置，不符合要求的项目不予办理备案；施工阶段，严格按照国家要求安装热计量和温控装置；在建筑节能专项验收备案阶段，要求建设单位必须与供热单位签订热表安装协议，由供热单位对工程的热表统一安装管理。

2. 逐步完善供热计量收费机制

（1）调整供热计量价格

2012 年 3 月，省住建厅、物价局下发《关于进一步推进供热计量改革的通知》（冀建城〔2012〕146 号），要求各市供热企业可根据供热计量收费推广的实际情况，及时向价格主管部门提出完善热计量价格申请，在保持与按面积计费热价水平相同的基础上，将基本热价比例由 50%逐步向 30%过渡，"多退少不补"

政策逐步过渡到"多退少补"。6月召开全省供热计量改革推进会，对此项工作再次进行强调。9月省政府办公厅印发《关于进一步推进供热计量改革工作的意见》明确提出，已制定供热计量价格的城市，要遵循"合理补偿成本、促进节约用热、坚持公平负担"的原则，"两部制热价"统一实行基础热价比例为30％、计量热价比例为70％的收费体系。2012年采暖期选择1~2个小区进行计量收费，2013年采暖期全面实行。价格政策调整时，要充分考虑企业的供热成本，进一步核算基础热价和计量热价。将预收费用"多退少不补"政策过渡到"多退少补"政策。未制定供热计量价格的县级市和县城，根据供热计量改革进程及时出台两部制热价及收费办法。目前，唐山市、承德市、邢台市已取消面积上限政策。承德市在全省率先取消面积上限，实行"多退少补"的收费政策，居民用户补费比例最高不超过总面积热费的15％。唐山市用户计量热费实行面积热费的115％封顶，公建用户计量热费与传统面积热费相比实行"多退少补"。

（2）完善供热计量收费政策

截至目前，我省11个设区市和部分县级市出台了供热计量价格及收费办法，大部分的价格都是按照基础热价50％的比例指定的。2011年唐山市颁布了基本热价比例为3：7的热计量价格文件。规定居民计量热费价格中的基本热价为 5.85 元/m^2，计量价格为 0.149 元/(kW·h)；公建单位计量热费价格中的基本热价为 10.29 元/m^2，计量价格为 0.311 元/(kW·h)。居民热用户计量热费与传统面积热费相比实行面积热费的115％封顶政策；公建单位热用户计量热费与传统面积热费相比实行"多退少补"。2012年邢台市也将基础热价向30％进行调整，居民计量热费价格中的基本热价为 5.4 元/m^2，计量价格为 0.154 元/(kW·h)；衡水市也制订了基本热价比例为3：7的热计量价格，已报市物价局待批。其他各市都在与物价部门研究制定之中。

（3）落实供热企业收费责任

省建厅、物价局下发《关于进一步推进供热计量改革的通知》要求，各供热单位应在采暖期前向供热计量收费小区明确热计量收费政策、供热计量方式、收费退费办法，供热期间应定期向用户提供供热计量有关数据，采暖期过后要及时核对用户计量费用，原则上应在采暖期结束后两个月内对用户热费进行清算，计费到下一采暖季的要明确告知用户。河北省供热单位基本都建立了明确的热计量用户告知办法，并严格执行落实。公建一般采用每半个月抄表一次并以用户告知单的形式告知热用户；居民用户采用在供热期开始前、供热期结束后以用户告知单书面告知用户并双方签字的方式。如果在供热期间抄表过程中发现热量表具出现问题，供热单位会在第一时间以用户告知单书面告知用户。供暖运行结束后，供热企业根据用户实际用热量计算各户热费，作为上采暖季供热计费收费的依据。每年4月至5月，供热企业以小区为单位，将小区内各户居民的用热量、热费或退费情况发布在小区公告栏内，通知居民及时办理交费、退费手续，并解决计量争议问题。

第五节 城市照明节能工作情况

1. 出台城市照明政策、标准和导则

依据国家《城市照明管理规定》、《"十二五"城市绿色照明规划纲要》，结合我省实际，2012 年经省法制办备案发布了《河北省城市照明管理规定》，印发了《河北省"十二五"城市绿色照明规划纲要》，明确了"十二五"期间全省城市绿色照明工作的指导思想、分年度的工作目标及工作重点。编制了《河北省城市绿色照明综合评价标准（征求意见稿）》、《河北省城市照明专项规划编制导则（试行)》、《河北省太阳能照明系统应用技术导则》、《河北省城市景观照明技术规范》、《河北省城市道路照明设施管理维护技术操作规程》、《河北省城市照明集中控制系统技术标准》、《河北省城市照明设施整治技术导则》等一系列技术标准、规范和导则，指导全省城市照明节能降耗工作深入开展。为推广应用高效节能产品，颁布了《推广、限制使用和淘汰产品目录（城市照明产品第一批)》（冀建材〔2011〕229 号）。

2. 认真开展城市照明节能基础管理工作

2008～2010 年连续三年举办了"河北城市低碳照明技术讲坛"，2011～2012 年连续召开"全省城市绿色照明座谈会"，宣传贯彻国家有关城市照明的文件要求、设计规范和标准，邀请国内知名专家就城市照明节能技术作专题报告，探讨和推广城市照明节能降耗的实现途径，并展示了国内和河北省知名厂家生产的无极灯、LED 照明灯等节能照明产品。2011 年在 11 个设区市开展了城市主干道照明节能监测工作，并组织了节能监测综合数据统计培训工作。委托河北省照明行业协会负责，对部分地区安装的 LED 路灯进行全程监测，积累基础数据，分析 LED 路灯的适应性，为今后的推广应用和制定有关技术标准奠定基础。

3. 组织城市照明节能专项检查

2010 年，按照《关于切实加强城市照明节能管理严格控制景观照明的通知》（建城〔2010〕92 号）要求组织了专项检查。从检查的结果看，河北省各设区市在城市道路照明和景观照明中均遵循了国家和河北省的规范和标准，基本完成了城市照明节电率、高效照明灯具应用率、集中控制系统建设等主要工作目标。到

2011 年 12 月，11 个设区市共淘汰各种低效照明灯具、设备 68970 套（台），安装使用各种高效节能照明灯具、高效光源和节能设备 156880 套（台），全部建成城市照明智能化集中控制系统，基本实现功能照明和景观照明（政府投资）集中控制全覆盖。

第六节　国际合作项目情况

利用能源基金会支持的"中国可持续能源项目——河北省建筑节能和绿色建筑政策技术研究"项目，推动我省建筑节能和绿色建筑工作取得显著效果。

1. 有力推动全省绿色建筑发展

出台了相关文件，编制了河北省《绿色建筑技术标准》，印发了《河北省绿色建筑创新奖评审办法》。支持唐山市编制《绿色建筑中长期发展规划》，开展唐山保障性住房绿色技术应用研究及实践。支持秦皇岛市开展《绿色建筑关键技术研究与示范》项目，开展绿色建筑技术集成关键技术研究，分析绿色建筑增量成本，提出推进绿色建筑的对策建议。推动设区市成立绿色建筑专家委员会，组织各市绿色建筑专家和管理人员培训，普及绿色建筑知识，提高社会对绿色建筑的认识，推动绿色建筑工作的开展。开展一、二星级绿色建筑评价标识工作。

2. 积极推动建筑节能发展

（1）推动既有居住建筑节能改造工作

组织编制《河北省既有居住建筑节能改造中长期规划》、《承德市既有居住建筑热计量和节能改造中长期规划》，明确全省及承德市"十二五"期间及至 2020 年既有居住建筑节能改造工作主要目标、任务、重点和措施。

（2）开展《河北省建筑能耗中长期趋势与节能减排潜力分析（2010～2030）》研究

根据前期调查获得的建筑存量、能耗数据、未来新建建筑规模，预测中长期建筑能耗发展趋势，并从建筑节能标准的提高、既有建筑节能改造、绿色建筑的推广和可再生能源的利用等方面分析节能减排的力度，研究提出积极型、稳妥型等几种节能减排方案，为推动建筑节能工作开展提供依据。

（3）推动河北省高等院校节约型校园建设

按照国家文件和标准要求，结合河北省高等院校现状和推动高等院校节约型校园建设研究成果，制定了《关于进一步加强高等院校节约型校园建设工作的实施意见》，省住建厅、教育厅联合下发执行。

（4）推动供热企业运行节能

推动承德市开展供热生产、运行现状调研，以示范项目为实践平台，制定了供热企业节能运行管理办法和使用手册,在全省供热企业中推广使用。

第七节 河北省建筑节能今后发展思路

1. 存在问题

一是贯彻建筑节能法律法规的相关政策措施尚需进一步完善;二是建筑节能缺乏有效的财政、税收政策等有效的激励,建筑节能的市场机制尚未完全形成,全社会建筑节能、绿色建筑意识需进一步增强;三是既有建筑节能改造的任务还很艰巨,围护结构改造所占比重太低;四是全行业整体技术水平和科技含量有待进一步提高,应用基础研究比较薄弱,自主创新能力需大大提高。

2. 发展思路

(1)切实加强组织领导。要进一步提高认识,加强组织领导,健全管理机构,强化人员力量,明确目标责任。要把新建建筑节能、既有建筑节能改造、可再生能源建筑应用、政府机关办公建筑和大型公共建筑节能、绿色建筑发展工作积极推向深入。

(2)加强新建建筑节能监管工作。严格执行国家、省的有关工作要求和建筑节能标准,强化对工程建设(房地产开发)、工程设计、施工图审查、建筑施工、工程监理等的监管力度,确保设计、竣工阶段建筑节能标准执行率达100%。大力推广绿色设计和绿色施工,引导新建建筑由节能为主向绿色建筑"四节一环保"的发展方向转变。加强建筑节能专项执法检查,发现问题及时督促整改,确保将节能要求落到实处。

(3)积极推进既有居住建筑供热计量及节能改造工作。协调相关部门和单位,加快供热计量改革及节能改造。以围护结构、供热计量和管网热平衡为重点,实施既有居住建筑供热计量及节能改造,并努力提高综合改造的比重。既有居住建筑供热计量及节能改造要注重与热源改造、市容环境整治等相结合,与供热体制改革相结合,发挥综合效益。

(4)大力发展可再生能源建筑规模化应用。可再生能源建筑应用要坚持因地制宜的原则,建立可再生能源建筑应用的长效机制。加强可再生能源建筑应用的资源评估、规划设计、施工验收和运行管理。鼓励地方制定强制性推广政策。集中连片推进可再生能源建筑应用。继续抓好可再生能源城市示范、农村地区县级示范、集中连片示范。优先支持保障性住房、公益性行业及公共机构等领域可再生能源建筑应用。

(5)全面推进绿色建筑发展。组织开展《河北省绿色建筑发展规划》编制工作，分析绿色建筑现状，提出指导思想和工作目标，明确工作重点及保障措施。研究制定绿色建筑工程定额及造价标准，完善绿色建筑评价制度。建立自愿性标识与强制性标识相结合的推进机制。对按绿色建筑标准设计建造的一般住宅和公共建筑，实行自愿性评价标识；对按绿色建筑标准设计建造的政府投资的保障性住房、学校、医院等公益性建筑及大型公共建筑，率先实行评价标识。

河北省住房和城乡建设厅建筑节能与科技处　程才实　李　宁
河北省墙材革新和建筑节能管理办公室　叶金成　任　星
河北省燃气供热管理办公室　翟佳麟　潘新炜

附件：2012 年度全国建筑节能地区现状统计表（河北地区）

附件：

2012 年度全国建筑节能地区现状
统计表（河北地区）

（中国建筑节能协会）

省（区、市）名称：河北省墙材革新和建筑节能协会

组织机构代码：50709126-3

填报人：杜国明

填报人联系电话：0311-87805395

填表日期：2012-12-25

二〇一二年十二月

河北省行业企业基本情况统计表一（石家庄市）

填表单位名称（全称）	河北省墙材革新和建筑节能协会				
详细地址	石家庄市新华路 501 号 4215 室			邮编	050051

联系人资料

联系人	杜国明	职务	协会会长	手 机	
座 机	0311-87805395	传真	0311-87805395	E - mail	hbqgjnb@163.com

建筑节能行业概况

企业数：_____

行业名称	企业规模	2009 年			2010 年			2011 年		
		数量（家）	产能/实施能力（亿 m³）	销售收入（亿元人民币）	数量（家）	产能/实施能力（亿 m³）	销售收入（亿元人民币）	数量（家）	产能/实施能力（亿 m³）	销售收入（亿元人民币）
建筑节能行业（建筑保温）	大型企业	8	12	/	10	13	/	10	12.5	/
	中等规模企业	15	10	/	16	11	/	17	11.8	/
	小型企业	107	18	/	110	18.7	/	113	18.9	/
	合计	130	40		136	42.7		140	43.2	

说明：

（1）企业规模按照注册资金：200 万～500 万为小型（含 200 万）；500 万～1000 万（含 500 万）为中型，1000 万以上（含 1000 万）为大型，本统计均为产能测算；

（2）大、中、小企业的划分标准由地方建筑节能协会/专委会根据行业情况制定；

（3）产能/实施能力的单位由被调查行业产品情况确定

332

河北省行业企业基本情况统计表一（邯郸市）

填表单位名称（全称）	河北省墙材革新和建筑节能协会								

详细地址	石家庄市新华路 501 号 4215 室	邮编	050051

联系人资料

联系人	杜国明	职务	协会会长	手 机	
座 机	0311-87805395	传真	0311-87805395	E - mail	hbqgjnb@163.com

建筑节能行业概况

企业数：_____

行业名称	企业规模	2009 年			2010 年			2011 年		
		数量（家）	产能/实施能力（万 m³）	销售收入（万元人民币）	数量（家）	产能/实施能力（万 m³）	销售收入（万元人民币）	数量（家）	产能/实施能力（万 m³）	销售收入（万元人民币）
建筑节能行业（建筑保温）	大型企业									
	中等规模企业	1	30	4500	1	30	4000	2	45	5600
	小型企业									
	合计	1	30	4500	1	30	4000	2	45	5600

说明：

（1）企业规模按照注册资金：200 万～500 万为小型（含 200 万）；500 万～1000 万（含 500 万）为中型，1000 万以上（含 1000 万）为大型，本统计均为产能测算；

（2）大、中、小企业的划分标准由地方建筑节能协会/专委会根据行业情况制定；

（3）产能/实施能力的单位由被调查行业产品情况确定

河北省行业企业基本情况统计表一（张家口市）

填表单位名称（全称）	河北省墙材革新和建筑节能协会				

详细地址	石家庄市新华路 501 号 4215 室	邮编	050051

联系人资料

联系人	杜国明	职务	协会会长	手 机	
座 机	0311-87805395	传真	0311-87805395	E－mail	hbqgjnb@163.com

建筑节能行业概况

企业数：　11

行业名称	企业规模	2009 年			2010 年			2011 年		
		数量（家）	产能/实施能力（万 m³）	销售收入（万元人民币）	数量（家）	产能/实施能力（万 m³）	销售收入（万元人民币）	数量（家）	产能/实施能力（万 m³）	销售收入（万元人民币）
建筑节能行业（建筑保温）	大型企业	1	9	1392	3	29	4170	4	37	5568
	中等规模企业	2	16	2070	3	23	2760	4	33	3680
	小型企业	1	8	890	2	17	1887	3	27	2900
	合计	4	34	4352	8	69	8817	11	97	12148

说明：

(1) 企业规模按照注册资金：200 万～500 万为小型（含 200 万）；500 万～1000 万（含 500 万）为中型，1000 万以上（含 1000 万）为大型，本统计均为产能测算；

(2) 大、中、小企业的划分标准由地方建筑节能协会/专委会根据行业情况制定；

(3) 产能/实施能力的单位由被调查行业产品情况确定

河北省行业企业基本情况统计表一（承德市）

填表单位名称（全称）	河北省墙材革新和建筑节能协会				
详细地址	石家庄市新华路 501 号 4215 室			邮编	050051
联系人资料					
联系人	杜国明	职务	协会会长长	手 机	
座 机	0311-87805395	传真	0311-87805395	E-mail	hbqgjnb@163.com
建筑节能行业概况					

企业数： 47

行业名称	企业规模	2009 年			2010 年			2011 年		
		数量（家）	产能/实施能力（亿块标砖）	销售收入	数量（家）	产能/实施能力（亿块标砖）	销售收入	数量（家）	产能/实施能力（亿块标砖）	销售收入
建筑节能行业（建筑保温）	大型企业	7	3.83/2.71		9	4.92/4.33		15	8.20/6.98	
	中等规模企业	10	3.42/2.41		13	4.46/3.98		20	6.48/5.73	
	小型企业	30	6.15/4.98		25	5.13/4.81		20	4.10/3.76	
	合计	47	13.4/10.1		47	14.51/13.12		55	18.78/16.47	

说明：

(1) 企业规模按照注册资金：200 万～500 万为小型（含 200 万）；500 万～1000 万（含 500 万）为中型，1000 万以上（含 1000 万）为大型，本统计均为产能测算；

(2) 大、中、小企业的划分标准由地方建筑节能协会/专委会根据行业情况制定；

(3) 产能/实施能力的单位由被调查行业产品情况确定

河北省建筑节能基本情况调查表二

建筑节能项目	2009 年度			2010 年度			2011 年度		
新建建筑节能	设计达标率	施工达标率	累计节能建筑面积	设计达标率	施工达标率	累计节能建筑面积	设计达标率	施工达标率	累计节能建筑面积
	100%	96.6%	2146.34 万 m²	100%	99.1%	2304 万 m²	100%	100%	3394 万 m²
既有建筑	当年开工面积	当年竣工面积	累计完成节能改造建筑面积	当年开工面积	当年竣工面积	累计完成节能改造建筑面积	当年开工面积	当年竣工面积	累计完成节能改造建筑面积
	1545 万 m²	1545 万 m²	1545 万 m²	3230 万 m²	3230 万 m²	3230 万 m²	1695 万 m²	1695 万 m²	1695 万 m²
大型公建节能改造	当年开工面积	当年竣工面积	累计完成节能改造建筑面积	当年开工面积	当年竣工面积	累计完成节能改造建筑面积	当年开工面积	当年竣工面积	累计完成节能改造建筑面积
可再生能源建筑应用	当年开工面积	当年竣工面积	累计完成节能改造建筑面积	当年开工面积	当年竣工面积	累计完成节能改造建筑面积	当年开工面积	当年竣工面积	累计完成节能改造建筑面积
	899.88 万 m²	899.88 万 m²	899.88 万 m²	960 万 m²	960 万 m²	960 万 m²	1495.8 万 m²	1495.8 万 m²	1495.8 万 m²
实施绿色建筑	实施一星面积/项目数量	实施二星面积/项目数量	实施三星面积/项目数量	实施一星面积/项目数量	实施二星面积/项目数量	实施三星面积/项目数量	实施一星面积/项目数量	实施二星面积/项目数量	实施三星面积/项目数量
	0	11.86 万 m²/2	0	52.58 万 m²/5	51.27 万 m²/5	5.34 万 m²/1	39.14 万 m²/10	156.67 万 m²/12	17.1 万 m²/1

第四章 吉 林 篇

第一节 建筑节能工作总体回顾

吉林省的建筑节能研究和技术开发起步于 1986 年，1988 年颁布了节能 30%
的《民用建筑节能设计标准（吉林省实施细则）》DBJ 06—8—87。1991 年开始
采用 EPS 板薄抹灰和钢丝、钢板网技术体系建造示范工程，1996 年建设部在长
春市召开了 EPS 板薄抹灰技术体系全国现场会。1998 年颁布了节能 50%的《民
用建筑节能设计标准（采暖居住建筑部分）吉林省实施细则》DB 22/164—1998。
2008 年又颁布了吉林省《居住建筑节能设计标准（节能 65%）》DB 22/T 450—
2007 和《公共建筑节能设计标准》DB 22/436—2007。

为深入推进全省建设领域节能减排，大力发展低碳经济，积极促进建设行业
转变经济发展方式，实现建设事业可持续发展，我们制定并印发了《吉林省建筑
节能"十二五"规划》。其总目标：一是严格建筑节能管理。加快省市县三位一
体的建筑节能管理体制建设，到 2015 年，全省城镇新建建筑全面执行 75%和公
共建筑 65%节能设计标准。二是加快推进农村地区建筑节能步伐。国家和省级
重点镇、县域中心镇，新建民用建筑将分期分批逐步实施现行建筑节能设计标
准，到 2015 年，国家和省级重点镇执行率达到 100%，城镇总量达到 85%以上。
三是加大既有居住建筑供热计量及节能改造力度。完成既改面积 1.2 亿 m² 以上。
重点培育 5～6 个示范市县、10 个以上整体改造小城镇，节能改造面积达到
100%。四是积极推进建设领域能源结构调整。新增可再生能源建筑规模化应用
面积 2300 万 m²。到 2015 年，太阳能光热建筑一体化应用面积累计达到 5000 万
m²，其中当年占比 60%以上。五是全面实施公共建筑节能监管体系建设。建立
能耗统计、能源审计和能效公示制度，进一步完善省、市县级能耗动态监测平
台。完成国家机关办公建筑节能改造 300 万 m²，实现公共建筑单位面积能耗下
降 10%。六是开展绿色、低碳建筑技术研究。引导绿色、低碳建筑消费，大力
推广绿色设计、绿色施工，组织开展绿色建筑、低碳园区（小区）示范，推进绿
色建筑评价标识。建立绿色建筑小区 20 个，达到示范面积 300 万 m²。七是推进
资源综合利用。进一步提高新型墙体材料和节能、利废建材生产及应用比例。到
2015 年，全省城镇新型墙体材料应用比例达到 85%以上；推广散装水泥 9000

万 t。

到"十二五"期末，建筑节能形成 1596 万 t 标准煤节能能力。其中，发展绿色建筑，加强新建民用建筑节能工作，形成 744 万 t 标准煤节能能力；深化供热体制改革，全面推行供热计量收费，实施既有居住建筑供热计量及节能改造，形成 556 万 t 标准煤节能能力；加强公共建筑节能监管体系建设，推动节能改造与运行管理，力争公共建筑单位面积能耗下降 10% 以上，形成 1.5 万 t 标准煤节能能力；推动可再生能源与建筑一体化应用，形成常规能源替代能力 23.5 万 t 标准煤；发展新型墙体材料 311 亿块，形成 192 万 t 标煤节能能力；推广散装水泥 9000 万 t，形成 79 万 t 节能能力。下面将"十一五"以来，吉林省建筑节能工作总体情况作一介绍。

按照《吉林省建筑节能"十一五"发展规划》所确定的指导思想和目标任务，我们在完善政策法规、建立管理机制、加强节能监管、示范工程引路等方面实施了一系列行之有效措施，建筑节能各项工作取得了较快发展，初步建立起了较为完善的建筑节能工作框架。

（1）完善政策法规，健全管理机制。一是建立起建筑节能工作的政策法规体系。颁布实施组织制定了《吉林省民用建筑节能与发展新型墙体材料条例》、《吉林省公共机构节能办法》等，奠定了全面推进建筑节能的政策法规基础。二是加强了组织机构及其管理机制建设。省政府成立了节能减排工作领导小组、供热改革领导小组等，建设厅成立吉林省建设领域节能减排领导小组，形成了专项审议制度。三是技术支撑体系不断完善。"十一五"期间，全省以组织开展技术研发和标准编制为重点，大力推进建设行业科技创新。组织实施了国家"十一五"科技支撑计划项目、省部级科研项目近 70 多项；编制地方建筑节能技术设计规范、施工规程、质量验收标准和通用设计图集等 40 余件。

（2）新建建筑执行节能设计标准的比例稳步提高。全省从 2008 年开始地级城市（包括延吉市）率先执行居住建筑节能 65%、公共建筑节能 50% 设计标准，2010 年扩展至所有县市，其他建制镇执行建筑节能设计标准的比例已达 62%，部分镇已开始执行节能 65% 设计标准。各地住房和城乡建设主管部门严格执行新建建筑市场准入制度，切实加强设计、施工图审查、施工、监理、质量监督、竣工验收等环节的监督管理，建立建筑节能工程专项验收制度。同时加大对建筑节能材料（产品）的质量监管，实行建筑节能产品认定制度，防止和杜绝假冒伪劣建筑节能材料和产品进入建筑市场。

（3）既有居住建筑供热计量及节能改造取得显著成效。2008 年国家下达吉林省既有建筑节能改造任务 1100 万 m^2，2010 年追加至 1300 万 m^2。当时，启动既有建筑节能改造工作困难重重，我们紧紧抓住这一机遇，攻坚克难，较好地完成了国家计划任务。一是三年任务两年完成。全省共实施既有居住建筑节能改造面积 1644 万 m^2。二是以节能改造为核心，全面推动小城镇建设。通过将节能改造与小城镇建设、市容市貌整治等项工程相结合，在节能改造的同时提升城市品位。打造了通化县等特色鲜明、功能完善、品位高雅的国家节能改造示范城。三是突破供热计量收费瓶颈。在通化县实现居住建筑节能百分百和供热计量收费百分百。住建部于 2010 年 5 月在通化县召开了全国节能改造现场会，实现综合节能 48.62% 的显著效果。

（4）可再生能源建筑应用步伐加快。一是制定完善政策法规体系。印发了《吉林省"十二五"可再生能源建筑应用规划》、《关于加快太阳能热水系统与建筑一体化推广应用工作的指导意见》、《关于加强可再生能源建筑应用示范项目管理的通知》等；严格按照基本建设程序组织示范项目实施，对可再生能源从业单位资格实行特许管理，加强对示范项目的事前审核、事中监管和事后验收，验收结果同资金结算挂钩。加强对示范项目招投标、工程建设监理的管理，规范了招投标和监理程序；制定了《可再生能源示范项目设计资质认定管理办法》等。二是设立省级示范项目专项补助资金。2012 年起，省政府设立了可再生能源建筑应用专项资金，用于省级示范项目补助。今年财政厅预算安排专项资金 2000 万元，安排了 4000 万元补助资金的项目。三是进一步完善技术规程和标准图集。制订了《地源与低温余热水源热泵系统工程技术规程》、《民用建筑太阳能热水系统应用技术规程》和《太阳能热水系统安装与建筑构造》等。四是加大国家示范城市建设。全省共列入国家级示范项目 8 个、示范市县 7 个，示范面积 900 余万 m^2，获得国家补助资金 2193 万元。获得国家奖励资金 2.11 亿元。

（5）稳步推进公共建筑节能监管体系建设。一是制定方案分步实施。制定了《吉林省公共建筑节能监管体系建设工作方案》，成立了公共建筑节能监管体系建设工作推进组，开展全省大型公共建筑能耗统计工作，目前，已统计大型公共建筑 273 栋、机关办公建筑 395 栋。二是开展公共建筑能耗动态监测试点。下发了《关于开展公共建筑能耗动态监测试点工作的通知》，将长春、吉林两市列为公共建筑能耗动态监测试点城市，选择 10 栋建筑，安装分项计量装置，对其用电、用水、用热等情况进行动态监测。三是进一步完善省级能耗限额标准。印发了《吉林省公共建筑能源审计导则（试行）》和《吉林省公共建筑能耗限额标准（试行）》，为建立全省统一的公共建筑节能监管体系奠定了技术基础。四是初步建成省级公共建筑能耗监测平台。按照《吉林省公共建筑能耗监测平台建设实施方案》要求，吉林省公共建筑能耗监测平台已初步建成，目前，正在进行软硬件的联合调试，约今年 7 月末正式运行。

（6）加快推进绿色建筑发展。2010 年全面启动绿色建筑建设与评星工作。一是建立健全组织机构。省住房和城乡建设厅成立了推进绿色低碳产业领导小组，由科技发展中心负责发展绿色建筑推进组的日常管理工作。成立了绿色建筑专业委员会、绿色建筑常务管理办公室、绿色建筑专家委员会等。二是完善相关政策法规。制定了《吉林省推进绿色建筑发展工作方案》，颁布了《吉林省绿色建筑评价标识管理办法》，成立了绿色建筑评价标识专家委员会，并确定吉林建筑工程学院等 6 个单位作为我省绿色建筑评价标识的技术依托单位。三是开展培训与评星工作。2011 年我省与住建部科技发展促进中心绿建办联合举办了评价标识培训班，编制了《吉林省一二星级绿色建筑评价标识资料汇编》和启动《吉林省绿色建筑评价标准》编制工作。全省已通过评审绿色建筑 3 项，其中长春万科·柏翠园、吉林万科城为二星级，长春净月万科城为一星级，总建筑面积111.1 万 m^2。

（7）"禁实"、"禁现"取得阶段性成果。一是 28 个列入国家"禁实"目录城市全面完成"禁实"任务。目前，全省县以上新型墙材生产企业近 400 户，年生产能力 60 亿块（折标砖），占墙体材料生产总量的 60%，应用比例达到66.58%。近三年累计生产新型墙材 265.24 亿块。二是"禁现"工作向县级城市延伸。地级城市已全面禁止现场搅拌混凝土，"十一五"期间散装水泥供应量达到 442 万 t。

第二节　　"暖房子"工程成效显著

2010 年，吉林省委省政府站在建设和谐吉林，促进经济社会协调发展的战略高度，提出了"暖房子"工程，并将其纳入了《政府工作报告》，作为十件民生实事之一，在继续加大既有居住建筑供热计量及节能改造的基础上，增加了小锅炉改造撤并和陈旧管网改造内容。2011 年，"暖房子"工程增量扩面，从地级城市向县（市）延伸，由局部改造提升为区域性整体改造。总体要求是以区域性整体改造为主线，以热源建设、撤并改造小锅炉房、改造陈旧管网、实施既有居住建筑供热计量及节能改造和老旧小区综合整治为支撑，以提高质量安全为保障，全面提高供热保障能力和房屋保暖能力，努力让广大居民住有所居、住得温暖。实施两年来，取得了较好的社会、经济、环境效益，切实改善了人民群众的生活居住条件，得到了全社会的肯定和赞扬。全省共筹措投入"暖房子"工程建设资金 380 亿元。其中，省级财政筹措安排资金 32 亿元，市县财政筹措安排资金 36 亿元，社会筹集资金 312 亿元。全省新增城市供热能力 1.5 亿 m^2，完成既有建筑改造面积 4699 万 m^2，改造撤并小锅炉房 2409 座，改造陈旧管网3584km，同步完成老旧小区环境综合整治 1533 万 m^2，使全省 84.02 万户、255.11 万居民受益，不仅有效改善了城市居民冬季取暖条件，也促进了城市节能减排和宜居环境建设，提升了群众的生活质量。吉林省的"暖房子"工作多次在全国会议上介绍经验，得到了李长春、习近平、李克强等党和国家领导人的表扬。

2012 年我们开拓思路，广开融资渠道，已下达既有建筑节能综合改造计划 3990 万 m²（其中新增计划指标 3487 万 m²，2011 年超额完成计划面积 503 万 m²），撤并小锅炉（含换热站）1000 座，改造陈旧管网 1000km，建设调峰锅炉 20 座，老旧小区整治 1740 万 m²，同时配套完成既有建筑供热计量改造 543 万 m²。让更多的老百姓享受到实惠，感受到党的温暖。

2011～2012 年，全省将完成既有建筑节能综合改造 7000 万 m²，配套进行供热计量改造 743 万 m²，两年已超国家"十二五"计划指标 1000 万 m²。今年二月，住建部与吉林省政府签订了《关于统筹推进吉林特色城镇化健康发展合作备忘录》，随后省政府行文报送住建部和财政部，申请追加吉林省"十二五"既有建筑节能综合改造任务 6000 万 m²。目前，国家已批准追加我省"十二五"计划指标 700 万 m²，并在今年内实施。

1. "暖房子"工程采取的主要措施

（1）强化组织领导，坚持高位运作。吉林省委、省政府高度重视"暖房子"工程工作，把"暖房子"工程作为重大民生实事列入省政府重点工作，并纳入重点工作绩效考核目标责任制。建立并及时调整领导组织机构和工作运行机构，组织全省的"暖房子"工程建设。孙政才书记、王儒林省长以及其他领导同志多次到各地调研，检查指导工作。省人大、省政协也多次实地视察，帮助解决实际问题。各市州、县（市）党委、政府全力推进"暖房子"工程，比照省级设立了相应的组织机构，科学制定了工作计划和实施方案，多渠道筹集工程建设资金，积极组织实施。全省上下联动，齐心合力推进"暖房子"工程建设。

（2）标本兼治，突出区域性整体改造，全面推进各项工作。省住房城乡建设厅依据全省实际，提出了区域性整体改造的指导原则，围绕影响城市供热和房屋保暖所涉及的各个环节和因素，找准问题症结，深刻剖析，从硬件和软件两个方面同时入手，从专业技术角度出发建章立制，力求有效解决供热能力与房屋保暖能力问题。在对小锅炉房（含热力站）、陈旧供热管网、既有居住建筑供热计量及节能改造的同时，加强热源建设，完善供热信息化监管平台和供热管理体制机制改革，同步实施老旧小区环境综合整治，打造工程整体实施效果。

（3）多渠道筹集建设资金，为"暖房子"工程提供财力支持。为支持全省"暖房子"工程建设，2011 年各级财政共筹措落实资金 57.7 亿元，其中省财政通过预算安排、发行地方政府债券等途径筹措资金 36.7 亿元（争取国家资金 9.2 亿元，安排省级补助资金 17.56 亿元，帮助市县筹措配套资金 10 亿元）；市县财政筹措资金 21 亿元。另外，各市州、县（市、区）还通过积极协调金融贷款、减免有关税费、企业自筹、居民合理负担、合同能源管理等方式多渠道筹集资金投入"暖房子"工程建设,有力地保证了全省"暖房子"工程的顺利实施。

(4)加强基础工作,确保"暖房子"工程规范运行。一是全面开展调查摸底工作,省财政厅、省住房和城乡建设厅对全省需要改造的房屋、管网、热源等情况进行了详细调查,为科学制定计划和安排工作提供了依据。二是编制"暖房子"工程专项规划,指导各地围绕区域性整体改造这条主线,完成了全省2011～2013年的"暖房子"工程改造专项规划编制工作。三是深入开展调研。3月初以来,住房和城乡建设厅领导多次带队多次组成调研组,对全省各市县"暖房子"工程情况进行深入调研,指导各地开展工作。

(5)完善政策措施,为"暖房子"工程提供政策支持。省暖房办出台了《吉林省2011年"暖房子"工程工作意见》、《吉林省"暖房子"工程技术措施》、《吉林省"暖房子"工程建设标准》、《吉林省"暖房子"工程技术导则》等十几个相关政策、意见,指导各地的"暖房子"工程建设。

(6)加强沟通协调,合力组织攻坚。一是协调处理部门关系。对于管线挪移的难题,提请省政府召开了电力、电信、网通、广电等相关部门协调会,形成了会议纪要,下发各地。二是抢抓进度。通过调度和实地核查,掌握了各地的进展情况,对进度较慢的城市予以通报和督办。三是争取建设资金。积极与国家建设部和财政部对接,2012年于国家建设部签订和合作战略备忘录。同时,要求各地大力配套工程建设资金,制定优惠政策获取有关方面的支持,减轻工程建设资金的压力。积极协调省财政,及时提供工程进度和计划,及时下拨了工程建设资金。

(7)加大监督检查力度,确保工程质量和安全。各地建立常态化的质量安全监督检查制度,采取了设立业主、监理、监督员等监督体系,一些地方还实行了包保制度,强化了质量安全管理。省直有关部门根据各自职责进行了多次全省质量安全等检查工作,及时纠正处理了有关质量安全和其他问题,并对一些单位进行了整改、清除、罚款等处理,情况已通报全省。

(8)加强宣传引导,营造良好的社会舆论氛围。省直各部门和各市州、县(市)通过电视、电台、报纸、宣传单等形式开展宣传,深入小区和居民家中讲解政策,化解矛盾,解决问题,为"暖房子"工程的顺利实施,营造了良好的社会舆论氛围,保证了工程顺利实施。

(9)实施质量检测与能效评估,严格组织综合验收。按照国家及我省对"暖房子"工程验收要求,省质监站委托四家具备相应资质的质量检测单位对全省"暖房子"工程进行了实体检测;同时,省住房和城乡建设厅委托三家具备相应资质的能效评估单位对全省"暖房子"工程既有居住建筑供热计量及节能改造工程进行能效评估。围绕综合验收工作,明确了验收标准,并由省住房和城乡建设厅、省财政厅组成综合验收组,对全省"暖房子"工程进行了综合验收,并将综合验收情况上报省政府，同时分别对每个城市下发了综合验收意见。

2. "暖房子"工程所取得的社会、经济和环境效益

"暖房子"工程既是重大的民生工程、节能减排工程和城市景观工程，又是重大的发展工程。工程实施两年来，所带来的经济、社会和环境效益十分显著。

一是惠民效果好，促进社会和谐稳定。目前已有 84 万户、255 万居民受益，冬季室内温度平均提高 5℃左右。改造后的房屋每 m² 增值了 500～1000 元，增加了居民的财产性收入。

二是促进节能减排。经统计计算，2010～2011 年实施"暖房子"工程，一个采暖期节约标煤 116 万 t，减排二氧化碳化 303 吨，加快了热源结构调整。全面完成"十二五""暖房子"工程后，节能减排效果将更加可观。

三是提升了城市景观，改善了城市环境。"暖房子"工程与城市景观建设和老旧小区综合整治相结合，极大地改善了城市面貌，解决了一些老旧小区多年脏乱差问题，改造后的小区环境和服务功能明显改善，居住环境更加舒适。

四是促进经济发展。两年来，以财政资金为带动，总计有近 380 亿元资金投入"暖房子"工程建设，拉动几十个相关产业发展，提供了大量劳动就业岗位，财政资源有效地转化为社会资源，带来了极大的社会效益和经济效益。

第三节　吉林地方建筑节能相关技术

吉林省建筑节能发展至今已经历了近二十年的历程，从原来单一引进的三组分胶粘剂外保温产品技术到目前已研发出近十种技术体系及产品：即 EPS/XPS 外保温系统技术、非水泥基外保温系统技术、聚氨酯（PU）外保温系统技术、既有建筑物节能改造外保温系统技术、成品节能装饰板外保温系统技术、乡镇高效节能住宅系统技术、建筑乳胶漆系统技术、建筑物外表装饰构件系统技术。这八大技术体系已成为吉林省建筑节能技术与产品的支撑，为吉林省建筑节能事业的发展奠定了坚实的基础，与此同时还积极开展储备项目的研究，为企业发展提供技术后劲。

为满足市场竞争和法律维权方面的需要，为了提高管理人员对产品的质量意识，在没有国家标准和行业标准的前提下，吉林省积极鼓励和支持企业编制保温产品的企业标准，如：耐低温外墙涂料、干粉粘结剂、GRC 构件、EPS 构件、干粉涂料等，在积累了经验的基础上，积极鼓励企业参编和主编国家标准、行业标准和省级标准已达 21 项，提高了我省企业在国家和省里的知名度。

积极推进科技成果的产业化，经省政府有关部门批准成立了吉林省建筑节能创新中心，该中心由企业、大专院校、科研单位组成，是吉林省建筑节能领域产、学、研相结合的经济实体。在吉林省较早地实现了建筑节能资源共享，节省人、财、物，使资源达到了优化配置。

吉林省建筑节能创新中心依托企业是吉林科龙建筑节能科技股份有限公司，该企业与吉林大学、吉林建筑工程学院、长春工程学院、吉林省建筑材料工业设计研究院、吉林省建筑科学研究设计院等五家大专院校形成产学研联合，组成了优秀的科研团队，集中和共享了先进的科研设备。利用原有研究成果的基础，攻克建筑节能行业关键共性技术，开发符合我国建筑节能标准的若干项具有自主知识产权的关键技术和产品，实现建筑节能技术的跨越式发展，加速适合北方地区建筑节能领域的发展。多个企业将一批研究成果集成后在吉林省进行转化。可以使更多、更好、更适合我国北方地区的建筑节能技术，产品和施工管理模式，服务于吉林省的建筑节能事业。针对吉林省目前已研究出的技术与产品详细介绍如下。

1. 外墙外保温技术及配套产品技术

（1）EPS外保温系统技术

EPS薄抹灰外保温系统技术中的配套产品可以在－3℃施工即低温施工性，可以延长施工工期1个月，解决了严寒寒冷地区施工工期短的难题，技术成熟，是目前应用最广泛的保温做法，也是目前国家大力倡导的保温做法。

（2）新型（水泥基-非水泥基）复合外墙外保温系统技术

新型（水泥基－非水泥基）复合外墙外保温系统技术，增加了外保温体系的种类，解决了保温装饰一体化的问题，同时这种体系具有高弹性及抗裂性弥补了水泥基外保温材料开裂的现象，缩短工期，提高外保温体系的整体可靠性。随着政府对建筑节能领域相关政策的推进，对新型节能材料的认可，以及新型保温体系自身优异的性能保证，因此新型（水泥基－非水泥基）复合外墙外保温系统技术将会拥有更加广阔的市场。

（3）聚氨酯（PU）外保温系统技术

聚氨酯（PU）外保温系统技术主要包括：聚氨酯的绝热保温材料的制备工艺技术和聚氨酯外墙外保温系统技术及配套产品。PU保温材料的线性收缩率小，可与墙体实现无空腔粘接，不论其饰面为涂料或面砖，均能有效克服饰面缺陷产生，大幅度提高工程可靠性和寿命，但在保温施工时，聚氨酯材料污染环境的现象很严重，且价格高于其他保温体系，故在建筑保温方面应用的很少。

（4）成品节能装饰板外保温系统技术

该系统技术是在工厂预制直接带外饰面层的保温板，到工程现场直接安装，解决了工程现场湿作业引起的一系列弊端，缩短施工工期，性价比高。

（5）乡镇高效节能住宅系统技术

改善了我国居民的居住条件，提高居住的舒适度，使住宅达到 50％节能标准。

（6）耐低温外墙涂料系统技术

该系统技术具有较高的耐低温性（－40℃），其技术产品包括：耐低温弹性涂料、耐低温中档涂料及耐低温高档涂料。为适应新旧建筑的应用，根据基层不同情况，使用配套封闭低漆或基层处理材料（界面剂）以加固及封闭基层，提高基层耐水性，确保涂层体系耐低温性能，特别适合东北寒冷地区使用。

（7）建筑物外表轻质 EPS 装饰构件系统技术

EPS 装饰构件质轻、造型随意，可直接粘贴于节能建筑外墙外保温表面，1）解决了建筑工程无法进行复杂建筑外立面造型的困难 2）解决局部冷桥 3）造型切割随意 4）粘贴工艺实现构件现场施工安装、速度快、质量好 5）机械化生产6）耐久性能好。

（8）外墙外保温防火技术体系

由于国家政策的不断出台，对防火要求越来越高，吉林省对节能建筑防火高度重视，通过大量实验研究后，吉林省编制地方标准《民用建筑外保温工程防火技术规程》DB 22/T496—2010 是目前国内最早颁布的外保温防火的标准之一，在国内起到了示范作用。

（9）外墙外保温系统粘结方式对防火性能的影响

针对吉林省《民用建筑外保温工程防火技术规程》DB 22/T496—2010 表3.2.3 中规定：小于 24m 居住建筑（非幕墙式），可以采用满粘 B1 级 EPS 板的方式实施外墙外保温。对于粘结方式——满粘、点框粘和点粘对外墙外保温系统防火性能的影响，吉林省住房和城乡建设厅高度重视，于 2011 年 4 月 26 日召开了"暖房子工程 EPS 外墙外保温粘贴方式专题论证会"，经专家认定并讨论形成一致意见：24m 以下暖房子工程（住宅）外墙外保温采用 B1 级聚苯板薄抹灰形式系统，粘结方式可采用点粘，不设防火隔离带。并下发了吉建设〔2011〕12号文件《关于吉林省房建项目外墙外保温粘贴方法的通知》，同时在吉林省住房和城乡建设厅网站公布。

2. 既有建筑物节能改造外保温系统技术

既有建筑节能改造主要对既有建筑物围护结构、管网平衡、热计量、热源节节能改造，其中主要技术包括：（1）轻型节能一体化装饰板技术研究及应用。（2）围护结构外墙面基层处理。（3）新型仿砖涂料的研究与应用，仿砖效果逼真，耐久性好，质轻。（4）将 EPS 装饰构件产品应用到改造中，彻底改造原来建筑物立面效果。（5）将对既有建筑物的管网平衡、热计量、热源节能进行改造、利用供回水压差自动调节阀门开度，使供热区域达到水力平衡，从而解决水力分配不均、供热区域近、远端温度差距的问题。2010 年吉林省编写了《既有居住建筑围护结构节能改造技术规程》、《吉林省暖房子工程技术导则》，吉林省委，省政府高度重视既有建筑物的节能改造工作，为确保施工质量，吉林省委，省政府下发文件 20 余部，依照标准将对施工单位实行重点检查，主要分为五个方面：一是项目管理机构认真编制建筑节能专项施工方案，企业技术负责人严格把关，送项目总监审批；二是按图施工，严禁存在擅自变更节能设计。三是按规定对进场节能建材检验并见证取样复试，形成不合格品退场记录；四是施工单位必须使用产品合格证和经有关部门认证的节能产品；五是严禁偷工减料和以次充好行为。

3. 建筑节能系统技术

吉林省建筑节能绿色建筑发展水平仍然比较落后，出现建筑节能技术使用分散、水平参差不齐、效率低下、综合普及率仍然比较低。所以需要建筑节能系统技术整合，优化升级。所谓建筑节能系统是指在建筑物的规划、设计、新建、改建（扩建）和使用过程中，执行建筑节能标准，采用新型建筑材料和建筑节能新技术、新工艺、新设备、新产品，提高建筑围护结构的保温隔热性能和建筑物用能系统效率，利用可再生能源，在保证建筑物室内热环境质量的前提下，减少供热采暖、空调、照明、热水供应的能耗，并与可再生能源利用、保护生态平衡和改善人居环境紧密结合。

根据新建建筑和既有建筑节能（其中包括公共建筑、民用建筑、农村建筑）改造的方式和特点，我们将建筑节能系统技术整合分为六大系统。（1）能源利用系统包括：高效太阳能利用技术，地源/水源热泵；（2）资源回收系统包括：雨水回收技术，中水循环技术；（3）热环境系统包括：外墙保温隔热技术，屋面保温及绿色屋面技术，高效门窗构造技术，热计量，管网平衡改造技术，热源节能改造技术；（4）光环境系统包括：灯具节能技术，高性能遮阳技术，玻璃贴膜技术；（5）空气环境系统包括：空调节能技术，全新风技术；（6）智能化控制系统。

4. 太阳能系统技术

吉林省大力推广应用太阳能热水系统。全面实施太阳能热水系统与建筑一体同步设计、施工与验收。省域内凡新建、改建、扩建的 6 层及以下住宅建筑（含商住楼）和医院病房、学校宿舍、宾馆、洗浴场所等热水消耗大户的公共建筑，必须应用太阳能热水系统。

（1）自 2011 年起，地级城市（含延吉市，下同）率先执行太阳能热水系统与建筑一体化同步规划、同步设计、同步施工、同步验收。县级城市（含城关镇，下同）太阳能热水系统与建筑一体化同步规划与设计，在施工阶段预留好安装太阳能热水系统的位置、管道、预埋件等，并从 2013 年起也要实现四同步；同时要加大农村地区太阳能热水系统的利用。

（2）鼓励 7 层及以上住宅建筑、其他公共建筑采用太阳能热水系统。公共建筑具备安装应用条件的，应当率先应用太阳能热水系统。国家机关办公建筑应带头使用太阳能热水系统；既有建筑具备安装应用条件的，在不影响建筑物质量与安全的前提下，鼓励安装符合技术规范和产品标准的太阳能热水系统。

（3）列入国家可再生能源建筑应用的示范市县，要加快推进 7 层及以上新建住宅建筑太阳能热水系统一体化建筑应用比例。其中：长春市、吉林市与示范市县，2011 年不低于 30%，2013 年不低于 50%，2015 年达到 80%。其他地级与县级城市的应用比例，2013 年不低于 30%，2015 年达到 80%。

5. 可再生能源地源热泵

积极推进地源热泵等建筑规模化应用。依据各地实际，重点推广浅层地热能、低温余热能等应用技术。扩大示范城市推广应用规模与数量，形成集中联片推广的有效机制，进一步完善可再生能源建筑应用的法规政策、技术和标准体系；加大农村地区可再生能源应用步伐，大力推广生物质能高清洁利用，逐步减少农村地区对常规商品能源的依赖，推广太阳能光热应用，配合风能等可再生能源，发展出一条可持续发展的农村地区可再生能源应用途径。

"十二五"国家科技支撑计划课题"严寒地区建筑节能型围护结构及土壤源热泵适宜性应用技术研究与示范"获得批准 近日，由我省吉林建筑工程学院承担的"十二五"国家科技支撑计划课题"严寒地区建筑节能型围护结构及土壤源热泵适宜性应用技术研究与示范"获得批准，获国家资助科技经费 502 万元。

该课题针对东北严寒地域特点，开展粉煤灰蒸压加气混凝土自保温围护结构体系规模化生产、节能型围护结构一体化集成和土壤源热泵利用综合技术研究，通过相关技术集成与工程示范，实现在建筑节能型围护结构体系及土壤源热泵适宜性应用技术上的突破，对推动吉林省建筑节能减排目标的实现具有重要的现实意义。

吉林省土木建筑学会建筑节能分会编写人员：

张海文　梁鑫　冯娟　张丽霞　郑成艳　陶丽　夏宏图

第五章　江　苏　篇

第一节　江苏建筑节能工作的基本情况

1. 2012 年江苏建筑节能工作取得的成果

"十二五"前两年（2011～2012）是江苏省建筑节能行业继"十一五"持续快速发展并取得较大成绩的又一个良好开端。两年来在江苏省委、省政府的关怀下，在国家住建部和江苏省住建厅的领导下，江苏广大的建筑节能的工作人员深入落实科学发展观，积极推进建筑节能，大力发展绿色建筑，踊跃参与节约型城乡建设，全省上下从苏南到苏北、从城市到乡村，各地的建筑节能工作都出现了蓬勃发展、欣欣向荣的可喜局面。长期以来，江苏省委、省政府一贯高度重视建设领域节能减排工作，提出了建设美好江苏、生态江苏的总体目标。全省建设领域广大干部群众按照省委、省政府的要求，积极贯彻落实国务院《"十二五"节能减排综合性工作方案》，大力推进建设领域节能减排工作，在 2011 年的基础上，2012 年继续攻坚克难，成效显著：2012 年江苏全年新增节能建筑 12000 万 m^2，其中居住建筑 8700 万 m^2、公共建筑 3300 万 m^2。新建建筑可再生能源建筑一体化应用面积 3800 万 m^2，其中太阳能光热应用面积 3500 万 m^2，浅层地能应用面积 300 万 m^2。实施既有建筑节能改造 330 余万 m^2，其中既有居住建筑节能改造折合面积 200 余万 m^2，公共建筑节能改造 130 余万 m^2。新获得绿色建筑标识项目 84 个。全省形成了每年节约 114 万 t 标准煤的节能能力，超额完成上级下达的 2012 年建筑节能 85 万 t 标准煤的预定目标任务。

2. 民用建筑节能工作进展良好

（1）新建建筑严格执行节能强制性标准。自 2006 年起，江苏新建建筑施工图设计阶段执行节能强制性标准的比例稳定保持在 100%。新建建筑施工阶段执行节能强制性标准的比例稳步提高，2012 年项目抽查合格率达到 98.9%，顺利实现新建建筑全面执行 50% 节能标准的阶段性目标。

（2）大力推进可再生能源建筑应用。江苏省积极组织申报国家各类可再生能源建筑应用示范项目，2008 年前年共获批可再生能源建筑应用项目 18 个；2009～

2012 年获批太阳能光电建筑应用示范项目 59 个，总装机容量 92MWp；2009～2011 年获批可再生能源示范城市（县）10 个，可再生能源建筑应用科技研发及产业化项目 1 项；2012 年获批"可再生能源建筑应用集中连片推广重点区——苏北片区"（内含 1 市 3 县）和"省级太阳能综合利用——保障性住房太阳能推广工程"两个省级示范，同时，获批可再生能源建筑应用示范市（县）2 个、可再生能源建筑应用集中连片推广示范镇 1 个，1 市 2 县获批新增面积。其中：

1）获批可再生能源建筑应用项目 18 个，均已竣工验收；

2）2009～2011 年获批的 40 个太阳能光电建筑应用示范项目除 2 个项目仍在实施、1 个项目申请变更外，其他均已竣工验收。2012 年获批的 19 个太阳能光电建筑应用示范项目均在抓紧实施。

3）2009～2011 年获批的 10 个城市（县）国家可再生能源示范城市（县）。2009 年获批的 2 个市县已全部完成示范任务指标，待住房和城乡建设部验收评估办法正式出台后即可进行总体验收；2010 年获批的 3 个市县已基本完成示范任务指标；2011 年获批的 5 个示范市县落实的工程项目正在抓紧实施，已有部分项目竣工，项目完成率超 70％，总体进展情况顺利。2 年获批的各类示范项目均按计划抓紧实施。

4）积极对可再生能源建筑一体化项目予以财政资金支持。目前省级建筑节能专项资金确立 112 项省级可再生能源建筑应用示范项目，补助项目经费 16999 万元，其中 2012 年新增 18 项，补助金额 4455 万元。针对中央财政 2012 年新增项目，省级财政又增加 2000 万元的配套补助。辛勤的耕耘带来丰硕的成果。"江苏省可再生能源在建筑上的推广应用项目"荣获 2010 年度中国人居环境范例奖。2012 年"可再生能源在江苏省建筑上的推广应用"，获迪拜国际改善居住环境最佳范例奖。

3. 绿色建筑成绩喜人

2012 年江苏省累计获得绿色建筑评价标识的项目达 160 项，总建筑面积达 1729.93 万 m^2，其中公建项目 74 项，总建筑面积达 391.49 万 m^2；住宅项目 86 项，总建筑面积达 1338.44 万 m^2。

2012 年江苏省获得绿色建筑评价标识的项目共计 75 项，总建筑面积达 797.46 万 m^2。其中公建项目 38 项，总建筑面积达 193.2089 万 m^2；住宅项目 37 项，总建筑面积达 604.2511 万 m^2。其中，由江苏省绿色建筑评价标识管理办公室组织评价的项目共计 36 项，总建筑面积达 496.23 万 m^2，其中公建项目 14 项，总建筑面积达 57.6689 万 m^2；住宅项目 22 项，总建筑面积达 438.561 万 m^2。

4. 存在问题

江苏的建筑节能和绿色建筑工作已经有了良好开局，赢得了先机。但展望未来，机遇难得，任重而道远。我们对照国家要求和人民群众的期盼，江苏省建设领域建筑节能工作还存在以下突出问题和薄弱环节：

（1）建筑节能四大重点领域发展仍不平衡。新建建筑按照节能标准建造、应用可再生能源已经被强制执行并得到社会广泛认同。但绿色建筑还未被普遍接受，既有建筑节能改造和建筑节能运行监管工作还在起步阶段，尤其是既有建筑节能改造工作步伐还须加快。

（2）建筑节能市场服务机制尚未有效建立。建设领域合同能源管理项目难以获得国家支持，节能服务企业难以享受到国家已出台的税收优惠政策，同时由于现行的预算管理制度，机关事业单位主动实施节能改造的积极性不高。

（3）绿色建筑发展在技术和操作方面缺乏有机联系，简单化、机械化、贵族化理解和落实绿色建筑的现象比比皆是。

（4）与建筑节能密切相关的行为节能的问题被严重忽视。

（5）农村的建筑节能工作起步晚，与城市差距较大。

5. 江苏"十二五"时期建筑节能工作思路

总的思路是要以切实降低建筑实际能耗为根本目标，推动新建建筑节能、既有建筑节能改造、可再生能源建筑应用和建筑用能监管工作，强化以市场驱动为核心的建筑节能服务机制，为实现全省节能减排目标任务作出应有的贡献。

"十二五"新时期的工作中江苏将注重三个结合：坚持保稳定与加快创新发展相结合，在继续确保新建建筑全面达到建筑节能标准的同时，在既有建筑节能改造、可再生能源建筑应用、建筑用能监管等领域争取有重大突破。坚持政府引导与市场推动相结合，在依法推动建筑节能发展，继续增强政府引导和扶持力度的同时，注重培育建筑节能服务市场，建立和完善面向市场的建筑节能促进机制，促进建筑节能工作可持续发展。坚持引进吸收与自主创新相结合，继续完善与江苏气候特征和经济发展水平相适应的建筑节能技术体系，扶持科技含量高、企业信誉好的中小建筑节能产品制造流通、施工、安装、售后服务企业，着力推动本省建筑节能行业产业化的发展。总体目标：到 2015 年末，通过建筑节能实现节约 1300 万 t 标准煤，减少二氧化碳排放 3000 万 t。其中，新建建筑节能约 1140 万 t 标准煤；既有建筑节能改造节约 100 万 t 标准煤；通过可再生能源建筑应用替代常规能源 60 万 t 标准煤。

第二节　江苏近两年完成建筑节能任务的主要做法

1. 行政管理体制机制建设日趋完善

（1）明确常设建筑节能管理部门。《江苏省建筑节能管理办法》（省政府令）规定，各级建设行政主管部门负责建筑节能监督管理工作，其他有关部门按照各自职责，共同做好建筑节能相关工作。省住房和城乡厅明确建筑节能工作由厅建筑节能与科研设计处扎口管理，有 6 名专职人员负责建筑节能工作。还成立了"江苏省建设领域'四节'工作领导小组"，厅长任组长，相关处室和部门负责人任领导小组成员，统一领导全省建设领域"四节"工作。

（2）各部门不断加强建筑节能日常管理。除了厅机关工作人员以外，省建设工程质量监督总站、省建设工程施工图审查中心、厅科技发展中心、省建筑节能协会等机构也共同参与建筑节能日常管理和服务，分工协作开展建筑节能工程质量管理、施工图节能审查管理、建筑节能示范项目监管、建筑节能科技成果推广、建筑节能标准编制和会员服务等日常工作。

（3）强化建筑节能工作协调机制。在省政府统一领导下，省建设、发展改革、财政、机关事务管理、经信、物价、质监等部门建立了沟通协调机制，共同研究机关办公建筑和大型公共建筑立项审批环节的建筑节能审查制度以及节能监管体系建设，组织实施建筑节能专项引导资金项目，加强对建筑节能材料在生产、流通、使用环节的监管。

（4）实施建筑节能目标责任考核评价。省政府印发了《省政府关于进一步加强节能工作的意见》（苏政发〔2011〕99 号）将建筑节能工作作为全社会节能的重要部分，明确了具体任务目标。《省政府办公厅关于印发"十二五"市级人民政府节能目标责任评价考核办法的通知》（苏政办发〔2012〕113 号）中，明确了对 GDP 能耗降低率进行评价考核，建筑节能作为重点节能领域，对各市政府在制定推广绿色建筑政策、新建建筑施工阶段节能强制性标准执行率、实施既有居住建筑节能改造、可再生能源建筑应用及建筑节能监管体系等方面进行了量化考核评分。此外，省厅还将 2012 年江苏省建筑节能年度目标任务分解到 13 个省辖市，根据《江苏省建筑节能目标责任考核办法》，对全省建设系统推进建筑节能工作进行全面考核评价。并通过考核，提高了各地对建筑节能工作的重视程度，促进了全省整体工作水平的提升。

2. 配套相应政策措施和社会活动

（1）积极推进建筑节能法制化规范化建设。江苏省认真组织学习贯彻《民用建筑节能条例》，依法落实建筑节能各项政策措施。《江苏省节约能源条例》由江苏省人大常委会批准通过，自 2011 年 2 月 1 日起施行。《条例》明确了建筑节能工作的任务和职责分工。此外 2009 年省政府颁布了第一部专门针对建筑节能的政府规章——《江苏省建筑节能管理办法》。省政府办公厅还转发了《关于推进全省节约型城乡建设工作的意见》。13 个省辖市全部出台了地方建筑节能管理规定，南京市、苏州市、扬州市、无锡市出台了政府令，南京市还出台了民用建筑节能条例。全省建筑节能工作逐步走上法制化、制度化轨道。

（2）积极制定民用建筑节能规划。为强化规划编制工作，江苏省将编制建筑节能规划及相关专项规划的要求写进了《江苏省建筑节能管理办法》。2011 年印发了《江苏省"十二五"建筑节能规划》。提出：到 2015 年末，通过建筑节能实现节约 1300 万 t 标准煤，减少二氧化碳排放 3000 万 t。其中，新建建筑节能约 1140 万 t 标准煤；既有建筑节能改造节约 100 万 t 标准煤；通过可再生能源建筑应用替代常规能源 60 万 t 标准煤。明确"十二五"建筑节能重点任务是：在推进新建建筑节能、既有建筑节能改造、可再生能源建筑应用、建筑用能系统运行节能监管、加快发展绿色建筑和示范区建设、进一步推动建筑节能服务市场发展等方面取得新进展。同时提出了相应的保障措施和工作计划。《规划》将指导全省促进城乡建设模式转型升级和可持续发展，引导全社会树立节能低碳理念，切实降低建筑实际能耗，为实现全省节能减排目标任务作出的贡献。

（3）积极出台并完善建筑节能经济政策。江苏省着力完善财政扶持政策，2008 年设立了省级建筑节能专项引导资金，已累计投入 88335 万元。2012 年下达补助资金 31510 万元 84 项的立项计划。与省科技厅联合实施了《江苏省建筑节能科技支撑行动方案（2010～2012）》，支持 15 项建筑节能项目，补助经费 480 万元。各地建设主管部门按照条例要求，积极向当地政府申请设立建筑节能资金。2009 年起南京市、苏州市每年分别拿出 1000 万和 200 万用于住宅节能改造，苏州工业园区拿出 6000 万用于支持建设绿色建筑，无锡市、南通市、镇江、扬州等市也设立了建筑节能专项资金；张家港、昆山、海安等县（市）也分别加大政府财政投入，配套、支持可再生能源示范项目和建筑节能示范项目。

同时江苏省积极落实推进建筑节能的经济扶持政策。对节能减排技改项目、资源综合利用项目予以减免所得税；将墙改资金返退与建筑节能相挂钩；对从事可再生能源设备生产、技术开发的企业，减征所得税；对全装修成品住宅给予适当补贴政策等。

（4）建筑节能技术标准体系日趋完备。完成了《江苏省建筑节能技术标准体系研究》，构建了江苏省建筑节能技术标准体系框架，据此开展年度建筑节能标准编制工作。目前施行的省级建筑节能与绿色建筑标准/标准规程/标准设计共计 94 项，《江苏省公共建筑节能设计标准》、《既有建筑节能改造规程》、《公共建筑能耗监测系统技术规程》等建筑节能地方标准，先于国家标准出台或高于国家标准。这些标准涉及设计、施工、检测、验收以及质量监督管理各个方面，江苏省建筑节能与绿色建筑标准体系日益完备。

（5）建立民用建筑节能表彰奖励制度。按照《民用建筑节能条例》、《江苏省建筑节能管理办法》的要求，制定了《江苏省建筑节能目标责任考核办法（暂行）》，将建筑节能工作纳入节能目标责任评价考核内容，对在建筑节能工作中取得显著成绩的单位和个人，给予表彰和奖励。定期开展了建筑节能先进集体和先进个人评选活动。2012年表彰"十一五"建筑节能先进单位55个、先进个人64名，有效激励了从业人员的工作积极性。

（6）科普和协会等社团组织活动丰富多彩。2012年，江苏省建筑节能协会、江苏省绿色建筑委员会、江苏省金属结构协会等社团共组织各类技术交流会、报告会、推广会22场，举办技术培训班6个；出省考察5次；参加全省科普宣传周1次；印发节能杂志6期；简讯12期；接待国内外来访人数93人次。

3. 相关法规制度执行更加严格

（1）加强新建建筑节能市场准入制度。一是加强规划环节和方案设计审查环节的把关。《江苏省建筑节能管理办法》根据《民用建筑节能条例》的要求，规定在编制城乡规划时，应当考虑利用自然通风、地形地貌、自然资源等节能因素。城乡规划主管部门依法确定的建设项目规划条件，应当包含节能要求。建设主管部门则要对项目设计方案中的建筑节能内容进行审核把关。印发了《关于加强建筑设计方案节能审查工作的通知》，编制了《江苏省建筑设计方案节能设计专项说明编制要点》和《江苏省建筑设计方案节能审查要点》，在全省范围内施行统一的建筑设计方案审查专用章，进一步完善了设计方案节能审查制度，使《民用建筑节能条例》和《江苏省建筑节能管理办法》中关于设计方案节能审查的要求真正得以落实。二是推进建筑节能专项设计和施工图专项审查。从设计方案、初步设计文件、施工图设计文件三个方面明确了建筑节能要求。要求审图机构进行专项审查，确定建筑节能专职审查人员，定期接受相关专业学习培训，确保审查质量。三是加强节能工程施工质量控制和竣工验收把关。印发了《建筑节能专项施工方案标准化格式文本》和《建筑节能专项监理细则标准格式化文本》，提高了建筑节能专项施工方案和建筑节能专项监理细则的编制水平，从而正确指导施工，保证建筑节能专项工程的质量。要求对建筑节能材料实行进场复验，推行施工现场建筑节能信息公示制度，实施建筑节能工程质量专项验收。还颁布实施了《民用建筑节能工程质量管理规程》，形成了涵盖设计、施工图审查、施工、监理、质量监督、竣工验收全过程的建筑节能专项管理机制，使建筑节能工程质量管理更加规范化、标准化。

(2) 积极推进实施民用建筑能效测评标识制度。坚持把推进建筑能效测评标识作为完善建筑节能市场调节机制的重要内容。修订印发了《江苏省建筑能效测评标识管理实施细则》，明确规定了能效测评标识机构认定、测评标识对象以及相关管理内容。2012 年印发了《关于建筑节能分部工程质量验收中开展建筑能效测评工作的通知》（苏建质〔2012〕27 号），规定：建筑能效测评达到设计要求是建筑节能分部工程质量验收合格的必要条件。应进行建筑能效测评的建筑工程项目未经能效测评，或者能效测评不合格的，不得组织工程竣工验收。为满足建筑能效测评工作的需要，颁布了江苏省《建筑能效测评标识标准》。开发了建筑能效测评管理信息系统，为实现测评工作信息化管理提供了条件。同时加大了测评机构的能力建设，通过筛选、培训，省内有 20 家检测中心已经被认定为省级能效测评机构，基本覆盖全省各省辖市，为推进建筑节能、可再生能源示范省市县工作做出了积极贡献。2012 年共完成建筑能效测评标识 200 余项，并在网站上向社会公示。

(3) 积极建立建筑节能信息公示制度。一是推行建筑节能信息现场公示制度，在施工现场出入口等显著位置公示在建工程节能措施情况。二是加强房屋销售环节的节能信息公示。要求在《住宅质量保证书》、《住宅使用说明书》，将建筑节能技术指标纳入其中。各地商品房销售格式合同中增加了保温材料、中空玻璃、遮阳等节能技术条款，提高购房者的知情权和主动维权意识。

(4) 强化建筑节能技术、产品、工艺推广限制淘汰制度。明确了符合江苏省情的技术路线。即：发展具有民俗风情、符合民众生活习惯且适用、经济的被动式节能住宅，加强在公共建筑中采用节能产品和设备、推广应用新能源和可再生能源。大力推广墙体自保温技术和节能门窗、外遮阳技术。加强对建筑节能材料的监督管理，省建设厅、省工商局、省质量技术监督局联合下发了《关于加强建筑节能材料和产品质量监督管理的通知》，杜绝质量不过关的建筑节能材料在工程上应用。印发了《关于进一步加强建筑节能门窗和外遮阳应用管理的通知》，对节能门窗和外遮阳管理提出了更高的要求。联合省经信委、省国土厅、省工商局、省质量技术监督局联合印发了《关于加快我省墙体材料产业转型升级工作的意见》，全面提升我省新型墙体材料行业发展的整体水平，推进新型墙体材料生产和使用进一步向着有利于节能环保、节地增效方向发展。2012 年发布了《江苏省建设领域"十二五"推广应用新技术和限制、禁止使用落后技术目录》（第一批），推广应用建筑节能与绿色建筑技术 56 项，限制使用技术 4 项。与省公安厅联合印发《江苏省建筑外墙保温材料防火暂行规定》。2012 年推广建筑节能产品、设备 500 余项。

(5) 积极推进既有建筑节能改造。组织开展了既有建筑及能耗信息调查统计工作，并进行分析研究，形成了《2012 年江苏省民用建筑能耗统计调查分析报告》。根据江苏省建筑能耗分布特点，确定了以既有机关办公建筑和大型公共建筑为重点、积极推进既有居住建筑节能改造的策略。公共建筑的改造范围主要是2 万 m² 以上大型公共建筑以及机关、医院、宾馆、商场等用能需求高、建筑节能潜力大、节能效益显著的公共建筑。对于既有居住建筑则根据节能潜力和投入产出效益，区别不同产权主体、不同使用年限、不同结构的建筑，有重点、分步骤实施改造。

在《江苏省"十二五"建筑节能规划》中，明确了"十二五"期间既有建筑节能改造实现节约 100 万 t 标准煤的目标。确定了全省公共建筑节能改造 2000 万 m² 以及既有居住节能改造 980 万 m² 的既有建筑节能改造计划。同时要求各地加强组织实施管理。制订有关规章制度，对节能改造实施过程进行监督管理。从改造项目选择、节能改造方案优化设计、优选施工单位、施工过程质量安全管理以及产品材料的准入控制、验收评估等各个环节严格管理，保证改造工程的质量。省厅颁布了江苏省《既有建筑节能改造技术规程》，为各类项目改造方案制定提供了依据。公共建筑改造主要以加强运行管理、提高用能设备效率，外窗节能改造等为重点，结合建筑改扩建和装饰装修同步进行围护结构节能改造；居住建筑节能则以屋面外墙保温、更换节能窗、增加外遮阳为主，结合老旧小区整治、出新，采取平改坡、外墙刷反射隔热涂料、统一安装太阳能热水器、楼道照明系统节能改造等多种形式。

4. 推进建筑节能运行管理

根据《江苏省节约能源条例》规定：县级以上地方人民政府建设行政主管部门负责推进建筑用能系统运行节能管理，组织开展建筑能耗调查统计、评价分析、监测、公示等工作。制定出台《江苏省机关办公建筑和大型公共建筑能耗统计管理试行办法》、《江苏省机关办公建筑和大型公共建筑能源审计管理试行办法》、《关于加强我省机关办公建筑和大型公共建筑能耗监测平台建设的通知》、《关于进一步加强我省机关办公建筑和大型公共建筑节能管理的通知》等文件，在省本级、南京、无锡、常州等市开展试点，取得经验后在全省施行。与省发改委、省财政厅、省级机关事务管理局联合印发了《关于大力推进公共建筑节能工作的通知》，进一步明确了推进公共建筑节能、加强节能监管体系建设的目标任务和措施。按要求组织开展了机关办公建筑和大型公共建筑能耗统计，对 484 栋建筑进行了能源审计，在政府网站、工作简讯、杂志刊物上对能耗统计、能源审计的结果进行了公示。会同省发改委、省财政厅、省级机关事务管理局等部门确定了 426 个单位作为重点用能单位，对其共计 950 余栋建筑安装能耗分项计量装置，实施能耗监测。在省级机关开展机关办公建筑用能定额分析，为试行机关办公建筑年度用电限额管理提供依据，目前已经取得阶段性成果。

5. 建立民用建筑能耗统计制度

按照住房和城乡建设部的部署，江苏先后印发了《关于加强〈民用建筑能耗统计报表制度〉工作的通知》、《关于执行〈民用建筑能耗和节能信息统计报表制度〉的通知》、《关于〈民用建筑能耗和节能信息统计〉2009 年、2010 年报送情况的通报》，在全省开展民用建筑基本信息和能耗统计调查工作。2012 年转发了住房和城乡建设部关于印发《民用建筑能耗和节能信息统计暂行办法的通知》，要求各地加强统计工作的管理，保证统计数据的真实性和可靠性。江苏省共统计 5878 栋建筑，其中居住建筑 3224 栋，大型公共建筑 728 栋，中小型公共建筑 1319 栋，机关办公建筑 607 栋，总建筑面积达到 7200 万 m^2，完成了《2012 年江苏省民用建筑能耗统计调查分析报告》的编制工作，为江苏省建筑节能工作提供了数据支撑。

6. 检查成为常态化管理手段

江苏省自 2006 年以来，每年组织开展省、市两级建筑节能专项检查。在省辖市自查的基础上，由省厅组织开展全省检查。2009 年以来在对工程实体质量检查的基础上，注重结合《条例》、《办法》的要求，每年对各省辖市主管部门落实《条例》的情况进行考核评价同时对工程实体落实节能设计标准情况进行检查。其内容包括了各省辖市完成建筑节能目标任务情况，推动建筑节能四大重点任务、各项政策措施推进情况，以及工程实体执行建筑节能标准情况等内容，涵盖了建筑节能的全部重点工作。

2012 年共抽查了 13 个省辖市和 13 个县（市、区）的 91 项工程，对设计、施工、验收、销售全过程及其各方责任主体的行为进行检查，项目抽查合格率达到 98.9%，较之上年的 98.7% 稳中有升。印发了《关于 2012 年全省建筑节能工作考核评价情况的通报》，将考核结果进行了排名，在政府网站上向社会公布。对好的城市进行了表扬，对差的城市进行了批评。对存在违反《条例》、《办法》规定的项目责任单位下发了整改意见书，并责成有关省辖市予以处罚、记入企业不良行为记录。开展建筑节能考核评价及项目专项检查已经成为常态化管理手段，起到了鼓励先进、鞭策后进的作用。

7. 加大宣传培训力度，提高全社会的建筑节能意识

（1）开展形式多样的建筑节能宣传、培训工作。组织开展了《民用建筑节能条例》和《江苏省建筑节能管理办法》的省内专题培训，分 14 场对涉及建筑节能的有关部门和各方责任主体 5000 多人进行了培训。2012 年还与省发改委联合举办了全省低碳能力建设绿色低碳建筑专题培训班，全省各地市、县发改、建设

主管部门以及相关单位 200 多人参加了培训。在每年对注册人员的继续教育培训课程中，均安排有建筑节能相关政策、标准规范等内容，今年有 3000 多专业技术人员参加培训。还举办了绿色建筑培训交流会，邀请了部科技发展促进中心领导和绿色建筑评价标识委员会专家前来授课，全省各市建设主管部门、绿色建筑示范区、墙改、科技推广以及各相关主体负责人 200 余人参加。

各地每年利用节能宣传周以及科普宣传周等多种平台，开展广场主题宣传活动，解答市民在建筑节能的疑惑，宣传建筑节能政策。向市民介绍节能技术，出版了《绿色建筑与建筑节能知识问答》向公众免费发放。积极利用报纸、电视、网络等多种媒体，进行建筑节能和绿色建筑理念宣传，2012 年中国建设报等报纸刊登反映江苏建筑节能工作的报道 10 余篇。

(2) 积极开展建筑节能、绿色建筑交流培训工作。举办了"中国绿色建筑与节能委员会青年委员会 2012 年年会暨第四届江苏省绿色建筑技术论坛"，来自国内、全省 300 余位领导、专家和管理技术人员重点围绕绿色建筑政策机制、模式、适宜技术以及绿色生态示范区建设等展开了交流和探讨；在昆山举办了绿色建筑相关技术推介会，有关市县建设行政主管部门、房地产开发、建筑设计、建筑节能技术研发等单位和企业代表 150 余人出席了会议；召开了"建筑节能与绿色建筑发展院士报告会暨江苏省建筑节能技术产业化基地、节能幕墙（门窗）优秀工程发布会"。江苏省建筑节能协会理事长、中国工程院院士缪昌文为大会作了"绿色建筑材料"的专题报告。江苏省建筑节能协会会员单位、江苏省建筑节能技术产业化基地单位、节能幕墙（门窗）优秀工程单位的代表 200 余人参加了会议；与德国国际合作机构（GIZ）以"被动式建筑设计与相关节能技术"为主题，举办了江苏低碳发展项目——建设领域节能减排专题研讨会。此外每年全省施工图审查机构举办研讨会，商讨建筑节能施工图审查过程中的疑难问题，互相促进提高。

通过组织形式多样的宣传、培训与交流活动，提高了社会各界对建筑节能及绿色建筑的认知度，提升了管理和技术人员的水平，同时推进了建筑节能市场和相关企业的发展。

第三节　2012 年江苏绿色建筑发展情况

1. 抓住机遇，大力发展绿色建筑

江苏省把发展绿色建筑作为改善百姓居住舒适度与资源能源节约的重要契合点，倡导"一加一减"，即舒适度的增加和资源能源的节约。作为全国首批绿色建筑评价标识试点省份，江苏省结合绿色建筑基础工作扎实，位于东部经济发达

地区的省情特征，把绿色建筑相关要求纳入《江苏省建筑节能管理办法》、《江苏省应对气候变化方案》等政府规章和文件。2012年与省财政厅联合印发了《关于推进全省绿色建筑发展的通知》（苏财建〔2012〕372号），新确定了"自2013年起，全省新建保障性住房、省级建筑节能与绿色建筑示范区中的新建项目、各类政府投资的公益性建筑全面按绿色建筑标准设计建造"的目标要求。

颁布了《江苏省绿色建筑评价标准》，印发实施了《江苏省绿色建筑奖评审办法》、《江苏省绿色建筑评价标识实施细则》等规范性文件十余项。积极组织实施绿色建筑示范工程，2012年度获得绿色建筑示范项目7个；设立了33个建筑节能与绿色建筑示范区，要求示范区的新建项目全部按绿色建筑标准建造，30%达到二星（含）以上标准。同时省级财政对获得绿色建筑评价标识项目按标识星级分别给予15元、25元、35元不等的奖励。

积极组织申报住房和城乡建设部绿色建筑创新奖和绿色建筑评价标识，2012年推荐"昆山花桥金融服务外包产业园"等14个项目申报部绿色建筑创新奖，获得绿色建筑标识项目84个，其中省里公告、由部备案45个，部公告39个。

加强绿色建筑支撑能力建设。成立了江苏省绿色建筑标识工作管理办公室，负责江苏省绿色建筑的日常管理工作。还成立了省绿色建筑工程技术研究中心、省绿色建筑产业联盟、绿色建筑评价标识专家委员会和评审委员会、中国绿色建筑与节能专业委员会江苏省分会等机构和组织。注重建立和引导符合江苏实际的绿色建筑发展路线，组织开展了《江苏省绿色建筑应用技术研究》等课题研究。积极开发绿色建筑技术和产品，组织征选绿色建筑展示技术（产品），编制《江苏省绿色建筑评价标准》等技术标准、规程。截至目前，江苏省共有160个项目获得了绿色建筑评价标识，建筑面积1729.94万 m^2，项目数占全国27%，数量全国最多。其中二三星绿色建筑的比例更高，占全国二三星绿色建筑的比例达到29.5%。

江苏省首开先河，以创建建筑节能和绿色建筑示范区为抓手，推进节约型城乡建设。2009年提请省政府下发了《关于推进节约型城乡建设工作的意见》，确立了节约型城乡建设十大工程，要求建设行业顺应经济转型发展的要求，推动建筑业、房地产业、市政公用事业、勘察设计咨询业的发展升级，倡导工程建设、城市建设、村镇建设模式的转型，倡导集约宜居型城市、村庄的规划建设。利用建筑节能专项引导资金扶持"建筑节能和绿色建筑示范区"建设，推动建筑节能、绿色建筑技术应用从建筑单体向区域融合发展、从单项技术运用向综合技术集成发展。目前，江苏已创建33个省级绿色建筑示范区，并以示范区为载体，集中实施了一批节约型城乡建设示范项目。常州武进区获批为全国唯一的"住房和城乡建设部绿色建筑产业集聚示范区"。"江苏推进节约型城乡建设的实践"获得2011年全国人居环境范例奖。

2. 绿色建筑的政策法规情况

2012 年江苏在《关于推进全省绿色建筑发展的通知》（苏财建〔2012〕372号）中明确了十二五全省绿色建筑的发展目标，即"力争到 2015 年，全省绿色建筑标识项目超过 1000 项，新增绿色建筑面积超过 1 亿 m^2，新确立 15 个国家级绿色生态城区；在全省逐步建立起绿色建筑政策法规体系、行政监管体系、技术支撑体系、市场服务体系四大体系，形成具有江苏特色的绿色建筑技术路线和工作推进机制，确保江苏绿色建筑工作继续保持全国领先地位。"通知要求"自2013 年起江苏新建保障性住房、省级建筑节能与绿色示范区中的新建项目、政府投资公益性建筑这三类建筑全面按按绿色建筑标准设计建造。"同时明确了江苏的绿色建筑财政政策激励政策"对获得绿色建筑一星级设计标识的项目，按15 元/m^2 的标准给予奖励；对获得运行标识的项目，在设计标识奖励标准基础上增加 10 元/m^2 奖励。"除了省里的政策，各地市也出台了一些政策。例如南京市政府印发《关于促进我市新兴产业发展的政策措施的通知》（宁政发〔2012〕112 号），通知明确了对于绿色节能环保建筑将给予市级财政和容积率方面的政策优惠，对二星级及以上绿色建筑示范工程，市财政给予补助。对符合条件的项目，其因新技术使用而增加的建筑面积部分作为建筑容积率奖励，不纳入该项目总建筑容积率核算。苏州印发《关于加强我市省级建筑节能和绿色建筑示范区建设管理工作的通知》（苏住建科〔2012〕11 号），要求示范区内新建项目全部按绿色建筑标准建筑，且 30％达二星及以上标准。居住建筑 60％以上实行全装修，示范区每年一个省级以上绿色施工示范工程。淮安市《关于加强推动绿色建筑工作的通知》（淮住建办〔2012〕129 号），通知要求新建 3 万 m^2 以上的住宅小区和 1 万 m^2 以上的公共建筑必须按照绿色建筑一星标准进行设计、施工，全装修成品房达 30％以上，规划占地 2 万 m^2 以上的新建小区和新建、改扩建的公共建筑应同步建设雨水收集利用设施，推广可再生能源建筑应用、节能型门窗和外遮阳一体化产品。还有泰州印发《关于积极推进绿色建筑发展的若干意见》（泰建发〔2011〕25 号）等。

3. 绿色建筑标准和科研举例

（1）江苏省绿色建筑发展推进机制研究

该课题在深入学习国家和江苏省有关政策基础上，从政策、标准、技术、组织、管理等层面组织研究，建立健全促进全省绿色建筑发展的推进政策和措施。研究内容包括绿色建筑总体发展的战略研究、绿色建筑普遍应用条件下的管理体系研究、适应江苏省绿色建筑全面推广的技术支撑体系建设研究、发展绿色建筑的激励机制研究等。

（2）江苏省绿色建筑应用技术研究

从地域适应性出发，通过梳理当前技术，对江苏省绿色建筑常用适用技术进行介绍，筛选适宜技术及产品进行分析比较，指导绿色建筑设计建造过程中的技术选择，课题形成研究报告及《江苏省绿色建筑适用技术指南》。

（3）基于低碳生态理念的建筑节能和绿色建筑示范区规划建设指标体系研究

该课题首次从省级层面，提出了基于低碳生态理念的建筑节能和绿色建筑示范区规划方法、技术体系、推进模式，研究成果具有创新性，达到国内领先、国际先进水平。

（4）基于不同功能的公共建筑绿色设计方法研究

针对目前在不同功能的公共建筑绿色设计方面缺乏差异性和针对性研究的现状，对一些常用的绿色建筑实现方法（如围护结构节能设计、自然通风、自然采光、水资源利用等）在不同功能的公共建筑中应用时的特点进行研究、分析和总结，得出在不同功能公共建筑中应用这些绿色建筑手段时需注意的事项和遵循的原则，归纳出不同类型和功能的公共建筑绿色设计方法和指引，使之系统化和规范化。

（5）江苏省绿色建筑标准体系研究

该课题对江苏省在推进绿色建筑发展方面存在的问题进行分析总结，确定绿色建筑发展战略和实现路径，通过梳理已有的各类相关标准，在参考借鉴国内外先进经验的基础上，对全省在推进绿色建筑方面的地方标准进行科学规划，形成统一配套合理的标准体系框架，为全省绿色建筑发展提供技术支撑。

（6）江苏省民用建筑绿色设计规范

该规范包括绿色设计策划、场地和室外环境、建筑设计与室内环境、建筑材料、给水排水、暖通空调和建筑电气等方面内容，可以指导江苏省新建、改建和扩建民用建筑的绿色规划和设计。

第四节 建筑节能和绿色建筑产品发展情况

江苏省建筑节能的发展，促进了绿色建材产业的提升和企业规模。全省从事相关新型材料和建筑节能产品、设备生产制造企业 3000 多家，产业规模达 1000 多亿，绿色建材每年新增产值 300 多亿。主要的技术和产品有：

1. 墙体材料

（1）A 级墙体保温材料

因防火政策缘故，当前江苏省市场上出现的 A 级保温材料有发泡陶瓷保温板、复合发泡水泥板、岩棉板及自保温砖块等。

1）发泡陶瓷保温板

发泡陶瓷保温板是一种经高温焙烧而成的新型保温材料，经过性能优化和改良用于建筑外墙外保温系统。近年来，相关技术人员对其配方和制作工艺不断地调整，改善其隔热保温性能。目前，有江苏建科院等少数几家单位在研制和生产这种产品。因售价较高，市场用量有限。

2）复合发泡水泥板

复合发泡水泥板以水泥和粉煤灰为主要原料，添加了适量的外加剂和增强纤维复合，经发泡、养护、切割等工艺制作而成。复合发泡水泥板具有保温隔热性能好；整体性好、耐久性好，其与基层的粘结性能良好，结合密实，并且可以与主体结构同寿命；综合造价低。江苏目前约有 120 家左右的企业在生产这种产品。该产品在市场上已出现恶性低价竞争的局面，产品质量一路滑坡，这已引起行业管理部门的注意。

3）岩棉制品

岩棉属于不燃材料，在无机不燃型建筑保温制品中，岩棉具有良好的保温隔热、隔声及吸声性能，是一种导热系数相对较小的 A 级保温材料。江苏目前约有 15 家左右的岩棉生产企业。但该产品制造的能耗、污染问题比较突出，且施工中对人体健康不利。江苏对该产品是否宜推广正在进行市场调研。

（2）B 级墙体保温材料

江苏市场上目前 B1 级保温材料主要有：1）改性硬泡聚氨酯保温板；2）聚苯颗粒保温板；3）木丝水泥保温板等。全省这类企业大约有 150 家左右。因防火等级问题，目前生产业务大都比较冷清。

2. 节能门窗和外遮阳

在节能减排的新形势下，江苏省各种节能门窗得到快速发展。目前采用较多的有多腔体塑料节能窗、隔热断桥铝合金节能窗，并采用导热性能低的密闭措施，以降低整窗传热，提高密闭性能。建筑外遮阳技术和产品也得到了快速发展，目前已具有织物、铝合金卷帘、铝合金百页、铝合金翻板外遮阳系统及内置遮阳百叶中空玻璃系统等。苏南部分企业引进国外先进设备和技术，产品品种、质量、生产效率等已达到国内同行业先进水平。目前，全省门窗生产企业有 2000 多家，总产值 52 亿元左右，2012 年的应用量达到 1600 万 m^2。通过推广认定的建筑外遮阳生产企业 60 多家，织物遮阳总产量 50 万 m^2，铝合金卷帘总产量 200 万 m^2，铝合金百叶总产量 54 万 m^2，内置遮阳百叶中空玻璃总产量 56 万 m^2。

3. 太阳能热水器和光伏发电

20 世纪 90 年代末，江苏太阳能热水器生产开始崛起，由于进入市场早，发展迅速。到 2007 年江苏已成为江苏国太阳能热水器的生产大省，与北京、山东号称全国的前三强。目前，江苏省从事太阳能热水器的企业达 300 多家，从业人员达到 25 万人，年生产能力达 1100 万台套，使用安装达 500 万台套。太阳雨、华阳、辉煌等知名大企业雄踞全国榜首，但大部分为小而全、小而散的无规模企业。

太阳能光伏：江苏光伏产业位居全国前列，已具备较好的产业基础和合理的产业布局。徐州、连云港和扬州三市侧重发展硅材料产业，集中生产多晶硅；南京、无锡、常州、苏州和镇江五市作为光伏垂直一体化产品的生产基地，配套材料和集成系统产销以泰州和镇江为主；无锡、南京和常州侧重发展小型光伏电池项目。目前，江苏已有南京中电电气、无锡尚德、常州天合、江苏新能源、江苏韩华、南通强生、中环工程、江苏百世德等多家在国内较有影响的光伏电站建设单位，在国际上也具有一定的竞争力。江苏省光伏企业已在国内建设光伏电站 12 个，容量 2.856MW；正在推进示范（试验）电站项目 5 个，容量 4 MW。南京中电电气太阳能研究院承建的南京南站 10MW 光伏屋顶项目是全球最大的单体建筑 BIPV 工程，常州天合先后承建了西藏 40 座独立光伏电站。无锡尚德集团作为拥有国内首家获得出口免检的光伏企业，通过自主创新企业快速发展，产能一度占全国 75%、占全球产能的 30%。

4. 热泵及空调制冷设备

江苏各类生产热泵及空调制冷设备的厂家约 90 多家，涉及生产、研发、安装、维护的从业人员近 10 万人。江苏的水地源热泵和采暖、通风、制冷的设备制造能力在全国处于中上水平，产品质量稳定。热泵的系统集成单位其技术力量和品牌在国内有一定的影响。

5. 绿色照明

江苏从事绿色照明产品研发生产的企业约有 50 多家，主要集中在苏南。江苏的节能灯泡、LED、自然光导管的研发能力处于全国领先水平。

6. 绿色建筑咨询服务机构

一类为专业从事绿色建筑技术咨询服务机构，典型的有江苏省绿色建筑工程技术研究中心、江苏绿博低碳科技有限公司、江苏省建筑科学研究院等，长期从事绿色建筑方案策划、软件模拟分析、绿建评价申报等，咨询项目达 50 多项。另一类为建筑设计院，典型的有江苏省建筑设计院、南京长江都市建筑设计股份有限公司、苏州设计研究院股份有限公司等，均成立了绿色建筑研究部门，并结合项目设计，从方案设计之初即融合绿色建筑理念，整体打造绿色建筑。

第五节 2012 年江苏省建筑节能和绿色建筑大事记

(1) 2012 年 1 月江苏省建筑节能协会召开一届五次理事会。

(2) 2012 年 2 月墙体保温和建筑防水技术交流会在南京举行。

(3) 2012 年 2~10 月，江苏省住建厅组织省内绿建专家分别在南京、苏州、常州、徐州、盐城、淮安等地举办了 6 次建筑节能培训会，培训总人数达 1200 余人次。会议针对绿色建筑管理人员、设计咨询单位、专业评价人员等，进一步宣传建筑节能理念、掌握绿建评价标识管理要求、提高绿色建筑技术水平。

(4) 3 月协会在无锡召开"江苏反射隔热涂料新技术推广会"

(5) 4 月参与并完成"中国建筑节能协会节能服务专业委员会"在常州召开的成立大会。

(6) 协会参加全国科普周活动并组织建筑节能新产品展示。

(7) 2012 年 6 月 15 日，我会协助住建部科技发展促进中心与省住建厅科技发展中心在常州举办武进开发区绿色建筑产业集聚示范区揭牌仪式，同时成立绿色建筑产业推进办公室。力争把示范区建设成为世界一流、国内领先的绿色建筑展示体验区、绿色建筑产业集聚区、绿色建筑技术集成区、绿色建筑人才创新创业区和绿色建筑国际交流新平台。

(8) 2012 年 7 月 5 日，由中国城市科学研究会、昆山市人民政府主办，中国城市科学研究会生态城市研究会专委会、江苏昆山花桥经济开发区管委会承办的"生态城市中国行（昆山花桥站）"在花桥经济开发区举行。来自江苏省 13 个省辖市、19 个省级建筑节能和绿色建筑示范区规划建设行政主管部门、建设单位、开发商、技术研发等部门的代表近 400 人参加了论坛。此次活动通过主题演讲、对话空间等多种形式开展了交流互动与合作。

(9) 2012 年 8 月 24 日，我会在南京举办江苏省建筑节能和绿色建筑培训交流会，住建部和省住建厅相关领导介绍了绿色建筑发展情况和相关政策，会上还邀请了国家绿建专家对《绿色建筑超高层建筑评价技术细则》进行了宣贯，并作了有关"绿色居住建筑实践"、"绿色公共建筑实践"、"为运营而设计-绿色建筑实践"的专题报告。

(10) 2012 年 9 月 21 日，由住建部科技发展促进中心、省住建厅、常州市人民政府在常州市武进区委党校开展了绿色建筑及产业发展政策研讨暨技术培训。常州市副市长史志军致辞，武进区委常委、副区长陈虎代表武进作了住房和城乡建设部（武进）绿色建筑产业集聚示范区介绍，住建部科技发展促进中心杨榕主任和省住建厅科技发展中心孙晓文主任分别作了主题报告，并开展了建筑学、暖通空调等 5 个专业的技术培训。

(11) 2012 年 9 月 29 日，江苏省财政厅、江苏省住建厅颁布了《关于推进全省绿色建筑发展的通知》(苏财建〔2012〕372 号)。通知明确了十二五全省绿色建筑的发展目标，要求自 2013 年起，全省新建保障性住房、省级建筑节能与绿色建筑示范区中的新建项目、各类政府投资的公益性建筑全面按绿色建筑标准设计建造，并明确了对绿色建筑标识项目的奖励标准。

(12) 2012 年 11 月 23 日，由中国绿色建筑与节能委员会青年委员会和江苏省住房城乡建设厅科技发展中心主办，江苏省建筑节能协会承办的"中国绿色建筑与节能委员会青年委员会 2012 年年会暨第四届江苏省绿色建筑技术论坛"在苏州举办。中国绿色建筑与节能委员会青年委员会秘书长李萍，江苏省住建厅建筑节能与科研设计处副处长唐宏彬，苏州市城乡建设局副局长邱晓翔分别致辞。住建部科技发展促进中心副主任梁俊强，中国绿色建筑与节能委员会副主任委员李百战等分别作了主旨报告。同时，组织召开了中国绿色建筑青年委员会 2012 年年会，举办了以"绿色建筑创新与发展"为主题的绿色建筑专题论坛，来自全国的 28 位专家、技术管理人员重点围绕绿色建筑政策机制、模式、适宜技术以及绿色生态示范区建设等展开了交流和探讨。大会还举办了"绿色建筑设计理论、实例与研究"、"江苏省建筑智能化产业联盟、江苏省智能建筑专家委员会成立大会智能建筑技术与实践"两个分论坛，并为"江苏省智能建筑专家委员会"、"江苏省建筑智能产业联盟"的成立举行了授牌仪式。

(13) 2012 年 12 月，我会在南京华东饭店隆重举行"江苏省建筑节能产业化基地"授牌仪式，11 家协会会员单位获此殊荣。

江苏省建筑节能协会编写人员：
王然良　杨映红　欧阳能

第六章 四 川 篇

第一节 四川省建筑节能工作简述

四川的建筑节能工作起步于 2001 年，经过发展至 2005 年末从川南到川东已有了较好的基础，川南地区的建筑节能工作和科技含量在全国处于较先进的水平。2006 年至 2010 年的"十一五"期间四川的建筑节能工作更是取得了长足的发展，先后荣获过国家、部、省的多项奖励和表彰，涌现出一大批先进集体和个人。

"十一五"期间，四川的建筑节能工作根据《四川省"十一五"建筑节能发展规划》确定的指导思想和目标任务，以强化新建建筑节能全过程监管为核心，加快推进可再生能源建筑应用，统筹发展既有建筑节能改造和建筑用能系统运行监管工作，全省建筑节能工作扎实推进，全面完成了"十一五"规划确定的目标任务，赢得了在全国的领先地位。

1. 四川建筑节能目前的情况

（1）取得的成就

"十一五"期间，城镇既有建筑面积 83527.12 万 m^2，全省累计建成节能建筑 35947.7 万 m^2。截至 2011 年末，执行 50% 及以上节能标准建筑面积 28240.7 万 m^2。约占城镇建筑总量的 33.8%，比 2005 年末上升了 25 个百分点。

（2）措施和经验

"十一五"四川省建筑节能工作有了创新发展，主要措施和经验体现在五个方面：

一是各项制度逐步建立。今年年初，四川省就制订并下发了《四川省建筑节能和墙体材料革新"十二五"发展规划》，明确提出了四川省墙体材料革新和建筑节能工作的具体任务和目标。为进一步推进可再生能源在建设领域的应用，我们还制定了《四川省可再生能源在建筑中应用专项规划》、《四川省可再生能源建筑应用省级配套能力建设实施方案》。早在 2007 年四川省颁发实施了《四川省民用建筑节能管理办法》（省政府令 215 号），成都市人民政府也颁布实施《成都市建筑节能管理规定》（政府令第 122 号），全省建筑节能工作走上了法制轨道。

二是监管工程不断完善。从 2004 年至今，我厅就将对全省建筑节能专项检查纳入每一年的必做工作。今年 11 月,我们抽调相关专家组成检查组,由厅领导带队,分组对四川省 10 多个市、州建设工程建筑节能情况进行了专项督查。首先是对去年住建部节能减排专项检查存在问题的项目进行认真检查,监督《执法告知书》问题项目严格按照上报住建部整改方案进行整改。同时,针对在检查过程中问题较严重的项目,我们发出了《执法告知书》。从检查情况来看,各地建设行政主管部门认真宣传贯彻国家和省有关建筑节能的法律法规,积极转发国家及省建筑节能相关文件,严格执行《四川省居住建筑节能设计标准》和建筑节能技术标准规范的要求。总的来看,全省所有市、州新建住宅及公共建筑项目已全面贯彻执行国家建筑节能设计标准,新建建筑节能标准执行率已达到国家下达的 95%。

三是科技支撑能力不断提高。四川注重加强建筑节能技术研究攻关,实施了一批政府资助的建筑节能科技项目和示范项目,建筑节能标准体系不断完善。科研水平不断提高,科技队伍不断壮大。

四是社会认识度逐年提高。全省建设行政主管部门组织开展了形式多样的宣传活动,认真组织每年《中华人民共和国节约能源法》、《民用建筑节能条例》宣传月活动。提高了我省广大干部和群众对建筑节能的认知水平。同时积极制定操作性、针对性较强的宣传活动方案。在每年全国节能宣传周期间,我们在《华西都市报》等新闻媒体上开辟专栏,进行了建筑节能专题宣传报道。此外,绵阳、德阳、乐山等地区也采取了形式多样的宣传活的,组织编印并向社会发放建筑节能科普宣传手册,提高社会公众对建筑节能工作的认识和了解。

五是成效逐年显现。四川成为国家多项建筑节能重点工作示范省,得到了国家有关部门的肯定和大力支持。既有建筑节能改造、可再生能源建筑应用、建筑用能运行监管体系建设等工作推进有序,取得了明显进展。

2. 四川"十二五"时期建筑节能工作思路

总的思路是要以切实降低建筑实际能耗为根本目标,推动新建建筑节能、既有建筑节能改造、可再生能源建筑应用和建筑用能监管工作,强化以市场驱动为核心的建筑节能服务机制,为实现全省节能减排目标任务作出应有的贡献。

"十二五"新时期的工作中我们将注重三个结合:坚持保稳定与加快创新发展相结合,在继续确保新建建筑全面达到建筑节能标准的同时,在既有建筑节能改造、可再生能源建筑应用、建筑用能监管等领域争取有重大突破。坚持政府引导与市场推动相结合,在依法推动建筑节能发展,继续增强政府引导和扶持力度的同时,注重培育建筑节能服务市场,建立和完善面向市场的建筑节能促进机制,促进建筑节能工作可持续发展。坚持引进吸收与自主创新相结合,继续完善与四川气候特征和经济发展水平相适应的建筑节能技术体系,扶持科技含量高、企业信誉好的中小建筑节能产品制造流通、施工、安装、售后服务企业,着力推动本省建筑节能行业产业化的发展。

3. 四川未来建筑节能的目标任务

总体目标：到 2015 年末，通过建筑节能实现节约 1300 万 t 标准煤，减少二氧化碳排放 3000 万 t。其中，新建建筑节能约 1140 万 t 标准煤；既有建筑节能改造节约 100 万 t 标准煤；通过可再生能源建筑应用替代常规能源 60 万 t 标准煤。

具体目标任务：

确保新建建筑执行 50％节能设计标准，城镇新建公共建筑按节能 65％标准实施的比例每年上升 10 个百分点，到 2015 年达到 50％。

扩大既有建筑节能改造覆盖面，争取到 2015 年末，未执行节能标准的公共建筑改造比例超过 4％，改造面积接近 2000 万 m²；住宅节能改造面积达 400 万 m²。

建立覆盖全省的建筑节能运行监管体系，对 500 栋机关办公建筑和大型公共建筑实施能耗动态监测，分类制定出台不同类型建筑的能耗定额标准。

推动建筑节能和绿色建筑区域示范，新建 20 个省级示范区，初步形成符合四川省情节约型城乡建设指标评价体系。推进建筑能耗测评标识和绿色建筑星级标识，完成各类标识项目超 1000 项。

培育建筑节能服务市场，扶持以合同能源管理为主营业务的建筑节能服务企业。到 2015 年末全省登记在册的建筑节能服务企业超 100 家，实施合同能源管理项目超过 300 项，实现持续节能 5 万 t 标准煤/年的能力。

推进可再生能源建筑应用。全省太阳能光热利用建筑面积近 2 亿 m²，住宅太阳能热水系统空气源热泵热水系统应用比例逐步上升到 60％。新增太阳能光电建筑应用装机容量超 50MW。公共建筑应用地源、水源等可再生能源的面积近 1300 万 m²，比例逐步上升到 12.5％。

四川还将持续推动建筑节能和绿色建筑示范区建设，由点到面，由浅入深，积极探索节约型城乡建设，把节能、节水、节地、节材和环境保护的理念从单一建筑向城区单元乃至城乡建设单元的各个方面延伸，将建筑节能和绿色建筑的成果和经验进一步发扬光大。

第二节　四川建筑节能的政策法规建设

进入 21 世纪后，特别是 2006 年以来，国家围绕建筑节能陆续颁布了一系列政策法规。为贯彻落实国家政策法规和规范性文件，四川省出台了相配套的建筑节能地方性法规，制定和落实了经济激励政策，并且设立引导资金和专项资金，鼓励和支持建筑节能工作。全省各地也通过制定各项法规、制度、政策，强化建筑节能工作。

在建筑节能标准执行方面，我们严格按照国家《夏热冬冷地区居住建筑节能设计标准》，同时根据我省跨越严寒、寒冷，夏热冬冷和温和四个气候区的特点，积极组织中国建筑西南设计研究院会同四川省建筑科学研究院、四川省建筑设计研究院等有关单位修改制订了《四川省居住建筑节能设计标准》及《夏热冬冷地区节能建筑墙体、楼地面构造图》、《夏热冬冷地区节能建筑屋面》、《夏热冬冷地区节能门窗》等标准图集，其中《四川省居住建筑节能设计标准》涵盖了我省夏热冬冷地区、温和地区、寒冷和严寒地区，得到了建设部评审专家好评。同时还编制形成了四川省工程建设地方标准《EPS钢丝网架板现浇混凝土外墙外保温系统技术规程》，四川省省级工法《EPS钢丝网架板现浇混凝土外墙外保温系统施工工法》等技术文件。近年来，我们还加快制定有关再生能源在建筑中应用标准规范，在标准、图集的研究编制及执行工作方面取得了一定的成果，参与编制住建部《可再生能源示范项目检测程序与测评标准》。目前，四川省已全面执行国家和四川省地方建筑节能技术标准，建筑节能设计、施工、验收标准及配套工法、图集健全。为加大标准执行的力度，我们将强制性标准的培训学时纳入继续教育，对参加培训的学员颁发《四川省专业技术人员继续教育证书》，从而提高了有关单位和技术管理人员参加标准培训的积极性和自觉性，以此增强建设行业的设计、施工、监理人员执行建筑节能标准的业务水平。

第三节　四川省建筑节能标准和能效标识工作简况

围绕着大力发展资源节约型、环境友好型社会的主题，以能源资源节约和合理利用为重点，四川省已经逐步建立了民用建筑节能标准体系，制定并强制推行更加严格的节能、节水、节材标准，引导相关的规划、设计、材料、施工、监理、检测、质监和验收等单位按照建筑节能相关标准，规范地从事建设活动，将建筑节能专项工作全面有效地落到实处。

1. 建筑节能标准工作简况

2009年以来，四川省突出建筑节能标准编制的工作重点，相继发布实施《四川省可再生能源在建筑中应用专项规划》、《四川省可再生能源建筑应用省级配套能力建设实施方案》、《夏热冬冷地区居住建筑节能设计标准》、修改制订了《四川省居住建筑节能设计标准》及《夏热冬冷地区节能建筑墙体、楼地面构造图》、《夏热冬冷地区节能建筑屋面》、《夏热冬冷地区节能门窗》等标准图集，其中《四川省居住建筑节能设计标准》涵盖了我省夏热冬冷地区、温和地区、寒冷和严寒地区，得到了建设部评审专家好评。同时还编制形成了四川省工程建设地方标准《EPS钢丝网架板现浇混凝土外墙外保温系统技术规程》，四川省省级工法《EPS 钢丝网架板现浇混凝土外墙外保温系统施工工法》等技术文件。

2. 能效标识工作简况

民用建筑能效测评标识是强化建筑节能闭合监管的客观要求，是明示建筑节能量的重要手段，是反映建筑能耗和物耗的科学依据。四川省继续严格执行《民用建筑节能条例》，积极组织宣传贯彻《四川省建筑节能管理办法》[省政府令第215号]，加大实施能效标识和节能节水产品认证管理力度。认真落实住房和城乡建设部《民用建筑能效测评与标识管理办法》、《民用建筑能效测评机构管理办法》、《民用建筑能效测评标识技术导则》的相关要求，规范和引导能效测评标识行为。进一步完善新型节能建筑材料应用标准、设计、施工、验收的标准体系。逐步实施建筑物能效标识和节能产品认证制度，优化节能设计和施工，尽量减少因实施节能而导致的房屋建造成本提高，利用全社会力量推动节能工作，做到建筑产业升级、建筑质量提高。依靠科技进步，培育建筑节能产业，加大先进适用新技术的推广力度，因地制宜，建立建筑节能监测和技术服务体系，促进全省建筑节能工作快速发展。

第四节 四川省建筑节能产业发展概况

四川从 20 世纪 90 年代末开展新墙材推广工作。十多年来，围护结构的保温隔热技术一直是省内生产企业、大专院校和科研院所研发的重点，通过自主研发和引进，研发出多种新型墙体节能材料，包括：硅酸盐砌块、烧结多孔砖、烧结页岩多孔砖、空心砖、烧结淤泥多孔砖、蒸压加气混凝土砌块、混凝土空心砌块、陶粒等轻集料混凝土空心砌块、石膏空心砌块、蒸压粉煤灰砖和砌块等几十类近百个品种。作为单一的新型墙体材料，在推行建筑节能初期，对提高墙体节能效果起到显著作用。

随着建筑节能的深入发展和节能标准的提高，单一节能墙体材料已不能满足要求，复合节能墙体应运而生。四川省从外墙内保温技术、外墙外保温技术，发展到目前的复合墙体自保温技术。目前已形成外墙外保温、外墙内保温、建筑幕墙保温、复合保温墙体等四大类几十种系列做法，应用量较大的有轻集料保温浆料技术、粘贴保温板薄抹灰技术、现场喷涂（或浇注）保温材料技术、预制保温装饰一体化技术、有网现浇混凝土内置保温板技术等。

自 20 世纪 90 年代开始，四川省塑料窗、铝合金窗、玻璃钢窗逐渐替代了钢门窗。在节能减排的新形势下，各种节能门窗得到快速发展。目前采用较多的有塑钢窗框、断桥铝合金窗框，并采用导热性能低的密封措施，以降低窗框传热，提高密封性能。

2009年，四川建筑外遮阳技术和产品得到快速发展。目前已具有面料、铝合金卷帘、铝合金百页、铝合金翻板等外遮阳系统及玻璃中置遮阳系统等。部分企业已引进国外先进设备和技术，产品品种、产品质量、生产效率等已达到国内同行业先进水平。据统计，2010年全省门窗生产企业有200多家，年生产能力约为2000万 m^2 ，建筑外遮阳生产企业约30多家，生产能力达到300多万 m^2 。

四川生产各类热泵及空调制冷设备的厂家约50多家，涉及生产、研发、安装、维护的从业人员近5万人。四川的水地源热泵和采暖、通风、制冷的设备制造能力在全国处于中上水平，产品质量稳定。热泵系统集成单位的技术力量和品牌在国内有一定的影响。四川从事绿色照明产品研发生产的企业约有50多家，四川的节能灯泡、LED、光伏照明和自然光导管的研发能力处于全国领先水平。

四川从事既有建筑改造和合同能源管理的服务类约有30多家，大都属于科研类或信息服务类技术型企业。目前规模还不大，改造的项目还局限在少数公共建筑里。随着国家政策的明朗和金融业支持力度的加大，近两年这类企业的数量有增多的趋势。

第五节　推进四川建筑节能工作中遇到的困难和对策

建筑节能工作在全社会节能工作中占有重要地位。但在加快推进建筑节能，积极发展绿色建筑，工作推进的过程中我们也遇到了许多问题和困难。主要有：

一是认识不到位。部分基层建设部门对建筑节能的重要性认识不足，没有将建筑节能工作摆在重要位置，工作上存在畏难情绪。部分开发商一味追求利润最大化而不愿保证建筑节能投入，没有认识到执行建筑节能强制性标准是遵守国家法律法规的应尽义务，缺乏社会责任感。部分设计、施工、监理人员对建筑节能新技术和新材料认识不够，难以合理选用建筑材料和保证节能建筑的施工质量。

二是发展不平衡。城区节能的实施情况普遍好于辖县（市），农村依然是薄弱环节；在建工程和已竣工工程执行标准不平衡，大多数在建项目进行了节能设计、通过了节能审查、能按照节能设计的要求组织实施，但已竣工项目中仍有项目未按节能设计要求建造；建设各阶段和各管理环节上的不平衡，设计和施工图审查比较注重节能标准的执行，但在建设实施中，施工、监理和质监、竣工验收备案还缺乏有效的控制措施，未能形成闭合的监管体系；建筑物各部位的节能措施不平衡，在屋面、外墙、窗户等主要部位能引起重视，冷桥、飘窗四周、外遮阳等部位的节能措施还不够。

三是各方主体执行标准不严格。主要有部分技术人员尚不能熟练掌握节能标准和运用节能新技术、新材料，设计中存在不进行热工计算、窗墙面积比偏大、保温层厚度不够、不重视朝向、外墙颜色等其他影响节能效果的因素等问题，使部分工程采取的节能措施达不到节能设计标准的要求；部分审图机构未进行节能专项审查或降低了审查标准；部分开发单位擅自修改节能设计方案；部分施工单位不按图施工、不按设计要求和技术规程施工；监理单位质量把关不严，未能督促施工单位按照节能设计施工。

四是有关部门监督执法不力，一些地区对节能设计标准的实施监管不力，施工图设计审查批准书、施工许可证发放、质量监督、竣工验收备案等环节把关不严，对不符合建筑节能标准的工程未能及时查处。

五是部分建筑节能产品与市场需求不同步，配套的设计图集较少，缺少检测和验收标准及建筑节能评价指标，使监理、质监、验收备案没有相应的验收标准可依。

六是建筑节能材料和设备供应市场不规范，低价位的产品的竞争导致假冒伪劣产品仍有较大的生存空间。市场诚信缺失，企业间拖欠款问题较多，后续服务不到位等。

针对上述问题和困难，四川自 2005 年起每年都开展了建筑节能的专项检查工作。经过 2005、2006 年两年的努力，四川建筑节能工作中许多问题得到初步解决。2007 年四川在各地进行建筑节能自查的基础上，重点对成都、绵阳、德阳、乐山、泸州 5 个市的建筑节能工作进行了督查。通过检查发现，各市能够认真贯彻落实好国家及我省建筑节能有关政策，采取有效的途径，推进建筑节能工作，取得了较显著的成效。

检查中发现的建筑节能工作存在的主要问题：

一是对建筑节能的认识亟待深化，个别主管部门对建筑节能工作的重视程度不够，职责还不明确，工作主动性不强，监督管理不够严格。

二是涉及各方责任主体的违规行为仍有发生。有些项目（主要存在于县级）仍没有建筑节能计算书和报审表，部分项目节能计算书不完善，施工图设计说明、节能计算书、报审表数据不一致，冷桥等细部节能措施设计不到位。保温材料进场复试未能严格按规范的要求落实，外遮阳、冷桥等部位节能措施不到位仍比较普遍，建筑节能工程监理细则、隐蔽工程验收记录还很不完备。

三是对违规行为的查处力度不够，各地对建筑节能自查中查出问题的工程，虽然对相关责任单位下发了整改通知书，但督促整改力度不够，存在整改滞后，长时间仍未能整改到位的现象。

2009 年建设部在对四川省建筑节能工作情况进行检查。在肯定了成绩的同时也指出四川省建筑节能还存在的三个方面问题：

一是建筑节能监管能力需要加强。从检查情况看，部分项目，建设管理部门监管措施不到位，监管力度有待加强。

二是国家机关办公建筑和大型公共建筑节能管理工作进展还应加快。四川位于夏热冬冷地区，同时又是经济欠发达地区，政府办公建筑和大型公共建筑高能耗问题十分突出，抓好能耗监测等工作十分重要。

三是建筑节能市场机制还未形成。各级建设主管部门仍依靠行政手段来推动建筑节能工作，作为经济大省，面对建筑市场快速发展的需求，缺少对建筑节能的市场机制开展着力的研究，缺少对结合当地实际的建筑节能市场环境的营造，缺少对合同能源管理、清洁发展机制和排污权有偿使用等模式以及财政担保、贷款贴息等节能改造经济激励政策的研究，缺少对市场主体的技术、运营、监测评价等服务能力的培育等。

针对上级的要求和存在的问题，2009年下半年起，四川抓住建筑节能的关键薄弱环节率先突破，高水平、大力度地推进后续工作，主要是：

1. 完善建筑节能法规体系

贯彻落实《四川省建筑节能管理办法》，加强相关配套制度的建设及宣贯工作。2007年开始实施的《四川省建筑节能管理办法》，标志四川省建筑节能法规建设迈出了坚实的一步。在认真贯彻落实《办法》的基础上，各市结合本地气候、经济等情况，研究制定相关配套制度，形成省市配套、层次分明且目标统一、相互衔接的法规体系。

加快制定建筑节能规划。结合省、市编制"十二五"规划，省市县应编制建筑节能规划，以及各类建筑节能专项规划，报当地政府审批，以明确今后中长期建筑节能的目标、任务、发展方向。

2. 完善节能技术支撑体系

依靠科技进步推动建筑节能发展是我省一贯坚持的方针。技术研究要坚持两个面向：面向建筑节能工作的实际需求，解决工程建设中的重大技术问题，为建筑节能工作提供有力的支撑；面向建筑节能的未来，引领建筑节能技术的发展方向，占领未来技术发展的制高点。

（1）加强技术攻关

技术攻关的方向是结合低能耗建筑、绿色建筑、生态城市（园区）建设的发展趋势，结合我省各地特点，研究相关的关键技术课题，为建筑节能的发展提供强有力的支持。

（2）加强技术队伍建设

以设计院、科研院所、企业及行业协会等为基础，建立建筑节能以及可再生能源利用专家库。培育一批高质量的专业技术服务企业、质量检测单位等。对从事建筑节能与新型墙材管理及建筑设计、施工、监理、质量监督等工作的人员进行系统培训，特别是围护结构保温隔热、可再生能源利用方面的培训。把建筑节能与新型墙材相关知识作为注册建筑师、结构师、建造师和监理工程师继续教育的重点内容，提高人员专业素质，培养一批高素质的建筑节能与新型墙材技术研究和管理人才。

3. 系统编制建筑节能标准、规范、规程

建筑节能技术标准体系建立的总目标是在建筑全寿命周期内，即包括从规划设计、施工、运行管理、改造翻新、拆除全过程中，在满足适用、高效的前提下，最大限度地发挥标准对建筑节能工作的推动与技术保障作用；全面有序地通过标准化途径贯彻落实国家的有关政策和发展战略；更有针对性地规划各专业学科标准体系项目，从整体上凸显建筑节能的目标诉求。

（1）依靠技术进步，进一步完善标准体系，提升标准的技术含量

完善建筑节能技术标准体系的关键在于建筑节能技术的不断发展与创新？只有技术的逐步完善和提升，才能保证实现建筑节能目标。因此，必须加强建筑节能新技术的研究，及时将新技术、新产品、新材料纳入标准规范，不断为建筑节能标准注入新鲜血液，保证建筑节能标准体系的健康发展。

（2）政府为主导，企业为主体，促进产品及其标准的升级换代

推进建筑节能工作面临投资、技术风险、收益等诸多市场障碍。建筑节能虽然对社会各群体从整体利益上是一致的，但是提高能源效率需要增加附加成本，成为推动建筑节能工作的一大障碍，因此，建筑节能不能单靠市场调节。企业作为建筑节能产品创新主体，要在激烈的市场竞争中生存和发展，受市场驱动，研制开发先进节能技术，生产节能产品，可以降低其产品生产成本，提高产品竞争力？但另一方面节能先进技术的研究开发需要增加投入，从而意味着企业产品成本的增加。能否使企业自发进行节能改造，采用新技术来降低产品能耗，或者使企业自发生产高效节能产品，主要取决于由提高能源效率带来的得与失的比较。从老百姓角度看，购买高效节能产品虽然可以降低能源消费运行费用，但节能产品的价格往往高于一般的同类产品价格，所以老百姓在购买高效节能产品时会出于自身利益去判断。

为促使企业自发生产节能产品或者采用节能新技术降低产品能耗，促使老百姓自发购买节能产品，需要政府制定相应的财政激励机制，使企业和老百姓真正从节能中获益。政府职能部门应积极为新技术推广开辟绿色通道，建立企业技术标准备案制，由新技术持有单位编制企业技术标准，经专家评审把关、备案后，试点推广应用，使新产品、前沿技术有标准可依。另外，政府职能部门应为企业提供节能新产品的推广使用平台，通过经济政策或其他有关激励政策，加大知识

产权保护力度，保护企业发展新技术的积极性，企业也愿意持续地进行研发，同时挖掘巨大的建筑节能潜力。

（3）加强标准的宣传和贯彻，提高标准执行能力

第一，提高技术人员的业务素质和业务水平。在整合现有资源方面，对包括建设行政主管部门、设计单位、施工图审查机构、施工单位、监理单位、质量监督机构和房地产开发企业在内的相关技术人员进行建筑节能标准宣贯、培训活动，组织标准知识考核比赛等活动，不断提高相关人员对建筑节能工作重要性的认识和实施建筑节能的能力。技术人员是建筑节能技术标准的直接执行者，促进他们贯彻执行标准既是根本也是目标。同时，通过建立新闻披露制度和市场清除制度，对不执行建筑节能设计标准的设计单位和建设单位进行披露，并给予一定的处罚直至清除出建筑市场。

第二，有效发挥行政管理层对于标准贯彻的引导和监督作用。各相关建筑节能的行政管理部门及其人员，应明确职责，提高自身对标准的认识和把握，及时全面准确地了解标准执行情况，以便及时调整政策导向，提高标准执行水平。积极引导公众参与，使更多的人参与到建筑节能中来。建立相应的考核制度，将标准的有效贯彻执行情况作为其政绩考核的一项依据。建立完善建筑节能监管体系，该体系建设涉及政策制度、技术标准、能力建设、考核机制等多方面内容。

（4）建立全面、系统的建筑节能标准体系

标准体系的建立是综合的系统工程，涉及建筑节能领域内的各个专业的基本原理和基本技术规定。技术标准体系应按目标明确、全面成套、层次分明、划分明确、使用方便的原则编制，以系统分析的方法，形成一个科学的、开放的有机整体？

要加强产、学、研、设计的联合，不断探索科技开发的新路子，不断完善符合四川省气候特点的技术标准体系。以各类示范工程为载体，加快各类新技术、新材料的集成应用和成熟技术推广，尤其在经济适用房、廉租房等保障性住房建设中，大力推进太阳能利用等适用节能技术。

4. 推进建筑节能示范区及工程建设

（1）积极开展建筑节能和绿色建筑示范区建设

全省每年建立 3 个以上示范区，要求充分体现生态优先、节能为本的方针。结合"四川省建筑节能科技行动支撑方案（2010～2012 年）"，围绕示范区开展一批建筑节能与绿色建筑关键技术攻关，初步形成目标明确、内容齐全、管理规范的示范区建设模式。推动单一建筑节能技术向集成应用发展，由单体建筑节能向区域节能方向快速发展，向绿色建筑、节约型城乡建设发向发展。

（2）落实可再生能源城市/县示范工作

以推进南京、赣榆可再生能源建筑应用城市、县示范为基础，按照建设部的要求，做好省级配套的各项基础工作，并积极组织今年的可再生能源示范城市、示范县申报工作。

（3）推动绿色建筑发展

建筑节能由单一建筑的单一能耗控制向单体建筑"四节一环保"标准的转变，向绿色区域（城区）建设的转变。2010年起启动四川省绿色建筑星级评定。受理省内一星、二星绿色建筑的评定。推动财政补助项目执行绿色建筑评价标准，推行绿色建筑标识管理，评审全省绿色建筑奖项目。

（4）推进既有建筑节能改造工作

继续开展建筑节能改造试点，完善既有建筑节能改造技术，出台既有建筑节能改造标准。摸清全省既有建筑现状，制定全省既有建筑节能改造意见，指导地方制定既有建筑节能改造计划。

（5）健全建筑节能监管体系

继续加强监管，保证新建建筑达到节能设计标准。根据《四川省建筑节能管理办法》的要求，切实落实各部门和参建各方责任，完善从立项审批、规划设计、专项审查、施工许可、竣工验收到房屋销售等各个环节的全过程闭合监管，在工程建设的各个环节严格把关。

加强建筑节能工作考核。将建筑节能工作纳入节能目标责任考核评价内容，组织建筑节能专项考核，对市县建筑节能目标完成情况进行排序，通报考核结果。

推动机关办公建筑和大型公共建筑能耗监测工作。完成能耗数据中心建设，督促能耗分项计量安装项目抓紧实施，年内基本实现数据上传。加强对上传数据的分析研究，开展能耗定额方法研究，为确定机关办公建筑、大型公建能耗定额标准提供技术支持。加强建筑能源审计与能效公示，加强高等校园建筑能耗分项计量工作。

第六节　建立节能市场服务体系

择优扶持一批研发能力强、技术水平先进的建筑节能技术、产品生产、服务企业，纳入四川省百家节能减排科技创新示范企业培育计划。扶持建筑节能技术研发、产品生产企业申请高新技术企业认定，依法享受税收优惠政策。重点建设一批建筑节能公共技术服务平台和绿色建筑研究中心。围绕建筑节能技术研发推广、建筑能效测评、绿色建筑评价标识、合同能源管理服务建立中介服务机构。

制定激励政策和措施，建立合同能源管理市场机制，促进节能服务产业化。

实行阶梯电价，从根本上调动、加强用能管理和改造的积极性。进行建筑能效标识工作，建立以建筑能效测评标识为特征的新建建筑市场准入制度、建筑节能技术及产品认证制度、进入市场的企业资质认定制度，进一步规范市场行为。

第七节　健全建筑节能财政金融调控手段

结合目前四川省建筑节能发展状况，借鉴其他省市的经济激励政策，目前可采用的有关财政手段包括建立建筑节能专项基金，实行财政补贴，税收优惠。

财政金融手段比行政手段能产生更大的利益激励效果和效率弹性。财政手段涉及财政补贴、软贷款、赠款、利率优惠、政府采购等多种手段。财政补贴可包括投资补贴、产品补贴、用户补贴等。

目前四川省节能减排（建筑节能）专项引导资金主要用于项目建设的初投资，根据增量成本的多少，给予一定比例的补贴，这种补贴方式在一定程度上调动了开发商的积极性，但没有兼顾到需求端。从需求端角度出发，宜采用"以奖代补"制。"以奖代补"机制是对业主或能源服务公司在工程项目中所实现节能量的一种奖励制度。实行"以奖代补"机制，可以简化资金拨付程序，提高资金的利用效率，有利于调动项目承担单位、技术支撑单位等多方项目责任主体的积极性，有利于加快先进高效的节能建筑应用技术、产品在实际工程中的应用和推广，推动其产业化发展。进一步加快合同能源管理机制的探索和实践，促进多层次、多元化的建筑节能服务体系的形成。

四川省住房和城乡建设厅编写人员：

胡明福　薛学轩　李　斌　李　东　吴　涛　杨险峰

附件：2012 年度全国建筑节能地区现状统计表（四川地区）

附件：

2012 年度全国建筑节能地区现状
统计表（四川地区）

（中国建筑节能协会）

省（区、市）名 称：四川省建设科技协会

组 织 机 构 代 码：50405415-X

填 报 人：吴涛

填 报 人 联 系 电 话：028-85569013

填 表 日 期：2013-2-18

二〇一三年二月

填表要求

1. 填报单位必须实事求是、认真、严格、逐表逐项按填写说明填报调查表，并对所填数据负责；

2. 手工填表一律用碳素或蓝黑墨水钢笔填写，字迹工整、清晰、不得涂改；

3. 手工填表或打印上报表应一式二份，须加盖单位公章；

4. 填表前应仔细阅读各表页下方的说明，按要求填报；

5. 表中数据一律用阿拉伯数字，小数点后保留两位数字，文字内容一律用汉字；

6. 所填表项填报信息应完整，不得留有空格。数据为 0 时要以"0"表示，没有数据的指标划"－"表示；

7. 表中某一数据与上面或相邻数据相同时，不得用"′"或"同上"、"同左"、"同右"等符号、词汇代替，必须填写相同的数字；

8. 填表所填数据项表格不够时，可另附页填写；

9. 一个填报单位上报一套调查表，禁止同一单位信息的重复上报、不完整数据上报；

10. 本调查的基准时间为 2011 年。填报数据一律以 2011 年年末（截至 2011 年 12 月 31 日）为准；

11. 请于 2012 年 10 月 31 日前将调查表报送中国建筑节能协会；

12. 本调查表属于保密资料，不会外传，仅供中国建筑节能协会调查研究使用；

13. 本调查表由中国建筑节能协会相关专业委员会负责解释。

联系人：　　　　　　　　　　　　　联系电话：

邮寄地址：

邮政编码：　　　　　　　　　　　　传　　真：

E-mail：

四川省行业（建筑保温）企业基本情况统计表一（1-1）

填表单位名称(全称)	四川省建设科技协会									

详细地址	成都市人民南路四段 36 号		邮编	610041

联系人资料

联系人	吴涛	职务	节能分会秘书长	手 机	13908012175
座 机	028-85569013	传真	028-85566395	E-mail	

建筑节能行业概况

企业数： 125

行业名称	企业规模	2009 年			2010 年			2011 年		
		数量(家)	产能/实施能力(万 m^2)	销售收入(亿元人民币)	数量(家)	产能/实施能力(万 m^2)	销售收入(亿元人民币)	数量(家)	产能/实施能力(万 m^2)	销售收入(亿元人民币)
建筑节能行业(建筑保温)	大型企业	15	1440	/	15	1440	/	25	2640	/
	中等规模企业	21	1100	/	21	1100	/	26	1560	/
	小型企业	120	6240	/	136	7260	/	92	4380	/
	合计	156	8780	104.76	172	9800	126.36	143	8580	184.44

说明：

(1)企业规模按照注册资金：200 万~500 万为小型(含 200 万)；500 万~1000 万(含 500 万)为中型，1000 万以上(含 1000 万)为大型，本统计均为产能测算；

(2)大、中、小企业的划分标准由地方建筑节能协会/专委会根据行业情况制定；

(3)产能/实施能力的单位由被调查行业产品情况确定

四川省行业（建筑保温）企业产品基本情况统计表（1-2）

填表单位名称（全称）	四川省建设科技协会							

详细地址	成都市人民南路四段 36 号		邮编	610041

联系人资料

联系人	吴涛	职务	节能分会秘书长	手 机	13908012175
座 机	028-85569013	传真	028-85566395	E-mail	

建筑节能行业概况

企业行业划分：建筑保温系统材料

	产品名称	2009 年			2010 年			2011 年		
		实际销售量	单位	销售收入（亿元人民币）	实际销售量	单位	销售收入（亿元人民币）	实际销售量	单位	销售收入（亿元人民币）
主要建筑节能产品及规模	外墙保温系统	4041	万 m²	202.05	4218	万 m²	210.9	4471.5	万 m²	313.05

第七章　宁　夏　篇

第一节　宁夏建筑节能工作基本情况

宁夏回族自治区地处我国西北东部，年平均气温 5~9℃，属于我国气候分区的寒冷地区，采暖期长达 5 个月，是我国实施建筑节能的重点地区之一，全区总人口为 639.45 万，总户数 197 万户；全区民用建筑各类型建筑物 2010 年能耗指标为：国家机关办公建筑 31.09kg 标准煤/m²，大型公共建筑 35.74kg 标准煤/m²，中小型公共建筑 37.00kg 标准煤/m²，居住建筑 26.66kg 标准煤/m²。集中供热热源能耗为：燃煤锅炉 23.10kg 标准煤/m²，热电联产 17.7kg 标准煤/m²。宁夏从 20 世纪 80 年代开始推进居住建筑 30% 的节能标准。从 2001 年开始，分阶段、梯次推进居住建筑 50% 的节能标准，其中银川市从 2001 年 7 月 1 日起开始实施，石嘴山和吴忠市（含现在中卫市）从 2003 年 4 月 1 日起开始实施，固原市从 2005 年 1 月 1 日起开始实施。2005 年 7 月 1 日，国家公共建筑 50% 节能标准颁布实施，2009 年银川市辖三区全面实施 65% 的节能标准，2012 年在石嘴山市、吴忠市、中卫市、固原市城区居住建筑开展 65% 节能标准的试点示范，我区的建筑节能工作全面展开。截止 2012 年底，新建建筑 50% 节能标准的执行率为 100%，银川市 65% 节能标准的执行率为 100%，全区累计建成节能建筑 8310 万 m²，占全区既有民用建筑总量 1.57 亿 m² 的 48.72%。以"塞上农民新居"、"农村危房危窑改造"和"生态移民"三大工程为载体，全面深入推进农村建筑节能工作，建成农村建筑节能示范工程 51 万 m²，共约 10000 户，对全区节能减排的贡献率达 17.87%。全区建筑节能工作成效显著，连续多年超额完成了自治区节能减排目标任务，2009、2010 年连续两年荣获自治区节能减排先进单位，2011 年住房和城乡建设厅被自治区人民政府评为"十一五"节能降耗先进单位。

1. 新建建筑节能标准的执行力稳步提升

逐步建立健全建筑节能技术标准和节能监管体系，与五个地级市和 18 个县（市）建设主管部门签订建筑节能墙改目标考核责任书，对全区各市县建筑节能墙改目标责任完成情况进行考核，切实将建筑节能墙改各项目标任务层层分解，落实到位，做到年初建账、年中查账、年底交账，不断强化建筑节能标准监管的

执行力；全区各地认真贯彻执行国家和自治区建筑节能相关政策规章，以国家和
地方节能工程建设强制性标准为约束，以设计和施工图审查为突破口，以建筑节
能示范工程为载体，以强化工程监管和竣工验收备案为手段，建立完善建筑节能
从设计审查到竣工验收备案全过程闭合监管体系，严把设计图审、竣工验收备
案、工程交付使用"三个关口"，落实节能监督检查、能耗及节能信息公示、节
能专项设计审查登记验收备案"三项制度"；坚持建筑节能专项检查制度，每年
组织最少一次的全区建筑节能专项检查，检查期间下发建筑节能工程质量整改通
知书和执法建议书，并将检查结果向各市县政府和建设行政主管部门进行通报；
对全区民用建筑节能设计质量进行专项整顿，举办全区民用建筑节能设计专题培
训班，印发《关于进一步加强民用建筑节能设计工作的通知》，制定了《宁夏民
用建筑节能设计有关规定》，修订了《民用建筑节能设计汇总表》和《民用建筑
节能设计备案表》，纠正了民用建筑节能设计和图审工作存在的问题，有效提升
了建筑节能设计质量和水平；强化建筑节能门窗质量管理。印发《关于进一步加
强全区建筑节能门窗应用管理工作的通知》，明确节能门窗的外观质量、力学性
能、抗风压、气密性、水密性、保温性能、露点等指标，凡不符合施工图设计文
件和标准要求的门窗，不得进入施工现场，不得用于建筑节能工程。实行建筑节
能门窗推广目录制度，将 28 家企业的 46 个门窗产品列入宁夏节能门窗推广目
录，规范了节能门窗的市场行为，确保建筑节能工程质量。全面提升建筑节能标
准的执行力。

2. 既有居住建筑供热计量及节能改造取得新成效

宁夏从 2007 年开始启动既有居住建筑供热计量及节能改造工作，编制并发
布实施了《既有居住建筑节能改造技术规程》。自治区人民政府印发了《关于加
快推进供热计量改革的意见》（宁政办发 [2010] 47 号文件），自治区住房城乡
建设厅印发了《关于加快推进我区既有居住建筑供热计量及节能改造工作的通
知》，《关于实施供热计量收费的指导意见》（宁建城发 [2010] 16 号文件），明
确了供热计量改革的目标、任务、措施和要求。新建建筑同步安装供热计量设
施。从 2010 年 1 月 1 日起，竣工验收的新建建筑必须同步安装供热计量设施和
室内调控装置。银川市率先制定出台了两部制供热计量价格并制定了具体的计量
收费办法，从 2010 年采暖季开始，对具备供热计量收费条件的建筑全部实行按
用热量计量收费。既有居住建筑供热计量及节能改造项目全部实施供热计量收
费，并认真做好计量数据的收集整理和分析，为制定和完善宁夏供热计量收费政
策提供数据支撑。"十一五"期间，按照住房和城乡建设部既有居住建筑供热计
量和节能改造工作安排，根据《关于加强既有居住建筑供热计量及节能改造工作
的通知》要求，宁夏分三批下达了全区 200 万 m² 改造任务及配套资金，在各市

县的共同努力下，累计完成既有居住建筑供热计量及节能改造面积 208 万 m²，占改造任务的 104%。隆德县做到应改尽改，完成改造面积 59m²，改造面积占全县既有建筑总量的 95% 以上。改造过程领导重视，宣传到位，改造效果好，群众满意，由动员住户改到住户要求改。通过改造节约了供热成本和住户采暖费，提高了供热效率和热费收缴率。

"十二五"期间，在充分调查摸底、组织申报和现场核查的基础上，宁夏共安排既有居住建筑供热计量及节能改造项目 500 万 m²，并向住房和城乡建设部申请将其列入国家补助资金范围，自治区财政对宁夏既有居住建筑供热计量及节能改造项目配套 45 元/m² 的补助资金。2011 年，在总结"十一五"期间既有居住建筑供热计量和节能改造经验的基础上，自治区住建厅印发了《关于明确全区既有居住建筑供热计量及节能改造工程技术及质量等管理要求的通知》，要求既有居住建筑供热计量及节能改造工程必须列入建设工程基本程序，严格按照《既有居住建筑改造技术规程》及《北方采暖地区既有居住建筑供热计量及节能改造项目验收北方》的规定实施。2012 年，自治区住房和城乡建设厅会同自治区财政厅联合下发《关于下达 2012 年全区既有居住建筑供热计量及节能改造任务的通知》，分解落实宁夏 100 万 m² 的改造任务，切实做到任务落实、责任落实。同时根据宁夏 2012 年度既有建筑节能改造积极性高、资金配套好、实施进度快、效果好等特点，积极协商住房和城乡建设部，追加我区 2012 年 100 万 m² 的改造任务。根据吴忠市人民政府的申请，经现场实际考察审核，我厅会同财政厅将 2012 年度追加的 100 万改造任务下达给吴忠市，并对追加任务的质量和进度提出要求。截至目前，宁夏累计完成既有居住建筑供热计量及节能改造 400 万 m²，地方配套资金已达 1.29 亿元，其中："十一五"期间补助 1102 万元，2011 年补助 4500 万元，2012 年补助 7310 万元。

3. 可再生能源建筑规模化应用扎实推进

充分利用宁夏丰富的太阳能资源优势，从 2006 年开始全力推进可再生能源建筑规模化应用。自治区人民政府相继印发了《宁夏建设领域可再生能源发展规划（2010～2020）》、《自治区人民政府关于加快发展新能源产业的若干意见》（宁政发〔2009〕75 号）、《宁夏民用建筑太阳能热水系统应用管理办法》和《宁夏民用建筑推广应用太阳能技术实施意见》等文件，为宁夏可再生能源建筑应用发展提供了政策保障；组织编制了《宁夏民用建筑太阳能热水系统应用图集》、《宁夏民用建筑光伏并网发电应用技术规程》、《宁夏民用建筑楼宇公共空间太阳能光伏照明系统构造图集》、《宁夏太阳能建筑一体化热水系统工程实例图集》等可再生能源建筑应用有关技术标准，发布了《宁夏民用建筑太阳能热水系统应用技术和产品目录》，建立了 7 个可再生能源产业化基地，为可再生能源建筑一体化应

用提供技术支持；强制推行民用建筑太阳能热水系统配建制度，从 2010 年 1 月 1
日起，在五个设区市城区 12 层以下具备应用条件的民用建筑统一配建太阳能热
水系统，2011 年开始又进一步将推广范围扩大到平罗县、贺兰县、永宁县、灵
武市、青铜峡市、中宁县、红寺堡等地，推广范围占全区市县（区）城镇规划区
的 65%。并实现太阳能与建筑同步设计、同步施工、同步投入使用。不同步安
装太阳能热水系统的民用建筑，不得通过施工图审查、不得施工、不得验收备
案，实现了全区地级城市新建民用建筑太阳能热水系统一体化应用全覆盖。重点
推进示范市县、示范项目建设。宁夏列入国家首批可再生能源建筑应用省级示范
地区。银川市、吴忠市、海原县、盐池县等四个市县列入国家可再生能源建筑应
用示范城市和示范县，中卫农村光伏屋顶发电项目等 9 个项目列为国家太阳能光
电建筑一体化应用示范项目。截至目前，全区可再生能源建筑一体化应用面积累
计近 1060 万 m²，光电应用规模 12MW，累计争取国家补助资金 4.11 亿元。积
极开展自治区级示范工程建设。建成自治区示范项目 30 个，示范面积 500 万 m²，
自治区财政下达补助资金约 2 亿元；深入推进农村可再生能源建筑应用。会同自治
区财政厅组织实施了"红寺堡鲁家窑生态移民可再生能源建筑一体化应用示范工程
建设，"该工程共 8.3 万 m²，1540 户，主要采用了外墙外保温技术、屋面保温技
术、太阳能热水供应和采暖技术、生物质燃料为主的高效节煤炉技术等，不仅提高
移民住房舒适度，同时解决了农户一年四季的生活热水供应和冬季采暖问题，极大
地提升了移民住宅的品质和性能，提高了移民居住环境和生活质量，该工程已于
2012 年 8 月份竣工并入住，入冬以来，太阳能采暖平均室温达 20℃左右。

4. 继续开展国家机关办公建筑和大型公共建筑节能监管体系建设

2009 年启动了政府办公建筑和大型公共建筑节能监管体系建设工作，成立
了宁夏国家机关办公建筑和大型公共建筑节能监管体系建设工作领导小组，起草
印发了《宁夏国家机关办公建筑和大型公共建筑节能监管体系建设工作方案》，
《关于做好我区第一批国家机关办公建筑和大型公共建筑能源审计工作的通知》
（宁建节办〔2012〕1 号）和《宁夏国家机关办公建筑和大型公共建筑能耗统计
工作方案》。从 2010 年开始，对全区政府办公建筑和大型（20000m² 及以上）公
共建筑进行能耗调查统计和能源审计，组织召开了全区国家机关办公建筑和大型
公共建筑能耗统计和能源审计工作会议，全面安排布置能耗统计和能源审计工
作；组织实施全区国家机关办公建筑和大型公共建筑能耗统计系统软、硬件设备
及能源审计服务单位采购招标，通过公开招标确定一家计算机设备供应商和四家
能源审计服务单位承担宁夏能耗统计系统软、硬件设备及能源审计服务工作，完
成全区五市 35 栋国家机关办公建筑和大型公共建筑的能源审计，形成 35 份审计
报告；目前自治区本级、银川、吴忠市已建成能耗监测数据中心，完成《宁夏回

族自治区国家机关办公建筑和大型公共建筑能效公示管理办法（试行）》初稿，启动宁夏国家机关办公建筑和大型公共建筑能效公示工作；开展高等学校节约型校园节能监管体系建设。根据住房和城乡建设部、教育部联合发布的《关于推进高等学校节约型校园建设进一步加强高等学校节能节水工作的意见》及《高等学校节约型校园建设管理与技术导则》等文件，宁夏大学列入国家第三批"节约型校园建筑节能监管平台试点示范建设工程"，争取中央财政补助资金 475 万元，宁夏大学节能监管平台已于 2012 年 10 月投入试运行，并于 2013 年 1 月 16 日顺利通过国家验收。

5. 大力发展绿色建筑

2007 年，宁夏开始启动了绿色建筑评价标识工作，成立了绿色建筑委员会。印发了《宁夏绿色建筑评价标识管理办法》，编制《绿色建筑评价标识技术标准及政策汇编》，自治区人民政府发布了《宁夏绿色建筑"十二五"专项规划》，与住房和城乡建设部联合举办全区绿色建筑培训班，经培训考核，宁夏 35 位专家荣获国家绿色建筑评审专家资格证书。目前，宁夏开展绿色建筑评价标识工作政策措施和工作机构基本完善配套，银川"中房—东城人家（一期）"项目（共计 22 栋住宅，3 栋公共建筑，总建筑面积 9.6 万 m^2），通过绿色建筑设计评价标识二星级评审，已经住房和城乡建设部批准备案并批准公告，东城人家（二期：18 栋、17.13 万 m^2、1008 户）今年也已经过绿色建筑设计评价标识二星级评审，其中 10 栋楼达到绿色建筑三星级评价标准，准备报住房城乡建设部评审。2012 年，宁夏认真贯彻落实《宁夏绿色建筑"十二五"专项规划》，加大绿色建筑推广力度，启动三星级绿色建筑示范工程评审工作，加大二星级绿色建筑推广力度，全面推进一星级绿色建筑工程建设，年度内实施绿色建筑 106 万 m^2，组织完成了《宁夏绿色建筑评价标准》（征求意见稿）。通过政策指导和示范，区内开发企业对绿色建筑的认识进一步提高，多家开发企业已提出绿色建筑评价标识申请。宁夏开展绿色建筑评价标识工作政策措施、工作机构基本完善配套，工作稳步推进，社会各界积极参与，绿色建筑发展势头良好。

6. 建筑节能法规政策和技术标准监管体系进一步完善

宁夏颁布实施了《宁夏民用建筑节能办法》（自治区人民政府第 22 号政府令）、《宁夏回族自治区城市供热条例》、印发了《关于加快推进供热计量改革的意见》、《关于实施供热计量收费的指导意见》、《宁夏民用建筑节能信息公示管理办法》，制定印发了《宁夏民用建筑节能备案管理办法》、《宁夏建筑节能与墙体材料改革目标责任考核管理办法》《宁夏民用建筑能效测评标识管理暂行办法》、《宁夏民用建筑太阳能热水系统应用管理办法》、《宁夏绿色建筑评价标识管理办法》、《宁夏建筑节能"十二五"专项规划》、发布了《宁夏民用建筑可再生能源建筑应用发展规划（2010～2020）》、编制发布了《宁夏民用建筑太阳能热水系统应用技术和产品目录》、《关于发布宁夏墙体材料推广应用和限制、禁止使用技术产品目录的通知》、《宁夏国家机关办公建筑和大型公共建筑节能监管体系建设工作方案》和《宁夏国家机关办公建筑和大型公共建筑能耗统计工作方案》、《绿色建筑评价标识技术标准及政策汇编》等一系列相关建筑节能配套政策文件，为建筑节能工作的深入推进提供强有力的法律法规和政策支持。全区各市县也通过制定各项法规、制度、政策，强化建筑节能工作。其中：银川市政府出台了《银川市建筑节能条例》；石嘴山市政府出台了《关于加快推进石嘴山市供热计量改革实施意见的通知》；吴忠市出台了《吴忠市国家机关办公建筑和大型公共建筑节能监管体系建设工作实施方案》及《关于做好吴忠市国家机关办公建筑和大型公共建筑能耗普查工作的通知》；固原市政府出台了《固原市建设领域节能减排工作实施方案》和中卫市出台了《关于进一步加强节能工作的意见》等一系列建筑节能法律法规。目前，宁夏建筑节能工作管理体系和建筑节能考核机制已经建立，建筑节能相关配套技术标准和施工规程基本完善，全区建筑节能政策体系基本形成，建筑节能工作逐步纳入依法管理的轨道。同时，宁夏相继编制并发布实施了《民用建筑节能设计标准》（50％、65％）、《民用建筑节能设计标准建筑构造图集》、《外墙外保温施工技术规程》；《外墙外保温系统及专用材料检验标准》、《钢结构轻型建筑体系技术导则》、《外墙复合轻质保温板应用技术规程》、《民用建筑外墙外保温施工防火规程》、《EPS空心模块轻钢结构建筑节能体系应用技术规程》、《EPS模块现浇钢筋混凝土外墙外保温应用技术规程》、《EPS模块外墙外保温应用技术规程》等建筑节能地方标准和技术规程和构造图集。

7. 宁夏建筑节能监管机构建设与节能工程质量概况

宁夏成立了建筑节能工作领导小组，各级建设主管部门相继设立了建筑节能墙改管理专职机构，现有建筑节能墙改管理机构18个（不含惠农区和红寺堡区），现有工作人员79人，其中高级职称9人，中级职称31人，初级职称20人；经自治区机构编制委员会办公室批准，将原"宁夏墙体材料改革领导小组办公室"更名为"宁夏建筑节能与墙体材料改革办公室"，承担建筑节能日常管理工作。建筑节能监管机构建设得到加强。目前全区5个设区市中有3个市成立了建筑节能中心（办），其中1个为全额事业单位，2个为自收自支事业单位。没有成立专门机构的县将建筑节能工作委托给了工程质量监督机构管理。各级建设行政主管部门及其节能监管机构按照《节约能源法》、《民用建筑节能条例》、《宁夏民用建筑节能办法》等法律法规的要求，结合实际制定或提出了贯彻落实措施，扎实推进我区建筑节能工作的深入开展。工程建设各方责任主体认真贯彻落实国家和自治区建筑节能法律法规，严格执行建筑节能强制性标准，新建建筑节能水平逐步提高。从每年各市县自查及全区建筑节能专项检查的情况看，全区建筑节能工程质量的总体水平保持稳定并有了一定的提高。

8. 宁夏建筑节能工作存在的问题

（1）全区建筑节能工作能力建设不足。主要表现为：一是个别市县还没有设立建筑节能专职机构，有的虽已设立专职机构，但人员严重不足或根本没有人员编制，导致建筑节能工作各项法律法规、政策和技术标准的落实不力；二是建筑节能相关激励政策落实不到位。我区国家级可再生能源建筑应用示范城市（县）地方配套资金落实不到位，各市、县既有居住建筑供热计量及节能改造配套补助资金也不到位，影响国家和自治区两级政府支持政策的实施效果。三是建筑节能技术服务体系尚未形成。地方建筑节能中介服务机构少，现有的服务机构技术水平有限，服务质量有待提高。

（2）各级政府没有将建筑节能工作纳入政府层面进行考核。各级政府对建筑节能的考核只局限在住房和城乡建设系统内部，没有纳入本级政府效能目标考核体系，政府相关部门建筑节能工作的联动机制没有建立，相关部门推动建筑节能工作的合力难以形成，导致建筑节能相应的法律、法规、政策规定落实难度大，特别是推动建筑节能工作的相关扶持政策落实不到位，影响我区建筑节能工作的快速健康发展。

（3）新建建筑执行节能标准水平有待提高。主要表现在：一是节能标准的水平较低，"十一五"期间，宁夏基本执行50％节能标准，银川市仅规划区内从2010年起执行65％的节能标准；二是建筑节能工程施工过程中，节能标准的实施质量不高，门窗、梁柱等冷桥部位保温措施不到位，节能门窗质量普遍偏低；三是保温措施技术落后，保温材料品种单一，缺乏可选用的集节能、防火、耐候等综合性能好的建筑节能材料、产品及结构体系，严重制约建筑节能标准和工程质量的提升。

（4）供热计量改革滞后。一是供热计量收费工作推进较为缓慢，"十一五"期间仅有银川市和吴忠市开展了供热计量收费工作，其他市、县还未制定供热计量价格和收费办法，制约了企业居民投资节能改造的积极性。二是供热企业作为供热计量改革实施主体和收费主体，对供热计量改革工作的重要性认识不足，普遍持排斥态度，严重影响宁夏供热计量改革工作的进展。

（5）全区建筑节能工作发展不平衡。由于地区差别较大，经济发展水平不均衡，导致全区建筑节能发展水平参差不齐。个别地区对建筑节能和墙改工作重视不够，执行标准力度不大；与银川和地级市相比，县一级尤其是偏远县城的建筑节能工作相对薄弱；与设计和施工图审查相比，施工阶段建筑节能强制性标准的执行力度仍然有待加强。个别建设、施工及监理单位对建筑节能和新型墙材工程质量和材料把关不严，建设单位尤其是教育项目降低建筑节能标准现象时有发生。建筑节能产业在川区发展较好，在山区县发展较弱，缺乏有力的产业支撑。

第二节 宁夏"十二五"建筑节能目标任务、重点工作

1. 工作目标

到"十二五"期末，全区建筑节能新形成年节能 106 万 t 标准煤能力，减排二氧化碳 265 万 t/年。其中：新建建筑可形成 73 万 t 标准煤节能能力，减排二氧化碳 190 万 t/年；既有建筑节能改造可形成 3 万 t 标准煤节能能力，减排二氧化碳 7.5 万 t/年；可再生能源建筑应用可实现替代常规能源 21 万 t 标准煤/年，减排二氧化碳 52.5 万 t/年；推广应用新型墙材可实现节能 7.62 万 t 标煤/年，减排二氧化碳 19.8 万 t/年；发展绿色建筑实现节能 1.97 万 t 标准煤/年，减排二氧化碳 4.9 万 t 标准煤/年。

2. 主要任务

（1）新建建筑节能。到 2015 年，五个地级市城市规划区内新建建筑节能 65％标准的执行比率为 100％。其中，从 2011 年 1 月 1 日起，银川市全面推行 65％的节能标准；从 2013 年 1 月 1 日起，石嘴山、吴忠市和中卫市城市规划区内全面实施 65％的建筑节能标准；从 2015 年 1 月 1 日起，固原市城市规划区内全面实施 65％的建筑节能标准。全区各县城镇规划区（城关镇）范围内 65％节能标准的执行率为 95 以上。五个地级城市开展节能 75％的试点示范工作。

（2）既有建筑节能改造。到 2015 年底，完成 600 万 m² 非节能既有居住建筑供热计量及节能改造，完成供热计量节能改造的既有居住建筑全部实行按用热量计价收费；完成五个地级城市达到节能 50％强制性标准的既有建筑的供热计量改造。

（3）节能监管体系建设。到 2015 年底，完成区、市两级政府办公建筑和大型公共建筑能耗监测平台建设；完成 200 栋政府办公建筑和大型公建能源审计；完成 100 栋政府办公建筑和大型公建能耗实时动态监测；完成 60 栋政府办公建筑和大型公建节能改造；完成 100 栋政府办公建筑和大型公建能效公示；力争政府办公建筑和大型公共建筑能耗降低 15％以上。

（4）可再生能源建筑应用。到 2015 年底，推广太阳能光热建筑应用面积 2000 万 m²，浅层地能热泵、污水源热泵等建筑应用面积 200 万 m²，太阳能光电建筑一体化应用装机容量 20MW。

（5）新型建筑材料生产应用。到 2015 年末，全区新型墙体材料年生产量突

破 34.36 亿块标准砖，新型墙体材料占墙体材料总产量的比例达到 77%，建筑应用比例达 86% 以上；全区 400MPa 级以上高强钢筋应用比例占建筑用钢总量的 65% 以上，大型高层建筑和大跨度公共建筑优先采用 500MPa 级螺纹钢筋；加大商品混凝土推广力度，从 2013 年起，五个地级城市全面推广应用商品混凝土，到 2015 年，实现全区商品混凝土全覆盖；银川市从 2013 年起推广应用商品砂浆，到 2015 年，五个地级城市全面推广应用商品砂浆。累计节约土地 2.31 万亩，节约标煤 86.9 万 t、综合利用工业废渣 1770 万 t。减少二氧化碳排放量 216.6 万 t，减少二氧化硫排放量 2 万 t；新型墙体材料产品生产能耗下降 20%。

（6）绿色建筑发展。到 2015 年，新建绿色建筑 600 万 m^2，绿色建筑约占城镇新建建筑的 20% 以上。

（7）农村建筑节能。到 2015 年，在农村建成节能农宅 150 万 m^2。在自来水普及的农村，大力推广应用太阳能热水供应、太阳能采暖和被动式太阳房技术。

宁夏"十二五"期间建筑节能工作主要任务 　　　　　表 10-7-1

项目	内　容	任　　务
新建建筑	全区新建建筑全面执行 50% 节能设计标准，5 个设区市执行 65% 节能标准	全区县级以上城市（镇）新建建筑全面执行 50% 节能，标准执行比率 100%。5 个设区市全面执行 65% 节能标准，标准执行率 100%。从 2010 年 1 月 1 日起，银川市全面实施 65% 的节能标准；从 2013 年 1 月 1 日起，石嘴山、吴忠、中卫市城市规划区内全面实施 65% 的建筑节能标准；从 2015 年 1 月 1 日起，固原市城市规划区内全面实施 65% 的建筑节能标准。全区各县城镇规划区（城关镇）范围内 65% 节能标准的执行率为 95 以上。五个地级城市开展节能 75% 的试点示范工作
既有居住建筑	既有居住建筑供热计量及节能改造	完成改造 600 万 m^2，其中：2011～2012 完成 300 万 m^2；2013～2015 完成 300 万 m^2
大型公共建筑节能监管	监管体系	加强公共建筑节能监管体系建设，完善能源审计、能效公示制度。到 2015 年底完成 200 栋政府办公建筑和大型公建能源审计；完成 100 栋政府办公建筑和大型公建能效公示
	监管平台	完成区、市两级政府办公建筑和大型公共建筑能耗监测平台建设；完成 100 栋大型公建能耗实时动态监测系统建设
	节能运行和改造	完成 60 栋政府办公建筑和大型公建节能改造
	公共建筑能耗	公共建筑能耗力争实现节能 15% 以上
可再生能源建筑应用	太阳能光热光电建筑应用	到 2015 年，推广太阳能光热建筑应用面积 2000 万 m^2，浅层地能热泵技术建筑应用面积 200 万 m^2，太阳能光电建筑一体化应用装机容量 20MW
绿色建筑	开展绿色建筑评价标识和示范工作	到 2015 年，发展绿色建筑 600 万 m^2，绿色建筑约占新建建筑的 20% 以上
农村建筑节能	农村建筑节能示范	到 2015 年，在农村建成节能农宅 150 万 m^2。在自来水普及的农村，大力推广应用太阳能热水供应和太阳房技术

续表

项目	内 容	任 务
新型建筑材料	新型墙材推广应用	到2015年末，全区新型墙体材料年生产量突破34.36亿块标准砖，新型墙体材料占墙体材料总产量的比例达到77%，建筑应用比例达86%以上；新型墙体材料产品生产能耗下降20%
	高强钢筋推广应用	到2013年底，银川市400MPa级以上应用比例占建筑用钢总量的40%以上，其他市县400MPa级以上应用比例占建筑用钢总量的20%以上。到2015年，全区400MPa级以上高强钢筋应用比例占建筑用钢总量的65%以上，大型高层建筑和大跨度公共建筑优先采用500MPa级螺纹钢筋
	商品混凝土推广应用	从2013年起，五个地级城市全面推广应用商品混凝土，到2015年，实现全区商品混凝土全覆盖；银川市从2013年起推广应用商品砂浆，到2015年，五个地级城市全面推广应用商品砂浆。在五个地级城市的建筑节能和新型墙体材料示范工程中，优先使用预拌商品砂浆

3. 重点工作

（1）强化监管，不断提升新建建筑节能水平。一是提升新建建筑节能标准。大力推进65%节能标准，到2015年，全区五个地级城市全部实施65%节能标准，石嘴山、吴忠和中卫三市城市规划区内从2013年开始实施65%的节能标准，固原市城市规划区内从2015年开始实施65%的节能标准，银川市2013年开始进行75%的节能试点；二是严格执行工程建设节能强制性标准，着力提高施工阶段建筑节能标准的执行率。加大对全区执行建筑节能标准的监管和稽查力度，对不符合建筑节能法律法规和强制性标准的工程项目，不予发放建设工程规划许可证，不得通过施工图审查，不得发放施工许可证，不得竣工验收备案；三是严把进场材料质量关，切实落实进场材料复检和见证取样制度，严格执行《宁夏回族自治区建设领域技术公告》中的推广目录，严禁《公告》中禁止使用目录的技术、工艺、材料与设备进入施工现场，到2015年，新建建筑节能工程质量和水平明显提升。

（2）大力推进既有建筑供热计量及节能改造。一是充分利用财政、税收、价格、信贷等政策手段，全方位、多渠道、宽领域拓展既有建筑节能改造投融资渠道，建立既有建筑节能改造的市场化机制；二是积极引入合同能源管理机制，扶持专业节能公司，培育节能市场，鼓励供热企业投资既有建筑节能改造，以"合同能源"和"整体运行托管"等运行模式回收投资和取得利润，建立谁投资谁受益，多投资多受益的建筑节能投融资激励机制，吸引和调动社会力量投入节能改造；三是进一步规范改造内容和技术要求，强化改造工程质量和安全管理，提升改造工程的质量和节能效果。到2015年，完成600万m² 既有居住建筑节能改造，完成100万m² 国家机关办公建筑和大型公共建筑节能改造，完成节能改造的建筑同步实施按用热量分户计量收费。

（3）积极推进国家机关办公建筑和大型公共建筑节能监管体系建设。一是继续加大能耗统计、能源审计和能效公示工作力度。建立建筑节能信息统计报告和能效公示工作制度，对五个地级以上城市大型公共建筑进行全口径统计，将单位面积能耗高于平均水平和年总能耗高于 1000t 标准煤的建筑确定为重点用能建筑，并对 50％以上的重点用能建筑进行能源审计，对单位面积能耗排名靠前的高耗能建筑和具有标杆作用的低能耗建筑进行能效公示，接受社会监督；二是逐步建立区、市两级国家机关办公建筑和大型公共建筑能耗监测平台。继续加大区级试验平台建设力度，力争 2013 年底完成一个区级平台和两个市级平台建设，2015 年底实现区、市两级建设平台建设全覆盖，形成全区公共建筑能耗可计量、可监测；三是大力推进国家机关办公建筑和大型公共建筑节能改造。会同自治区机关事务管理局和自治区财政厅等相关部门，依据能耗统计和能源审计结果，制定自治区国家机关办公建筑和大型公共建筑节能改造工作计划，有步骤地对能耗高于平均水平和重点用能建筑进行节能改造，力争自治区吴忠市列入国家公共建筑节能改造重点城市；四是积极推进节约型校园建设，"十二五"期间力争自治区两所高校列入国家节约型高校；五是研究制定宁夏国家机关办公建筑和大型公共建筑能耗监管体系建设相关配套制度，逐步建立能耗超定额加价制度。

（4）实现可再生能源建筑应用跨越式发展。充分利用国家可再生能源建筑应用优惠政策和资金补助战略机遇，加快自治区可再生能源建筑规模化应用步伐，以全区五个地级城市和平罗等五县（县级市）12 层以下住宅、公寓、宾馆等有热水需求的新建民用建筑全面实施太阳能光热（热水）建筑一体化应用技术为抓手，形成以太阳能光热为主、太阳能光电、浅层地能、污水源利用等为辅的可再生能源建筑应用全面发展的良好局面。继续实施财税优惠政策，不断加大技术支持力度，推动自治区可再生能源建筑应用向更高水平和更大规模发展。"十二五"期间，完成一个省级示范地区、两个国家级示范城市和两个国家级示范县的申报和建设。力争将宁夏建成国家可再生能源建筑应用示范基地。

（5）深入推进农村建筑节能工作。以"塞上农民新居"、"农村危房改造"和"生态移民"三大工程为载体，大力推进农村建筑节能工作。加大适合农村生产生活特点的节能新技术、新材料、新工艺、新型房屋结构体系的研发力度。研究制定适合农村特点的建筑节能标准体系，大力推广适用自治区农村的可再生能源技术和节能农房建筑技术。开展农村建筑节能及可再生能源建筑应用示范工程建设，在集中连片建设和改造的农宅中，全面推行建筑节能和可再生能源应用技术，推进自治区农村建筑节能和可再生能源工作的健康发展。

（6）大力推进新型墙体材料生产和推广应用。一是重点发展集节能保温、轻质高强、多功能复合一体化的以煤矸石、粉煤灰、脱硫石膏等为主要原料的加气混凝土制品、烧结空心制品和石膏空心制品等新型墙体材料,加快发展以工业废渣、建筑垃圾等大宗固体废弃物为原料的高档次、高掺量的利废新型墙体材料;二是全面推动新型墙体材料结构调整和产业升级。逐步淘汰年产3000万块标准砖以下的轮窑生产工艺,大力推广大断面隧道窑生产线、窑炉余热利用等先进生产工艺技术,做好烧结多孔砖和多孔砌块生产的技术改造和设备更新,建立墙体材料落后产能退出机制,提升新型墙体材料产品的科技含量和水平,加快转变新型墙体材料产业发展模式;三是组织实施新型墙体材料示范项目和示范工程。选择节能环保、资源综合利用的规模以上新型墙体材料生产企业,采取扶优扶强政策,重点培育具有技术、品牌和管理优势的10家新型墙体材料生产基地、50家新产品研发、技术改造和设备更新示范项目,形成产业布局合理、结构优化、质量优良、种类与建筑结构体系相适应的新型墙体材料产业化体系;四是将巩固城市"禁实"成果向广度和深度推进。43%以上的城市实现"限粘",其中,银川市2014年底、石嘴山市和吴忠市2015年底实现"限粘",所有城镇全部实现"禁实"。大力推进新型墙体材料在新农村、生态移民工程建设和农村危房改造中的推广应用,引导农村自建房使用节能环保的新型墙体材料。有序推进农村"禁实"工作,农村新型墙体材料应用比例达到60%以上。

(7)大力推广应用高强钢筋、商品混凝土和商品砂浆。在全区民用建筑工程中加速淘汰335MPa级螺纹钢筋,强制使用400MPa级螺纹钢筋,积极鼓励推广应用500MPa级螺纹钢筋。2013年,银川市新建工程禁止使用335MPa级螺纹钢筋,400MPa级以上应用比例占建筑用钢总量的40%以上。其他市县限制使用335MPa级螺纹钢筋,400MPa级以上应用比例占建筑用钢总量的20%以上。到2015年,全区400MPa级以上高强钢筋应用比例占建筑用钢总量的65%以上,大型高层建筑和大跨度公共建筑优先采用500MPa级螺纹钢筋。加大商品混凝土推广力度,从2013年起,五个地级城市全面推广应用商品混凝土,到2015年,实现全区商品混凝土全覆盖;积极推广应用预拌商品砂浆,鼓励现有商品混凝土生产企业,充分利用现有条件和自治区工业废渣和建筑垃圾的资源优势,增加预拌商品砂浆生产线。"十二五"期间,在五个地级城市的建筑节能和新型墙体材料示范工程中,优先使用预拌商品砂浆。银川市从2013年起推广应用商品砂浆,到2015年,五个地级城市全面推广应用商品砂浆。

(8)大力发展绿色建筑

以一、二、三星级绿色建筑评价标识示范工程为抓手,进一步完善自治区绿色建筑评价体系,通过绿色建筑应用示范工程、技术集成、政策引导和成果推广,推动可再生能源建筑应用、绿色施工、高强钢筋应用、商品混凝土应用等绿色建筑关键技术在建筑中的规模化应用,鼓励保障性住房、国家机关办公建筑和大型公共建筑率先执行绿色建筑标准。加快绿色建材产业、节能技术和可再生能源产业发展，推进绿色建筑的健康发展。抢抓自治区"国家内陆开放型经济试验区"建设机遇，积极开展智慧城市和绿色生态城区建设，"十二五"期间力争建成两个以上智慧城市或绿色生态示范城区。

宁夏绿色建筑评价标识工作任务年度计划表　　　表 10-7-2

规划时限	绿色建筑面积（万 m²）	各星级建筑面积（万 m²）	
2011	50	一星	30
		二星	20
		三星	0
2012	100	一星	60
		二星	30
		三星	10
2013	150	一星	100
		二星	35
		三星	15
2014—2015	300	一星	210
		二星	65
		三星	25
累计	600	一星	400
		二星	150
		三星	50

宁夏绿色建筑关键技术　　　表 10-7-3

项目	关键技术	优先等级
节能与能源利用	围护结构热工性能的集成设计	★★★
	外遮阳技术	★
	地板辐射采暖	★★
	蒸发冷却空调技术	★★★
	供热计量和温度调控技术	★★★
	可再生能源综合利用技术	★★★
	余热利用技术	★★★
	自然采光、光导管照明、LED 照明技术	★★★
节水与水资源利用	再生水回收利用	★★
	雨水回收利用	★★

项目	关键技术	优先等级
节地与室外环境	规划设计优化技术	★★★
	合理开发地下空间	★★★
节材与材料资源利用	商品混凝土、商品砂浆	★★★
	废旧建材回用	★★
室内环境质量	冷热桥处理措施	★★★
	采光、通风、日照等的计算机辅助设计	★★
运营管理	垃圾分类收集、垃圾处理技术	★★
	楼宇智能监控系统	★★

注：推荐技术按照一至三星标识优先程度，三星最高。

第三节　宁夏建筑节能产业技术发展情况

1. 新型墙体材料及节能产品

根据自治区墙材资源分布和经济发展情况，利用煤矸石、粉煤灰、脱硫石膏等固体废物，重点发展适合当地、符合建筑节能要求的复合节能复合墙板、自保温砌块以及烧结蒸养制品等各类新型墙体材料。形成了石嘴山、平罗、中卫页岩煤矸石烧结制品，银川、吴忠轻质高强复合墙板，宁东、青铜峡粉煤灰蒸养制品，南部山区高孔洞率、高质量的黏土类烧结制品等 4 大新型墙体材料生产基地，在"塞上农民新居"建设和农村危房改造中，推广应用 ASA 板集成建筑体系、CL 新型抗震节能结构体系、EPS 空心模块钢结构建筑节能体系、舒乐舍板自保温结构体系、冷弯薄壁型钢密肋自保温等轻钢结构抗震节能结构体系。目前，自治区符合建筑节能轻质高强各类新型墙体材料规格齐全，能够满足各种结构体系民用建筑工程应用。截至 2010 年底，自治区有墙体材料生产企业 407 家，墙体材料产品年设计生产能力为 95 亿块标砖，经认定的新型墙体材料生产企业 180 家，生产能力为 55 亿块标砖。

2. 外墙外保温技术及其材料

随着建筑节能的深入发展和节能标准的提高，单一墙体材料已不能满足节能要求，复合节能墙体及其材料应运而生。目前，自治区已从外墙外保温技术向复合墙体自保温技术发展，已形成外墙外保温、复合保温墙体等系列做法。应用量较大的有轻集料保温浆料技术、粘贴保温板薄抹灰技术、现场喷涂（或浇注）保温材料技术、预制保温装饰一体化技术、有网现浇混凝土内置保温板技术等。已获得自治区建设新技术推广认定的墙体保温技术企业 20 个，生产能力 200 万 m²。

3. 建筑节能门窗及其产品

自 20 世纪 90 年代开始，自治区塑料窗、铝合金窗、玻璃钢窗逐渐替代了钢门窗。在节能减排的新形势下，各种节能门窗得到快速发展。目前采用较多的有塑钢窗框、断桥铝合金窗框，并采用导热性能低的密封措施，以降低窗框传热，提高密封性能。到 2012 年，自治区获得推广应用产品的节能门窗生产企业有 28 家，年生产能力 280 万 m²。

4. 太阳能建筑一体化应用产品

20 世纪 90 年代末，自治区太阳能热水器生产开始崛起，到 2012 年，自治区从事太阳能光热产品生产的企业 10 个，生产能力 100 万 m²（集热器面积）；使用安装达 21.12 万台套，按每台太阳能热水器集热面积 2.2m² 计算，安装面积已达 960 多万 m²。产品品种从真空管、热管到平板，应有尽有；太阳能光电企业 10 个，生产能力 2000 MW。

5. 建筑节能咨询服务

随着建筑节能工作的深入开展，市场对建筑节能咨询服务需求逐步增加，目前自治区从事建筑节能、可再生能源应用及合同能源管理类的服务企业约有 20 家，大都属于科研院所或以检测为主业的科技型企业或技术服务类企业。目前还满足不了自治区建筑节能技术咨询服务需求。近年来，随着建筑节能市场需求和优惠政策及资金支持力度的加大，有实力的设计企业也将服务范围宽展到建筑节能技术咨询，自治区建筑节能咨询服务业发展趋势显现加大。

6. 建筑节能技术成果研发

宁夏紧紧围绕民用建筑节能、可再生能源应用、新型墙材生产应用及农村节能房屋建设等重点领域，建筑节能技术研发能力逐年增强。成立课题组相继对"建筑基础工程禁止使用黏土实心砖替代产品"、"煤矸石页岩自保温砌块"、"CL 新型节能抗震结构体系"、"HS 系列建筑节能结构体系"和"JT 砖自保温结构体系"等进行专题研究，并开展试点示范工程建设。目前已在全区建成投产并推广的新型节能建筑结构体系有：轻型钢结构 ASA 板建筑体系、轻型结构建筑体系（CL 建筑体系）、复合型混凝土自保温多孔砖体系等，"HS 系列建筑节能结构体系"。根据住房和城乡建设部《关于试行民用建筑能效测评标识制度的通知》（建科［2008］80号）要求，自治区住房和城乡建设厅制定印发了《宁夏民用建筑能效测评标识管理实施细则》，积极组织测评机构开展建筑能效测评工作。组织了第一批民用建筑能效测评机构申报，认定了3家测评机构。

第四节　2012年宁夏建筑节能工作大事记

1. 自治区人民政府印发《关于印发宁夏绿色建筑"十二五"发展规划的通知》（宁政（办）发［2012］12号），规划明确自治区"十二五"绿色建筑的发展目标，重点任务，发展路径、基本原则和保障措施。《规划》指导和规范我区绿色建筑健康快速发展，《规划》的颁布实施，标志着自治区绿色建筑的发展进入了快车道。

2. 召开了全区建筑节能墙改工作会议。会议总结2011年建筑节能和墙改工作，表彰奖励2011年度建筑节能墙改工作考核前三名的地级城市和前六名的县（市），交流建筑节能墙改工作经验，与各市、县签订2012年度建筑节能墙改效能管理目标责任书，全面安排布置2012建筑节能墙改工作。

3. 8月27日发布2012版建设领域技术公告，本技术公告创新工作思路，打破以往以建筑业十项新技术公告为核心的常规，结合国家及自治区住房和城乡建设领域节能减排和绿色生态城镇建设的发展需要，以绿色建筑应用技术为主线，以节能、节地、节水、节材、环境保护、可再生能源应用、绿色施工、用能管理及农村节能技术等技术为重点，具有覆盖范围广和先进性、适用性等特点，将对加快推进我区建筑业发展方式转变，提升建筑业技术含量，推进我区绿色生态技术应用和产业发展，起到积极的引领和指导作用。

4. 会同自治区财政厅，印发《关于下达2012年自治区财政支持可再生能源应用试点示范项目资金预算的通知》，下达补助资金894万元。金积老年公寓等6个项目列入2012年度示范项目，总建筑面积7.87万 m^2。

5. 7月20日自治区吴忠市列入2012年国家可再生能源建筑应用示范城市，是继银川市之后自治区第二个列入国家级可再生能源建筑应用的示范城市，将对加快推进自治区可再生能源建筑规模化应用，把宁夏建成国家级可再生能源建筑应用示范地区起到积极的示范引导作用。

6. 1月17日印发《关于进一步加强全区建筑节能门窗应用管理工作的通知》（宁建（科）字［2012］4号），建立节能门窗推广目录制度，在民用建筑节能工程中强制推行节能门窗，达不到节能标准的门窗，不得进入节能建筑施工现场，不得使用，不得通过竣工验收备案，有效提升了全区民用建筑节能工程门窗质量。

7. 9月24日～10月13日，组织全区2012年度建筑节能工作专项检查。检查检查中下发工程质量整改通知书 8 份，并对检查结果进行通报，同时将下发整改通知书的企业计入不良行为。

8. 宁夏列入国家首批可再生能源建筑综合应用省级示范，财政部下拨补助资金 1.2523 亿元，是全国首批五个省级示范地区中示范规模最大，补助资金最多的地区。

9. 2012 年度，自治区中宁县公共建筑太阳能光电一体化等 4 个项目列入国家 2012 年太阳能光电建筑应用示范项目，示范项目总装机容量 8.716MW。自治区的农村住宅太阳能光伏发电项目是全国规模最大、技术综合性最强、运行模式最新的示范项目，宁夏太阳能温棚光伏发电项目是全国第一个将太阳能光伏发电与设施农业温棚结合的示范项目，是我国太阳能光电建筑示范应用的创新实践，对自治区拓展太阳能光电建筑应用范围和模式起到了积极的示范作用。

宁夏住房和城乡建设厅　郑德金

宁夏住房和城乡建设厅科技与标准定额处　卢巧娥

宁夏建筑节能与墙体材料改革办公室　常福荣

宁夏住房和城乡建设厅科技与标准定额处　刘　军

宁夏建筑节能与墙体材料改革办公室　徐善忠

附　录

附录一 中国建筑节能行业
大事记 (2012~2013)

2012 年

2012 年 1 月 5 日中华人民共和国财政部和发布国家税务总局关于公共基础设施项目和环境保护 节能节水项目企业所得税优惠政策问题的通知 财税〔2012〕10 号

2012 年 1 月 29 日，住房和城乡建设部办公厅发布关于印发既有居住建筑节能改造指南的通知 建办科函〔2012〕75 号

2012 年 1 月 29 日国家发展改革委和财政部发布中华人民共和国国家发展和改革委员会中华人民共和国财政部公告 2012 年 第 1 号

2012 年 1 月 29 日，住房和城乡建设部发布关于 2011 年度第二十二批绿色建筑评价标识项目的公告 住房和城乡建设部公告第 1251 号

2012 年 1 月 29 日，住房和城乡建设部发布关于 2011 年度第二十三批绿色建筑评价标识项目的公告 住房和城乡建设部公告第 1252 号

2012 年 2 月 1 日国家发展改革委办公厅发布国家发展改革委办公厅关于组织推荐国家重点节能技术的通知 发改办环资〔2012〕206 号

2012 年 2 月 7 日住房和城乡建设部组织开展了 2012 年度第一批民用建筑能效测评标识项目的评定工作。并将通过评审的民用建筑能效测评标识项目予以公示 住房和城乡建设部公告第 1278 号

2012 年 2 月 14 日，住房和城乡建设部发布关于 2012 年度第一批绿色建筑评价标识项目的公告 住房和城乡建设部公告第 1302 号

2012 年 3 月 3 日国务院办公厅发布批准邯郸市城市总体规划的通知 国办函〔2012〕61 号

2012 年 3 月 7 日，中华人民共和国公安部与中华人民共和国住房和城乡建设部发布关于建筑外墙保温材料消防安全专项整治工作情况的通报。公消〔2012〕74 号

2012 年 3 月 13 日，住房和城乡建设部发布关于 2012 年度第三批绿色建筑评价标识项目的公告 住房和城乡建设部公告第 1328 号

2012 年 3 月 27 日中华人民共和国科学技术部发布关于印发太阳能发电科技发展"十二五"专项规划的通知　国科发计〔2012〕198 号

2012 年 4 月 1 日，住房和城乡建设部与财政部发布关于推进夏热冬冷地区既有居住建筑节能改造的实施意见　建科〔2012〕55 号

2012 年 4 月 1 日中华人民共和国住房和城乡建设部和中华人民共和国财政部发布关于推进夏热冬冷地区既有居住建筑节能改造的实施意见　建科〔2012〕55 号

2012 年 4 月 1 日中华人民共和国科学技术部发布关于印发绿色制造科技发展"十二五"专项规划的通知　国科发计〔2012〕231 号

2012 年 4 月 9 日，住房和城乡建设部办公厅发布关于印发《2011 年全国住房城乡建设领域节能减排专项监督检查建筑节能检查情况通报》的通知　建办科函〔2012〕212 号

2012 年 4 月 9 日国务院办公厅发布关于批准洛阳市城市总体规划的通知　国办函〔2012〕73 号

2012 年 4 月 9 日中华人民共和国财政部发布关于印发《夏热冬冷地区既有居住建筑节能改造补助资金管理暂行办法》的通知　财建〔2012〕148 号

2012 年 4 月 17 日科技部办公厅和财政部办公厅发布关于做好 2012 年中欧中小企业节能减排科研合作资金项目申报工作的通知　国科办外〔2012〕29 号

2012 年 5 月 8 日，住房和城乡建设部发布关于 2012 年度第五批绿色建筑评价标识项目的公告　住房和城乡建设部公告第 1370 号

2012 年 5 月 11 日国家发展改革委、教育部、科技部、工业和信息化部、环保部、住房和城乡建设部、交通运输部、农业部、商务部、国资委、广电总局、国管局、总工会、共青团中央发布关于 2012 年全国节能宣传周活动安排的通知　发改环资〔2012〕1320 号

2012 年 5 月 24 日科技部发布关于印发"十二五"绿色建筑科技发展专项规划的通知　国科发计〔2012〕692 号

2012 年 5 月 28 日，住房和城乡建设部发布关于 2012 年度第六批绿色建筑评价标识项目的公告　住房和城乡建设部公告第 1387 号

2012 年 6 月 21 日科技部、财政部发布关于 2012 年度中欧中小企业节能减排科研合作资金项目立项的通知　国科发外〔2012〕756 号

2012 年 7 月 3 日科技部发布关于印发半导体照明科技发展"十二五"专项规划的通知　国科发计〔2012〕772 号

2012 年 7 月 25 日，住房和城乡建设部发布关于征求《夏热冬冷地区既有居住建筑节能改造技术导则（征求意见稿）》意见的函　建科节函〔2012〕130 号

2012 年 7 月 31 日，住房城乡建设部发布关于 2012 年度第十三批绿色建筑评

价标识项目的公告 住房和城乡建设部公告第 1444 号

2012 年 8 月 6 日国务院发布关于印发节能减排"十二五"规划的通知 国发[2012] 40 号

2012 年 8 月 6 日国务院发布关于印发节能减排"十二五"规划的通知 国发[2012] 40 号

2012 年 8 月 17 日国务院办公厅发布关于批准保定市城市总体规划的通知 国办函 [2012] 144 号

2012 年 8 月 21 日人民共和国住房和城乡建设部和中华人民共和国财政部发布关于完善可再生能源建筑应用政策及调整资金分配管理方式的通知 财建 [2012] 604 号

2012 年 8 月 21 日国家发展改革委办公厅发布关于开展"十二五"城市城区限制使用黏土制品 县城禁止使用实心黏土砖工作的通知 发改办环资[2012] 2313 号

2012 年 8 月 24 日,住房城乡建设部发布关于 2012 年度第十四批绿色建筑评价标识项目的公告 住房和城乡建设部公告第 1453 号

2012 年 8 月 29 日,住房城乡建设部发布关于 2012 年度第十五批绿色建筑评价标识项目的公告 住房和城乡建设部公告第 1456 号

2012 年 9 月 3 日,住房城乡建设部发布关于 2012 年度第十六批绿色建筑评价标识项目的公告 住房和城乡建设部公告第 1462 号

2012 年 9 月 10 日,住房和城乡建设部发布关于同意开展一、二星级绿色建筑评价标识工作的批复 建科综函[2012] 165 号

2012 年 9 月 17 日,住房城乡建设部建筑节能科技司关于对国家标准《绿色建筑评价标准》(征求意见稿)征求意见的函 建科综函[2012] 169 号

2012 年 9 月 23 日国务院发布关于第六批取消和调整行政审批项目的决定 国发[2012] 52 号

2012 年 9 月 24 日,住房城乡建设部发布关于 2012 年度第十七批绿色建筑评价标识项目的公告 住房和城乡建设部公告第 1476 号

2012 年 9 月 25 日,住房和城乡建设部发布关于印发《民用建筑能耗和节能信息统计暂行办法》的通知 建科[2012] 141 号

2012 年 10 月 11 日,住房和城乡建设部关于举办绿色建筑评价标识专家培训会的通知 建科综函[2012] 191 号

2012 年 10 月 15 日,住房城乡建设部发布关于 2012 年度第十八批绿色建筑评价标识项目的公告 住房和城乡建设部公告第 1482 号

2012 年 10 月 15 日,住房和城乡建设部办公厅发布关于开展 2013 年度全国绿色建筑创新奖申报工作的通知 建办科函[2012] 597 号

2012 年 10 月 24 日，住房城乡建设部发布关于 2012 年度第十九批绿色建筑评价标识项目的公告　住房和城乡建设部公告第 1502 号

2012 年 10 月 29 日，住房和城乡建设部发布关于发布行业标准《既有居住建筑节能改造技术规程》的公告　住房和城乡建设部公告第 1504 号

2012 年 11 月 23 日，发布住房和城乡建设部办公厅关于组织开展 2012 年度住房城乡建设领域节能减排监督检查的通知。建办科〔2012〕43 号

2012 年 11 月 26 日国务院办公厅发布关于批准绍兴市城市总体规划的通知国办函〔2012〕194 号

2012 年 11 月 28 日，住房和城乡建设部发布住房城乡建设部关于 2011－2012 年度省地节能环保型住宅国家康居示范工程的通报　建房函〔2012〕251 号

2012 年 12 月 5 日，住房和城乡建设部发布关于印发夏热冬冷地区既有居住建筑节能改造技术导则（试行）的通知　建科〔2012〕173 号

2012 年 12 月 8 日国务院发布关于南昌市城市总体规划的批复　国函〔2012〕201 号

2012 年 12 月 13 日国家发展改革委组织编制了《国家重点节能技术推广目录（第五批）》，予以公告　2012 年　第 42 号

2012 年 12 月 15 日，住房和城乡建设部办公厅发布关于开展《北方采暖地区集中供热老旧管网改造规划》编制工作的通知　建办城函〔2012〕751 号

2012 年 12 月 27 日，住房和城乡建设部办公厅发布住房城乡建设部办公厅关于加强绿色建筑评价标识管理和备案工作的通知　建办科〔2012〕47 号

2012 年 12 月 28 日，住房和城乡建设部组织完成了 2012 年度第二十六批绿色建筑评价标识项目的评价工作。并将通过评审的绿色建筑评价标识项目予以公示

2013 年

2013 年 1 月 1 日国务院办公厅发布关于转发发展改革委住房城乡建设部绿色建筑行动方案的通知　国办发〔2013〕1 号

2013 年 1 月 1 日国务院发布关于印发能源发展"十二五"规划的通知　国发〔2013〕2 号

2013 年 1 月 6 日，供热改革与建筑节能项目管理办公室发布中国供热改革与建筑节能项目成果总结与扩散技术援助项目中标公示

2013 年 1 月 21 日中华人民共和国住房和城乡建设部发布关于同意内蒙古自治区住房和城乡建设厅开展一、二星级绿色建筑评价标识工作的批复　建科综函〔2013〕7 号

2013 年 1 月 22 日中华人民共和国住房和城乡建设部组织完成了 2013 年度第一批绿色建筑评价标识项目的评价工作。现将通过评审的绿色建筑评价标识项目予以公示

2013 年 1 月 22 日，根据《绿色建筑评价标识管理办法》（建科〔2007〕206号）、《绿色建筑评价标准》GB/T 50378—2006、《绿色建筑评价技术细则》（建科〔2007〕205号）和《绿色建筑评价技术细则补充说明（规划设计部分）》（建科〔2008〕113号），住房和城乡建设部组织完成了 2013 年度第一批绿色建筑评价标识项目的评价工作。现将通过评审的绿色建筑评价标识项目予以公示

附录二 2012 年中国建筑节能协会主要工作

一、开展专业培训，提高建筑节能人才素质

（1）由中国建筑节能协会和中国勘察设计协会共同举办的"总工程师建筑节能专业岗位培训班"已成功举办两期，来自全国各地的设计院总工、副总工以及从事建筑节能的企业总工们 150 余人参加了培训。培训内容包含政策法规、标准规范解读及当前重点工作、技术与发展趋势和节能技术管理四个方面。

此项培训是中国建筑节能协会和中国勘察设计协会在建筑节能行业内培养规范人才队伍严格控制各项设计执行国家节能设计标准的一项重要举措，反映效果良好，影响很大。2013 年，此项培训将与各省地方协会合作，逐步推动各大企业建立以建筑节能总工程师为技术主管的建筑节能管理体系，从而推动"注册建筑节能师"体系的建立和发展。第三期培训班定于 12 月 19 日～22 日在深圳举办，届时希望各专委会及各地方协会积极组织人员参与培训。

（2）建筑节能技术职称目前尚未列入国家技术职称系列。但国家教委已经把建筑节能作为一个专业已经列入大学的教育内容，重庆大学、天津大学已经开办了国家教委承认的建筑节能专业，把建筑节能这个内容经过培训、考核，合格以后发各个等级技术资格证书，成为可能。协会正在组织专家编写建筑节能职称培训教材，首先在行业内实施建筑节能技术职称评定工作，然后再考虑社会需求，推向社会。同时，向人事部门争取，争取把它列入国家技术职称系列。有关工人的技术操作资格培训也将视条件相继进行。

此外，协会将逐步开展建筑节能建筑节能岗位培训、节能服务公司申报培训、太阳能光电技术培训以及城市综合节能技术交流与培训。通过一系列的培训，扎扎实实的推动建筑节能人才队伍的发展，为建筑节能事业储备更多的人才。

二、积极办理专业委员会申报工作

目前，建筑节能服务专业委员会、建筑保温隔热专业委员会、太阳能建筑一体化专业委员会、暖通空调专业委员会、地源热泵专业委员会已经通过住建部、民政部的审批；建筑节能服务、太阳能一体化、保温隔热三家专业委员已顺利召开成立大会；建筑电气与智能化专业委员会已通过民政部初审和人事司审核，等待民政部报批；建筑节能规划专业委员会、标准与质检专业委员会、遮阳与门窗幕墙专业委员会已经过民政部网上初审，等待人事司审核；建筑节能设计专业委员会、建筑节能施工专业委员会、大型公建专业委员会、建筑节能政策专业委员会正积极筹建。

三、中国建筑节能协会专家库初步建成

中国建筑节能协会于 2012 年 4 月发起筹建专家库，由各个专业委员会推荐专家名单，由协会负责人成立审核组，以专业技术水平、学术贡献、理论素质、实践经验、政治素质等多方面综合能力为考核标准进行考核审查。目前，已有 92 名建筑节能领域的优秀专业技术人员、多年从事相关工作的资深工作者及各专业领域的技术带头人进入专家库。今后，协会还将根据需要，陆续扩展专家的范围，把专家力量整合起来，形成促进建筑节能工作的技术支撑力量；充分发挥专家的作用也是推动产品、技术、市场发展及提升产业自律性、诚信度、规范化的核心动力。

四、各项会议及专业学术研讨助推协会发展

协会及下属各专业委员会筹备组积极开展了多种形式的会议及国内外学术交流活动，为会员企业提供相互学习、了解目前国内外建筑节能行业现状以及发展趋势的交流平台。

1. 协会会议：

3 月 17 日，在厦门主持召开了全国建筑节能地方协会联席会议。来自全国各地方协会近 70 名代表出席此次会议，一致同意地方协会以团体会员形式加入中国建筑节能协会。

3 月 30 日上午，中国建筑节能协会主办的"中国建筑节能－现状、目标、措施"主题论坛在北京国际会议中心胜利召开。

6 月 6 日～15 日，中国建筑节能协会（上海片区）会长会议在上海同济大学召开，会议由同济大学吴志强副校长主持，郑坤生会长到会并讲话。会议明确：（1）2012 年中国建筑节能协会年会拟定上海召开；（2）与上海建交委共同举办"建筑节能与绿色建筑科技周"活动；（3）建立南方中心区，推进协会工作。

6 月 29 日在中国建筑节能协会会议室召开协会年度发展报告大纲专家讨论会，特邀业内专家郎四维、金鸿祥、毛志兵、刘月莉、梁俊强莅临指导，协会副会长林海燕，副秘书长杨西伟、邹瑜参加了会议，各位专家为 2012 年度报告出谋划策，确定方向，与会专家进行了深入讨论，从整体框架、编写重点到具体内容，都提出了很好的建议和意见，并确定了成书时间。

9月12日～14日，由协会与上海建交委共同举办的"上海科技周暨中国建筑节能协会年会"在上海召开，期间保温隔热专委会、遮阳门窗专委会、太阳能一体化专委会和标准质检专委会分别承办分论坛，开展行业学术交流活动；会上，施耐德电气中国有限公司还与协会签订战略合作协议；首批28家"建筑节能之星"企业经各专业委员会推荐、秘书处审定，在本次年会上公布并授予奖牌。

11月28日协会专委会负责人会议将在北京召开。

12月4日～5日全国建筑节能地方建筑节能协会会议将在山东泰安召开。

2. 各专委会活动：

2月23日中国建筑节能协会建筑节能设计专业委员会筹备会议在上海现代集团顺利召开。

3月6日～9日，由太阳能建筑一体化专业委员会与国际金属太阳能产业联盟（IMSIA）在成都联合举办了"中国建筑节能协会太阳能建筑应用专业委员会（筹）工作研讨会"。

5月9日，中国建筑节能协会建筑节能标准与质检专业委员会（筹）挤塑聚苯板（XPS）工作组第一次会议在中国建筑标准设计研究院召开。

5月10日下午，中国建筑节能协会建筑电气与智能化专委会筹备会召开，中国建筑节能协会杨西伟副秘书长代表协会出席会议并讲话。

6月15日，中国建筑节能协会建筑节能服务专业委员会成立大会暨建筑节能服务产业发展研讨会在江苏常州顺利召开。研讨会还分别召开了"建筑节能服务产业发展研讨会"、"供热节能服务研讨会"、"温湿度独立调节技术研讨会"三大分论坛会议。

6月15日，保温隔热专委会在北京召开"既有建筑外墙保温改造与产品选用技术交流会暨全国建筑保温隔热行业调查启动仪式"。

7月25日～27日，暖通空调专业委员会（筹）在沈阳市召开"全国建筑能效标识技术与应用管理研讨会"，邀请住建部相关领导及行业专家、学者到会演讲。

11月4日～6日太阳能一体化专委会成立大会在云南丽江召开。

11月8日～10日保温隔热专委会成立大会在江苏苏州召开。

五、各省建筑节能企业考察

协会成立以来，始终把服务会员作为工作的宗旨，尽可能为其解决困难问题。为了更准确地摸清会员企业状况，协会会长多次带领秘书处工作人员到各地会员单位考察，了解会员企业需要。在各省行业主管部门的带领下，走访了相关省市建筑节能优秀企业，从而促进地方协会及协会会员企业的互动合作。

（1）在江苏省住建厅的大力支持下，2012年6月中旬，协会会长郑坤生及副秘书长邹燕青考察了昆山花桥经济开发区、苏州皇家木业有限公司、无锡泰达建筑能耗监管系统、宜兴木丝板、陶瓷板、节能门窗系统以及常州河马、晨光涂料等建筑节能企业，对江苏建筑节能工作的开展给予了充分的肯定。

（2）在山东省住建厅的大力支持下，2012年7月19日，中国建筑节能协会会长郑坤生、副秘书长邹燕青、杨西伟等人到山东省山东秦恒科技有限公司、济南圣泉集团股份有限公司、山东力诺瑞特新能源有限公司、山东金晶科技股份有限公司等多家建筑节能相关企业考察。增进了协会对会员企业的全面了解，加深了协会与企业的沟通联系。同时，对推动山东省成立省级建筑节能协会起到了推动作用。

（3）10月23日，在浙江省住建厅的大力支持下，会长一行走访考察了浙江普尼太阳能有限公司、中财型材有限公司、盾安环境有限公司、绍兴东亚玻璃厂、宁波奥普地源热泵、温州兰普电器有限公司考察。

（4）11月1日，在云南省住建厅的大力支持下，走访考察了昆明呈贡新区、云南师范大学太阳能应用技术、世博生态城高层太阳能光热应用技术范项目。

六、国际交流合作稳步推进

协会要求各专业委员会要有计划地请进来和走出去，广交朋友、合作交流。重点是要合作交流，空泛的所谓合作不提倡。

2月27～3月4日，中国建筑节能协会郑坤生会长为团长、同济大学副校长吴志强为副团长的一行5人赴德参观考察团，参观了创立近半个世纪、三年一度享誉全球的斯图加特国际门窗遮阳设备博览会，代表团看到了世界上先进的门窗遮阳技术。通过此次参观考察，感觉中德两国在节能建筑系统性应用等层面还存有差异，德国的一些节能做法可以借鉴，同时也看到参展的中国外遮阳门窗企业在技术及产品方面也有一定的市场，参展的中国企业也越来越多，中国建筑节能协会今后将更好地组织中国建筑节能企业走向世界发挥作用。

8月6日～10日，协会副会长、上海青鹰实业股份有限公司董事长顾端青代表中国建筑节能协会参加了由国家发改委组织的在日本举行的第七届中日节能环保综合论坛，宣传我国的建筑节能，收到很好的反响。

11月9日～18日，中国建筑节能协会组织赴美考察活动，参加美国旧金山绿色建筑国际大会及展会，实地观摩美国LEED白金奖建筑，学习先进经验。

七、进一步完善协会基础建设

为加强协会规范化建设，协会秘书长就进一步建立健全各项规章制度进行了认真研究，对协会现有规章制度进行了全面梳理，按照查漏补缺的原则，组织制定了《公章管理和使用制度》,《协会文书处理程序》、《办公用品采购和领用制度》等,并对《会员管理办法》进行了修订。协会拟将涵盖内部管理规范、业务管理规范的各项规章制度汇编成册,作为协会人员的行为准则和业务工作的准则。

建立协会对各专业委员会联系的联络员制度。本着培养人才、联系工作、服务基层的精神,秘书处人员将分别成为与各专委会联系的联络员。

协会网站作为协会宣传的窗口和会员交流的平台,做到每日维护、及时更新业界动态、协会公告和会员信息,力求及时准确地向会员和网友传递最有用的行业信息。协会简报现已出版十二期,为了帮助会员及时了解和参与协会举办的活动,每期简报都邮寄给会员和相关单位,并在协会网站上登电子版以扩大宣传力度。

善用其效 尽享其能

全球能效管理专家 施耐德电气

全球能效管理专家施耐德电气为100多个国家的能源及基础设施、工业、数据中心及网络、楼宇和住宅
市场提供整体解决方案，其中在能源与基础设施、工业过程控制、楼宇自动化和数据中心与网络等市
场处于世界领先地位，致力于为企业提供更安全、更可靠、更高效、更经济、更环保的能源。

欲了解更多信息，请浏览网址：www.schneider-electric.cn

As a global specialist in energy management with operations in more than 100 countries, Schneider Electric
offers integrated solutions to make energy safe, reliable, efficient, productive and green across multiple market
segments. The Group has leadership positions in energy and infrastructure, industrial processes, building
automation, and data centres/networks, as well as a broad presence in residential applications.Schneider
Electric is committed to help individuals and organizations "Make the most of their energy."

Schneider
Electric

泰华电讯，
中国知名的智慧城市整体解决方案提供商
领先的智慧市政行业解决方案及产品提供商

COMPANY PROFILE
公司简介 》》

　　山东泰华电讯有限责任公司致力于智慧城市领域，是国内知名的以物联网和GIS技术为核心的智慧城市整体解决方案提供商，市政公共服务产品专业提供商，安防与智能建筑解决方案提供商。公司成立于2002年，员工近400人，是高新技术企业和国家火炬计划骨干企业。

　　公司设有1个省级企业技术中心、2个省级工程技术研究中心、1个博士后工作站。公司系列成果被列为国家火炬计划项目，多项产品获得国家重点新产品、山东省名牌产品等称号。公司凭借核心竞争优势，专注于智慧城市的城市运行管理与社会管理领域，在市政行业运行管理、公共服务产品管理、城市管理与社会管理、城市运行节能管理等方面确立了国内领先地位。

　　公司注重行业标准的制定，引领行业发展。公司参与了"新型城市照明系统"、"城市照明节能评价标准"、"城镇供水管理信息系统"等多个国家、行业标准的起草，作为中国城科会数字市政学组副组长单位，编著出版《中国数字市政发展报告》。

泰华电讯
TelChina
地址: 济南市高新区新泺大街2008号银荷大厦D座9层
Add: 9/F, Building D, Inhi Tech Square, No. 2008, Xinluo Ave, Jinan
电话: 86-531-81922777
www.telchina.com.cn

TELCHINA SMART BUILDING
泰华智慧建筑

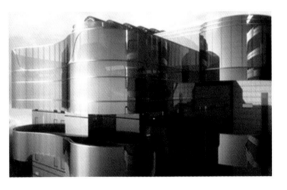

　　泰华智慧建筑主要针对智慧大厦、智慧社区、智慧家居三大建筑群，涵盖建筑设备管理、计量及能耗管理、通信网络系统、视频监控系统、多媒体会议系统、一卡通系统、信息发布系统、背景音乐及广播系统、计算机机房等主要内容，运用计算机、自动控制、多媒体、物联网、云计算、移动互联网、大数据挖掘等技术进行规划设计，一切以先进、实用、可靠、高性价比、满足用户需求为本，为用户提供整体智慧建筑解决方案。

TELCHINA SMART LIGHTING
泰华智慧照明

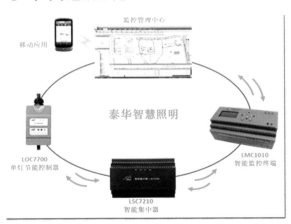

　　作为国内城市智慧照明解决方案的引领者，泰华电讯以无线通信、物联网、GIS、云计算、大数据挖掘等前沿技术为依托，以创新管控模式为手段，以精细管理和绿色节能为目标，实现城市智慧照明，助力构建智慧城市。

照明设施资源管理

照明设施智能监控

单灯节能精准控制

电缆防盗监测报警

Q8

okonoff

P1

18.5 °C

20:08 THU

纯平视窗 触动我"芯"

4001-888-021
高端温控 柯耐弗造

上海柯耐弗电气有限公司
总部电话：86-21-51028881 传真：86-21-37772473
总部地址：上海市松江区广富林路4855弄（大业领地51幢）
柯耐弗官网：http://www.okonoff.com